中等专业学校系列教材

建筑力学

上册

（工业与民用建筑　道路与桥梁　市政工程等专业用）

郭仁俊　主编
广东省建筑工程学校　郭仁俊　陈思仿
廖新力　赵琼梅　编

中国建筑工业出版社

图书在版编目(CIP)数据

建筑力学.上册/郭仁俊主编.—北京:中国建筑工业出版社,1999

中等专业学校系列教材 工业与民用建筑、道路与桥梁、市政工程等专业用

ISBN 978-7-112-03881-7

Ⅰ.建… Ⅱ.郭… Ⅲ.建筑结构-结构力学-专业学校-教材 Ⅳ.TU311

中国版本图书馆CIP数据核字(1999)第47051号

本书是根据建设部1997年颁布的中等专业学校工业与民用建筑专业《建筑力学教学大纲》编写的。全书共三篇,分上、下两册,上册为静力学和材料力学,下册为结构力学。

本书为上册,内容包括绪论、第一篇静力学、第二篇材料力学。静力学篇有:静力学的基本概念、平面汇交力系、力矩·平面力偶系、平面一般力系、空间力系与重心等五章。材料力学篇有:材料力学的基本概念、轴向拉伸和压缩、剪切和挤压、扭转、平面图形的几何性质、弯曲内力、弯曲应力、弯曲变形、组合变形的强度计算、压杆稳定、动荷应力等十一章。各章末有小结、思考题和习题,书末附有习题答案。

本书可作为工业与民用建筑、道路与桥梁、市政工程等专业的教材,亦可供土建工程技术人员参考。

中等专业学校系列教材

建 筑 力 学

上 册

(工业与民用建筑 道路与桥梁 市政工程等专业用)

郭仁俊 主编

广东省建筑工程学校 郭仁俊 陈思仿

廖新力 赵琼梅 编

*

中国建筑工业出版社出版、发行(北京西郊百万庄)

各地新华书店、建筑书店经销

北京市书林印刷有限公司印刷

*

开本:787×1092毫米 1/16 印张:$16^1/_4$ 字数:391千字

1999年12月第一版 2012年11月第十五次印刷

定价:**23.00**元

ISBN 978-7-112-03881-7

(14937)

出 版 说 明

为适应全国建设类中等专业学校教学改革和满足建筑技术进步的要求，由建设部中等专业学校工民建与村镇建设专业指导委员会组织编写了一套中等专业学校工业与民用建筑专业系列教材，由中国建筑工业出版社出版。

这套教材采用了国家颁发的现行规范、标准和规定，内容符合建设部颁发的中等专业学校工业与民用建筑专业教育标准、培养方案的要求，并理论联系实际，取材适当，反映了目前建筑科学技术水平。

这套教材适用于普通中等专业学校工业与民用建筑专业和村镇建设等专业相应课程的教学，也能满足职工中专、电视中专、中专自学考试、专业证书和技术培训等各类中专层次相应专业的使用要求。为使这套教材日臻完善，望各校师生和广大读者在教学和使用过程中提出宝贵意见，并告我司职业技术教育处或建设部中等专业学校工民建与村镇建设专业指导委员会，以便进一步修订。

建设部人事教育劳动司

1997 年 8 月

前　言

本书是根据建设部1997年颁布的中等专业学校工业与民用建筑专业《建筑力学教学大纲》的要求编写的。编写时，力求体现中专特色。在保持一定知识面的同时，精简了部分公式的推导过程，减少了定量计算，增加了定性判断的内容。注意把抽象的力学概念与人们生活、生产的实际相联系，适当反映了力学发展的新成就。书中还吸取了有关教材和编者在教学中总结的一些内容。为了便于学生复习，每章末均有小结及适量的思考题和习题。

全书分上、下册，共分三篇。上册包括第一篇静力学和第二篇材料力学；下册为第三篇结构力学。全书采用国际单位制。

本书可作为工业与民用建筑、村镇建设、道路与桥梁、市政工程等专业的教材。

参加上册编写的有廖新力（第二篇第九、十、十一章及上册各章习题）、赵琼梅（第二篇第三、四、七章）、陈思仿（第一篇第五章、第二篇第五章）、郭仁俊（绪论、第一篇第一、二、三、四章，第二篇第一、二、六、八章，并对全书作了统稿工作）。郭仁俊任主编，上海市建筑工程学校杜秉宏高级讲师任主审。本书在前期组织和编写过程中得到了广东省建筑工程学校陈汉章校长、刘兴沛高级讲师和巫长路高级讲师等的热情支持和帮助，武汉水利水电大学杨炳麟教授、四川省建筑工程学校王长连高级讲师对本书的初稿提出了许多宝贵意见，在此一并表示衷心的感谢！

由于编者水平有限，书中错误，不妥之处在所难免，恳请广大教师和读者批评指正，以使本书不断得到改进。

主 要 符 号 表

符　号	符 号 意 义	常 用 单 位
A	面积	mm^2　m^2
d,D	直径	mm　cm
E	弹性模量	MPa　GPa
F,P	集中力	N　kN
G	1. 剪切弹性模量,2. 重力	1.MPa GPa　2.N kN
h,H	高度	mm　m
$I(I_y、I_z)$	惯性矩	mm^4　m^4
I_{yz}	惯性积	mm^4　m^4
I_p	极惯性矩	mm^4　m^4
$i(i_y、i_z)$	惯性半径	mm　m
K	安全系数	无量纲
K_d	动荷系数	无量纲
M	弯矩	N·m　kN·m
m	外力偶矩	N·m　kN·m
N	1. 轴力,2. 功率	1.N kN　2.kW
n	转速	r/min
P_{cr}	压杆临界力	N　kN
p	分布面荷载集度	N/m^2　kN/m^2
Q	剪力	N　kN
q	分布线荷载集度	N/m　kN/m
R	1. 合力,2. 支座反力	N　kN
r	交变应力特征系数	无量纲
$S(S_y、S_z)$	静矩	mm^3　m^3
T	扭矩	N·m　kN·m
$W(W_y、W_Z)$	抗弯截面系数	mm^3　m^3
W_T	抗扭截面系数	mm^3　m^3
$y、f$	梁的挠度	mm　cm
γ	剪应变	无量纲
ε	线应变	无量纲
θ	梁的转角	rad
λ	压杆的柔度	无量纲
ν	泊松比	无量纲
μ	压杆长度系数	无量纲
σ	正应力	Pa　MPa
σ_c	挤压应力	Pa　MPa
$[\sigma]$	许用应力	Pa　MPa

续表

符　号	符 号 意 义	常 用 单 位
σ_1、σ_2、σ_3	主应力	Pa　MPa
σ^0	极限应力	Pa　MPa
σ_{cr}	压杆临界应力	Pa　MPa
τ	剪应力	Pa　MPa
δ	延伸率	%
φ	1. 扭转角,2. 折减系数	1. rad　2. 无量纲
ψ	截面收缩率	%
Δl	绝对变形	mm　cm
l, L	长度	mm　m
α, β, γ	角度	rad

目　录

第二篇　材料力学

绪 论

建筑物，通称建筑，是指供人们进行生产、生活、娱乐或其他活动的房屋或场所。例如住宅、厂房、商场、体育馆、桥梁等都是建筑物。早在一千多年以前，我们的祖先就利用石材、木材等材料建造复杂的建筑物，例如建于唐代的西安大雁塔，建于1056年的山西应县的木塔。随着科学技术的不断发展，新材料、新结构不断出现，今天，在我们伟大祖国的土地上，无数高楼大厦拔地而起，现代化建筑比比皆是。这些建筑物标志着人类科学智慧的结晶，也说明建筑物在人类的生存和发展过程中是必不可少的。可以说，凡是有人类活动的地方就有建筑物的存在。

每个建筑物在建造和使用过程中，都要承受各种力的作用，例如风、雪、设备、人群、水压力等，这些主动地作用在建筑物上的力，工程上叫做荷载。在建筑物中承担、传递荷载而起骨架作用的部分叫做结构。组成结构的单个物体，如梁、板、柱(墙)等叫做构件。图0-1是一个单层工业厂房的结构示意图。

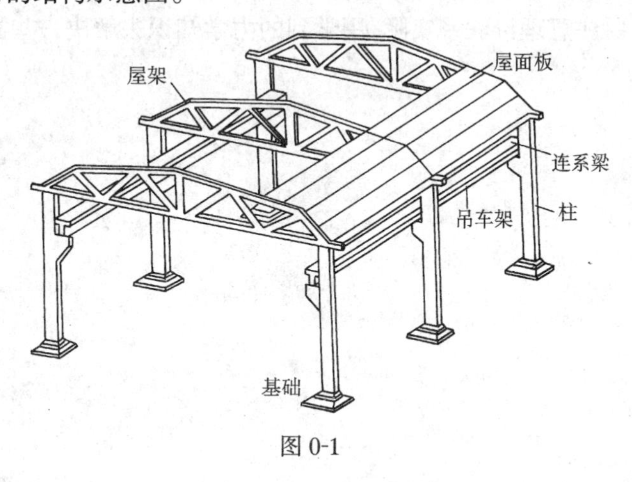

图 0-1

结构对建筑物的安全可靠起着决定性的作用。为了保证建筑物不发生破坏，能安全、正常地供人们使用，就必须要求起骨架作用的结构及各个构件具有承受荷载的能力(承载能力)，即要有足够的强度、刚度和稳定性。强度是指材料抵抗破坏的能力，刚度是指构件抵抗变形的能力，稳定性是指构件保持原有的平衡状态的能力。只有具有承载能力的结构和构件才能使用。通常选用优质材料和较大的截面尺寸，一般能满足构件承载能力的要求。但是随意选用优质材料或过大的截面，又会造成浪费。显然，一个良好的建筑结构必须既能安全承受荷载，又能最经济合理使用材料。研究和解决上述问题的理论基础之一就是建筑力学。

建筑力学是研究建筑物的结构和构件承载能力的一门科学。它的任务是：研究作用在结构或构件上的力的平衡条件、材料的力学性能及构件在荷载作用下变形破坏的规律，为结构设计提供力学计算理论和方法，以正确解决安全适用与经济合理之间的矛盾。

凡是长度方向的尺寸比截面尺寸大得多的构件称为杆件。由杆件组成的结构称为杆件结构。在建筑工程中，它是应用最广泛的一种结构。因此，建筑力学的主要研究对象就是组成杆件结构的杆件或杆件体系。

建筑力学内容十分丰富，本课程将这些内容划分为静力学、材料力学和结构力学三部分来讨论。

1. 静力学部分　主要介绍静力学的基本知识，力系的合成与力系的平衡条件，以及应用平衡条件求解作用于结构(或构件)上的未知力。

2. 材料力学部分　主要研究材料的力学性能，单个杆件在各种受力状态下的内力与变形的计算，以及杆件的承载能力、刚度和稳定性的问题。

3. 结构力学部分　主要讨论杆件体系的几何组成规律和合理形式，平面杆件结构在外力作用下的内力与变形的计算原理和计算方法。

在这三部分中，第一部分是有关力的基本规律；第二、三部分是各种构件及结构最基本的计算理论和方法。这两部分的基本区别在于：前者主要以单个杆件为研究对象，后者则以杆件体系为研究对象。

建筑力学是一门技术基础课，在专业学习中占有重要的地位。本课程理论性较强、比较抽象，与其他课程相比有一定难度。学习时，要树立信心，勤于思考，刻苦钻研；要在理解和掌握基本概念、基本理论和基本计算方法上下功夫；要加强练习，多作习题，提高分析、综合和归纳问题的能力；要注意理论联系实际，用学到的力学知识去解决一些实际问题。

第一篇 静 力 学

引 言

静力学是研究物体在力系作用下平衡规律的科学。

所谓**力系**,是对作用于一物体上的一群力的总称。

所谓**平衡**,是指物体相对于地面处于静止或作匀速直线运动的状态。例如,静止在地面上的房屋、桥梁、水坝,在直线轨道上作匀速运动的火车以及沿直线匀速起吊的构件等,都是物体处于平衡状态的实例。

静力学主要研究以下两类问题。

1. 力系的简化

若一个力系可以用另一个力系来代替,而不改变物体原有的运动状态,则称这两个力系为**等效力系**或**互等力系**。若一个力与一个力系等效,则称这个力为该力系的**合力**。**力系的简化**就是用一个简单力系等效地来代替一个复杂的力系。

2. 力系的平衡条件

如果物体在某一力系作用下处于平衡状态,则该力系称为**平衡力系**。平衡力系中的任一力对其余的力都称为平衡力。力系的平衡条件就是指物体处于平衡状态时,作用于物体上的力系需要满足的条件。

在静力学中,把所研究的物体看作为刚体。所谓**刚体**,是指在任何外力作用下,大小和形状都保持不变的物体。显然,在自然界中,这样的物体是不存在的。因为任何物体在受到外力作用后,都将发生变形,不变形的物体是没有的。所以,刚体只是一种理想化的力学模型。但是,在大量的工程实际问题中,物体的变形都非常微小,例如,建筑物中的梁,它中央处的最大下垂量一般小于梁长度的1/250～1/300。这样小的变形,在研究物体的平衡问题时,只是次要的因素,可以忽略不计,而将物体看成是无任何变形的刚体。这样作,可以使问题的研究大为简化。由于静力学主要研究物体的平衡问题,在本篇中对所研究的物体都视作刚体。所以,这一部分又称**刚体静力学**。

需要指出的是,当研究物体在力作用下的变形和破坏问题时(例如在材料力学和结构力学中),变形就成为主要因素而不能忽略。这时就不能再把物体视作刚体,而必须如实地作为变形体看待。

在工程实际特别是建筑工程中,静力学有着广泛地应用。首先,由于建筑物相对于地面是静止不动的,即处于平衡状态。因此,设计建筑物的结构时,可以应用力系的平衡条件分析各构件的受力。其次,各种建筑机械的设计,也离不开静力学知识。再者,静力学也是学习材料力学、结构力学和建筑结构等课程的基础。因此,其重要性是不言而喻的。

第一章　静力学的基本概念

第一节　力　的　概　念

力的概念是人类在长期的生产劳动和生活实践中逐步形成的。最初,人们在推动小车、提升重物、拉长弹簧等过程中,通过肌肉紧张收缩感受到力的存在。由于推小车、提重物、拉弹簧,使小车和重物改变了运动状态或使弹簧改变了形状,人们就说人对物体施加了力。随着生产的发展和实践,人们进一步认识到,这种力的作用在物体与物体之间也会发生。例如,从空中落下的物体由于受到地球的吸引力而使运动速度逐渐加快,桥梁由于受到车辆的作用而产生弯曲变形,等等。综合无数事例,人们经过归纳、概括和科学地抽象,就形成了力的概念,即:**力是物体与物体之间的相互机械作用,这种作用使物体的运动状态发生改变或者使物体发生变形。**

由上述可知,力对物体的作用将产生两种效应:一种是使物体运动状态改变的效应,这种效应称为**运动效应**或**外效应**;另一种是使物体发生变形的效应,这种效应称为**变形效应**或**内效应**。由于力对刚体的效应只有外效应,故在静力学中,只研究力的外效应。而力的内效应将在材料力学和结构力学中研究。

需要指出的是,既然力是物体之间的相互机械作用,因此,力不可能脱离物体而单独存在,任何力都是一物体对另一物体的作用。以后凡提到力,必须要明确是哪一物体对哪一物体的作用力,例如,物体的重力就是地球对该物体的吸引力。

实践证明,力对物体的作用效应取决于**力的大小**、**力的方向**和**力的作用点**这三个因素,即通常所称的**"力的三要素"**。例如,要想打开房门,就必须对门施加足够大的力,施力的方向尽量与门面垂直,施力的地点也应尽可能远离门轴。否则,用力不够,用力方向不对,或者用力的位置(即力的作用点)不对,都不能顺利把门打开。

力的大小是指物体间相互作用的强弱程度。力的大小可以用测力器测定。在国际单位制中,度量力的大小的单位用**牛顿**或**千牛顿**,简称**牛**(N)或**千牛**(kN)。

$$1\text{千牛(kN)}=1000\text{牛(N)}$$

力的方向包含力的方位和指向两个含义。例如,说物体重力的方向是铅垂向下,这里的"铅垂"是重力的方位,而"向下"则是重力的指向。

力的作用点表示力对物体作用的位置。实际上,力的作用位置是分布在物体的一定范围(某一部分面积或体积)内的,但是在研究力的外效应时,可以把作用于物体某一范围内的力简化为作用在一个点上。例如,用手推车时,力作用在车上的面积(手与车相接触的面积)与车相比很小,因此,可近似看作是一个点;又如作用在物体各部分体积上的地球吸引力,为了便于分析计算,可简化为集中于物体重心的重力。对于集中作用于一点的力,称为集中力,这个点称为力的作用点。

改变力的三要素中的任何一个要素,都将改变力对物体的作用效果。例如,沿水平地面推动一个木箱(图 1-1-1),若施加的力 $\boldsymbol{F}$ 改变大小或改变方向(如 $\boldsymbol{F_1}$),或改变作用点(如 $\boldsymbol{F_2}$),木箱的运动效果也就会随之改变。因此,要完整描述一个力,就必须把力的三要素都表示清楚。

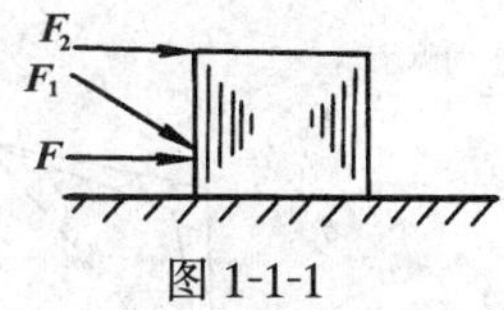

图 1-1-1

力是一个既有大小又有方向的量,因此,力是**矢量**。

代表力矢量的符号用黑体字母表示,如 $\boldsymbol{F}$、$\boldsymbol{P}$、$\boldsymbol{N}$ 等。为了书写方便,也可以用加一横线的普通字体表示,如 $\overline{F}$、$\overline{P}$、$\overline{N}$ 等。仅用普通字体 F、P、N 等表示力时就只表示力矢量的大小。

用几何法进行物体的受力分析时,力的三要素是用一个带箭头的线段表示的。其中线段的长度(按选定的比例)表示力的大小;线段与某定直线的夹角表示力的方位,箭头表示力的指向;线段的起点(或终点)表示力的作用点。这就是力的图示法。如图 1-1-2 中,作用于物体上的力 $\boldsymbol{F}$,按比例可量出大小为 10kN,量得方向与水平线成 45°角,指向右上方,作用在物体的 A 点上。采用解析法时,力的三要素是由力在各坐标轴上的投影以及力的作用点的坐标来表示的。这将在第二章叙述。

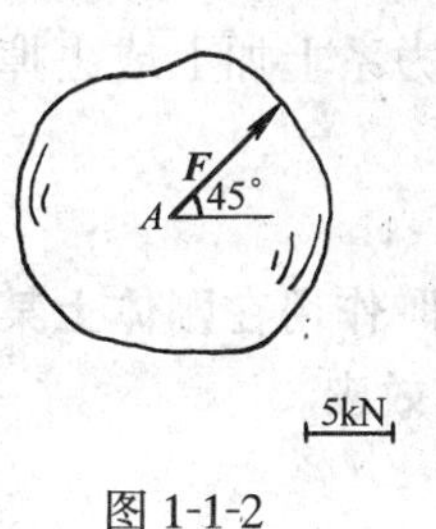

图 1-1-2

第二节　静力学基本公理

静力学基本公理是静力学的理论基础,它阐述力的基本性质,是以实验观察为依据,并在人类长期实践中反复验证、无须再证明的客观规律。

一、二力平衡公理

作用在同一刚体上的两个力,使刚体平衡的必要与充分条件是:这两个力大小相等、方向相反,且作用在同一直线上。如图 1-1-3 所示。

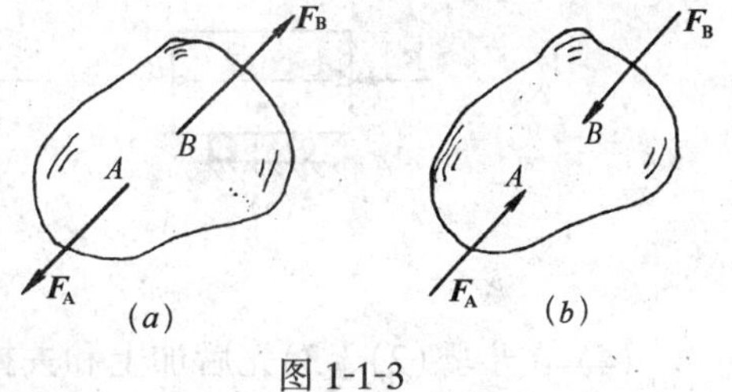

图 1-1-3

这个公理说明了若一个刚体上只受两个力作用而平衡,则这两个力必定是大小相等、方向相反、作用于同一直线上。反之,仅受大小相等、方向相反、在同一直线上的两个力作用的刚体,一定是处于平衡状态的,即这两个力是一个平衡力系。

二力平衡公理总结了作用于刚体上最简单的力系(两个力)平衡时必须满足的条件,这个条件可简述为“二力等值、反向、共线”。这个条件一旦不能满足,刚体的平衡状态即被破坏。公理中之所以强调刚体,是因为对刚体来说,这个条件是必要的和充分的。而对变形体的平衡来说,这个条件只是必要的而不是充分的。例如,一根软绳受两个等值、反向、共线的拉力作用时,可以平衡,但在一对等值、反向、共线的压力作用下,就不能平衡了。工程上把只受两个力作用而处于平衡的构件称为**二力构件**,如图 1-1-4 所示。当二力构件为杆件时,则称为**二力杆**。

二力平衡公理是研究各种力系平衡条件的基础。

二、加减平衡力系公理

在作用于刚体的任意力系中,加上或去掉任一个平衡力系,都不会改变原力系对刚体的作用效应。

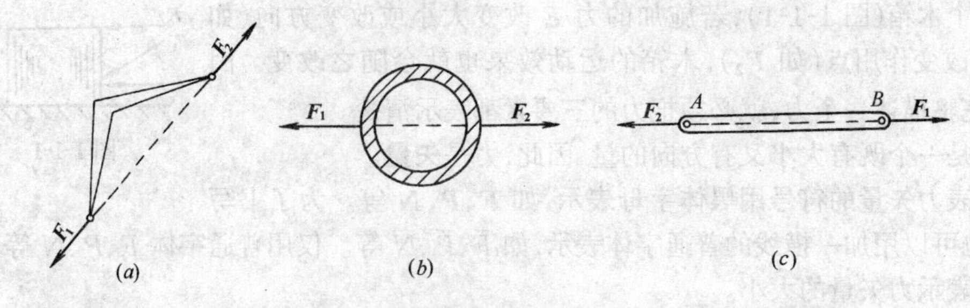

图 1-1-4

因为平衡力系对物体的运动状态是没有影响的,所以在刚体的原力系上加上或去掉任一个或几个平衡力系,对刚体的作用效果都是完全相同的。

加减平衡力系公理是研究力系等效代换的基础。

由加减平衡力系公理,可以得到如下推论——**力的可传性原理**,即:**作用在刚体上某点的力,可沿其作用线移动到刚体内的任意点,而不改变它对刚体的作用效应**。

证明

(1) 设力 $\boldsymbol{F}$ 作用在小车的 A 点,B 为其作用线上任意一点(图 1-1-5a)。

(2) 在点 B 加上一个平衡力系 $\boldsymbol{F_1}$ 和 $\boldsymbol{F_2}$,使 $\boldsymbol{F_1}$、$\boldsymbol{F_2}$ 与力 $\boldsymbol{F}$ 共线,且 $\boldsymbol{F_1}=\boldsymbol{F_2}=\boldsymbol{F}$(图 1-1-5$b$)。

(3) 由于力 $\boldsymbol{F}$ 与 $\boldsymbol{F_2}$ 也是一个平衡力系,可以去掉,这样就只剩下作用在小车上 B 点的力 $\boldsymbol{F_1}$(图 1-1-5c)。

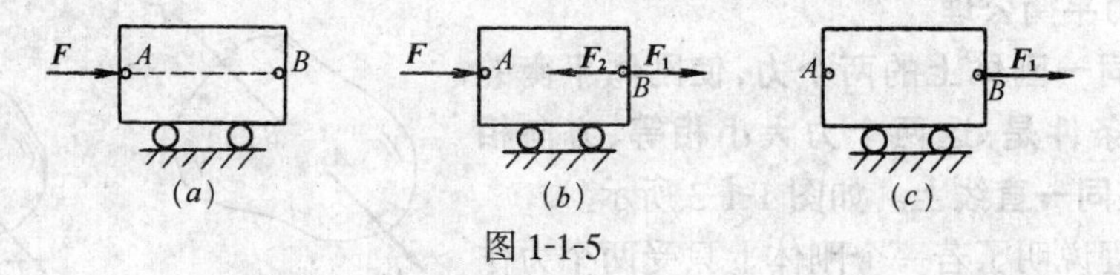

图 1-1-5

(4) 在步骤(2)、(3)先后加上和去掉一个平衡力系,根据加减平衡力系公理可知,力 $\boldsymbol{F_1}$ 一定和原力 $\boldsymbol{F}$ 等效。这就相当于把原来作用在 A 点的力 $\boldsymbol{F}$ 沿其作用线移到了 B 点,从而使推车和拉车的效果相同。力的这种性质称为**力的可传性**。

由力的可传性原理可知,力对刚体的作用效应与力作用在其作用线上的哪一点无关。因此对于刚体,力的三要素可以写成:**力的大小;力的方向;力的作用线**。

和二力平衡公理一样,加减平衡力系公理和力的可传性原理,也只适用于一个刚体,即:(1) 不能用于两个刚体。例如在图 1-1-6 中,不能将作用于刚体 A 上的力沿其作用线移到

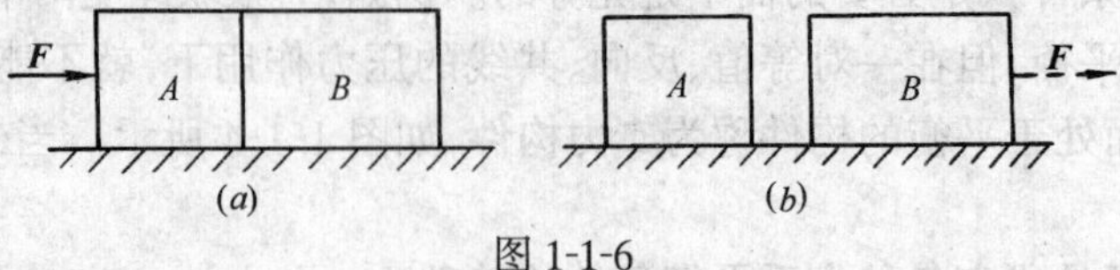

图 1-1-6

刚体 B 上。(2) 不适用于变形体。例如,弹簧在一对等值、反向、共线的压力作用下,变形是缩短(图 1-1-7a),而若将这两个力各沿其作用线移到弹簧的另一端(图 1-1-7b),变形则是伸长。可见,研究物体的变形效应时,力的可传性原理就不再适用。

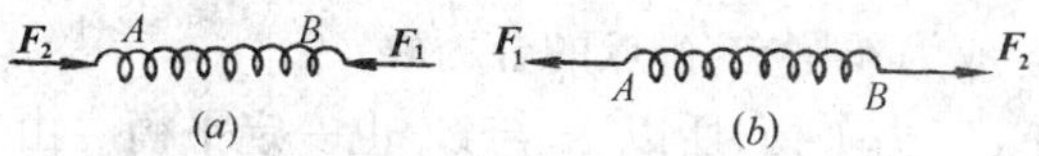

图 1-1-7

三、力的平行四边形公理

作用在物体上同一点的两个力，可以合成为作用在该点的一个合力。合力的大小和方向由以这两个力为邻边所构成的平行四边形的对角线来表示。

上述公理表明：作用在物体上同一点而方向不同的两个力（也称共点力），可以用与其作用效果完全相同、作用在该点的一个力来代替。这个力称为两共点力的**合力**，两共点力则称为该合力的**分力**。由分力求合力的过程称为**力的合成**。显然，力的平行四边形公理揭示了最简单力系（两个共点力）合成的基本规律，是较复杂力系合成的基础。

按力的平行四边形公理求得的合力 $\boldsymbol{R}$（图 1-1-8），用公式可表示为

$$\boldsymbol{R}=\boldsymbol{F}_1+\boldsymbol{F}_2 \tag{1-1-1}$$

即，合力等于两个分力的矢量和。这种力的合成方法称为**矢量加法**。它必须按力的平行四边形公理相加，而不能简单的将两个分力的数值大小相加减（即代数相加），只有当两个力共线时，其合力才能用代数加法。

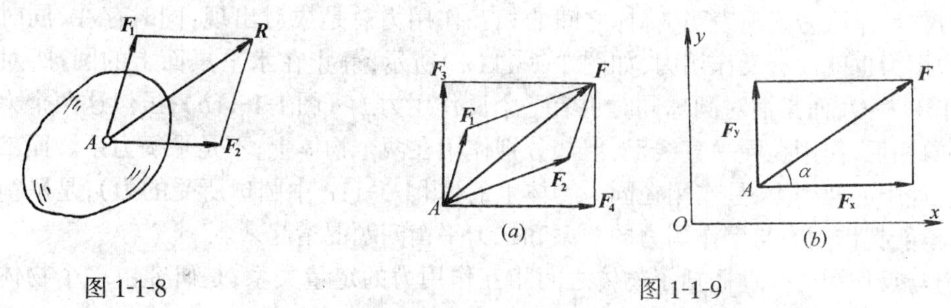

图 1-1-8　　　　图 1-1-9

应用力的平行四边形公理可以将两个力合成为一个合力，反之也可以将一个力分解为两个分力。但是，两个已知力的合力是唯一的，而将一个已知力分解为两个分力却会如图 1-1-9(a)那样，有无数多个解答。因为以一个力矢量为对角线的平行四边形不是唯一的。为了得出唯一的解答，就必须给以限制条件，如给定两个分力的方向，或给定一个分力的大小和方向。在实际问题中，常将一个力沿直角坐标轴方向分解。如图 1-1-9(b)所示，力 $\boldsymbol{F}$ 可分解成两个相互垂直的分力 $\boldsymbol{F}_x$ 与 $\boldsymbol{F}_y$，其大小可由下式确定

$$\begin{cases} F_x=F\cos\alpha \\ F_y=F\sin\alpha \end{cases} \tag{1-1-2}$$

式中 α 为力 $\boldsymbol{F}$ 与 x 轴的夹角。

根据力的平行四边形公理、二力平衡公理和力的可传性原理，可以证明另一个推论——**三力平衡汇交定理，即：若一刚体在三个互不平行的共面力作用下处于平衡，则此三力的作用线必汇交于一点。**

证明

(1) 设有一刚体在 A_1、A_2、A_3 三点分别受共面互不平行的三个力 $\boldsymbol{F}_1$、$\boldsymbol{F}_2$、$\boldsymbol{F}_3$ 作用而平衡，如图 1-1-10 所示。

(2) 根据力的可传性原理，将力 $\boldsymbol{F}_1$ 和 $\boldsymbol{F}_2$ 移到这两个力作用线的交点 A，再由力的平

行四边形公理将 $\boldsymbol{F}_1$、$\boldsymbol{F}_2$ 合成为作用在 A 点的合力 $\boldsymbol{R}$。

(3) 由于 $\boldsymbol{F}_1$、$\boldsymbol{F}_2$ 与 $\boldsymbol{F}_3$ 三力平衡，所以 $\boldsymbol{R}$ 与 $\boldsymbol{F}_3$ 也一定平衡。由二力平衡公理可知，此两力必然等值、反向、共线，即力 $\boldsymbol{F}_3$ 必定通过 $\boldsymbol{F}_1$ 和 $\boldsymbol{F}_2$ 的交点 A。

三力平衡汇交定理指出了三个互不平行的共面力构成平衡力系的必要条件。此定理常用来确定物体只受不平行的三个共面力作用而平衡时，其中某一未知力的方向。

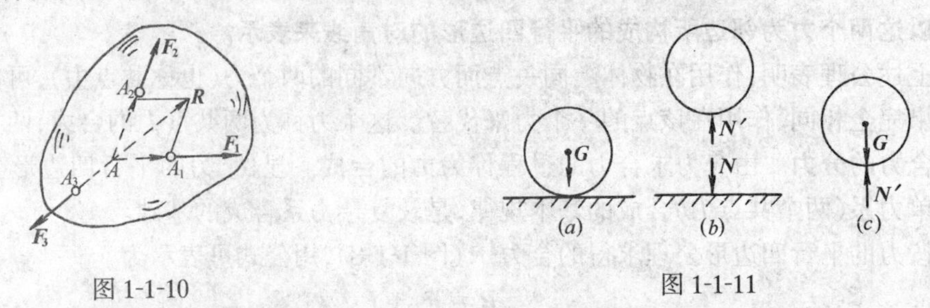

图 1-1-10　　图 1-1-11

四、作用力与反作用力公理

两个物体间相互作用的力总是大小相等、方向相反、沿同一直线，并分别作用在这两个物体上。

作用力与反作用力公理表明，物体之间的相互作用力总是成对出现，同时存在，同时消失。没有作用力也就没有反作用力，如图 1-1-11(a)所示，静止在水平桌面上的圆球，对桌面有一个作用力 $\boldsymbol{N}$，而桌面对圆球同时也有一个反作用力 $\boldsymbol{N}'$(图 1-1-11b)；虽然这两个力大小相等、方向相反、作用在同一直线上，但却分别作用在两个物体上，不是平衡力系。而二力平衡力系公理中的两个力，是作用在同一物体上的(图 1-1-11c 中圆球所受的力)，是平衡力系。因此，不能把作用力与反作用力的关系和二力平衡问题混淆起来。

作用力与反作用力公理概括了物体之间相互作用力的定量关系，是研究由多个物体组成的系统平衡问题的基础。

第三节　约束和约束反力

一个物体，如果可以不受任何限制地在空间自由运动(例如，在空中自由飞行的飞机、断了线的风筝等)，称此物体为**自由体**；相反，如果一个物体受到周围物体的限制，而不能在空间某些方向自由运动的，则称其为**非自由体**。那些限制非自由体运动的周围物体，在力学中称为**约束**。例如，用绳子吊在顶棚上的吊灯，由于绳子的限制，吊灯在铅垂方向上不能离开绳子向下运动，是非自由体，而绳子则是吊灯的约束。又如两端搁置在竖直墙上的水平梁，由于墙的支撑，限制了梁沿竖直方向的向下运动，所以梁是非自由体，墙则是梁的约束。既然约束限制物体在某些方向的运动，那么，当物体沿着约束所能阻碍的方向上有运动趋势时，约束就会对该物体有力的作用来阻碍物体的运动。这种力称为**约束反力**，简称**反力**。**约束反力的方向总是与约束所能阻碍物体运动的方向相反**。这一结论是我们判断约束反力方向的一个原则。仍以绳子悬挂的吊灯为例，由于吊灯在自重作用下有沿铅垂方向向下运动的趋势，因而绳子对吊灯约束反力的方向便是垂直向上的。

凡是能主动地使物体运动或使物体有运动趋势的力，称为**主动力**，例如重力、风力、水压力等。工程上把主动力称为**荷载**。

通常主动力都是已知的。约束反力则是未知的,它的确定与作用于物体上的主动力和约束本身的特性有关。约束反力的大小要根据物体所受的主动力由平衡条件来求出;约束反力的作用点,在约束与被约束物体(非自由体)的接触点上;至于约束反力的方向,则可以根据约束的类型加以判定。下面介绍几种常见的约束及其约束反力。

一、柔体

由绳索、链条、皮带、钢丝绳等柔性物体形成的约束称为**柔体约束**。这里,柔体是完全理想化的,即认为是绝对柔软、无重量、无粗细、不可伸长或缩短的柔性物体。柔体约束只能限制物体沿柔体中心线背离柔体方向的运动,而不能限制物体沿其它方向的运动。因此,**柔体约束的反力必通过柔体与物体的接触点,沿着柔体中心线,并背离物体,即为拉力**。柔体约束反力常以 $\boldsymbol{T}$ 表示(图 1-1-12)。

图 1-1-12　　　　图 1-1-13

二、光滑接触面

当物体与光滑支承面接触时,在摩擦力很小可略去不计的情况下,光滑面对物体的约束就称为**光滑接触面约束**。因为接触面是光滑的,所以只能限制物体沿着接触面的公法线而指向接触面的方向运动,但不能限制物体离开接触面或沿着接触面公切线方向运动。因此,**光滑接触面的约束反力通过光滑支承面与物体的接触点,沿着接触面的公法线并指向物体**,即为**压力**。这种约束反力常以 $\boldsymbol{N}$ 表示(图 1-1-13)。不论物体和光滑支承面的形状如何,光滑接触面约束反力的方向始终是沿着接触面的公法线并指向物体,所以这种约束反力也称为**法向反力**。根据这一特征,可画出图 1-1-14(a)、图 1-1-15(a)中的物体受到的约束反力,分别如图 1-1-14(b)、图 1-1-15(b)所示。

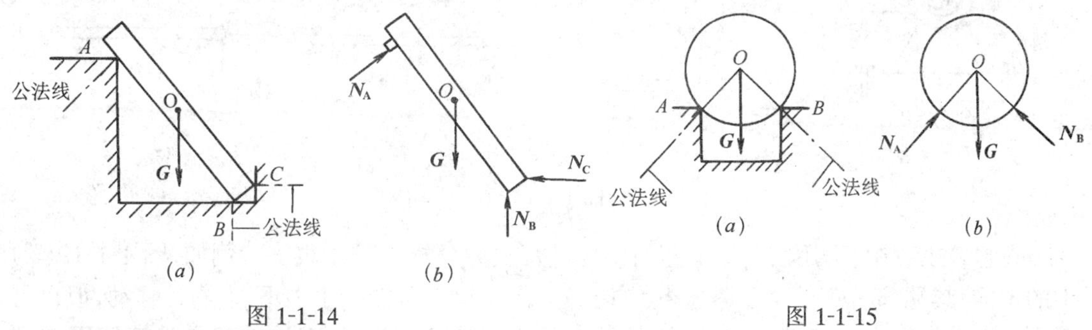

图 1-1-14　　　　图 1-1-15

三、圆柱铰链与固定铰支座

1．圆柱铰链

圆柱铰链约束是由一个圆柱形销钉插入两个物体的圆孔中构成的,简称**铰链约束**,如图 1-1-16(a)所示。门窗用的合页、活塞与连杆的连接等都是铰链约束的实例。图 1-1-17(a)

是这种约束的简图。

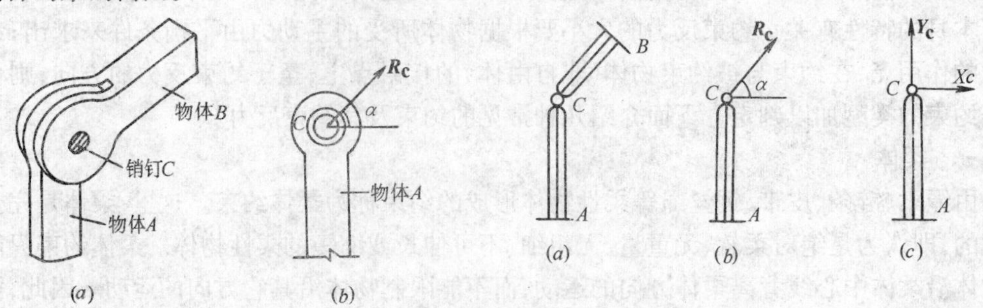

图 1-1-16　　　　图 1-1-17

在圆柱铰链约束中，销钉与圆孔的接触面认为是完全光滑的。因此，这种约束不能限制物体绕销钉的转动，而只能限制物体在垂直于销钉轴线的平面内任意方向的移动。根据光滑接触面约束的特点，铰链约束的约束反力应沿着销钉和圆孔接触处的公法线，并通过铰链中心。随着物体所受的荷载不同，销钉与圆孔接触点的位置也不同，致使约束反力的方向未知。由此可知，**圆柱铰链约束反力在垂直于销钉轴线的平面内，通过铰链中心，而方向未知。** 铰链约束反力，可以用一个作用在铰链中心但大小和方向未知的力 $\boldsymbol{R}_c$ 表示(图 1-1-16*b*)。

为了计算方便，常用两个通过铰链中心且互相垂直但大小未知的分力 $\boldsymbol{X}_c$ 和 $\boldsymbol{Y}_c$ 来代替 $\boldsymbol{R}_c$(图 1-1-17*c*)。

2. 固定铰支座

工程中，把构件与基础、墙、柱等支承物联系起来的装置叫做**支座**。如果用圆柱形销钉将构件与支承物连接起来，这就构成了固定铰支座。图 1-1-18(*a*)为其构造简图，图(*b*)是计算简图。在固定铰支座中，构件可以绕销钉转动，但不能在垂直于销钉轴线平面内的任何方向移动。可见，这种支座的约束性能与圆柱铰链约束相同，因此**固定铰支座的约束反力在垂直于销钉轴线的平面内，通过支座中心，方向不定**，如图 1-1-18(*c*)、(*d*)所示。

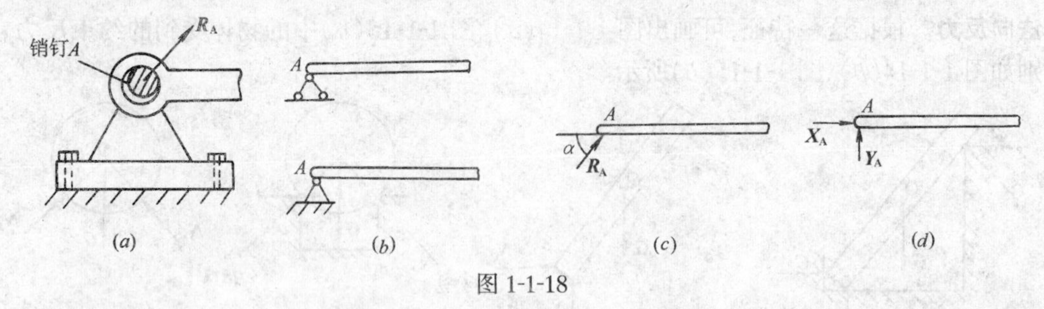

图 1-1-18

在建筑工程中，采用固定铰支座对结构进行受力分析的例子很多。例如，图 1-1-19(*a*)中的木梁，其端部与柱子通过螺栓相连接。这样，木梁不可能产生上下、左右的移动，但仍可以绕端点产生微小的转动。因此，柱子对木梁的约束可视为固定铰支座，其计算简图如图 1-1-19(*b*)。又如图 1-1-20(*a*)中的柱子，插入杯形基础后，在柱脚与杯口之间用沥青麻丝填实。基础将限制柱子上下、左右的移动，但柱子还可能产生微小转动。因此，这种基础也可看成固定铰支座。

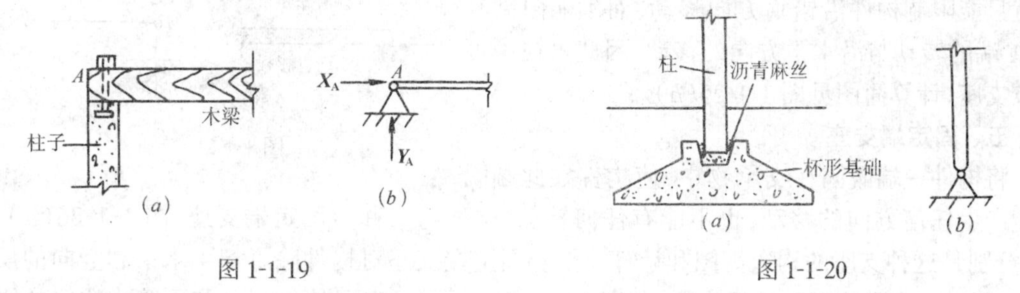

图 1-1-19　　　　图 1-1-20

四、链杆与可动铰支座

1. 链杆

链杆就是两端用光滑销钉与物体相连而中间不受力的直杆。两个物体若用链杆相连，便构成**链杆约束**(图 1-1-21*a*)。链杆 *AB* 只是在端点分别受到销钉 *A* 和 *B* 的反力，由于杆

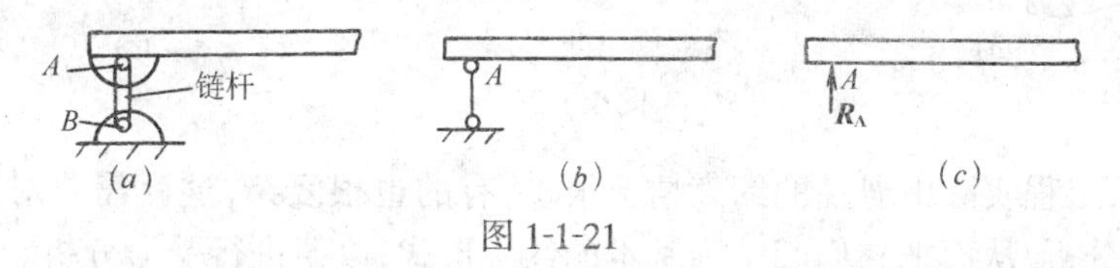

图 1-1-21

中不受力，由二力平衡公理知，此二力不论是拉力还是压力，一定是等值、反向且沿着链杆中心线，即链杆为二力杆。再由作用力与反作用力公理知，**链杆对物体的约束反力必沿着链杆中心线，指向未定**。计算时链杆约束反力的指向可先假定，实际指向则由平衡条件判定(见本篇第二章)。图 1-1-21(*b*)、(*c*)是链杆约束的计算简图及其反力。图 1-1-22 所示支架是链杆约束在工程中应用的实例，支架中 *BC* 杆就是水平杆 *AB* 的链杆约束。

2. 可动铰支座

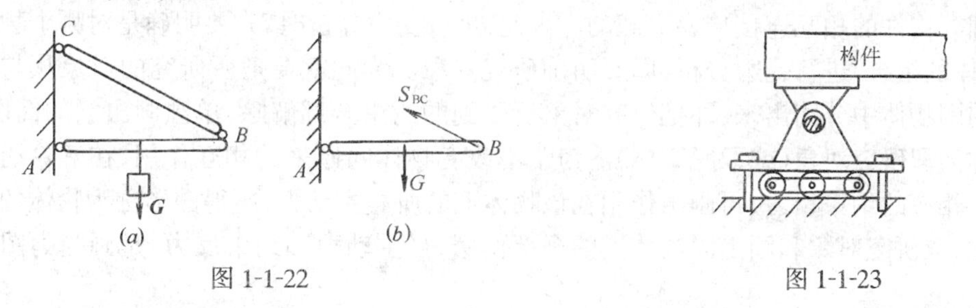

图 1-1-22　　　　图 1-1-23

在固定铰支座与光滑支承面之间加几个辊轴，再附加特殊装置，使辊轴只能在支承面上左右移动，但不能离开支承面，这就构成了**可动铰支座**。图 1-1-23 为可动铰支座的构造示意图，图 1-1-24 是它的计算简图。这种支座的**反力通过销钉中心，垂直于支承面，指向未定，**和链杆约束性能相同，如图 1-1-24(*c*)所示。

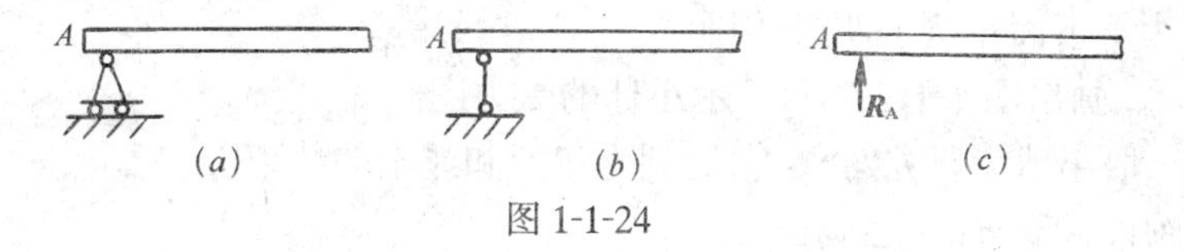

图 1-1-24

建筑工程中，某些构件有时在支承处垫上沥青杉板如图 1-1-25(*a*)所示。这样沥青杉

板就只能限制构件沿铅垂方向移动，而不能限制其在 A 端的转动与沿水平方向的移动。因此可视为可动铰支座，计算简图见图 1-1-25(b)。

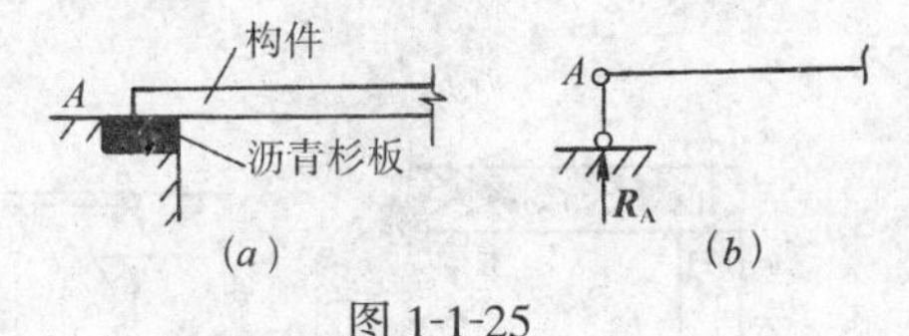

图 1-1-25

五、固定端支座

将构件一端嵌固在支承物中，使构件在此端既不能产生任何方向的移动，也不能有任何转动，这种约束称为**固定端支座**，图 1-1-26(a)、(b)分别是这种支座的构造简图和计算简图。固定端支座对构件除了产生水平和竖向的反力外，还有一个阻止转动的反力偶，如图 1-1-26(c)所示。房屋的外阳台和雨篷中挑梁的嵌固端，以及现浇式钢筋混凝土柱子和基础的连接等都是固定端支座的实例。

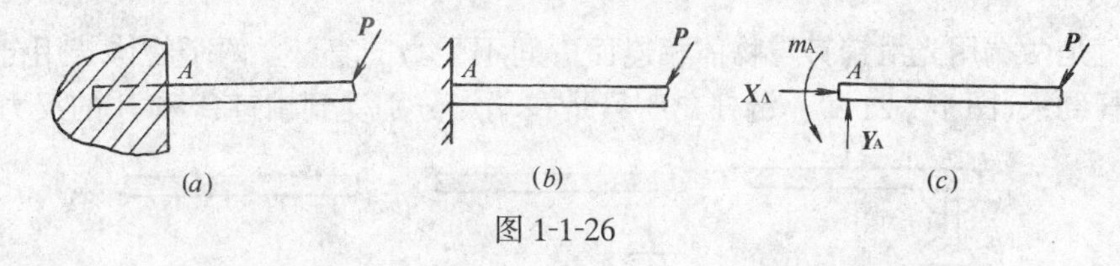

图 1-1-26

应该指出，工程实际中遇到的约束情况很多，有的也很复杂，这就需要对约束的构造和性质进行全面分析，从而把它们归结为基本的约束形式，以便进行受力分析。

第四节　受　力　图

对物体进行力学计算，必须先搞清物体受哪些力的作用？哪些是已知的？哪些是未知的？也就是要进行受力分析。

工程实际中，经常遇到几个物体或构件相互联系的情况，例如一座楼房，就是通过楼板、梁、柱、基础等构件的相互连接传递荷载的。因此，进行受力分析时，先要明确是对哪个物体(或几个物体的组合)进行受力分析，即要明确**研究对象**。为此就要把所研究的对象从与它有联系的周围物体中分离出来，即把研究对象所受到的约束全部解除，单独画出它的简图，这个步骤称为**取研究对象**(或**取脱离体**)。为了不改变物体间原来的相互作用，在解除约束的地方画上相应的约束反力，再画出作用在该物体上的所有主动力，所得图形称为物体的**受力图**。显然，取研究对象和画出脱离体上的全部作用力(主动力和约束反力)是画受力图的关键。

受力图是表示物体所受全部外力的简图，是进行力学计算的依据。

一、单个物体的受力图

画单个物体的受力图，可按下面的作法进行：(1) 明确研究对象；(2) 解除研究对象上的全部约束，单独画出它的简图；(3) 在简图上画出已知的主动力；(4) 在解除约束处画上相应的约束反力。下面举例说明具体画法。

【例 1-1】 试画出图 1-1-27(a)所示小球的受力图。

【解】 (1) 取小球为研究对象，它受到光滑面和绳索的约束。

(2) 解除约束，把小球单独画出。

(3) 画主动力，即小球的重力 G，它作用于球心 C，铅垂向下。

(4) 画约束反力。绳子——柔体约束，约束反力 T_A 作用于球与绳的接触点 A，沿着绳子中心线，且背离小球；光滑墙面——光滑接触面约束，约束反力 $\boldsymbol{N}_{\mathbf{B}}$ 通过球与墙面接触点 B，沿着球面与墙面的公法线，指向球心。其受力图如图 1-1-27(b)所示。

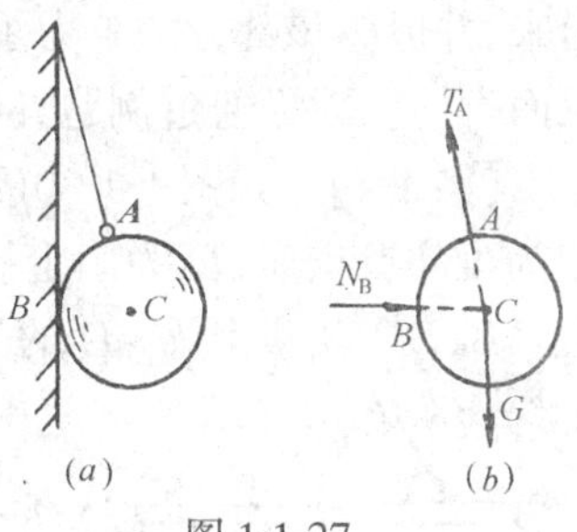

图 1-1-27

【例 1-2】 梁 AB 的自重不计，在 C 点受已知力 $\boldsymbol{P}$ 作用，支承情况如图 1-1-28(a)所示，试画出梁的受力图。

【解】 (1) 取梁为研究对象。

(2) 解除约束，单独画出梁的简图。

(3) 画主动力，主动力 $\boldsymbol{P}$ 作用于 C 点，铅垂向下。

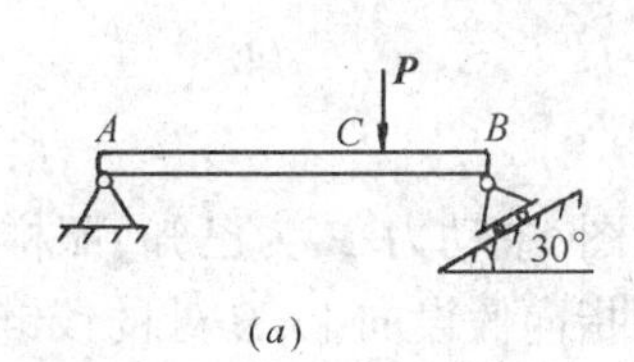

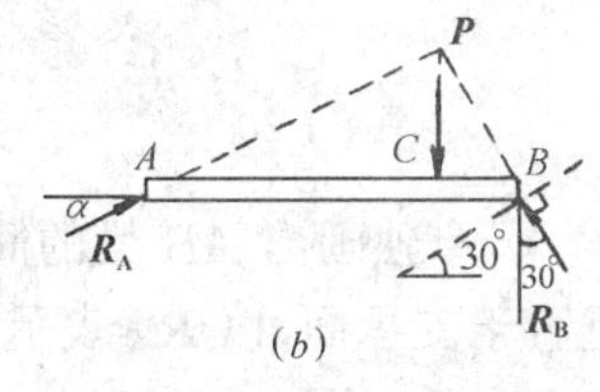

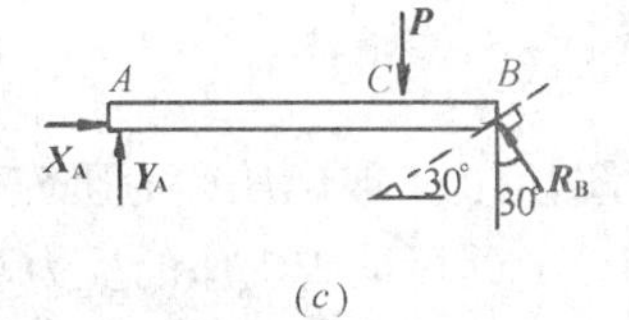

图 1-1-28

(4) 画约束反力，A 点为固定铰支座，其反力有两种画法，一是 $\boldsymbol{R}_{\mathbf{A}}$ 的大小和方向未知(图 1-1-28b)，一是用两个互相垂直的分力 $\boldsymbol{X}_{\mathbf{A}}$ 和 $\boldsymbol{Y}_{\mathbf{A}}$ 表示(图 1-1-28c)。B 点可动铰支座的反力 $\boldsymbol{R}_{\mathbf{B}}$ 通过 B 点，垂直于支承面(与水平成 60°)，指向假定向上。在图 1-1-28(b)中，根据三力平衡汇交定理，还可进一步确定 $\boldsymbol{R}_{\mathbf{A}}$ 的方位角 α 的大小。

【例 1-3】 梯子的重力为 $\boldsymbol{P}$，一头搁在光滑的地面上，一头靠在墙顶上，C 处用绳索拉住，如图 1-1-29(a)所示，试画出梯子的受力图。

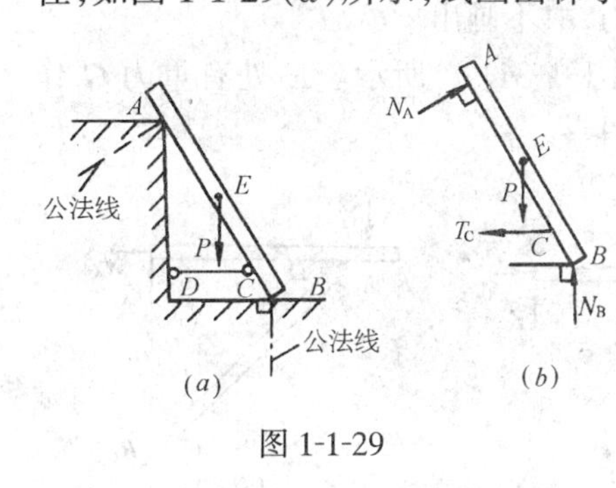

图 1-1-29

【解】 (1) 以梯子为研究对象。(2) 解除约束，画出梯子的简图。(3) 画主动力；重力 P 作用在梯子的重心(E)点，铅直向下。(4) 画约束反力；A、B 处为光滑接触面约束。约束反力 $\boldsymbol{N}_{\mathbf{A}}$ 过 A 点，沿墙和梯子在 A 处的公法线并指向梯子；$\boldsymbol{N}_{\mathbf{B}}$ 通过接触点 B，沿梯子和地面在 B 点的公法线指向梯子；绳索的约束反力 $\boldsymbol{T}_{\mathbf{C}}$，通过 C 点，沿绳索中心线背离梯子。根据约束的特性，$\boldsymbol{N}_{\mathbf{A}}$、$\boldsymbol{N}_{\mathbf{B}}$、$\boldsymbol{T}_{\mathbf{C}}$ 的指向均为已知，不能假设。梯子的受力图如图 1-1-29(b)所示。

二、物体系统的受力图

物体系统是指几个物体或构件通过约束相互联系在一起的物体的组合。画物体系统的受力图与画单个物体的受力图作法相同，只是所取的研究对象是由两个或两个以上联系在一起的物体组成的系统。这时，只需将所取的研究对象看作一个整体，象单个物体那样来画受力图。选取研究对象时，同样可把所要研究的部分从系统中分离出来，并加上相应的约束反力。需要注意的是，分离出来的部分和系统中与它相连接的部分是物体间的相互作用，其连接处的约束反力要遵循作用力与反作用力公理。

当研究对象由几个物体组成时，通常把研究对象内各物体之间相互作用的力称为**内力**，而研究对象以外的物体对研究对象的作用力称为**外力**。由于研究对象的受力图中，内力所代替的约束并未解除，所以内力不能画出。若再取研究对象中的某部分研究时，内力就暴露出来，并成为该部分的外力了。可见，内力与外力的概念是相对的，是针对所选取的研究对象而言的。下面通过例题具体说明物体系统受力图绘制的方法。

【例 1-4】 如图 1-1-30(a)所示，梁 AB 和 BD 用铰链 B 连接，并支承于三个支座上，A、C 为可动铰支座，D 为固定铰支座，集中力 $\boldsymbol{P}$ 作用于 AB 梁的 E 点，各梁自重不计，试画出梁 AB、BD 及整个梁 AD 的受力图。

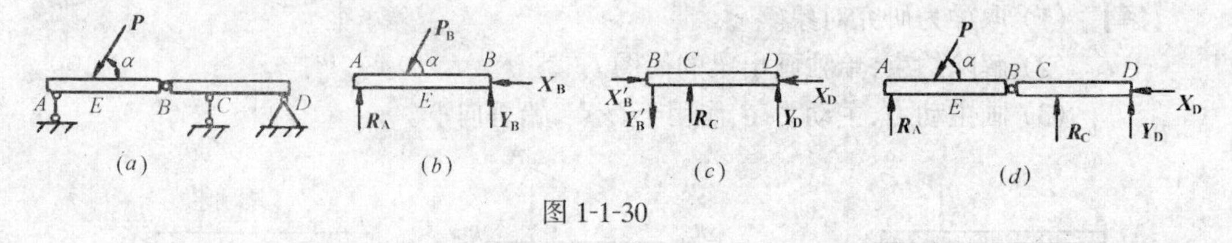

图 1-1-30

【解】 (1) 取 AB 梁为研究对象；单独画出 AB 梁的简图；主动力 $\boldsymbol{P}$ 为已知，照样画到简图上；A 处可动铰支座的反力垂直于支承面，以 $\boldsymbol{R_A}$ 表示，指向假设向上；B 处的铰链约束反力用两个互相垂直的分力 $\boldsymbol{X_B}$、$\boldsymbol{Y_B}$ 表示。图 1-1-30(b)是 AB 梁的受力图。

(2) 取 BD 梁为研究对象，画出它的简图；梁上无主动力作用；D 处固定铰支座的反力用 $\boldsymbol{X_D}$、$\boldsymbol{Y_D}$ 表示，指向如图 1-1-30(c)所示，C 处可动铰支座的反力以 $\boldsymbol{R_C}$ 表示，指向假设向上；B 处为铰链约束，其反力 $\boldsymbol{X'_B}$ 和 $\boldsymbol{Y'_B}$ 与作用在 AB 梁上的 $\boldsymbol{X_B}$ 和 $\boldsymbol{Y_B}$ 是作用力与反作用力的关系，指向必与 $\boldsymbol{X_B}$、$\boldsymbol{Y_B}$ 相反，而不能再假设。BD 梁的受力图如图 1-1-30(c)。

(3) 取整梁 AD 为研究对象，画出其简图；作用于整梁上的主动力为 $\boldsymbol{P}$，A、C 处的反力 $\boldsymbol{R_A}$、$\boldsymbol{R_C}$，D 处的支座反力 $\boldsymbol{X_D}$、$\boldsymbol{Y_D}$，对照图 1-1-30(b)、(c)画出。整梁受力图见图 1-1-30(d)。画整梁的受力图时，AB 与 BD 梁段相互作用的力是内力，故不画出。

【例 1-5】 由横梁 AB 和斜杆 CD 构成的支架如图 1-1-31(a)所示。E 处有重力 $\boldsymbol{G}$ 作用，各杆自重不计，试画出 AB、CD 及整个支架的受力图。

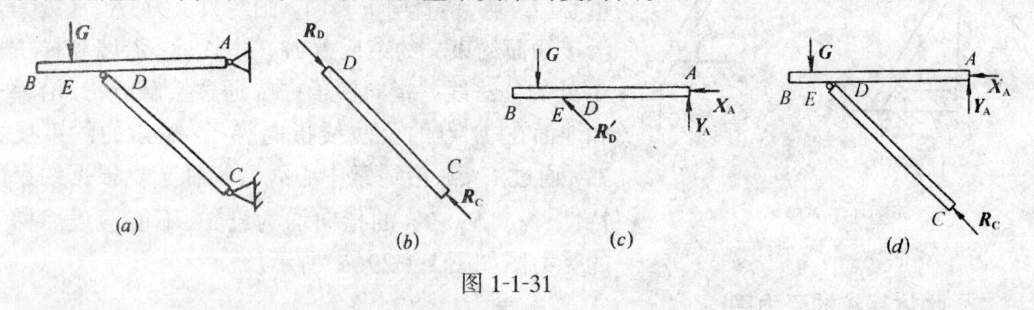

图 1-1-31

【解】 依次取 CD、AB 和整体为研究对象。

(1) CD 杆两端都是铰链连接，中间不受力，故为二力杆。杆件两端的约束反力 $\boldsymbol{R_C}$、$\boldsymbol{R_D}$ 必然等值、反向、作用线沿 CD 的连线，指向可以假设。受力图如图 1-1-31(b)所示。

(2) 画出横梁 AB 的简图；E 点有垂直向下的重力 $\boldsymbol{G}$ 作用；A 点的支座反力用 $\boldsymbol{X_A}$、$\boldsymbol{Y_A}$ 表示，指向可假设，如图(c)所示；D 点的约束反力 $\boldsymbol{R'_D}$ 应与 CD 杆上的作用力 $\boldsymbol{R_D}$ 符合作用力与反作用力的关系。横梁 AB 的受力如图 1-1-31(c)所示。

(3) 画出支架整体的简图，在简图上画出主动力 $\boldsymbol{G}$ 及约束反力 $\boldsymbol{X_A}$、$\boldsymbol{Y_A}$ 与 $\boldsymbol{R_C}$(各力与图 b、c 中一致)，便得到支架整体的受力图(图 1-1-31d)。

通过例题可知，画受力图应注意以下几点：

(1) 正确选取研究对象,通常题意中要求画受力图的那个物体或物体系统就是研究对象。

(2) 取脱离体时,一定要去掉研究对象所受的全部约束。

(3) 要画出研究对象所受到的全部外力(主动力、约束反力),不要遗漏和重复,内力不能画出。

(4) 约束反力与约束一一对应,约束反力的方向要根据约束类型画,不能凭主观想象、简单推断。同一约束的反力在各有关受力图中指向必须一致。

(5) 系统中两个物体间的相互作用力,应符合作用力与反作用力的关系。作用力的方向一经设定,反作用力的方向就必须与它相反。

(6) 若有二力杆或二力构件的受力图,一般应先画出。

第五节 荷　　载

在建筑工程中,作用于构件或结构上的主动力(即荷载)是多种多样的。为了便于应用,本节简要讨论荷载的分类及简化计算。

一、荷载的分类

1. 荷载按作用时间的久、暂可分为恒载和活载。

恒载是指永久作用在结构上的荷载,如结构的自重、土压力等。

活载是指作用在结构上的可变荷载。所谓"可变",就是说这种荷载在建筑物施工和使用过程中有时存在,有时不存在,其作用位置可能是固定的,也可能是移动的。室内人群、风荷载、雪荷载、厂房吊车荷载等都是活载。

2. 荷载按作用的范围可分为集中荷载和分布荷载。

若荷载作用的面积与结构的尺寸相比很小,可将其简化为作用于一点的荷载,称为**集中荷载**。例如次梁对主梁的压力、吊车轮传给吊车梁的压力等。

如果荷载连续地分布在整个结构或结构某一部分上(不能看成集中荷载时),则称为**分布荷载**。其中,分布在物体的体积内的荷载,叫**体荷载**。单位是 N/m^3 或 kN/m^3。如单位体积上的重力(即重度)就是体荷载,常用 γ 表示;分布于物体表面的荷载叫**面荷载**,单位是 N/m^2 或 kN/m^2,常用 p 表示,如屋顶雪荷载。若将面荷载、体荷载简化成连续分布在一段长度上的荷载,则称为**线荷载**,单位是 N/m 或 kN/m,常用 q 表示,如梁的自重常简化为沿梁轴线作用的线荷载。

当分布荷载在各处的大小均相同时,叫**均布荷载**,否则叫**非均布荷载**。

3. 荷载按作用性质可分为静荷载和动荷载。

静荷载是指缓慢地作用到结构上的荷载,构件的自重,一般的楼面活载都属于这类荷载。

动荷载是指大小、方向、作用位置随时间而急剧变化的荷载。在这种荷载作用下,结构将产生显著的振动。如动力机械产生的荷载、地震作用等。

本书除动荷应力一章外,其余各章所研究的荷载都是指静荷载。

二、几种简单荷载的计算

1. 自重

工程中的梁、柱、板等构件通常都看成是每单位体积的重量为常量的所谓**匀质物体**，它们的自重可以根据其外形尺寸和重度 γ 计算。例如，图 1-1-32(a)所示钢筋混凝土梁，当梁长 $l=6\text{m}$，截面积 $A=200\times500\text{mm}^2$，材料重度 $\gamma=25\text{kN/m}^3$ 时，自重 W 则为

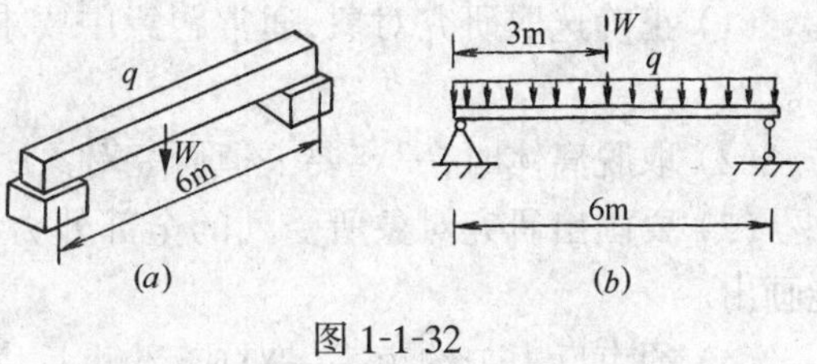

图 1-1-32

$$W=\gamma\cdot l\cdot A=25\times6\times0.2\times0.5=15\text{kN}$$

即自重等于重度和体积的乘积。如果横截面尺寸沿梁长不变，即单位长度上梁的自重相同，则将总重量除以梁长就是以均布线荷载 q 表示的自重(图 1-1-32b)，大小为

$$q=\frac{W}{l}=\gamma\cdot A=25\times0.2\times0.5=2.5\text{kN/m}$$

这说明**等截面梁单位长度上的自重 q 可由总重量除梁长或由重度乘以横截面面积求得**

图 1-1-33(a)所示的等厚度楼板，其宽度 b(m)、长度 l(m)、厚度 t(m)及重度 γ(kN/m³)均已知，于是板的自重 $W=b\cdot l\cdot t\cdot\gamma$(kN)。由于板是等厚的，因此，每平方米板的重量不变，故板的自重也可以用均布面荷载 p 表示(图 1-1-33b)

$$p=\frac{W}{b\cdot l}=\gamma\cdot t(\text{kN/m}^2)$$

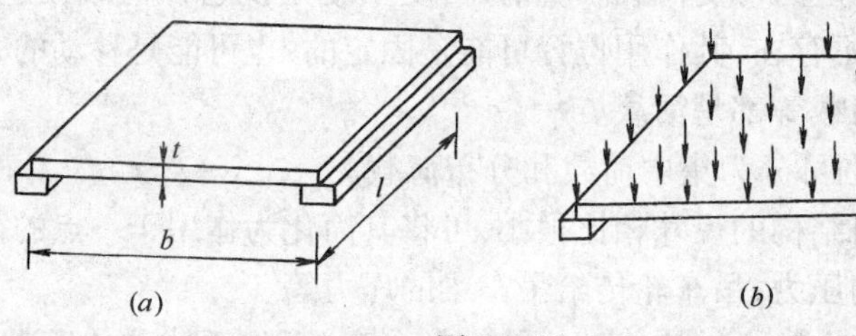

图 1-1-33

这说明**等厚平板单位面积上的自重 p 可由总重量除以板的总面积或者由重度乘以板厚求得**。

2．均布面荷载化为均布线荷载

在图 1-1-34(a)中，平板支承在梁上，梁支承在柱上，梁的跨度为 l_1，间距为 l_2，平板自

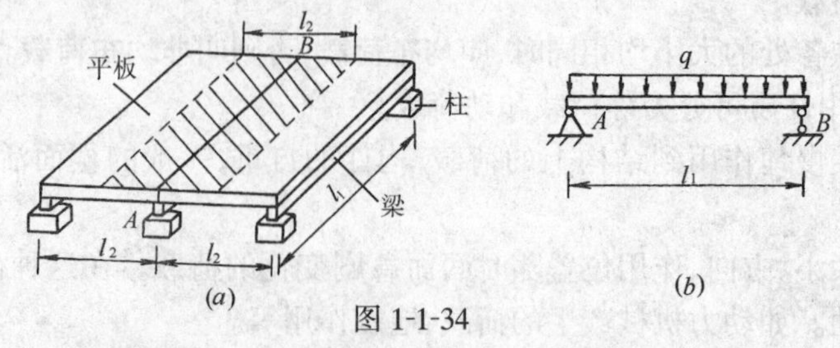

图 1-1-34

重为 $p(\text{kN/m}^2)$，计算板传给梁 AB 的荷载时，需要把板传来的面荷载 p 化成沿梁轴线方向的线荷载 q。为此，可认为梁 AB 承受图中阴影部分面积(梁的受荷宽度 l_2 乘以梁的跨度 l_1)板的重力，即 $W=p\cdot l_2\cdot l_1$，于是沿梁轴线方向的线荷载 q(图 1-1-34b)为

$$q=\frac{W}{l_1}=p\cdot l_2$$

可见均布面荷载简化为均布线荷载时,可由均布面荷载集度乘以梁的受荷宽度求得。

小　结

静力学基本概念、静力学基本公理、常见的约束类型及画受力图是本章的主要内容,是静力学的基础。

一、静力学基本概念

1. 静力学主要研究力系的简化和力系的平衡条件。

力系是作用于一物体上的一群力的总称。

平衡是物体相对于地面处于静止或作匀速直线运动的状态。

2. 刚体是在任何外力作用下,大小和形状都保持不变的物体。在静力学中,把所研究的物体抽象为刚体。

3. 力是物体与物体间的相互机械作用,它有大小、方向、作用点(作用线)三个要素。力可以用一个带箭头的线段来表示或者用力在坐标轴上的投影及力作用点的坐标来表示。力是矢量。

4. 阻碍物体运动的限制物叫约束。约束阻碍物体运动的作用力称为约束反力,它的方向与约束类型有关。柔体、光滑接触面的约束反力的方向已知;链杆约束和可动铰支座约束反力的作用线已知;铰链约束和固定铰支座约束反力的方向未知;固定端支座对物体有两个相互垂直的约束反力和一个阻止转动的反力偶。任何一种约束的反力,其方向总是与该约束所能阻碍物体的运动方向相反。

5. 主动地使物体运动或使物体有运动趋势的力叫主动力。工程上将主动力称为荷载。荷载有不同的分类。

二、静力学基本公理

1. 静力学基本公理揭示了力的基本性质,是不用证明而被大家公认的客观规律。

2. 二力平衡公理总结了作用于同一刚体的两个力的平衡条件;加减平衡力系公理是力系等效代换的基础;作用力与反作用力公理阐述了物体间相互作用的关系;力的平行四边形公理说明了两个共点力合成的规律。

3. 作用力与反作用力和二力平衡公理中的两个力的区别在于前者分别作用于两个物体,后者则作用于同一物体且使物体处于平衡。

三、画受力图

1. 表示物体受力情况的图形叫做受力图。取脱离体和画出脱离体上的全部作用力是画受力图的关键。

2. 画受力图应注意以下几点:(1) 正确选取研究对象;(2) 画全研究对象的外力,内力不能画出;(3) 根据约束类型画反力;(4) 两个物体间同一约束的反力应遵循作用力与反作用力公理;(5) 若有二力构件的受力图,应优先画出。

思 考 题

1-1-1　图 1-1-35 中,能否在 B 点加一力使杆 AB 平衡? 为什么?

1-1-2　如图 1-1-36 所示,A、B 物体各受力 $\boldsymbol{F_1}$、$\boldsymbol{F_2}$ 作用,且 $\boldsymbol{F_1}$ 与 $\boldsymbol{F_2}$ 等值、反向、共线,假设接触面光滑。问物体 A、B 能否平衡? 为什么?

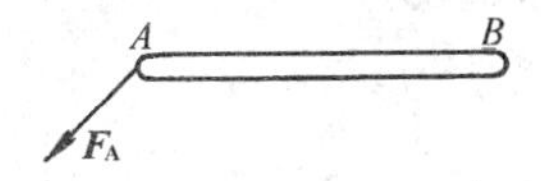

图 1-1-35

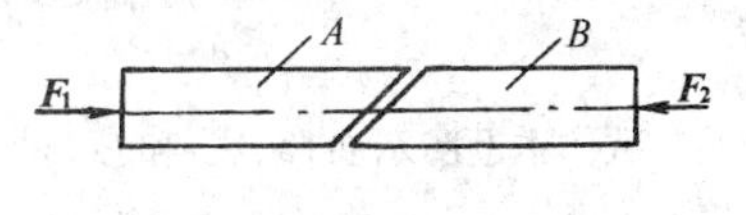

图 1-1-36

1-1-3 绳的下端悬挂一重为 G 的吊桶，桶内放一重为 Q 的物块，如图 1-1-37所示。试分析：

(1) 绳受到哪几个力的作用？

(2) 吊桶和物块各受到哪几个力的作用？

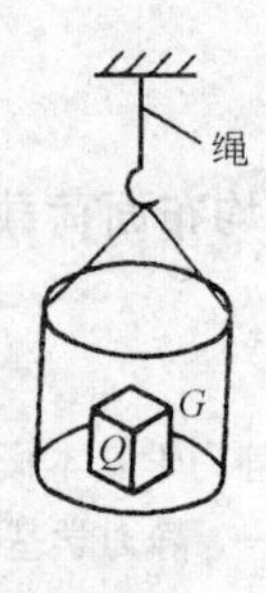

图 1-1-37

1-1-4 图 1-1-38 所示四种情况下，力 $\boldsymbol{F}$ 对同一小车作用的外效应（运动效应）是否相同？为什么？

1-1-5 推桌子时，人给桌子一个作用力，桌子也给人一个反作用力，此二力大小相等，方向相反，且作用在同一直线上，因此二力构成平衡力系。这种说法对吗？为什么？

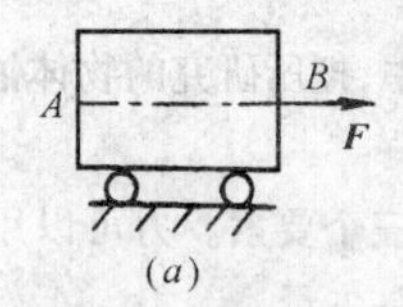

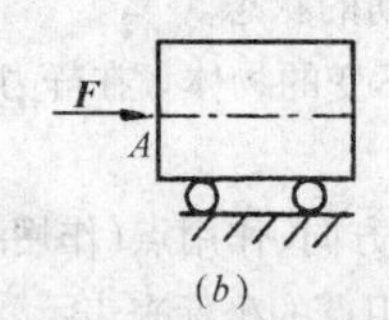

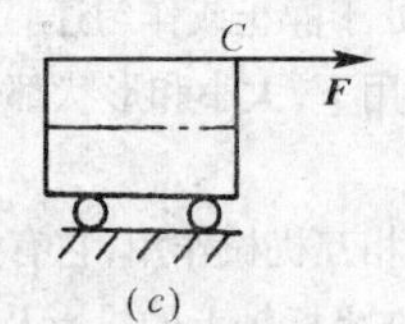

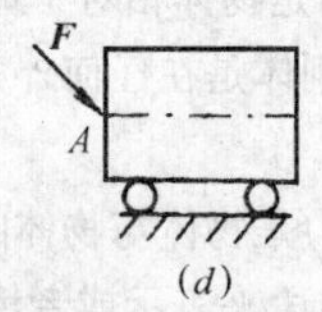

图 1-1-38

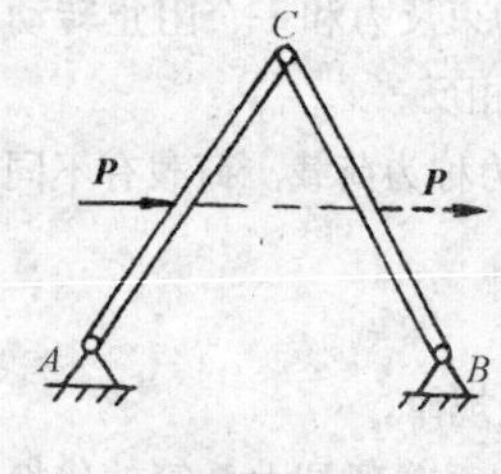

图 1-1-39

1-1-6 一刚体置于光滑水平面上。刚体的重力为 $\boldsymbol{P}$、刚体对平面的压力 $\boldsymbol{N}$ 与平面对刚体的约束反力 $\boldsymbol{N}'$ 三者中，哪两个力是作用与反作用关系？哪两个力是二力平衡关系？

1-1-7 三铰支架受力 $\boldsymbol{P}$ 作用如图 1-1-39 所示，设若将力 $\boldsymbol{P}$ 沿其作用线移至 BC 杆，试问这对于研究三铰支架的整体平衡有无影响？对于研究各杆的平衡有无影响？为什么？

1-1-8 画受力图的基本步骤和注意事项是什么？

1-1-9 梁的自重用均布线荷载 q 表示时，其值如何计算？

习　题

1-1-1～1-1-5 画出图中各指定物体的受力图。各题中，凡未画出重力的物体，均不考虑其重量；各接触面都假定是光滑的。

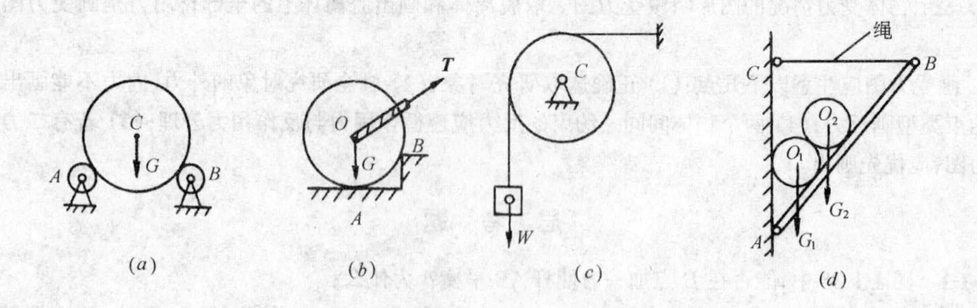

题 1-1-1

(a)圆筒 C；(b)圆柱；(c)轮子；(d)圆球 O_1、O_2

1-1-6 试作本题图示曲杆 AC 和 BC 的受力图。

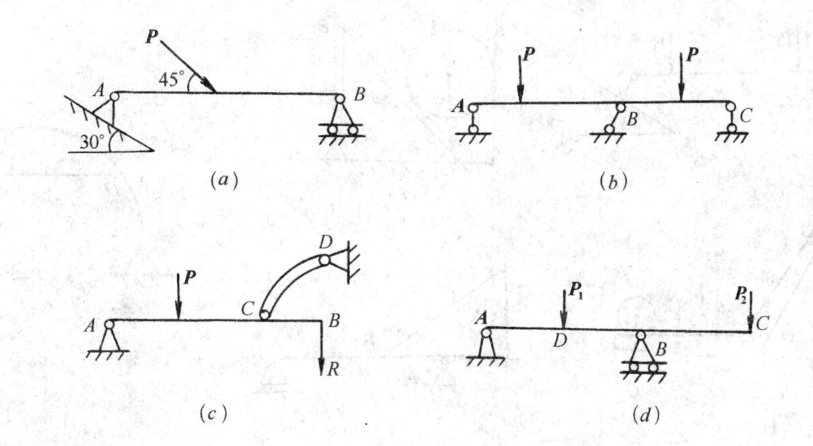

题 1-1-2

(*a*)梁 *AB*;(*b*)梁 *AC*;(*c*)*AB* 杆;(*d*)*AC* 杆

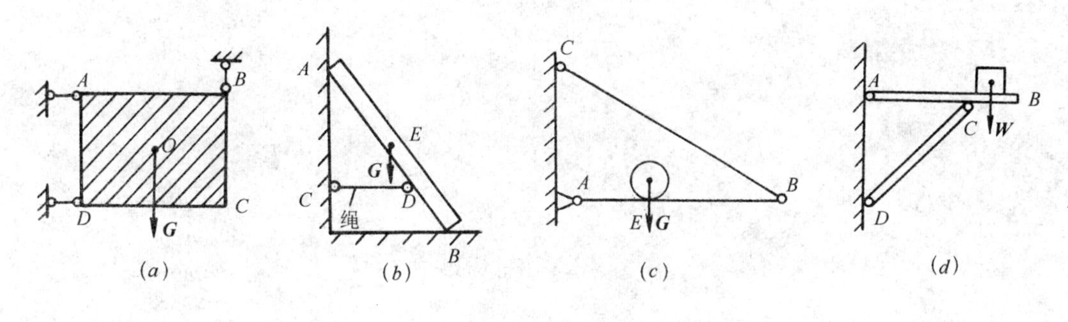

题 1-1-3

(*a*)板 *ABCD*;(*b*)梯子 *AB*;(*c*)杆 *AB*;(*d*)横梁 *AB*

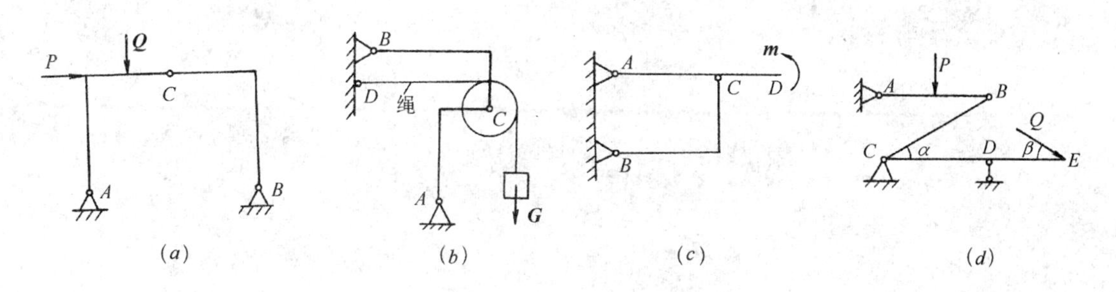

题 1-1-4

(*a*)整体及 *AC*、*BC*;(*b*)轮子及 *AC*;(*c*)整体及 *AD*;(*d*)整体及 *AB*、*CE*

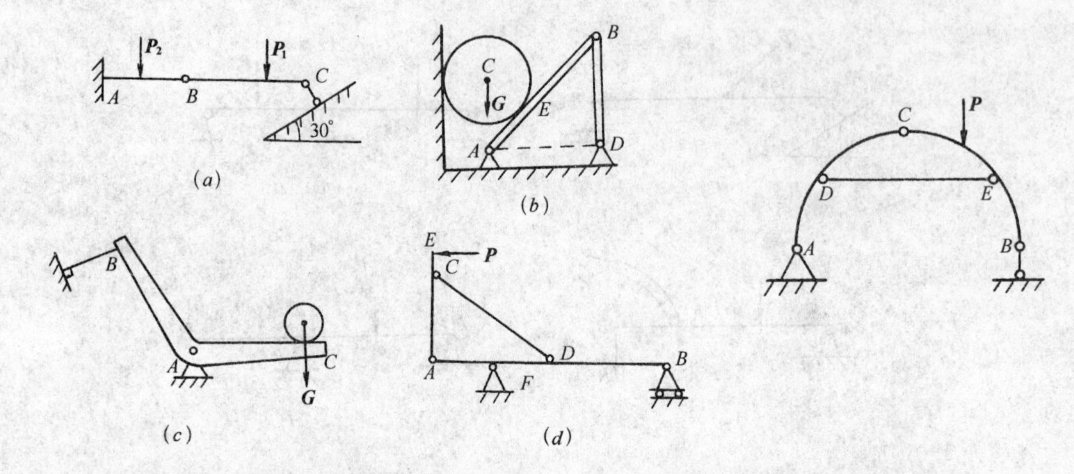

题 1-1-5

(a)AB、BC 及整体;(b)AB、轮子 C、ABD;(c)杆 BAC;(d)杆 CD、AB、AE

题 1-1-6

第二章　平面汇交力系

从本章起，我们开始研究作用在物体上的各种力系的合成和平衡问题。

作用在同一物体上的各力，按其作用线之间的关系可以分为平面力系和空间力系两大类。各力的作用线都在同一平面内的力系称为**平面力系**，否则就是**空间力系**。在平面力系中，各力的作用线汇交于一点的力系，称为**平面汇交力系**；各力的作用线互相平行的力系，称为**平面平行力系**；各力作用线既不全相交于一点，又不全平行的力系，称为**平面一般力系**。

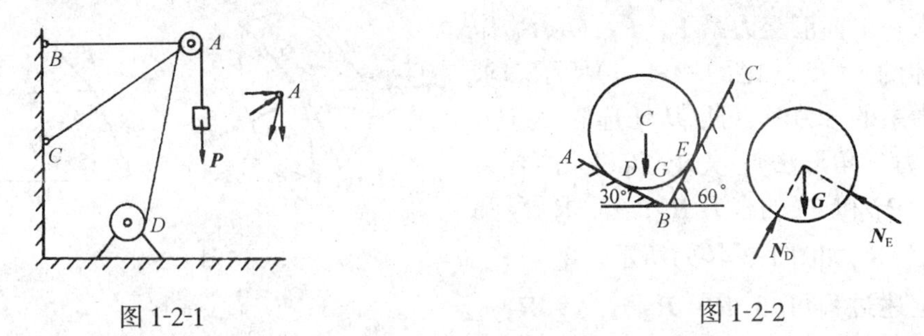

图 1-2-1　　　　图 1-2-2

平面汇交力系是力系中最简单、最基本的一种。在工程中，平面汇交力系的实例很多。图 1-2-1 所示铰车支架中滑轮 A（滑轮半径很小，略去不计）的受力就是一个平面汇交力系。图 1-2-2 中放置在倾斜光滑面之间的圆木所受到的重力和光滑面的约束反力，也组成一个平面汇交力系。

研究平面汇交力系合成与平衡问题的方法有几何法和解析法。

第一节　平面汇交力系合成的几何法

一、两个汇交力的合成

上一章第二节曾指出，作用在物体 O 点不同方向的两个力 $\boldsymbol{F}_1$、$\boldsymbol{F}_2$，可以应用力的平行四边形公理求出它们的合力 $\boldsymbol{R}$，如图 1-2-3(a)所示。

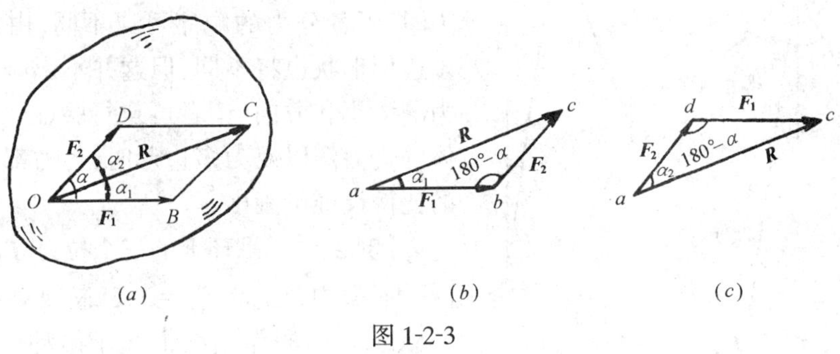

图 1-2-3

事实上,求汇交二力的合力,只要画出力平行四边形的一半就可以了。作法是,任选一点 a,过 a 点作矢量$\overline{ab}=\boldsymbol{F}_1$(即大小、方向均与力 $\boldsymbol{F}_1$ 相同,作用线平行),再由 b 点作矢量$\overline{bc}=\boldsymbol{F}_2$,最后,作 a、c 的连线。则矢量$\overline{ac}$就代表$\boldsymbol{F}_1$ 和 $\boldsymbol{F}_2$ 的合力 $\boldsymbol{R}$ 的大小和方向(图 1-2-3b)。合力的作用点仍是原两力的汇交点 O。三角形 abc 称为力三角形,这种求合力的方法称为**力三角形法则**。用公式表示为:

$$\boldsymbol{R}=\boldsymbol{F}_1+\boldsymbol{F}_2$$

即两个汇交力的合力,等于这两个力的矢量和。

对照图 1-2-3(b)与(c)可知,合力 $\boldsymbol{R}$ 的大小和方向与画分力$\boldsymbol{F}_1$、$\boldsymbol{F}_2$ 的先后次序无关,但一定要首尾相接。

二、多个汇交力的合成

对于物体上作用有多个汇交力的情况,连续应用力三角形法则同样可以求出它们的合力。

设有一平面汇交力系 $\boldsymbol{F}_1$、$\boldsymbol{F}_2$、$\boldsymbol{F}_3$、$\boldsymbol{F}_4$ 作用于物体的 O 点,如图 1-2-4(a)所示。求该汇交力系的合力时,可以从任选的一点 A 开始,按力三角形法则,先求 $\boldsymbol{F}_1$、$\boldsymbol{F}_2$ 的合力 $\boldsymbol{R}_1$;再求 $\boldsymbol{R}_1$ 和 $\boldsymbol{F}_3$ 的合力 $\boldsymbol{R}_2$;最后求 $\boldsymbol{R}_2$ 和 $\boldsymbol{F}_4$ 的合力 $\boldsymbol{R}$,如图 1-2-4(b)所示。

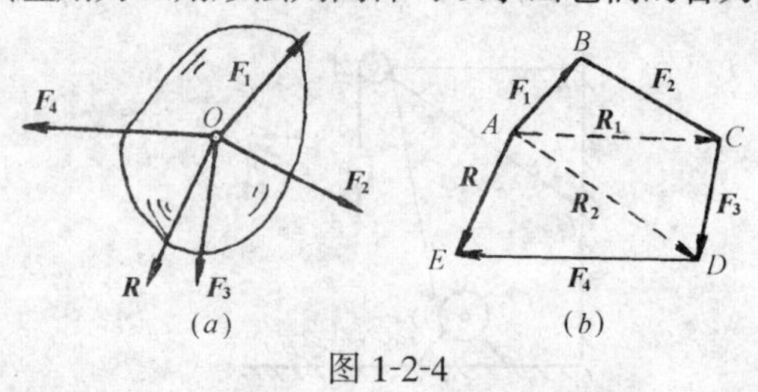

图 1-2-4

由上述过程可知,$\boldsymbol{R}=\boldsymbol{R}_2+\boldsymbol{F}_4=\boldsymbol{R}_1+\boldsymbol{F}_3+\boldsymbol{F}_4=\boldsymbol{F}_1+\boldsymbol{F}_2+\boldsymbol{F}_3+\boldsymbol{F}_4$,因此是原汇交力系的合力。图中虚线所示的 $\boldsymbol{R}_1$ 和 $\boldsymbol{R}_2$ 表示合成的中间过程,对最终的合力 $\boldsymbol{R}$ 无影响,因此作图时,只要按选定的比例,作矢量$\overline{AB}$、$\overline{BC}$、$\overline{CD}$、$\overline{DE}$分别代表力$\boldsymbol{F}_1$、$\boldsymbol{F}_2$、$\boldsymbol{F}_3$、$\boldsymbol{F}_4$,并依次首尾相接,构成一折线 $ABCDE$,最后,连接首端 A 和尾端E,成为闭合的多边形,闭合边$\overline{AE}$(从始点指向终点的连线)即代表合力的大小和方向。合力的作用点仍是 O 点。多边形 $ABCDE$ 称为**力多边形**,这就是求合力的**力多边形法则**,又叫**几何法**。

上述方法推广到求平面中任意个汇交力的合力,可表示为

$$\boldsymbol{R}=\boldsymbol{F}_1+\boldsymbol{F}_2+\cdots\cdots+\boldsymbol{F}_n=\Sigma\boldsymbol{F} \tag{1-2-1}$$

即平面汇交力系可以合成过原力系汇交点的一个合力,合力的大小和方向等于原力系中各力的矢量和。

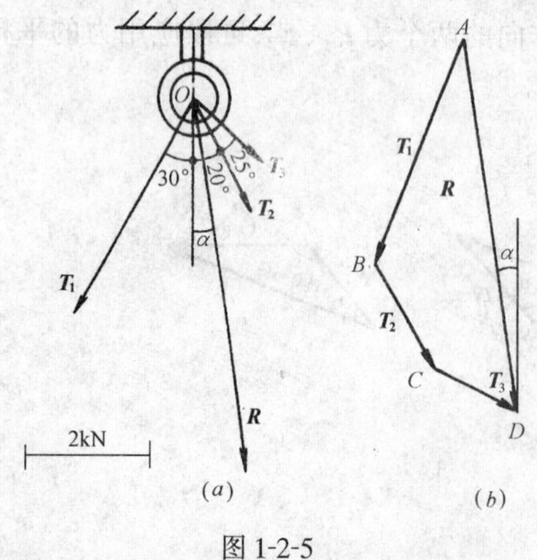

图 1-2-5

与力三角形法则一样,用力多边形法则求合力时,画各分力的顺序可以不同,由此得到的力多边形形状也将不同,但这并不影响最后所得合力的大小和方向(读者可自行验证)。注意,画物体的受力图以及力多边形时,各力都要按照选定的比例尺准确画出。

【例 2-1】 吊环上的三个拉力 $\boldsymbol{T}_1$、$\boldsymbol{T}_2$、$\boldsymbol{T}_3$,在同一平面内,已知 $T_1=3.5\text{kN}$, $T_2=2\text{kN}$, $T_3=3.5\text{kN}$,它们的作用线汇交于吊环中心 O,如图 1-2-5(a)所示。试求三力的合力。

【解】 选用1cm＝2kN的比例尺。按力多边形法则，选任一点A，从A开始依次作$\overline{AB}=\boldsymbol{T_1}$，$\overline{BC}=\boldsymbol{T_2}$，$\overline{CD}=\boldsymbol{T_3}$，再作从$A$指向$D$的连线，则$\overline{AD}$就是合力$\boldsymbol{R}$的大小和方向(图1-2-5$b$)，按比例量得

$$R=7.5\text{kN}$$

$\boldsymbol{R}$的方向用量角器量得$\alpha=11°$

$\boldsymbol{R}$的作用线通过原力系的汇交点O。

第二节 平面汇交力系平衡的几何条件

力系的合力，就是一个与该力系对物体的运动效应等效的力。如果某平面汇交力系的合力为零，那么它对物体的运动效果与物体不受力一样，而处于平衡状态，此力系即为平衡力系。反之，在平面汇交力系作用下，欲使物体处于平衡状态，即要使力系成为平衡力系，就必须使该力系的合力为零。由此得出结论：

平面汇交力系平衡的必要与充分条件是**力系的合力等于零**。用公式可记为

$$\boldsymbol{R}=\Sigma\boldsymbol{F}=0 \tag{1-2-2}$$

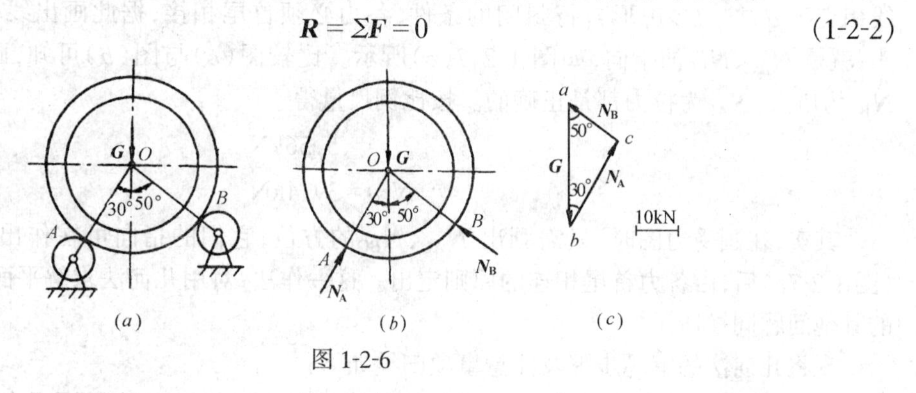

图1-2-6

从力多边形看，$\boldsymbol{R}=0$，就表示代表合力的闭合边不存在，原力系中各力组成一个首尾相连、自行封闭的力多边形。可见，平面汇交力系平衡的几何条件是：**力多边形自行封闭**。

应用上述平衡的几何条件，可以求解未知量不多于两个的平衡问题。这种通过作图求未知量的方法叫**几何法**，又称**图解法**。

【例2-2】 重力为$\boldsymbol{G}$的圆筒支承在滚轮A、B上，如图1-2-6(a)所示，已知$G=30$kN，滚轮接触点与圆筒中心的连线OA、OB各与铅垂线成30°与50°角。试求滚轮的支承力。

【解】 取圆筒为研究对象，滚轮对圆筒的约束属光滑接触面约束。画出圆筒的受力图(图1-2-6b)。圆筒受三个共面汇交力作用而平衡，$\boldsymbol{N_A}$、$\boldsymbol{N_B}$的方向已知，仅大小未知。可用几何法求解。

任取一点a，作$\overline{ab}=\boldsymbol{G}$，过$a$、$b$分别作$\boldsymbol{N_A}$、$\boldsymbol{N_B}$的平行线相交于$c$，按图1-2-6($b$)画出线段$bc$、$ca$的箭头，得自行封闭的力三角形。矢量$\overline{bc}$代表$\boldsymbol{N_A}$、$\overline{ca}$代表$\boldsymbol{N_B}$，如图1-2-6($c$)所示。

按比例由图量得 $N_A=23.3$kN　　　　$N_B=15.2$kN

【例2-3】 滑轮C由两端铰接的直杆AC和BC支撑，用绳索绕过滑轮C将重$\boldsymbol{G}$的构件吊起，见图1-2-7(a)。设$G=20$kN，滑轮的大小及滑轮与杆的自重不计，忽略滑轮轴承的摩擦。试求杆AC和BC作用于滑轮的力。

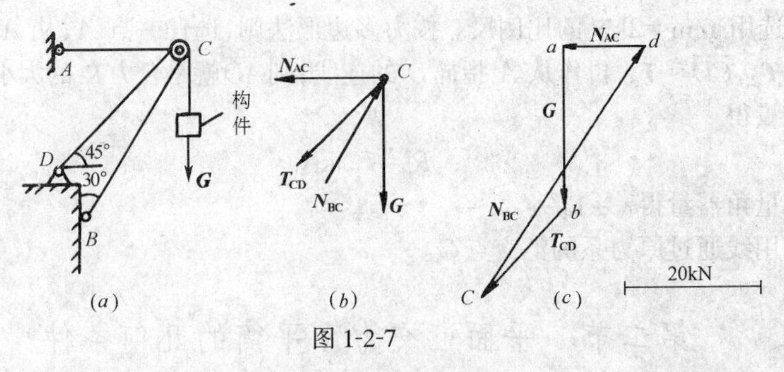

图 1-2-7

【解】 杆 AC 和 BC 为二力杆。构件在重力和绳索的拉力作用下处于平衡。取滑轮 C 为研究对象,作用于滑轮上的力有:重力 $\boldsymbol{G}$,绳索拉力 $\boldsymbol{T}_{\mathrm{CD}}$,杆 AC、BC 对滑轮的作用力 $\boldsymbol{N}_{\mathrm{AC}}$、$\boldsymbol{N}_{\mathrm{BC}}$。因滑轮轴承的摩擦力不计,故 $T_{\mathrm{CD}}=G=20\mathrm{kN}$;$\boldsymbol{N}_{\mathrm{AC}}$、$\boldsymbol{N}_{\mathrm{BC}}$的作用线沿各自杆件的轴线。$\boldsymbol{G}$、$\boldsymbol{T}_{\mathrm{CD}}$、$\boldsymbol{N}_{\mathrm{AC}}$、$\boldsymbol{N}_{\mathrm{BC}}$构成一平衡的平面汇交力系,滑轮的受力图如图 1-2-7(b)所示。

任取一点 a,按比例画出已知力,使$\overline{ab}=\boldsymbol{G}$,$\overline{bc}=\boldsymbol{T}_{\mathrm{CD}}$。过 a、c 分别作 $\boldsymbol{N}_{\mathrm{AC}}$、$\boldsymbol{N}_{\mathrm{BC}}$的平行线相交于 d,按力多边形自行封闭的条件,各力必须首尾相接,据此画出线段 cd、da 的箭头,就是 $\boldsymbol{N}_{\mathrm{AC}}$、$\boldsymbol{N}_{\mathrm{BC}}$的指向,如图 1-2-7($c$)所示。比较图($c$)与图($b$)可知,画受力图时,设 $\boldsymbol{N}_{\mathrm{BC}}$为压力,$\boldsymbol{N}_{\mathrm{AC}}$为拉力都是正确的。按比例尺量得

$$N_{\mathrm{AC}}=5.56\mathrm{kN}$$
$$N_{\mathrm{BC}}=39.4\mathrm{kN}$$

其实,在画受力图时,只需画出 $\boldsymbol{N}_{\mathrm{AC}}$、$\boldsymbol{N}_{\mathrm{BC}}$的方位,它们的指向可在作出力封闭多边形(图 1-2-7c)后,由各力首尾相连的原则定出。这一作法,对用几何法求解平面汇交力系平衡的其他问题同样适用。

现将几何法的解题步骤及注意事项归纳如下:

(1) 取研究对象。首先分析题意弄清结构尺寸、主动力、约束情况及与解题有关的条件。研究对象要反映出欲求的力和已知力的关系。

(2) 画受力图。用二力构件的性质和三力平衡汇交定理能确定约束反力作用线时,应先利用这些条件。画受力图时,约束反力的指向先不画。

(3) 作封闭的力多边形。比例尺要适当,先画主动力,后画未知力的作用线,最后按各力首尾相连、自行封闭的规则画出未知力的箭头方向。

(4) 求未知力。由力多边形量出未知力的大小和方位,根据力多边形的箭头画出受力图中未知力的指向。

第三节 平面汇交力系合成的解析法

几何法具有简捷和直观的优点,但精确度较差。在力学中,应用更广泛的方法是解析法。

所谓**解析法**就是通过列代数表达式来求解的方法,所以又称**数解法**。解析法是以力在坐标轴上的投影为基础的。

一、力在坐标轴上的投影

投影的概念来源于光照物体时会产生影子这一生活现象,如图 1-2-8 所示,杆件 AB 在

平行光照射后，其在 x 轴上的**投影**就是 A、B 两点的垂线在 x 轴上所截得的线段 ab。类似地，设力 $\boldsymbol{F}$ 作用于物体的 A 点，在 $\boldsymbol{F}$ 作用面内选取直角坐标系 Oxy，$\boldsymbol{F}$ 的作用线与 x 轴所夹的锐角为 α，大小为 F，如图 1-2-9 所示。今从 $\boldsymbol{F}$ 的两个端点 A、B 分别向 x 轴和 y 轴作垂线，得垂足 a、b 和 a'、b'，则线段 ab 称为 $\boldsymbol{F}$ 在 x 轴上的**投影**，用 X 表示，$a'b'$ 称为力 $\boldsymbol{F}$ 在 y 轴上的**投影**，用 Y 表示。由图中几何关系知

图 1-2-8 图 1-2-9

$$X = ab = F\cos\alpha; \qquad Y = a'b' = F\sin\alpha$$

为了体现出 $\boldsymbol{F}$ 的方向，规定从力的起端的投影 a（或 a'）到终端的投影 b（或 b'）的指向与坐标轴正向一致时，力的投影值加正号，反之加负号；也可以用如下方法判断，即力 $\boldsymbol{F}$ 与坐标轴正向的夹角为锐角时，它在该坐标轴的投影为正值，为钝角时则投影为负。于是力的投影 X 和 Y 可用下式计算

$$\begin{cases} X = \pm F\cos\alpha \\ Y = \pm F\sin\alpha \end{cases} \tag{1-2-3}$$

式中，α 为力与 x 轴所夹的锐角。反之，若已知力 $\boldsymbol{F}$ 在坐标轴上的投影 X、Y，则力的大小和方位可由下式确定。

$$\begin{cases} F = \sqrt{X^2 + Y^2} \\ \mathrm{tg}\alpha = \dfrac{|X|}{|Y|} \end{cases} \tag{1-2-4}$$

式中 α 的含义与式(1-2-3)相同。力的指向由 X、Y 的正负号判断。

图 1-2-10 中同时画出力 $\boldsymbol{F}$ 沿坐标轴方向的分力 $\boldsymbol{F_X}$、$\boldsymbol{F_Y}$ 及力的投影 X、Y。由图可见，力的分力与投影是不同的，分力仍然是一个力，有大小，有方向，其作用效果还与作用点或作用线有关；而力的投影只有大小和正负，是代数量。用力的投影只能确定力的大小和方向，力的作用位置还要由力作用点的坐标给定。

引入力在坐标轴上投影的概念后，就可以将力的矢量运算转化为比较方便的代数运算。

【例 2-4】 试分别求出图 1-2-11 中各力在 x、y 坐标轴上的投影。已知 $F_1 = 100\text{N}$，

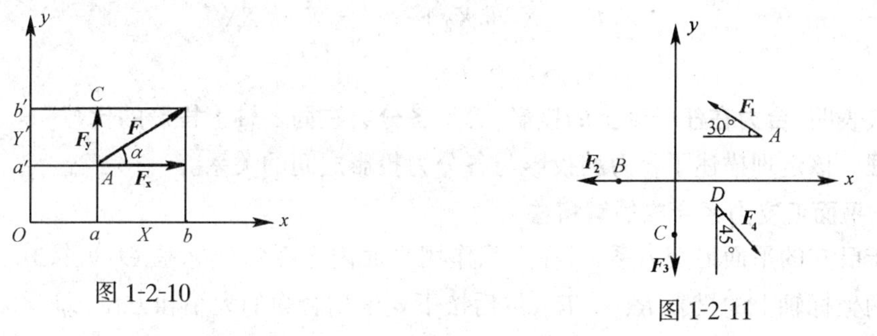

图 1-2-10 图 1-2-11

$F_2 = 150\text{N}, F_3 = 75\text{N}, F_4 = 200\text{N}$,各力的方向如图所示。

【解】 由式(1-2-3)可求出各力的投影为

$X_1 = -F_1\cos30° = -100 \times 0.866 = -86.6\text{N}$,

$Y_1 = F_1\sin30° = 100 \times 0.5 = 50\text{N}$;

$X_2 = -F_2\cos0° = -150\text{N}$,

$Y_2 = F_2\sin0° = 0$;

$X_3 = F_3\cos90° = 0$,

$Y_3 = -F_3\sin90° = -75\text{N}$;

$X_4 = F_4\cos45° = 200 \times 0.707 = 141.4\text{N}$,

$Y_4 = -F_4\sin45° = -200 \times 0.707 = -141.4\text{N}$。

由本例可知,力在坐标轴上投影的大小有如下规律,即"平行投影长不变,倾斜投影长缩短,垂直投影聚为点"。

二、合力投影定理

设在物体的 K 点作用有平面汇交力系 $\boldsymbol{F_1}$、$\boldsymbol{F_2}$、$\boldsymbol{F_3}$,如图 1-2-12(a)所示,其合力 $\boldsymbol{R}$ 可用力多边形法则求出(图 1-2-12b)。

在力多边形所在的平面内取直角坐标系 Oxy,将各分力及合力在两个坐标轴上的投影依次用 X_1、X_2、X_3、R_x 和 Y_1、Y_2、Y_3、R_y 表示,由图 1-2-12(b)可知 $X_1 = ab$, $X_2 = bc$, $X_3 = -cd$,而 $R_x = ad = ab + bc - cd = X_1 + X_2 + X_3$,同理 $R_y = Y_1 + Y_2 + Y_3$。这一关系可推广到任意个汇交力的情况,即

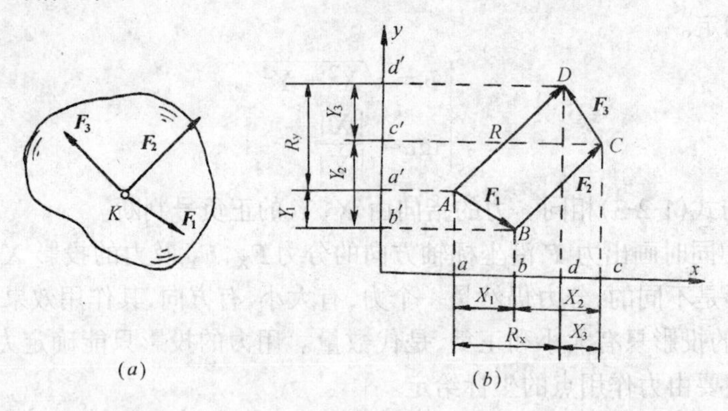

图 1-2-12

$$\begin{cases} R_x = X_1 + X_2 + \cdots\cdots + X_n = \Sigma X \\ R_y = Y_1 + Y_2 + \cdots\cdots + Y_n = \Sigma Y \end{cases} \quad (1\text{-}2\text{-}5)$$

上式表明,**合力在任一轴上的投影,等于各分力在同一轴上投影的代数和**。这就是**合力投影定理**。该定理描述了合力的投影与各分力投影之间的关系。

三、平面汇交力系合成的解析法

对于已知的平面汇交力系,可在力系作用平面内选直角坐标系 Oxy,按式(1-2-5)求出合力在两坐标轴上的投影 R_x 和 R_y,然后按下式求出合力的大小和方位,即

$$R=\sqrt{R_x^2+R_y^2}=\sqrt{(\Sigma X)^2+(\Sigma Y)^2}$$

$$\mathrm{tg}\alpha=\left|\frac{R_y}{R_x}\right|=\left|\frac{\Sigma Y}{\Sigma X}\right| \tag{1-2-6}$$

式中 α 的含义与式(1-2-3)相同,合力的指向由 ΣX 及 ΣY 的正负号确定,合力的作用线通过原力系的汇交点 O。这就是求平面汇交力系合力的**解析法**。

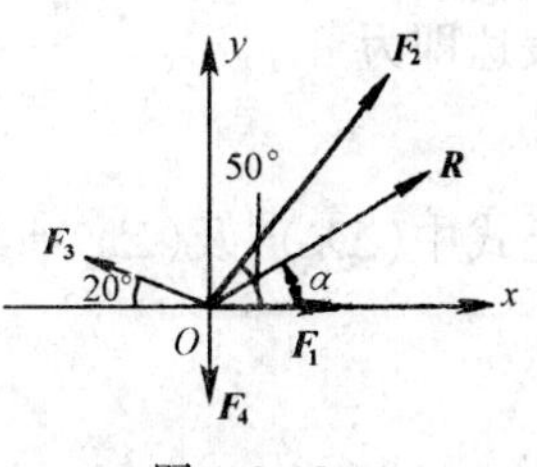

图 1-2-13

【例 2-5】 用解析法求图 1-2-13 所示平面汇交力系的合力。已知 $F_1=5\text{kN}, F_2=10\text{kN}, F_3=4\text{kN}, F_4=3\text{kN}$。

【解】 (1) 以 O 为原点,建立坐标系 Oxy,如图所示。

(2) 求合力 $\boldsymbol{R}$ 在 x、y 轴上的投影。由式(1-2-5)得

$$R_x=\Sigma X=F_1\cos0°+F_2\cos50°-F_3\cos20°+F_4\cos90°$$
$$=5\times1+10\times0.643-4\times0.94+3\times0=7.67\text{kN}$$
$$R_y=\Sigma Y=F_1\sin0°+F_2\sin50°+F_3\sin20°-F_4\sin90°$$
$$=5\times0+10\times0.766+4\times0.342-3\times1=6.028\text{kN}$$

(3) 求合力的大小和方向。由式(1-2-6)得

合力 $\boldsymbol{R}$ 的大小为

$$R=\sqrt{R_x^2+R_y^2}=\sqrt{(7.67)^2+(6.028)^2}=9.755\text{kN}$$

合力 $\boldsymbol{R}$ 的方向为

$$\mathrm{tg}\alpha=\left|\frac{R_y}{R_x}\right|=\frac{6.028}{7.67}=0.786$$
$$\alpha=38.16°$$

因 R_x、R_y 均为正,故 $\boldsymbol{R}$ 指向右上方。

(4) 合力 $\boldsymbol{R}$ 的作用线通过力系的汇交点 O,如图所示。

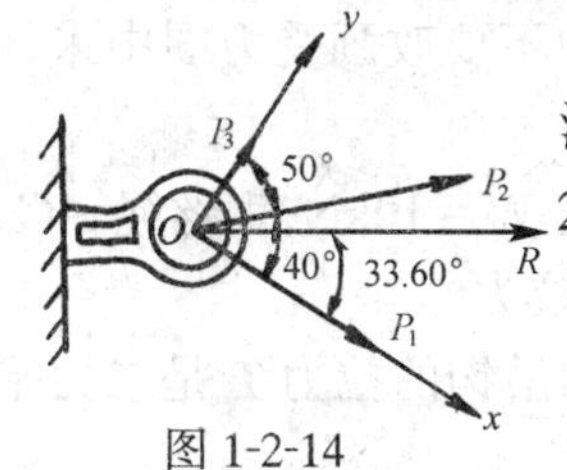

图 1-2-14

【例 2-6】 如图 1-2-14 所示,固定在墙壁上的圆环,受到共面且汇交于圆环中心 O 点的三个拉力 $\boldsymbol{P_1}$、$\boldsymbol{P_2}$、$\boldsymbol{P_3}$ 的作用,已知 $P_1=20\text{kN}$、$P_2=25\text{kN}$、$P_3=10\text{kN}$,试用解析法求此三力的合力。

【解】 (1) 以 O 为原点,建立坐标系 Oxy,如图所示。

(2) 求合力 $\boldsymbol{R}$ 在 x、y 轴上的投影。

$$R_x=\Sigma X=P_1\cos0°+P_2\cos40°+P_3\cos90°=39.15\text{kN}$$
$$R_y=\Sigma Y=P_1\sin0°+P_2\sin40°+P_3\sin90°=26.07\text{kN}$$

(3) 求 $\boldsymbol{R}$ 的大小和方向。

$$R=\sqrt{R_x^2+R_y^2}=\sqrt{(39.15)^2+(26.07)^2}=47.04\text{kN}$$

$$\mathrm{tg}\alpha=\left|\frac{R_y}{R_x}\right|=\frac{26.07}{39.15}=0.666$$
$$\alpha=33.66°$$

因 R_x、R_y 均为正,故指向右方。

(4) $\boldsymbol{R}$ 的作用线通过圆环中心点 O,如图 1-2-14 所示。

第四节　平面汇交力系平衡的解析条件

本章第二节已指出平面汇交力系平衡的必要充分条件是力系的合力等于零，用解析式表达即为

$$R=\sqrt{R_x^2+R_y^2}=\sqrt{(\Sigma X)^2+(\Sigma Y)^2}=0$$

上式中$(\Sigma X)^2$及$(\Sigma Y)^2$都不可能为负，因此欲使$R=0$成立，则必须也只有

$$\begin{cases}\Sigma X=0\\ \Sigma Y=0\end{cases} \tag{1-2-7}$$

反之，若式(1-2-7)成立，力系的合力亦必为零。由此可以得出平面汇交力系平衡的解析条件是：**力系中所有各力在两个坐标轴上投影的代数和分别等于零。**

平衡方程式(1-2-7)有明显的物理意义。$\Sigma X=0$表明物体在x方向受到的合外力为零，即各分力在x方向的作用效应互相抵消，作用总效应为零，因此沿x方向处于平衡状态；同理，$\Sigma Y=0$表明物体沿y方向处于平衡状态。两个方程合在一起说明物体沿力系作用平面内的任何方向都处于平衡状态（或保持静止不动或作匀速直线运动）。可见式(1-2-7)中是两个独立的平衡方程，可以求解两个未知量。这种利用解析条件（平衡方程）求未知量的方法叫做**解析法**。

解析法求解平面汇交力系平衡问题的一般步骤是

1．选取研究对象。

2．画受力图。如果可能，应优先利用二力构件性质及三力平衡汇交定理确定未知力作用线的方位。当未知力指向未定时，可先假设。

3．建立坐标系。选取的坐标轴最好与某一未知力垂直，这样，该坐标方向的平衡方程中就不含与其垂直的未知力项，使计算简化。

4．列平衡方程，求出未知量。列方程时注意各力投影的正负号；求出的未知力为负值时，表明该力的实际指向与假设相反；为避免符号混乱，计算过程中不要改画受力图中未知力的指向；在求出的支座反力答数后面画出力的实际方向。

【例 2-7】 图 1-2-15(a)表示塔吊的吊钩起吊构件，已知构件重$W=10\text{kN}$，钢丝绳AC、BC与水平线的夹角$\alpha=45°$。试求构件匀速上升时，钢丝绳所受的拉力。

【解】 (1) 构件匀速上升时，处于平衡状态，构件的重力$\boldsymbol{W}$和吊钩的拉力$\boldsymbol{T}$是二力平衡问题(图 1-2-15a)，故$T=W=10\text{kN}$。

(2) 取吊钩C为研究对象。吊钩受$\boldsymbol{T}$及钢丝绳的拉力$\boldsymbol{T}_{AC}$、$\boldsymbol{T}_{BC}$三个共面汇交力作用，受力图及选取的坐标示于图 1-2-15(b)。

(3) 由方程(1-2-7)可得

$$\Sigma X=0 \qquad T_{BC}\cos45°-T_{AC}\cos45°=0 \cdots\cdots\cdots\cdots\cdots (a)$$

$$\Sigma Y=0 \qquad T-T_{BC}\sin45°-T_{AC}\sin45°=0 \cdots\cdots\cdots (b)$$

由(a)式得$T_{AC}=T_{BC}$，代入(b)式可得

$$T_{AC}=T_{BC}=\frac{T}{2\sin45°}=\frac{10}{2\times0.707}=7.07\text{kN} \cdots\cdots\cdots\cdots (c)$$

由(c)式知，钢丝绳与水平线的夹角α越小，拉力$\boldsymbol{T}_{AC}$、$\boldsymbol{T}_{BC}$就越大。

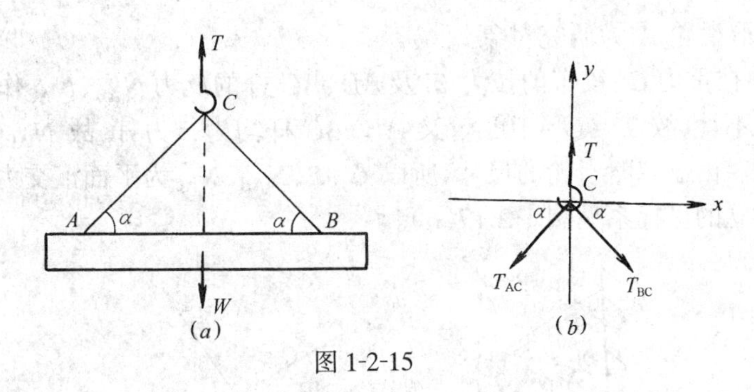

图 1-2-15

例如,当 $\alpha = 15°$时,$T_{AC} = T_{BC} = 19.32kN$,它相当于 $\alpha = 45°$时拉力的 2.73 倍。因此,吊装重物时,必须注意,钢丝绳过短有被拉断的危险。

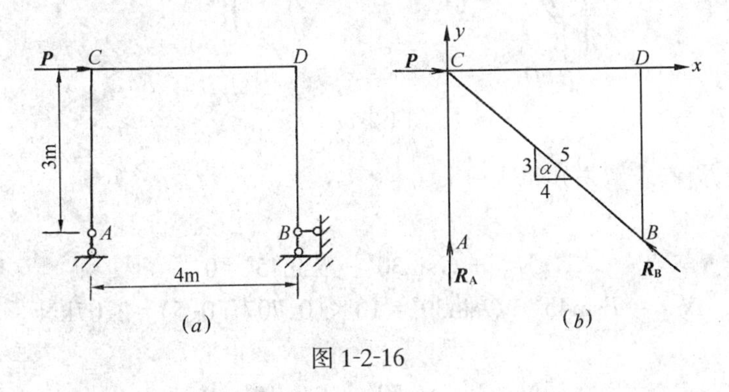

图 1-2-16

【例 2-8】 图 1-2-16(a)所示平面刚架在 C 点受水平力 **P** 作用。已知 $P = 20kN$,刚架自重不计,试用解析法求支座 A、B 的反力。

【解】 (1) 取刚架为研究对象。刚架在 **P**、$\boldsymbol{R_A}$、$\boldsymbol{R_B}$ 作用下处于平衡,故三力作用线必汇交于一点,受力图如图 1-2-16(b)所示,图中 $\boldsymbol{R_A}$、$\boldsymbol{R_B}$ 的指向是假设的。

(2) 建立直角坐标系,如图 1-2-16(b)所示。

(3) 列平衡方程,求出未知量。

由 $\Sigma X = 0$ 有

$P - R_B\cos\alpha = 0$

求得 $R_B = \dfrac{P}{\cos\alpha} = \dfrac{20}{4/5} = 25kN(\nwarrow)$

R_B 为正,表明假设的指向与实际相同。通常在答数后面加一括号画出力的实际指向,以后求出支座反力后都这样处理。

再由 $\Sigma Y = 0$ 可有

$$R_A + R_B \cdot \sin\alpha = 0$$

即

$$R_A = -R_B \cdot \sin\alpha = \frac{-25 \times 3}{5} = -15kN(\downarrow)$$

R_A 为负值,表明与假设的指向相反。

【例 2-9】 铰车 D 用绕过滑轮 A 的绳索匀速地将重 $G = 10kN$ 的重物吊起(图1-2-17 a)。忽略杆与绳自重,不计滑轮处的摩擦及滑轮尺寸。试求杆件 AB、AC 的受力。

【解】 (1) 取滑轮 A 为研究对象。

(2) 滑轮 A 在重力 $\boldsymbol{G}$、铰车的拉力 $\boldsymbol{T}$ 及 AB、AC 杆的反力 $\boldsymbol{N}_{AB}$、$\boldsymbol{N}_{AC}$作用下处于平衡。由于滑轮的摩擦不计,故 $T=G=10\text{kN}$;又 AB、AC 杆均为二力杆,故 $\boldsymbol{N}_{AB}$、$\boldsymbol{N}_{AC}$指向未定,假设两杆均受压。由于忽略滑轮的尺寸,所以 $\boldsymbol{G}$、$\boldsymbol{T}$、$\boldsymbol{N}_{AB}$、$\boldsymbol{N}_{AC}$为平面汇交力系。

受力图及建立的坐标系见图 1-2-17(b)。

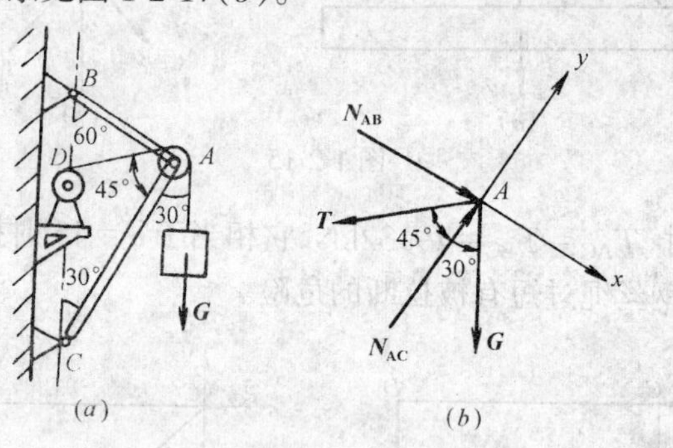

图 1-2-17

(3) 列平衡方程,求解未知量

由 $\Sigma X=0$

有
$$N_{AB}+G\sin30^\circ-T\sin45^\circ=0$$

即
$$N_{AB}=T\sin45^\circ-G\sin30^\circ=10\times(0.707-0.5)=2.07\text{kN}$$

由 $\Sigma Y=0$

有
$$N_{AC}-G\cos30^\circ-T\cos45^\circ=0$$

即
$$N_{AC}=G\cos30^\circ+T\cos45^\circ=10\times(0.866+0.707)=15.7\text{kN}$$

N_{AC}、N_{AB}均为正,说明实际受力与假设相同。

小　结

1. 本章研究了平面汇交力系的两个问题:合成与平衡条件;提供了两种分析方法:几何法与解析法。

2. 平面汇交力系合成的结果有两种可能:①合成为一个力;②平衡。

3. 几何法求合力的依据是力多边形法则;解析法求合力的依据是力在坐标轴上的投影及合力投影定理。

4. 平面汇交力系平衡的必要与充分条件是合力为零。用几何条件描述则为力多边形自行封闭;用解析条件描述则为 $\Sigma X=0$,$\Sigma Y=0$。

5. 力的投影计算是平面汇交力系解析法的基本运算,也是整个静力学计算的主要内容之一。

6. 求解物体的平衡问题,应先画出受力图,判别作用在物体上的力系是否平面汇交力系。若是,且只有两个未知量时,则可用平面汇交力系平衡的几何条件或解析条件求出。

思　考　题

1-2-1　图 1-2-18 所示两个力三角形的意义是否相同?试说明之。

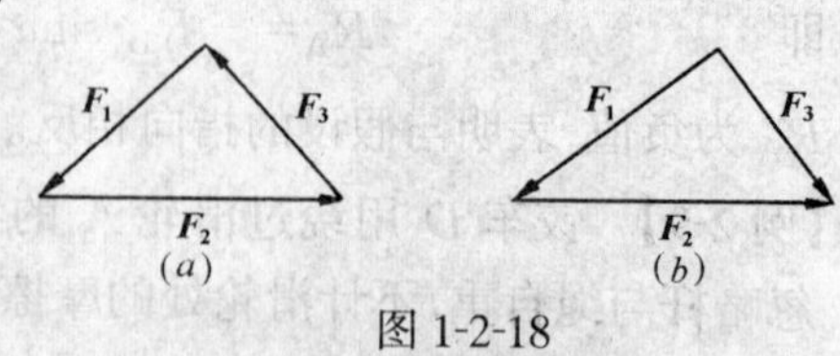

图 1-2-18

1-2-2　力的分力与投影这两个概念之间有无区别?有无联系?试由图 1-2-19 说明之。图中 X、Y 分别表示力 $\boldsymbol{F}$ 在 x、y 轴上的投影,$\boldsymbol{F}_x$,$\boldsymbol{F}_y$ 分别表示力 $\boldsymbol{F}$ 沿 x、y 轴方

向的分力。

1-2-3 图 1-2-20 所示两个共面力系的三个力都汇交于一点,且各力都不等于零,试问它们是否能平衡。

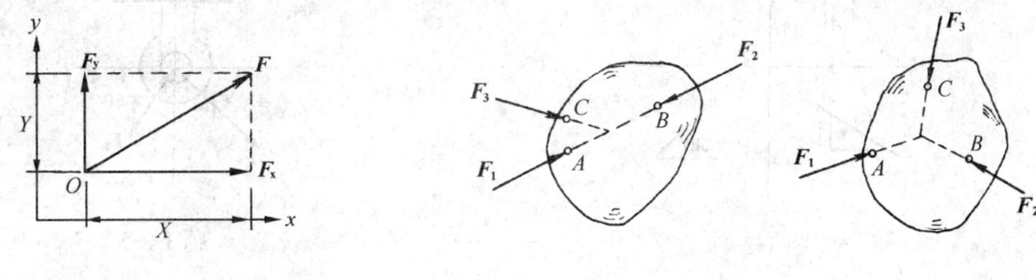

图 1-2-19　　　　图 1-2-20

1-2-4 将大小为 10kN 的铅垂力 $\boldsymbol{F}$ 分解为两个分力 $\boldsymbol{F_1}$、$\boldsymbol{F_2}$,使得 $\boldsymbol{F_1}$ 与 $\boldsymbol{F}$ 成 45°,$\boldsymbol{F_2}$ 大小为 8kN。试问所得结果是否为唯一的,$\boldsymbol{F_1}$ 的大小为多少?

1-2-5 图 1-2-21 所示三角架 A、B、C 处都是铰链连接,杆重不计,在杆 AC 上作用一铅垂力 $\boldsymbol{P}$。

(1) 用几何法求 A、B 处的反力;

(2) 若将力 $\boldsymbol{P}$ 作用点沿其作用线移到杆 BC 的 D 点,求此时 A、B 处的反力。

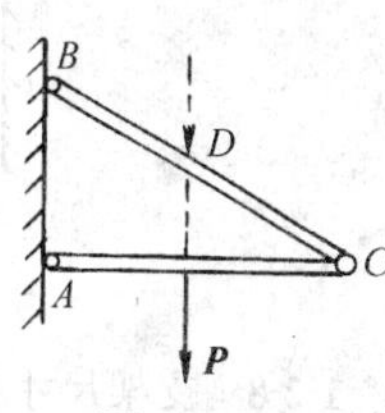

图 1-2-21

1-2-6 用解析法求平面汇交力系的合力时,若采用的坐标系不同,所求得的合力是否相同?为什么?

1-2-7 力 $\boldsymbol{F_1}$、$\boldsymbol{F_2}$ 在同一轴上投影相等,这两个力的大小是否一定相等?又 $\boldsymbol{F_1}$、$\boldsymbol{F_2}$ 大小相等,它们在同一轴上的投影是否一定相等?试举例说明。

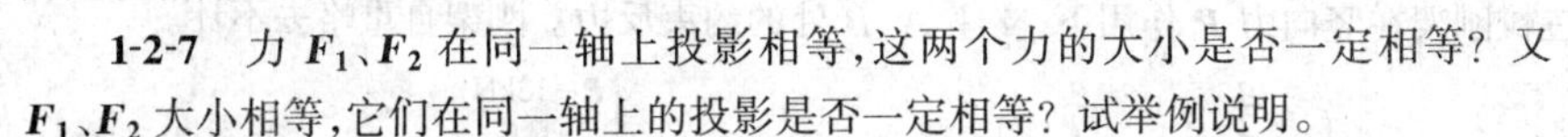

习　　题

1-2-1 如图示,固定圆环 O 在纸平面内受到三根绳子的拉力作用。已知 $T_1=3\text{kN}$, $T_2=2\text{kN}$, $T_3=3.5\text{kN}$。用几何法求合力的大小和方向。

1-2-2 如图示,已知 $F_1=400\text{N}$, $F_2=1000\text{N}$, $F_3=100\text{N}$, $F_4=500\text{N}$,作用于 A 点。试用几何法求它们的合力。

1-2-3 三角形支架如图所示。A、B、C 三处均为铰接,在 D 处支承一管道。设管道重 $G=6\text{kN}$。试用几何法求 A、B 处的反力。

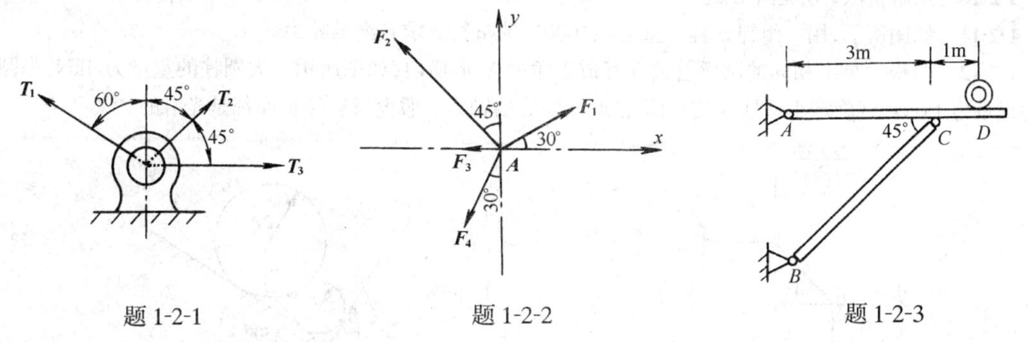

题 1-2-1　　题 1-2-2　　题 1-2-3

1-2-4 求图示各力在 x、y 轴上的投影,已知 $F_1=8\text{kN}$, $F_2=5\text{kN}$, $F_3=2.8\text{kN}$, $F_4=4.5\text{kN}$。

1-2-5 圆环受力如图示。已知 $F_1=8\text{kN}$, $F_2=6\text{kN}$。欲使这个力系的合力铅垂向下。试用解析法求 F_3 应等于多少?此时的合力大小为多少?

1-2-6 杆件 AB 和 AC 由铰 A 连接,B、C 处为固定铰支座。在 A 点作用一铅垂力 $\boldsymbol{P}$。试求图示三种情况下,杆 AB、AC 所受的力,杆件自重不计。

1-2-7 钢管重量为 $G=80\text{kN}$,置于图示的槽内,试用解析法求钢管对槽壁上 A、B 点处的压力。

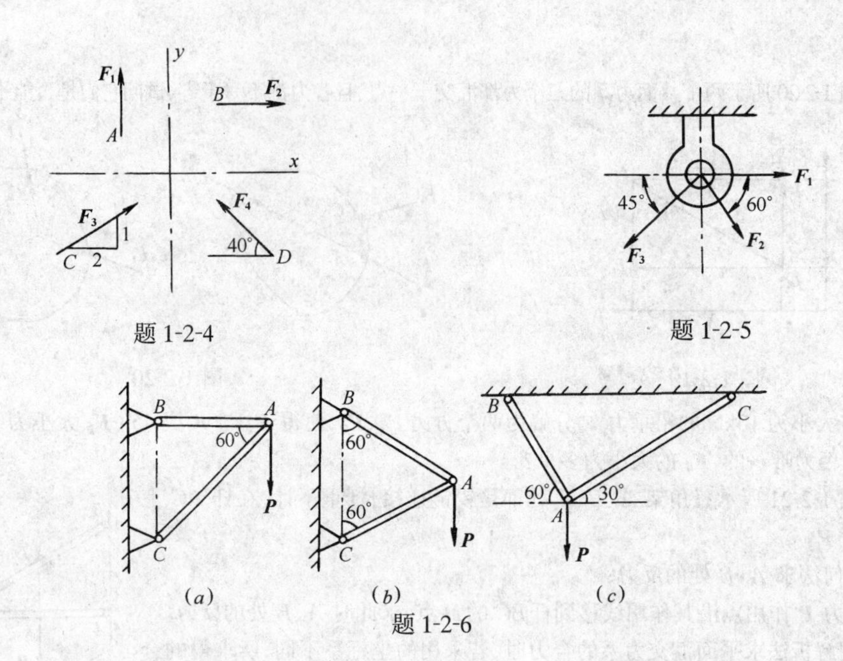

题 1-2-4　　题 1-2-5

(a)　(b)　(c)

题 1-2-6

1-2-8　支架尺寸和受力如图所示。试求 A、B 处的约束反力。杆件自重不计，$P=5\text{kN}$，$a=1.2\text{m}$。

1-2-9　试求图示三铰刚架在竖向力 $\boldsymbol{P}$ 作用下，支座 A、B 处的约束反力。刚架自重略去不计。

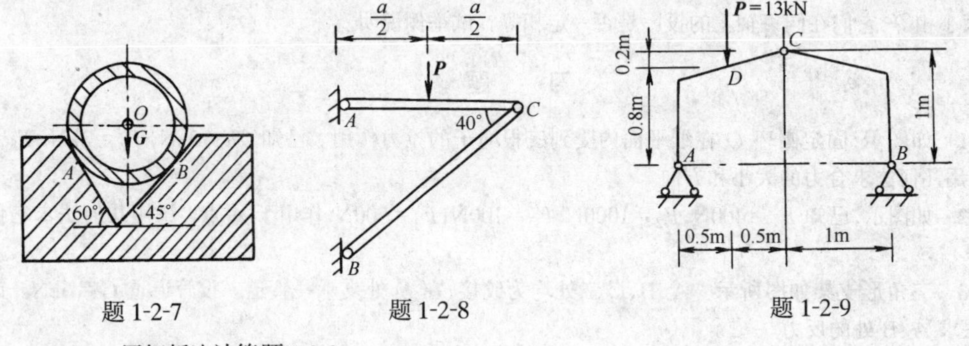

题 1-2-7　　题 1-2-8　　题 1-2-9

1-2-10　用解析法计算题 1-2-2。

1-2-11　如图所示，用一组绳索挂一重 $G=1000\text{N}$ 的重物。求各绳的拉力。

1-2-12　两根大小不相同的圆钢管放在互成直角的 V 形槽内，如图所示。大圆柱的重量为 4kN，小圆柱的重量为 1kN。试确定小圆柱与支承面在 A 点处的接触力。假设所有接触面都是光滑的。

题 1-2-11　　题 1-2-12

第三章　力矩·平面力偶系

为了研究较复杂力系的合成与平衡,需要掌握力对物体转动效应的基本知识。为此,本章介绍力对点之矩、力偶的概念及其计算方法。

第一节　力对点的矩·合力矩定理

一、力对点的矩

在长期的生产实践和日常生活中,人们认识到力不仅能使物体移动,还能使物体转动。常见的拧瓶盖、推门、开窗等等,都是力使物体产生转动效应的实例。如图 1-3-1 所示的扳手拧螺母,由经验可知,力 $\boldsymbol{F}$ 使扳手绕螺母中心 O 转动的效应,与力 $\boldsymbol{F}$ 的大小成正比,也与螺母中心 O 到力 $\boldsymbol{F}$ 作用线的垂直距离 d 成正比。显然,$\boldsymbol{F}$ 越大,越容易拧动螺母;d 越大,拧螺母越省力。此外,当力 $\boldsymbol{F}$ 的指向相反时,它使物体的转动方向也相反。因此,用力的大小 F 与 O 点到该力作用线的垂直距离 d 的乘积 $F\cdot d$ 再加上正负号可以度量力 $\boldsymbol{F}$ 使物体绕 O 点的转动效应,称为**力对点的矩**,简称**力矩**。用符号 $M_O(\boldsymbol{F})$ 或 M_O 表示,记为

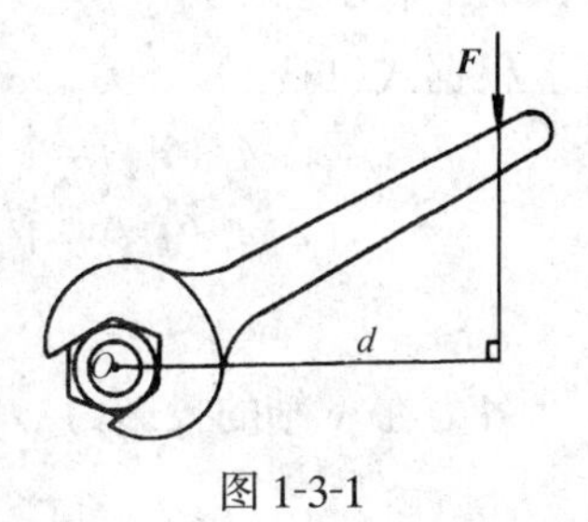

图 1-3-1

$$M_O(\boldsymbol{F}) = \pm Fd \qquad (1\text{-}3\text{-}1)$$

这里,O 点称为**力矩**中心,简称**矩心**;矩心到力 $\boldsymbol{F}$ 作用线的垂直距离 d 称为力臂;正负号表示力使物体转动的方向,当力使物体绕矩心作逆时针方向转动时,取正号,反之,取负号。

力矩的单位是力的单位与长度单位的乘积。在国际单位制中,常用牛顿·米(N·m)或千牛顿·米(kN·m)。

由式(1-3-1)可知:

(1) 力 F 等于零或者力的作用线通过矩心(即力臂等于零)时,力矩都等于零。

(2) 若力 $\boldsymbol{F}$ 在物体内沿其作用线移动,则它对某一点的矩不变。因为力的大小、方向和力臂的大小均未改变。

(3) 一对等值、反向、共线的力,它们对同一点的矩的和等于零。

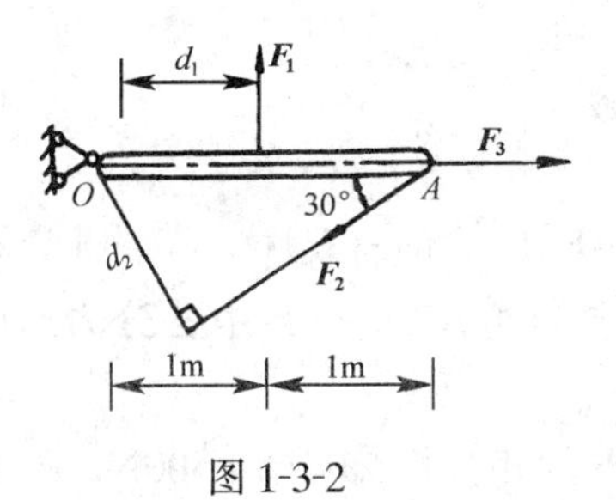

图 1-3-2

当力系中各力和矩心都在同一平面内时,力矩只有大小(正、负、零),因此是代数量。

【例 3-1】 作用于 OA 杆上的力如图 1-3-2 所示,已知 $F_1 = 2\text{kN}, F_2 = 10\text{kN}, F_3 = 5\text{kN}$,试求各力对 O 点的矩。

【解】 根据式(1-3-1)可求得各力对 O 点的矩为

$$M_O(\boldsymbol{F_1}) = F_1 d_1 = 2 \times 1 = 2\text{kN}\cdot\text{m}$$

$$M_O(\boldsymbol{F_2}) = -F_2 d_2 = -10 \times 2\sin30° = -10\text{kN}\cdot\text{m}$$

$$M_O(\boldsymbol{F_3}) = F_3 d_3 = 5 \times 0 = 0$$

二、合力矩定理

下面讨论平面汇交力系的合力与各分力对力系平面内同一点的矩之间的关系。

设在物体的 A 点作用着 $\boldsymbol{F_1}$、$\boldsymbol{F_2}$ 两个力,其合力为 $\boldsymbol{R}$,O 点是物体上力系作用平面内的任一点,如图 1-3-3 所示。现求它们对同一点 O 之矩的关系。

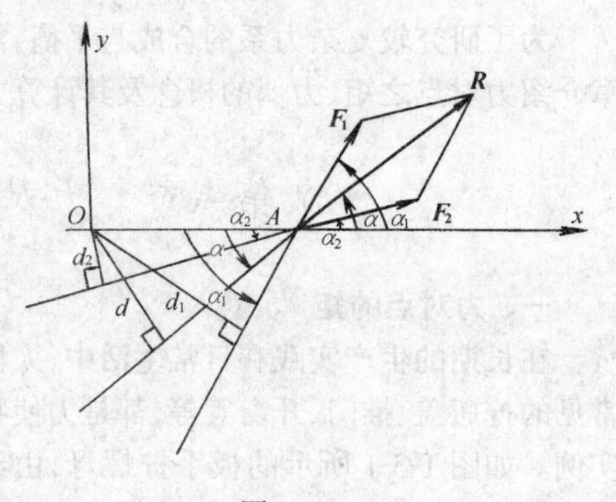

图 1-3-3

首先建立以 OA 为 x 轴的直角坐标系,α_1、α_2、α 依次表示 $\boldsymbol{F_1}$、$\boldsymbol{F_2}$、$\boldsymbol{R}$ 三力与 x 轴之间所夹的锐角,点 O 到此三力作用线的垂直距离分别以 d_1、d_2、d 表示。

根据式(1-3-1),各力对 O 点的矩分别为

$$M_O(\boldsymbol{F_1}) = F_1 \cdot d_1$$

$$M_O(\boldsymbol{F_2}) = F_2 \cdot d_2$$

$$M_O(\boldsymbol{R}) = R \cdot d$$

各力在 y 轴的投影为

$$R_y = R\sin\alpha$$

$$F_{1y} = F_1\sin\alpha_1$$

$$F_{2y} = F_2\sin\alpha_2$$

由合力投影定理得

$$R_y = F_{1y} + F_{2y}$$

即

$$R \cdot \sin\alpha = F_1\sin\alpha_1 + F_2\sin\alpha_2$$

上式两边同乘以长度 OA 得

$$R \cdot OA\sin\alpha = F_1 \cdot OA\sin\alpha_1 + F_2 \cdot OA\sin\alpha_2$$

由图知

$$OA\sin\alpha = d,\ OA\sin\alpha_1 = d_1,\ OA\sin\alpha_2 = d_2$$

故

$$R \cdot d = F_1 d_1 + F_2 d_2$$

则

$$M_O(\boldsymbol{R}) = M_O(\boldsymbol{F_1}) + M_O(\boldsymbol{F_2})$$

上式可以推广到 n 个汇交力的情形,即

$$M_O(\boldsymbol{R}) = M_O(\boldsymbol{F_1}) + M_O(\boldsymbol{F_2}) + \cdots\cdots + M_O(\boldsymbol{F_n}) = \Sigma M_O(\boldsymbol{F}) \tag{1-3-2}$$

式(1-3-2)表明:**平面汇交力系的合力对平面内任意一点的矩,等于力系中各分力对同一点之矩的代数和。这就是合力矩定理。**

【例 3-2】 求图 1-3-4 中平面汇交力系的合力对 O 点的矩。已知 $P_1 = 500\text{N}$, $P_2 =$

300N, $P_3=400$N, $P_4=200$N, 杆长 $OA=0.5$m, 其余尺寸如图所示。

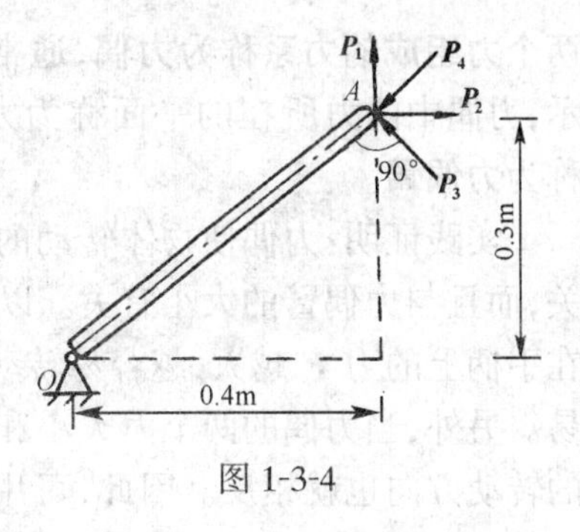

图 1-3-4

【解】 由于各力至 O 点的力臂由图可直接得到，于是有

$M_O(\boldsymbol{P_1})=P_1d_1=500\times0.4=200\text{N·m}$

$M_O(\boldsymbol{P_2})=-P_2d_2=-300\times0.3=-90\text{N·m}$

$M_O(\boldsymbol{P_3})=P_3d_3=400\times0.5=200\text{N·m}$

$M_O(\boldsymbol{P_4})=P_4d_4=0$

由合力矩定理可得

$$M_O(\boldsymbol{R})=\Sigma M_O(\boldsymbol{P})=200-90+200=310\text{N·m}$$

在计算力对某点的矩时，若力臂不易计算，就可以应用合力矩定理，将该力分解成两个互相垂直且力臂容易计算的分力，用这两个分力对该点的矩的代数和来代替原力对同一点的矩。

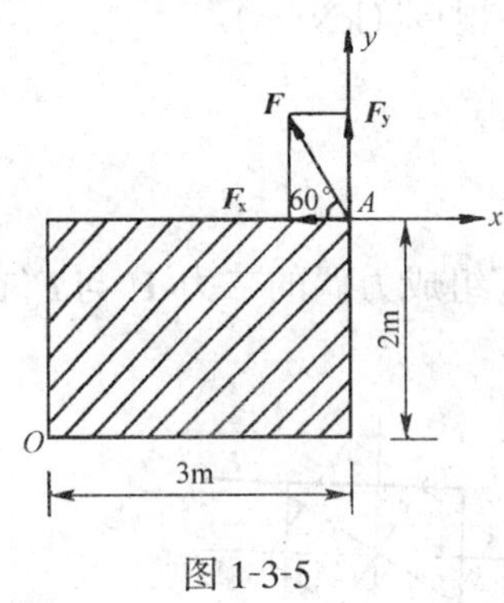

图 1-3-5

【例 3-3】 平板的尺寸如图 1-3-5 所示，在板的 A 点作用有大小为 $F=50$kN 的力，试求力 $\boldsymbol{F}$ 对板左下角 O 点的矩。

【解】 由于力臂 d 的计算较麻烦，不宜直接用式(1-3-1)计算，而应用合力矩定理，则很方便。先将力 $\boldsymbol{F}$ 分解成如图 1-3-5 所示的两个分力 $\boldsymbol{F_x}$、$\boldsymbol{F_y}$，即

$$F_x=F\cos60^\circ=50\times0.5=25\text{kN}$$

$$F_y=F\sin60^\circ=50\times0.866=43.3\text{kN}$$

由图可直接看出 $\boldsymbol{F_x}$ 的力臂是 2m、$\boldsymbol{F_y}$ 的力臂是 3m。于是可得 $M_O(\boldsymbol{F})=M_O(\boldsymbol{F_x})+M_O(\boldsymbol{F_y})=25\times2+43.3\times3=180\ \text{kN·m}$

第二节 力偶·力偶的性质

一、力偶的概念

在日常生活中，经常见到由大小相等、方向相反、作用线平行的两个力使物体产生转动的例子。例如司机用双手转动方向盘(图 1-3-6)，木工用木螺纹钻钻孔(图 1-3-7)以及人们用手拧瓶盖、笔套、开关水龙头等等。这种由**大小相等、方向相反、作用线平行、但不共线的**

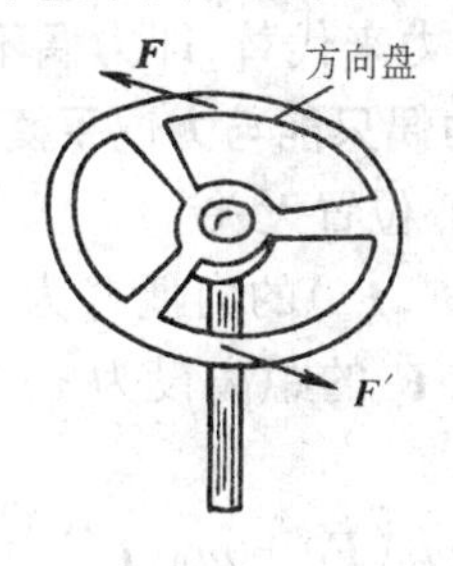

图 1-3-6

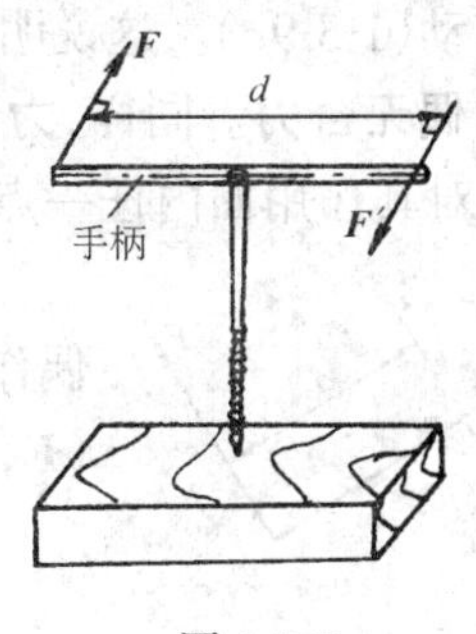

图 1-3-7

两个力组成的力系称为**力偶**，通常用符号($\boldsymbol{F},\boldsymbol{F}'$)表示，如图 1-3-8 所示，力偶中两力所在的平面称为力偶作用面，两力之间的垂直距离 d 称为**力偶臂**。

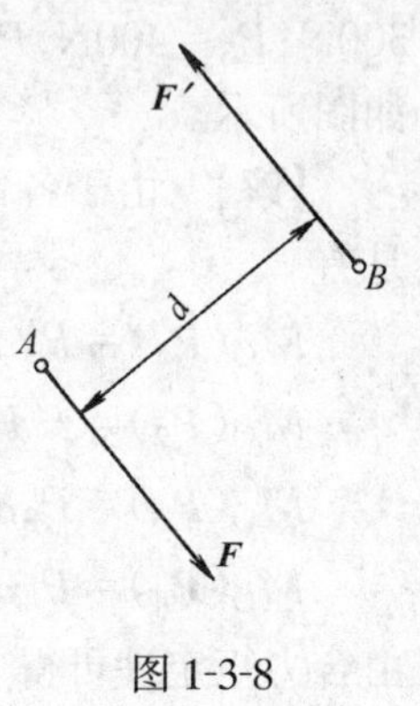

图 1-3-8

实践证明：力偶使物体转动的效果不仅与组成力偶的力的大小有关，而且与力偶臂的大小有关。以图 1-3-7 中用螺纹钻钻孔为例，作用在手柄上的力 $\boldsymbol{F}$ 越大，越容易转动螺纹钻；力偶臂 d 越大，钻孔也越容易。另外，当力偶的两个力大小和作用线不变，而指向相反时，螺纹钻的转动方向也就相反。因此，可用力与力偶臂的乘积 $F\cdot d$，再加以适当的正负号度量力偶对物体的转动效应，称为**力偶矩**，以符号 $m(\boldsymbol{F},\boldsymbol{F}')$或 m 表示，即

$$m=\pm F\cdot d \tag{1-3-3}$$

式中正负号表示力偶的转动方向，通常规定：力偶使物体逆时针转动时，力偶矩为正，反之，为负。在平面问题内，力偶矩不是正值就是负值，所以为代数量。

力偶矩的单位与力矩的单位相同，即牛顿·米(N·m)或千牛顿·米(kN·m)。

二、力偶的性质

由力偶的概念可知力偶有如下性质：

1．力偶在任一坐标轴上的投影的代数和等于零。

由于力偶的两个力大小相等、方向相反、作用线平行，因此，组成力偶的二力 $\boldsymbol{F}$ 与 $\boldsymbol{F}'$ 在任一坐标轴上的投影必然是大小相等、正负号相反，代数和为零。

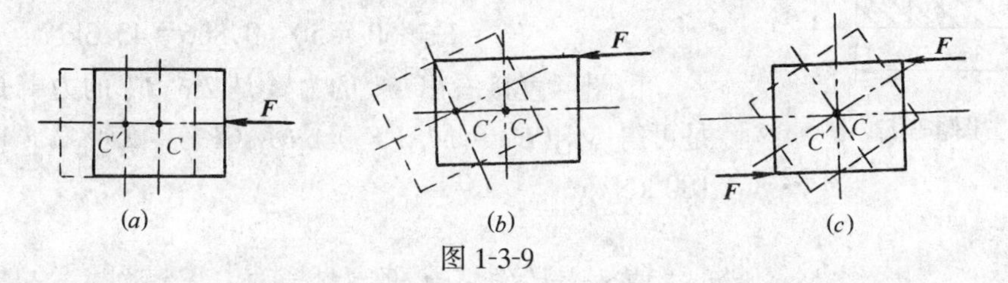

图 1-3-9

根据力偶的这一特性，以后在列力的投影方程时就不用考虑力偶的投影。

力在某轴上的投影是力使物体沿该轴移动效应的度量。既然力偶在任一轴上的投影为零，就表明力偶不能使物体产生任何方向的平移，而只能产生转动。图 1-3-9(a)表示放置在光滑桌面上的木板，当力 $\boldsymbol{F}$ 的作用线通过木板中心 C 点时，它使平板沿力的方向移动；当力 $\boldsymbol{F}$ 的作用线不过 C 点时，木板将同时产生移动和转动(图 1-3-9b)；但力偶作用在木板上时，就只有转动(1-3-9c)。这说明力偶对物体的作用不能用力来代替，即**力偶不能与一个力等效**，因此**力偶无合力**。同样，**力偶也不能与一个力平衡**，**力偶只能与力偶平衡**。

2．力偶对其作用面内任一点的矩恒等于力偶矩，与矩心位置无关。

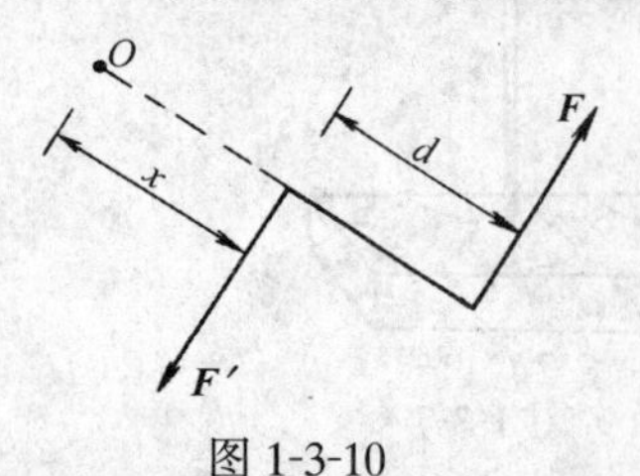

图 1-3-10

如图 1-3-10 所示，力偶($\boldsymbol{F},\boldsymbol{F}'$)的力偶臂为 d，O 点为力偶作用平面内的任一点，它到 $\boldsymbol{F}'$ 的距离设为 x。现计算力偶($\boldsymbol{F},\boldsymbol{F}'$)对 O 点的矩如下

$$\begin{aligned}m_0(\boldsymbol{F},\boldsymbol{F}')&=m_0(\boldsymbol{F})+m_0(\boldsymbol{F}')\\&=F(x+d)-F'x=m(F,F')\end{aligned}$$

由于 O 点是任一点，所以上式说明力偶对其作用面内任一点的矩恒等于力偶矩本身，而与矩心选取的位置无关。这也是力偶矩与力矩的重要区别。

根据力偶的这一特性，今后在列力矩方程时，无论力偶对哪一点的矩，都直接采用力偶矩。

3. 如果作用在同一平面内的两个力偶的力偶矩大小相等，转向相同，则这两个力偶是等效的，这就是**力偶的等效性**。

因为力偶只能使物体产生转动，而且转动效果由力偶矩来度量。所以，在同一平面内力偶矩相等，转向相同的两个力偶，对物体的转动效应必然相同，因而是等效的。

根据力偶这一性质可有如下结论：

(1) 力偶可在其作用平面内任意移动和转动，而不会改变它对物体的转动效应。

(2) 只要保持力偶矩大小和转向不变，可以任意改变力和力偶臂的大小，而不影响它对物体的转动效应。

以上结论，已为实践所证明。例如图 1-3-11 的铰盘，无论力偶的二力作用在 A、B 还是 A'、B'，转动效果都一样，说明力偶在同一平面转动后，对物体的转动效应不变。又如图 1-3-12，用丝锥攻螺纹时，力不论加在 A、B 还是 C、D，只要力偶矩相等，它们对手柄的转动效应就不变。

由力偶的等效性可知，图 1-3-13 所示的三个力偶是等效力偶。当用带箭头的弧线表示力偶时，箭头表示力偶的转向，m 表示力偶矩的大小。

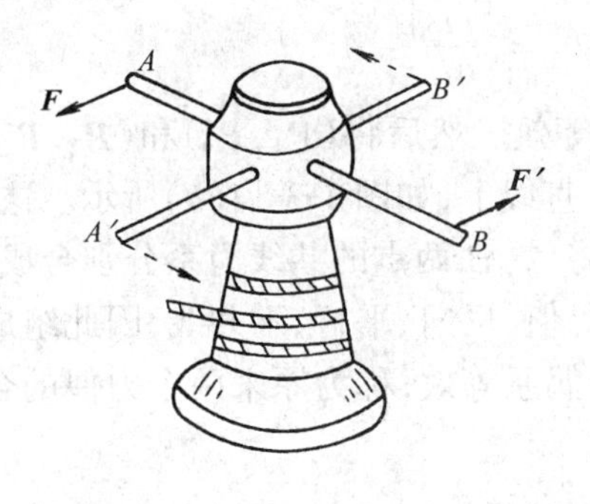

图 1-3-11

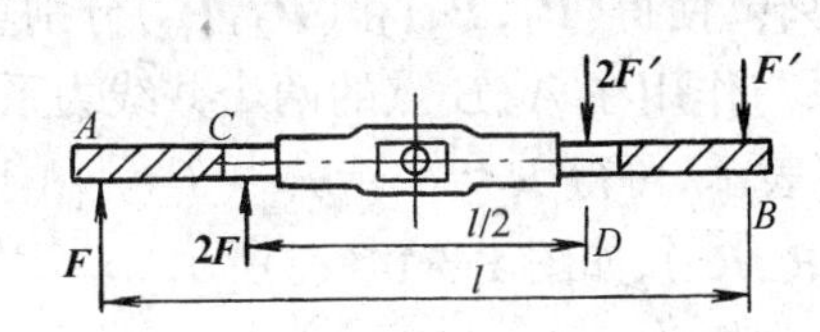

图 1-3-12

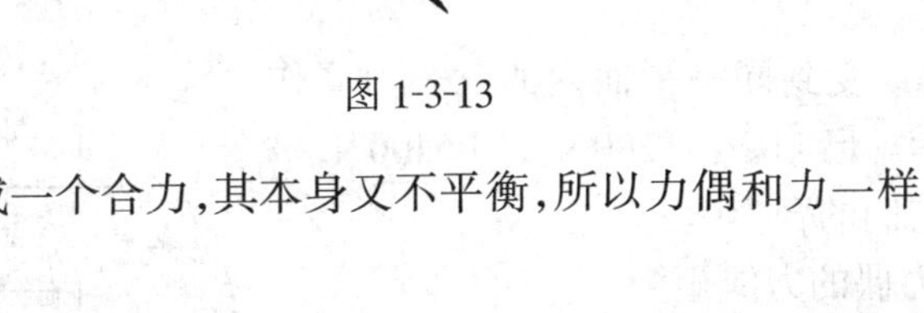

图 1-3-13

既然力偶不能合成一个合力，其本身又不平衡，所以力偶和力一样，都是力系中的基本元素。

第三节　平面力偶系的合成和平衡

作用在物体上同一平面内的两个或两个以上的力偶称为**平面力偶系**。本节将讨论平面力偶系的合成与平衡。

一、平面力偶系的合成

所谓力偶系的合成，就是用一个最简单的力系来等效代替原力偶系对物体的作用。如图 1-3-14(a)所示，设在物体的同一平面内作用有力偶($\boldsymbol{F_1}, \boldsymbol{F'_1}$)、($\boldsymbol{F_2}, \boldsymbol{F'_2}$)，它们的力偶矩分别为 $m_1 = F_1 d_1$、$m_2 = F_2 d_2$，现求其合成结果。

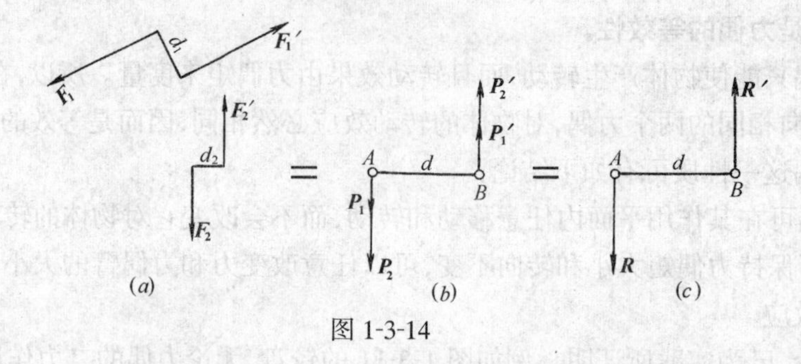

图 1-3-14

根据力偶的等效性，先调整力 $\boldsymbol{F_1}$ 及 $\boldsymbol{F_2}$ 的大小，使二力偶有相同的力偶臂 d，即

$$m_1 = P_1 d \qquad m_2 = P_2 d$$

于是有

$$P_1 = P'_1 = \frac{|m_1|}{d} \qquad P_2 = P'_2 = \frac{|m_2|}{d}$$

则力偶($\boldsymbol{P_1}, \boldsymbol{P'_1}$)和($\boldsymbol{P_2}, \boldsymbol{P'_2}$)分别与($\boldsymbol{F_1}, \boldsymbol{F'_1}$)、($\boldsymbol{F_2}, \boldsymbol{F'_2}$)等效。然后将($\boldsymbol{P_1}, \boldsymbol{P'_1}$)和($\boldsymbol{P_2}, \boldsymbol{P'_2}$)在平面内移转，使得($\boldsymbol{P_1}, \boldsymbol{P'_1}$)和($\boldsymbol{P_2}, \boldsymbol{P'_2}$)分别重合在同一直线上，如图 1-3-14($b$)所示。这样，原力偶系与作用在 A、B 点的两个共线力系等效。再将 A、B 两点的共线力系分别合成，并以 $\boldsymbol{R}$、$\boldsymbol{R'}$表示，可得 $R = R' = P_1 + P_2$。由于 $\boldsymbol{R}$ 与 $\boldsymbol{R'}$等值、反向、平行、不共线，因此组成一个力偶($\boldsymbol{R}$、$\boldsymbol{R'}$)，如图 1-3-14(c)所示，这个力偶与原力偶系等效，称为原来两个力偶的合力偶。其力偶矩为

$$M = Rd = (P_1 + P_2)d = P_1 d + P_2 d = m_1 + m_2$$

上述方法可以推广到求同一平面内任意个力偶的合力偶。即

$$M = m_1 + m_2 + \cdots + m_n = \Sigma m \tag{1-3-4}$$

式(1-3-4)表明**平面力偶系合成的结果是一个合力偶，合力偶矩等于原来各力偶矩的代数和**。

用式(1-3-4)计算时，应注意各分力偶矩的正负号，合力偶矩的转向则由计算结果的正负号确定。

【例 3-4】 梁 AB 受到同一平面内的三个力偶作用，如图 1-3-15 所示。已知 $P_1 = 300\text{N}$，$P_2 = 400\text{N}$，$m = -2\ \text{kN·m}$，试求它们的合力偶。

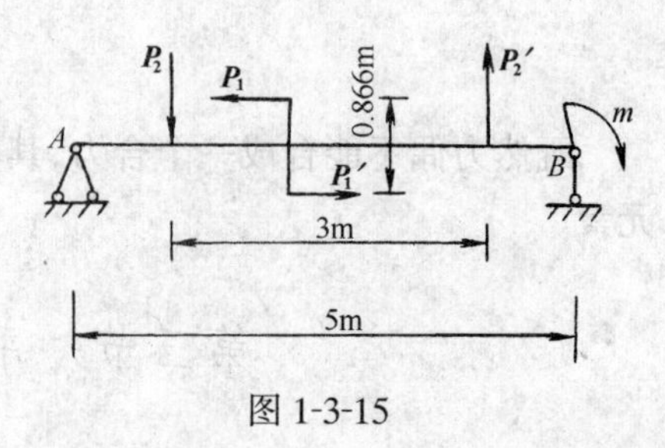

图 1-3-15

【解】 梁上各力偶的力偶矩为

$$m_1 = P_1 d_1 = 300 \times 0.866 = 0.26\text{kN·m}$$

$$m_2 = P_2 d_2 = 400 \times 3 = 1.2\text{kN·m}$$

$$m_3 = m = -2\text{kN·m}$$

由式(1-3-4)得合力偶矩为

$$M=\Sigma m=m_1+m_2+m_3=0.26+1.2-2=-0.54\text{kN}\cdot\text{m}(\circlearrowright)$$

即合力偶的力偶矩为-0.54kN·m,负号表明合力偶为顺时针转向。

二、平面力偶系的平衡条件

平面力偶系合成结果是一个合力偶。当合力偶矩等于零时,表明力偶系中各力偶对物体的转动效应互相抵消,力偶系平衡。反之,若平面力偶系平衡,则说明该力偶系对物体的转动总效应等于零,其合力偶矩一定为零。所以,**平面力偶系平衡的必要和充分条件是:力偶系中所有各力偶矩的代数和等于零**。即

$$\Sigma m=0 \tag{1-3-5}$$

式(1-3-5)就是平面力偶系的平衡方程。对于平面力偶系的平衡问题,可由式(1-3-5)求解一个未知量。

【例 3-5】 图 1-3-16(a)所示梁的两端各作用一力偶,已知 $m_1=180$kN·m, $m_2=-270$ kN·m,梁长 $l=5$m,梁的重量不计,试求 A、B 支座的反力。

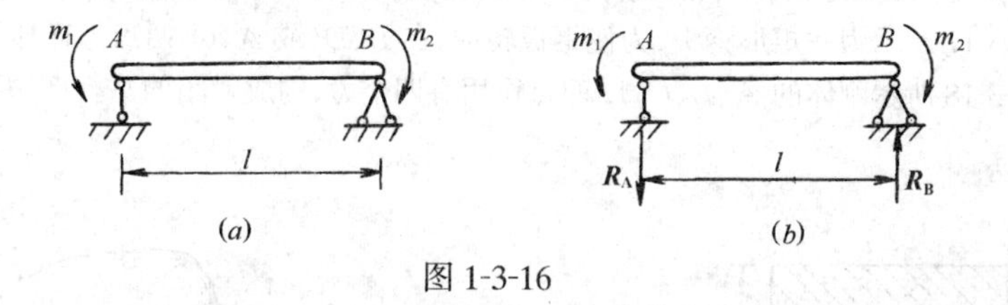

图 1-3-16

【解】 取梁 AB 为研究对象。因作用在梁上的荷载只有力偶,由力偶的性质知,梁 A、B 处的支座反力 $\boldsymbol{R}_\mathbf{A}$ 与 $\boldsymbol{R}_\mathbf{B}$ 必然组成一力偶,即 $\boldsymbol{R}_\mathbf{A}$ 与 $\boldsymbol{R}_\mathbf{B}$ 等值、反向、平行。由于 A 为可动铰支座,故 $\boldsymbol{R}_\mathbf{A}$ 沿铅垂方向,假设指向向下,于是 $\boldsymbol{R}_\mathbf{B}$ 为铅垂向上,受力图如图 1-3-16(b)所示。

由平面力偶系的平衡条件有

$$\Sigma m=0$$

$$m_1+m_2+R_\text{A}l=0$$

$$R_\text{A}=\frac{-m_1-m_2}{l}=\frac{-180+270}{5}=18\text{kN}(\downarrow)$$

$$\Sigma Y=0$$

$$R_\text{B}=R_\text{A}=18\text{kN}(\uparrow)$$

小　　结

本章讨论了力矩和力偶的基本知识。

一、力矩

1. 力矩是力使物体绕矩心转动效应的度量,其大小等于力的大小与力臂的乘积,记为 $M_\text{O}(\boldsymbol{F})=\pm Fd$,计算时要注意力臂的定义。式中正负号表示力矩的转向,可简单记忆为"逆正、顺负"。力矩是一个代数量。力矩的大小和转向与矩心的位置有关。

2. 合力矩定理阐述了合力对任一点的矩与各分力对同一点的矩之间的关系 $M_\text{O}(\boldsymbol{R})=\Sigma M_\text{O}(\boldsymbol{F})$。应用合力矩定理可以简化力矩的计算。

二、力偶

1．力偶是由等值、反向、作用线平行但不共线的两个力所构成，它仅使物体产生转动，不产生移动。

2．力偶矩是力偶对物体转动效应的度量，其大小等于力偶中的力与力偶臂的乘积，记为 $m = \pm Fd$，其正负号规定为“逆正、顺负”。在平面问题中，力偶矩是代数量。

3．力偶与力相比，具有以下特性：

(1) 力偶在任一坐标轴上投影的代数和等于零。力偶不能简化为一个力。力偶只能与力偶平衡。

(2) 力偶对其作用面内任一点的矩恒等于力偶矩，而与矩心的位置无关。

(3) 同一平面内的两个力偶，只要力偶矩大小相等、转向相同，则此二力偶等效。由力偶的等效性知，只要保持力偶矩不变，力偶可以在其作用面内任意移、转，也可以任意改变组成力偶的力的大小和力偶臂的长短。这里所说的力偶可以任意移转，是在力偶作用面内对力偶所作用的物体而言。

4．平面力偶系合成的结果有两种可能：(1) 合成为一个合力偶；合力偶矩等于原来各力偶矩的代数和，即 $M = \Sigma m$。(2) 平衡；平衡方程为 $\Sigma m = 0$。采用此方程可以求解只含一个未知量的平面力偶系的平衡问题。

思 考 题

1-3-1 力对某定点的矩会否因力沿其作用线移动而改变？为什么？

1-3-2 图 1-3-17 所示为一矩形钢板，为使钢板转动，在 B、D(或 A、C)两点怎样加力最好？

1-3-3 图 1-3-18 所示刚体的 A、B、C、D 四点作用有四个力，构成封闭的平行四边形，物体是否平衡，为什么？

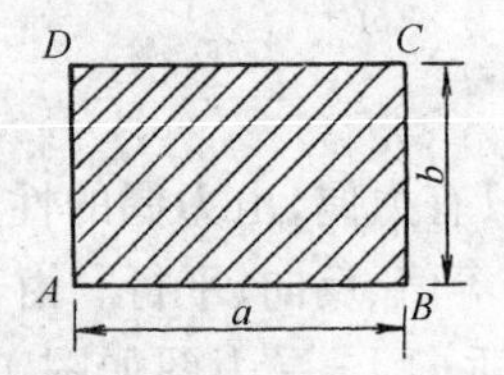

图 1-3-17

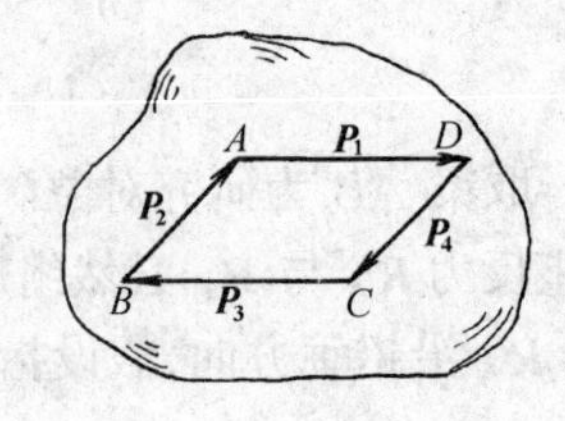

图 1-3-18

1-3-4 绳索绕过支承在轴承上的滑轮以拉力 $\boldsymbol{T}$ 拉住重物 $\boldsymbol{G}$，如图 1-3-19 所示，若不计滑轮和绳索的重量及轴承的摩擦力，试证明当重物、绳索处于静止平衡时 $T = G$。

1-3-5 图 1-3-20 所示三铰拱在 D 点受一力偶 m 的作用，试求：

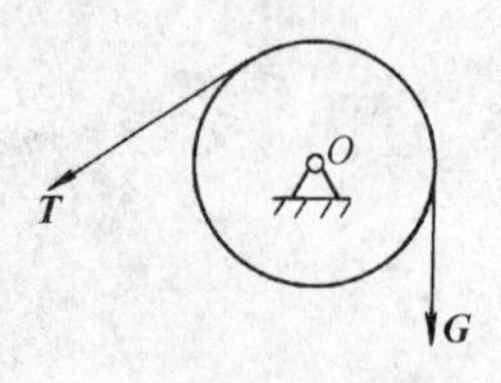

图 1-3-19

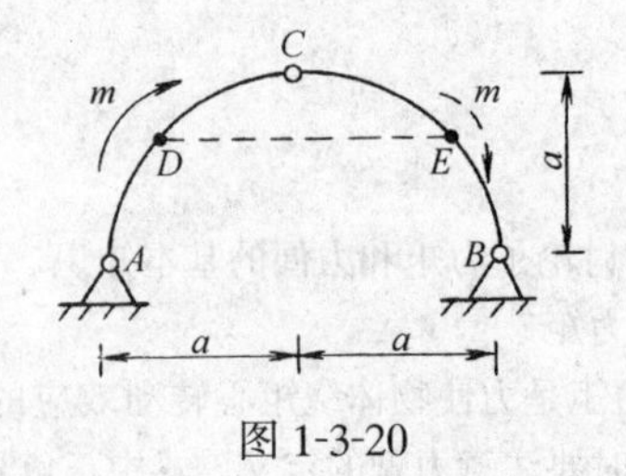

图 1-3-20

(1) 支座 A、B 反力的方向；

(2) 如将该力偶移到 E 处，求支座 A、B 反力的方向；

(3) 比较(1)、(2)的结果，说明力偶在其作用面内移动时应注意什么？

1-3-6 直接判断图 1-3-21 各图中 A、B 处约束反力的正确方向。

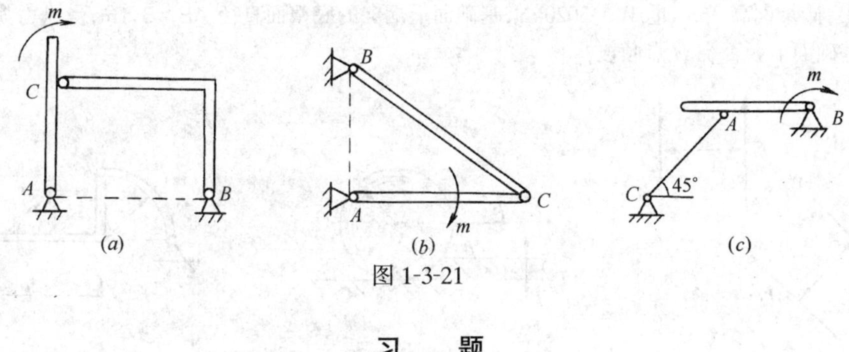

图 1-3-21

习　题

1-3-1　试计算图示各图中力 ***F*** 对 A 点之矩。

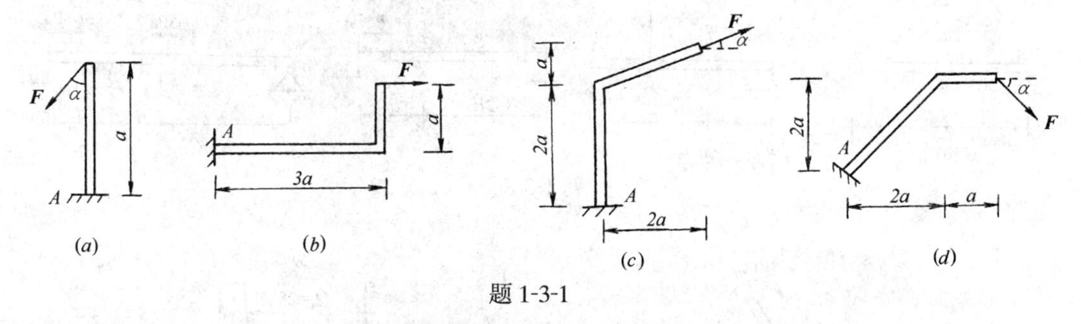

题 1-3-1

1-3-2　图中在直角曲杆的一端,作用有大小为 400N 的力。试计算此力对 O 点的力矩。

1-3-3　如图所示用撬棍橇起重物后在 A 端施加的力 ***P***,已知重物重 $W=4$kN,欲使撬棍保持平衡状态(不绕支点转动),P 值应为多大?欲使力 P 最省,应如何加力?此时的 P 值应为多大?

1-3-4　已知挡土墙重 $W_1=75$kN,铅直土压力 $W_2=120$kN,水平土压力 $P=90$kN。试求这三个力对前趾点 A 之矩,并说明该挡土墙会不会倾倒?

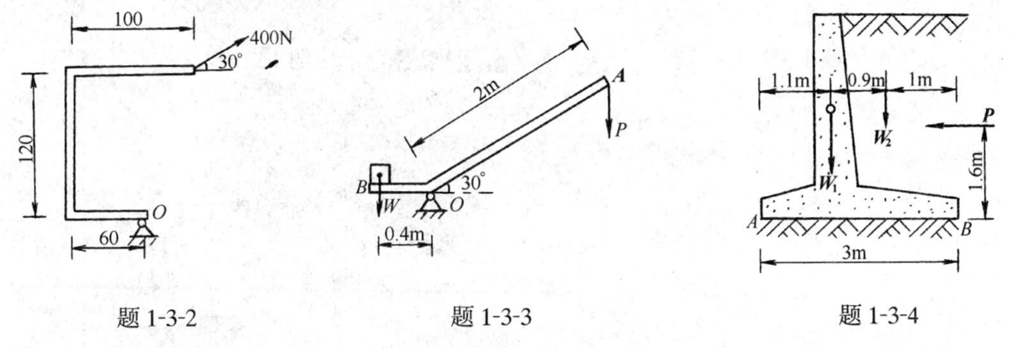

题 1-3-2　　题 1-3-3　　题 1-3-4

1-3-5　求图示三个力偶的合力偶矩,已知 $F_1=F'_1=80$N,$F_2=F'_2=130$N。$m=50$N·m,$d_1=70$cm,$d_2=60$cm。

1-3-6　压路机的碾子重 20kN,半径 $r=400$mm。试求碾子越过厚度 $h=8$cm 的台阶时所需的最小水平拉力 P_{min} 以及碾子对台阶的作用力。

1-3-7　在图示结构中,折杆 BC 上作用有一力偶,其力偶矩 $m=15$kN·m,已知 $a=0.3$m。求 A 点和 C 点的约束反力(各杆重量略去不计)。

1-3-8　按图示各梁给定的条件。求梁的支座反力。梁的自重不计。

1-3-9　均质杆 AB 长 2m,重 $W=100$N。若加一力偶矩为 m 的力偶作用于 B 点。使杆保持与铅垂线成 30°角而平衡,求 $m=$?

1-3-10 砖烟囱高 36m，重 $W=3020\text{kN}$，基础面上烟囱的底截面直径 $AB=3.1\text{m}$，受风力如图所示，试问烟囱在基础面上会否绕 B 点倾覆？

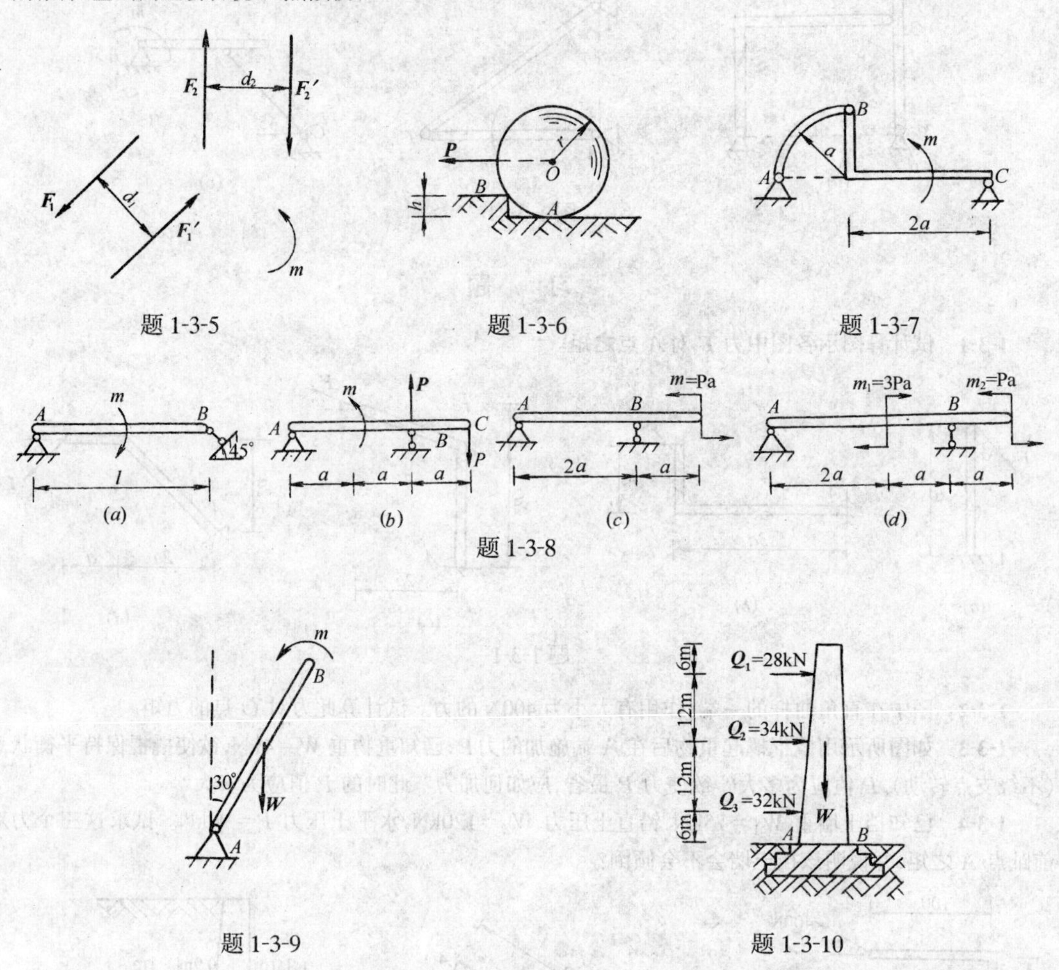

题 1-3-5

题 1-3-6

题 1-3-7

题 1-3-8

题 1-3-9

题 1-3-10

第四章　平 面 一 般 力 系

如果力系中各力的作用线都在同一平面内，既不全汇交于一点，也不全相互平行，这个力系称为平面一般力系。

在工程实践中，很多力学问题都可以视作平面一般力系问题。例如，图 1-4-1(a)所示的悬臂式起重机，横梁受到的钢丝绳拉力 $\boldsymbol{T}$、支座反力 $\boldsymbol{X_A}$、$\boldsymbol{Y_A}$、小车重力 $\boldsymbol{P}$ 及梁的自重 $\boldsymbol{G}$，这些力就组成一个平面一般力系（图 1-4-1b）。又如，图 1-4-2(a)所示的混凝土坝，它的长度远大于其他两个方向的尺寸，坝体受到的各力沿坝长方向大致相同，可取 1m 长坝身研究，将 1m 长坝身的各力（重力 $\boldsymbol{G}$、水压力 $\boldsymbol{P}$、地基反力 $\boldsymbol{R}$ 和抗滑力 $\boldsymbol{H}$）简化到其对称平面上，也将组成一个平面一般力系（图 1-4-2b）。

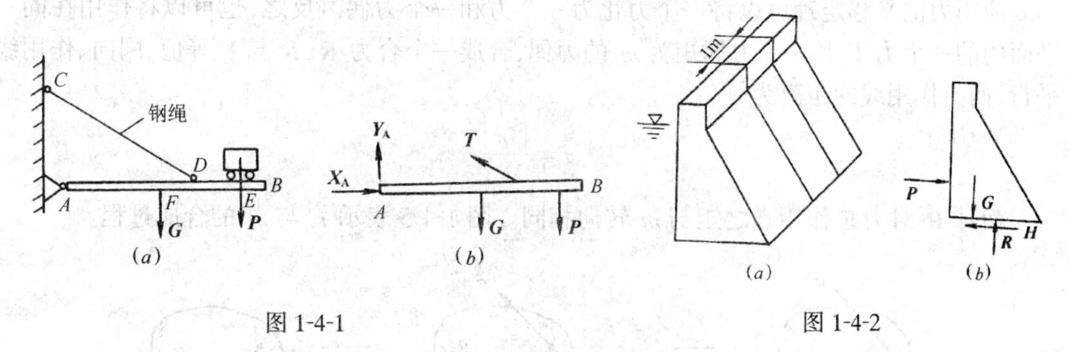

图 1-4-1　　　　图 1-4-2

平面一般力系是平面力系的一般情况。分析和解决平面一般力系问题具有重要的意义。本章将讨论它的简化和平衡。

第一节　力 的 平 移 定 理

力的平移是将作用在物体上的力离开其作用线、平行移动到物体的任意一点。现通过下面的实例，看平移后会不会改变它对物体的作用效果。如图 1-4-3(a)所示，力 $\boldsymbol{F}$ 作用在轮心 A 点时，轮子不会转动，但若将它平移到轮缘的 B 点记为 $\boldsymbol{F}'$（图 1-4-3b），轮子就要转动。这说明单纯地把力平移到另一点，将改变它对物体的作用效果。那么，怎样才能使力平移后，对物体的作用效果和平移前一样呢？这可由下面讨论的力的平移定理来回答。

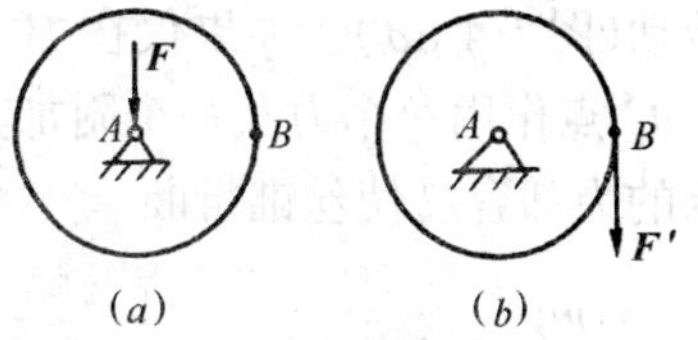

图 1-4-3

设物体的 A 点作用一个力 $\boldsymbol{F}$，如图 1-4-4(a)所示。若在物体的任一点 O，加上一对等值、反向、共线的力 $\boldsymbol{F}'$ 和 $\boldsymbol{F}''$，使 $\boldsymbol{F}'=\boldsymbol{F}''=\boldsymbol{F}$（图 1-4-4$b$），则由加减平衡力系公理知，力 $\boldsymbol{F}$、$\boldsymbol{F}'$、$\boldsymbol{F}''$ 与原力 $\boldsymbol{F}$ 对物体的作用效果相等。由于 $\boldsymbol{F}$ 与 $\boldsymbol{F}''$ 组成一个力偶，其力偶矩等于力 $\boldsymbol{F}$

对O点之矩，即

$$m = m_0(\boldsymbol{F}) = F \cdot d$$

并且力 $\boldsymbol{F}'$的大小和方向与$\boldsymbol{F}$ 相同，因此这就相当于把原力 $\boldsymbol{F}$ 从A 点平移到O 点(图 1-4-4c)。

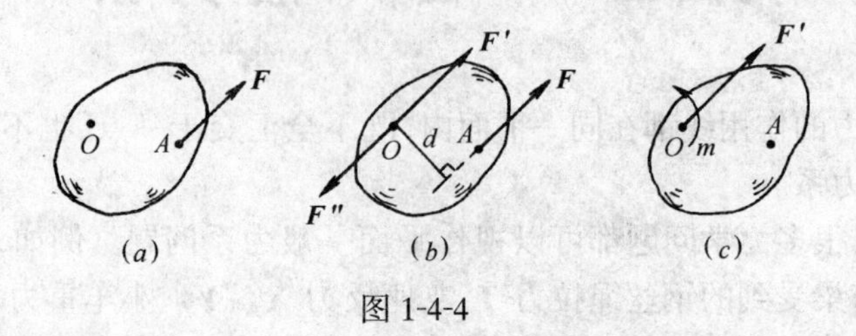

图 1-4-4

由此得到结论：作用于物体上的力 $\boldsymbol{F}$，可以平移到同一物体的任一点 O，为了不改变对物体的作用效果，就必须同时附加一个力偶，其力偶矩等于原力 $\boldsymbol{F}$ 对O 点的矩。这就是力的平移定理。

应用力的平移定理可以将一个力化为一个力和一个力偶。反之，也可以将作用在同一平面内的一个力 $\boldsymbol{F}$ 和一个力偶矩为m 的力偶，合成一个合力 $\boldsymbol{R}$，$\boldsymbol{R}$ 与$\boldsymbol{F}$ 等值、同向、作用线平行，两力作用线的距离为

$$d = \frac{|m|}{F}$$

而且 $\boldsymbol{R}$ 对力$\boldsymbol{F}$ 作用点之矩与m 转向相同。图 1-4-5 表示 $\boldsymbol{F}$ 与m 的合成过程。

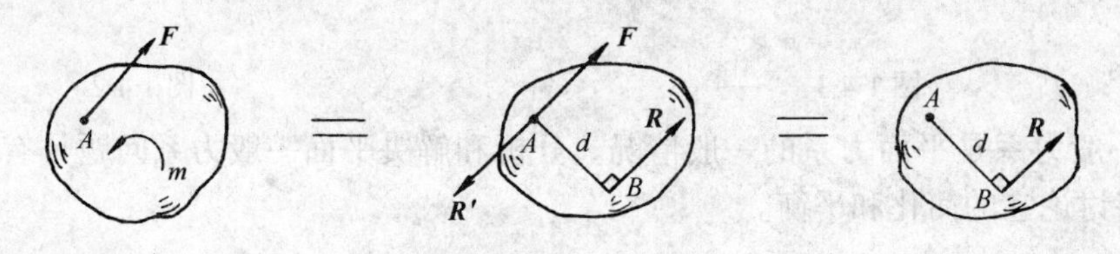

图 1-4-5

力的平移定理是平面一般力系简化的依据。用它也可以解释一些力学问题。

例如攻丝，两手作用在绞柄上的力 $\boldsymbol{P}$、$\boldsymbol{P}'$ 大小相等、方向相反、组成一个力偶而使丝锥转动(图 1-4-6a)。如果仅在 B 点单手扳绞柄(图 1-4-6b)，则由力的平移定理知，这相当于在 C 点作用一个力及一个附加力偶(图 1-4-6c)。附加力偶虽然可使丝锥转动，但作用于 C 点的力却容易使丝锥折断。

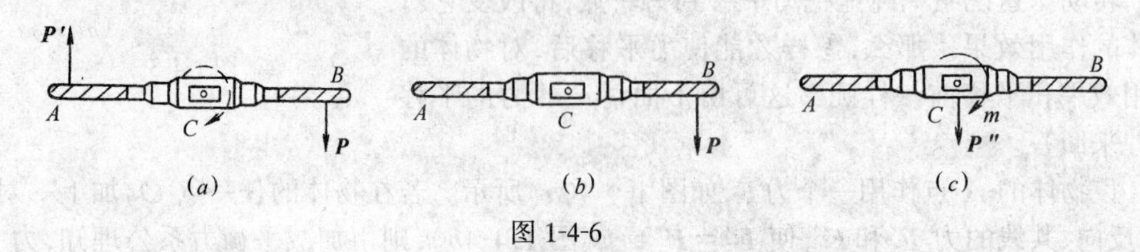

图 1-4-6

第二节　平面一般力系向作用面内任一点简化

设有平面一般力系 $\boldsymbol{F_1}$、$\boldsymbol{F_2}$、…、$\boldsymbol{F_n}$，如图 1-4-7(a)所示。今在力系作用面内任选一点 O，应用力的平移定理，将力系中各力向 O 点平移，就得到一个作用在 O 点的平面汇交力系$\boldsymbol{F'_1}$、$\boldsymbol{F'_2}$…$\boldsymbol{F'_n}$和力偶矩为 m_1、m_2、…、m_n 的附加力偶系，如图 1-4-7(b)所示。由平面汇交力系和力偶系的合成可知，力系 $\boldsymbol{F'_1}$、$\boldsymbol{F'_2}$、…、$\boldsymbol{F'_n}$可合成为一个力 $\boldsymbol{R'}$，称为原力系的**主矢**。附加力偶系也可合成为一个力偶，其力偶矩 M'_O 称为原力系对简化中心的**主矩**，任选的一点 O 称为**简化中心**，如图 1-4-7(c)所示。这就是力系向作用面内任一点的简化。

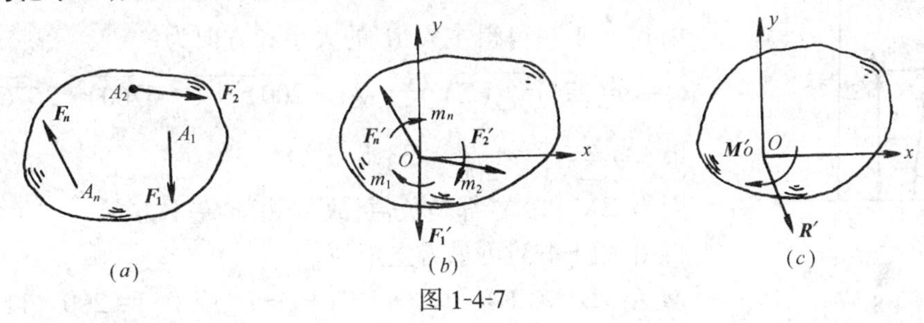

图 1-4-7

如上所述，主矢 $\boldsymbol{R'}$ 是力系$\boldsymbol{F'_1}$、$\boldsymbol{F'_2}$、…、$\boldsymbol{F'_n}$的合力。但 $\boldsymbol{F'_1}$、$\boldsymbol{F'_2}$、…、$\boldsymbol{F'_n}$ 各力分别与 $\boldsymbol{F_1}$、$\boldsymbol{F_2}$、…、$\boldsymbol{F_n}$ 各力大小相等、方向相同。所以，主矢就等于原力系各力的矢量和。它的大小和方向，可以用力多边形法则确定，也可以用解析法求得。用解析法求解时，先过 O 点取直角坐标系 Oxy（图 1-4-7），再按下式求出 $\boldsymbol{R'}$ 在 x 轴和 y 轴上的投影

$$\begin{cases} R'_x = X'_1 + X'_2 + \cdots\cdots + X'_n = X_1 + X_2 + \cdots\cdots + X_n = \Sigma X \\ R'_y = Y'_1 + Y'_2 + \cdots\cdots + Y'_n = Y_1 + Y_2 + \cdots\cdots + Y_n = \Sigma Y \end{cases} \tag{1-4-1}$$

式(1-4-1)中 X'_i、Y'_i 和 X_i、Y_i 分别是 $\boldsymbol{F'_i}$ 和 $\boldsymbol{F_i}$ 在坐标轴上的投影。由于力 $\boldsymbol{F'_i}$ 和 $\boldsymbol{F_i}$ 大小相等、方向相同，故它们在同一轴上的投影相等。最后按下式确定 $\boldsymbol{R'}$ 的大小和方向

$$\begin{cases} R' = \sqrt{R'^2_x + R'^2_y} = \sqrt{(\Sigma X)^2 + (\Sigma Y)^2} \\ \text{tg}\alpha = \dfrac{|R'_y|}{|R'_x|} = \dfrac{|\Sigma Y|}{|\Sigma X|} \end{cases} \tag{1-4-2}$$

式中 α 为主矢 $\boldsymbol{R'}$ 与 x 轴所夹的锐角，$\boldsymbol{R'}$ 的指向，由 ΣX 和 ΣY 的正负号确定。

至于主矩 M'_O，由平面力偶系的合成知，它等于各附加力偶矩的代数和。

由于各附加力偶矩分别等于原力系中对应各力对简化中心的矩，即

$$m_1 = M_O(\boldsymbol{F_1}),\ m_2 = M_O(\boldsymbol{F_2}),\cdots\cdots,\ m_n = M_O(\boldsymbol{F_n})$$

故有

$$M'_O = M_O(\boldsymbol{F_1}) + M_O(\boldsymbol{F_2}) + \cdots\cdots + M_O(\boldsymbol{F_n}) = \Sigma M_O(\boldsymbol{F}) \tag{1-4-3}$$

这表明主矩 M'_O 是原力系中各力对简化中心之矩的代数和。

综上所述可得结论如下：**平面一般力系向作用面内任一点简化，可得一个力和一个力偶。这个力称为原力系的主矢，它等于原力系中各力的矢量和，作用在简化中心；这个力偶的力偶矩称为原力系对简化中心的主矩，它等于原力系中各力对简化中心的力矩的代数和。**

需要说明的是，主矢与简化中心的位置无关。不论取哪一点为简化中心，主矢的大小和

方向都不变。主矩则与简化中心的位置有关，取不同的点为简化中心，将改变各力的力臂，主矩也就不同。所以，对于主矩，必须指出是力系对哪一点的主矩。**主矢描述了原力系对物体的平移作用**，主矩则描述**原力系使物体绕简化中心的转动作用，二者的作用总和才与原力系对物体的作用效果相等**。

【**例 4-1**】 桥墩受力如图 1-4-8 所示，已知 $G=4000\text{kN}$，$P_1=1910\text{kN}$，$P_2=850\text{kN}$，$Q=200\text{kN}$，图中尺寸单位为 m。试将这四个力向底面中心 O 点简化。

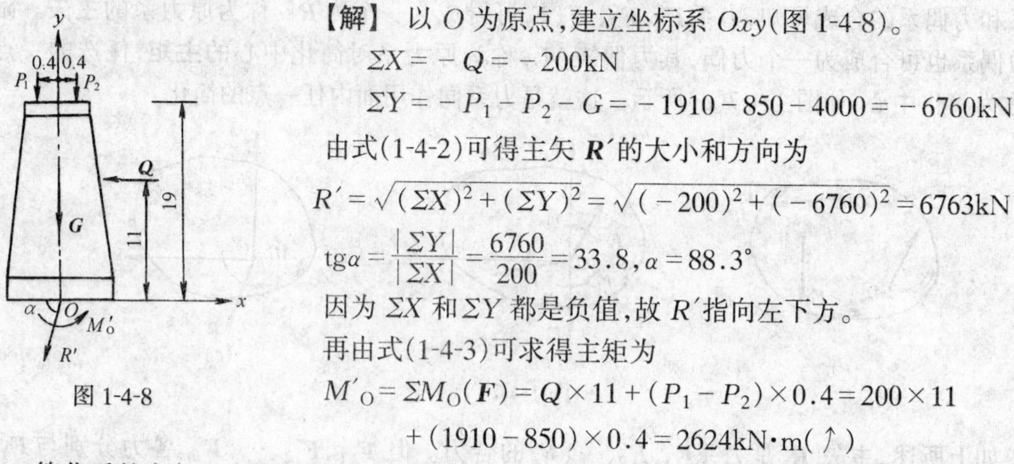

图 1-4-8

【**解**】 以 O 为原点，建立坐标系 Oxy（图 1-4-8）。

$$\Sigma X=-Q=-200\text{kN}$$

$$\Sigma Y=-P_1-P_2-G=-1910-850-4000=-6760\text{kN}$$

由式(1-4-2)可得主矢 $\boldsymbol{R}'$ 的大小和方向为

$$R'=\sqrt{(\Sigma X)^2+(\Sigma Y)^2}=\sqrt{(-200)^2+(-6760)^2}=6763\text{kN}$$

$$\text{tg}\alpha=\frac{|\Sigma Y|}{|\Sigma X|}=\frac{6760}{200}=33.8,\ \alpha=88.3^\circ$$

因为 ΣX 和 ΣY 都是负值，故 R' 指向左下方。

再由式(1-4-3)可求得主矩为

$$M'_O=\Sigma M_O(\boldsymbol{F})=Q\times 11+(P_1-P_2)\times 0.4=200\times 11$$
$$+(1910-850)\times 0.4=2624\text{kN}\cdot\text{m}(\uparrow)$$

简化后的主矢和主矩如图 1-4-8 所示。

第三节 平面一般力系简化结果的讨论

一、平面一般力系的合成

平面一般力系向作用面内任一点简化，一般可得到一个主矢和一个主矩，再根据主矢或主矩是否为零，可以归纳出如下情形：

(1) $\boldsymbol{R}'=0, M'_O\neq 0$； (2) $\boldsymbol{R}'\neq 0, M'_O=0$；

(3) $\boldsymbol{R}'\neq 0, M'_O\neq 0$； (4) $\boldsymbol{R}'=0, M'_O=0$

现进一步说明这几种情形简化的最后结果。

1. 当 $\boldsymbol{R}'=0, M'_O\neq 0$ 时，说明力系与一个力偶等效，即原力系合成为一个合力偶。合力偶的力偶矩就等于原力系对简化中心的主矩。

由于力偶对任一点的矩都等于力偶矩本身。因此，在主矢为零、主矩不为零时，主矩与简化中心的位置无关。

2. 当 $\boldsymbol{R}'\neq 0, M'_O=0$ 时，说明力系与通过简化中心的一个力等效，即原力系将合成为一个合力，该合力就是主矢 $\boldsymbol{R}'$。

3. 当 $\boldsymbol{R}'\neq 0, M'_O\neq 0$ 时，由本章第一节知，$\boldsymbol{R}'$ 和 M'_O 可合成为一个合力，即原力系的合力，用 $\boldsymbol{R}$ 表示。合力 $\boldsymbol{R}$ 的大小、方向与主矢 $\boldsymbol{R}'$ 相同，合力的作用线到简化中心 O 的距离 d 为：

$$d=\frac{|M'_O|}{R'}=\frac{|M'_O|}{R} \tag{1-4-4}$$

合力的作用点则根据 R 对 O 点的矩应与主矩 M'_O 的转向一致的原则确定。

4．当 $\boldsymbol{R}'=0$，$M_O'=0$ 时，说明原力系是平衡力系。

综上可知，平面一般力系如不平衡，最终可以简化为一个合力或者一个合力偶。

二、平面力系的合力矩定理

由式(1-4-4)可得，合力 $\boldsymbol{R}$ 对简化中心 O 点之矩为

$$M_O(\boldsymbol{R})=R\cdot d=|M_O'|$$

由于 $\boldsymbol{R}$ 的作用点是根据它对 O 点之矩的转向与主矩 M_O' 的转向相同的原则确定的，故 $M_O(\boldsymbol{R})$ 与 M_O' 的正、负号总是一样的。因此上式中绝对值符号可以去掉，即

$$M_O'=M_O(\boldsymbol{R})$$

另一方面，由式(1-4-3)知，力系中各力对 O 点之矩的代数和为

$$M_O'=\Sigma M_O(\boldsymbol{F})$$

于是可有

$$M_O(\boldsymbol{R})=\Sigma M_O(\boldsymbol{F}) \tag{1-4-5}$$

O 点是简化中心，可以任选，因此，公式(1-4-5)表明：

平面一般力系的合力对力系平面内任一点之矩，等于力系中各分力对同一点之矩的代数和，这就是平面一般力系的合力矩定理。

上式与公式(1-3-2)完全相同，因此式(1-4-5)对平面一般力系和平面汇交力系都是正确的，可以证明它对平面平行力系也是正确的。平面力偶系因不存在合力，因此谈不上合力矩定理。基于上述原因，公式(1-4-5)又称为**平面力系的合力矩定理**。它可简化力矩的计算，也可求平面力系合力的作用线位置，在下一章将看到它还可用来确定物体的重心。

【例 4-2】 梁 AB 上作用有平行力 $\boldsymbol{F_1}$、$\boldsymbol{F_2}$、$\boldsymbol{F_3}$，如图 1-4-9(a)所示。求它们的合力。

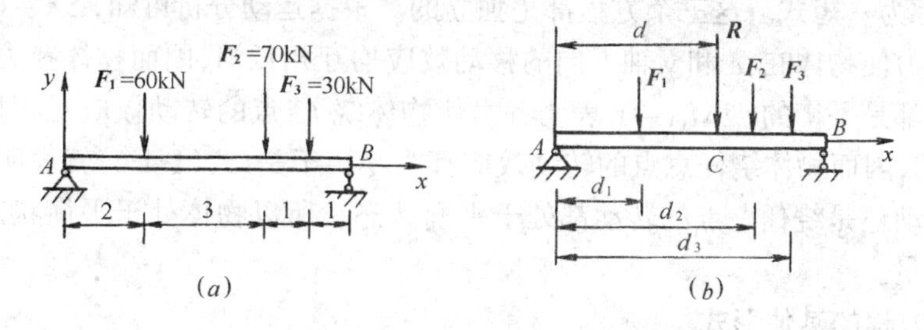

图 1-4-9

【解】 本例是一个平面平行力系，是平面一般力系的特殊情况，因此可按平面一般力系的合成方法求解。建立坐标系 Axy 如图(a)所示，由于

$$\Sigma X=0$$
$$\Sigma Y=-60-70-30=-160\text{kN}$$

所以合力 $\boldsymbol{R}$ 的大小为

$$R=R'=\sqrt{(\Sigma X)^2+(\Sigma Y)^2}=\sqrt{0+(-160)^2}=160\text{kN}$$

ΣX 为零，ΣY 为负值，可知合力与各平行力方向同为竖直向下。

任取 A 点为矩心，则由合力矩定理有

$$M_A(\boldsymbol{R})=\Sigma M_A(\boldsymbol{F})=-60\times2-70\times5-30\times6=-650\text{kN}\cdot\text{m}(\downarrow)$$

上式得负值，说明 $\boldsymbol{R}$ 对 A 点的矩是顺时针转向，即 $\boldsymbol{R}$ 位于 A 点右侧。$\boldsymbol{R}$ 到 A 点的距离 d 为

$$d=\frac{|M'_O|}{R}=\frac{|-650|}{160}=4.06\text{m}$$

第四节　平面一般力系的平衡方程及应用

一、平衡方程的基本形式

由平面一般力系的简化可知，如果 $\boldsymbol{R}'=0$，$M'_O=0$，说明原力系的各力向简化中心平移后的汇交力系和附加力偶系分别为平衡力系，对物体作用的总效应为零，因此原力系一定平衡。反之，若平面一般力系平衡，则它的主矢和主矩就必然分别为零，否则就会合成为一个合力或一个合力偶，力系就不平衡。

由此可见，$R'=0$ 及 $M'_0=0$ 是平面一般力系平衡的必要和充分条件。由式(1-4-2)知，要使 $\boldsymbol{R}'=0$，就必须同时使 $\Sigma X=0$ 和 $\Sigma Y=0$；由式(1-4-3)知，要使 $M'_O=0$，就必须使 $\Sigma M_O(\boldsymbol{F})=0$(或记为 $\Sigma M_O=0$)。于是，主矢和主矩同时为零又可表示为

$$\begin{cases}\Sigma X=0\\ \Sigma Y=0\\ \Sigma M_O=0\end{cases}\tag{1-4-6}$$

式(1-4-6)表明平面一般力系平衡的必要和充分条件也可叙述为：**力系中所有各力在两个坐标轴上投影的代数和分别等于零，力系中所有各力对平面内任一点力矩的代数和也等于零。**

式(1-4-6)为平面一般力系平衡方程的基本形式，其中前两式为投影方程，后一式为力矩方程，故又称为一矩式。这三个方程都是独立的。根据运动分析可知，$\Sigma X=0$ 和 $\Sigma Y=0$，表明力系中各力使物体在 x 和 y 轴方向的移动效应均互相抵消，因而物体在力系作用平面内的任何方向都是平衡的；$\Sigma M_O=0$，表明各力使物体绕 O 点的转动效应互相抵消，由于矩心 O 是任取的，因而物体绕任意点的转动效应都为零。于是，式(1-4-6)就表明物体在力系平面内无论移动还是绕任一点的转动都处于平衡状态。所以物体处于平衡状态时，用它可求解三个未知量。

二、平衡方程的其他形式

平面一般力系的平衡方程除式(1-4-6)以外，还有其他形式。按其中力矩方程的个数又称二矩式和三矩式。

二矩式

$$\begin{cases}\Sigma X=0\\ \Sigma M_A=0\\ \Sigma M_B=0\end{cases}\tag{1-4-7}$$

式中 A、B 两点的连线不能与 x 轴垂直。

三矩式

$$\begin{cases}\Sigma M_A=0\\ \Sigma M_B=0\\ \Sigma M_C=0\end{cases}\tag{1-4-8}$$

式中 A、B、C 三点不能共线。

平面一般力系的平衡方程为什么会有三种形式呢？这是因为和一矩式一样，二矩式、三矩式也都是平面一般力系平衡的必要和充分条件。现说明如下：

若平面一般力系满足 $\Sigma M_A=0$，则表明力系不可能合成为力偶，而只可能合成一个通过 A 点的力或平衡。如果力系又满足 $\Sigma M_B=0$，同样的分析知，力系只可能合成为过 A、B 两点的一个力(图 1-4-10)或平衡。如力系再满足 $\Sigma X=0$，且 x 轴不垂直于 A、B 两点的连线，则力系一定平衡，因为过 A、B 两点的力，若在 x 轴上的投影为零，该力必为零，故满足二矩式方程(1-4-7)及其限制条件的力系一定平衡。

与上面的讨论一样，平面一般力系若满足 $\Sigma M_A=0$ 及 $\Sigma M_B=0$，则力系只可能合成过 A、B 两点的力(图 1-4-11)或平衡，而如果 $\Sigma M_C=0$ 也成立，且 C 点不在 A、B 两点连线上，则力系不可能合成为一个力，因为一个力不可能同时通过不共线的三个点，故满足三矩式方程(1-4-8)及其限制条件的力系一定平衡。

图 1-4-10　　　　图 1-4-11

平衡方程虽然有三种形式，但是独立的平衡方程只有三个。任何第四个方程，都将是力系平衡的必然结果，而不是新的独立方程。所以应用平面一般力系的平衡方程，只能求解三个未知量。至于实际应用中选取哪种形式，则完全取决于计算时方便与否。

【例 4-3】 起重机的水平梁 AB，A 端为固定铰支座，B 端用拉杆 BC 拉住，如图 1-4-12(*a*)所示，已知梁重 $W=4\text{kN}$，荷载 $P=10\text{kN}$，尺寸如图所示。试求支座 A 的反力及拉杆 BC 的拉力。

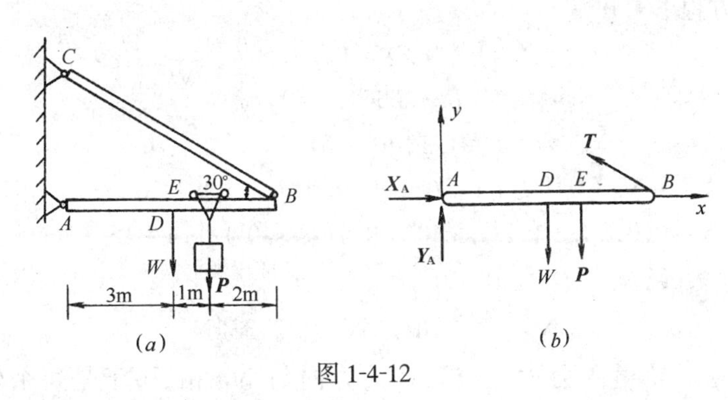

图 1-4-12

【解】 (1) 取梁 AB 为研究对象。

(2) 画受力图。梁在已知力 $\boldsymbol{W}$、$\boldsymbol{P}$ 以及拉杆的拉力 $\boldsymbol{T}$ 和支座反力 $\boldsymbol{X_A}$、$\boldsymbol{Y_A}$ 作用下平衡，受力图如图 1-4-12(*b*)所示。

(3) 列平衡方程求未知量，选取坐标系 Axy，由平衡方程式(1-4-6)有

$$\Sigma M_A=0 \qquad T\times6\times\sin30^\circ-W\times3-P\times4=0$$

得

$$T=17.33\text{kN}(受拉)$$

$$\Sigma X=0 \qquad X_A - T\times\cos30^\circ=0$$

得 $$X_A=15.01\text{kN}(\rightarrow)$$

$$\Sigma Y=0 \qquad Y_A+T\times\sin30^\circ-P-W=0$$

得 $$Y_A=5.33\text{kN}(\uparrow)$$

(4) 校核。平面一般力系独立的平衡方程只有三个,但力矩方程的矩心是可以任选的。本题除取 A 点为矩心以外,还可以取其他点写出力矩方程。增写的力矩方程虽然不独立,但可以校核计算结果。例如,以 B 点为矩心,由 $\Sigma M_B=0$ 有

$$-Y_A\times6+P\times2+W\times3=0$$

将前面求出的 Y_A 及 P、W 之值代入上式,若等式成立,说明计算正确。否则,计算有误。

本题如果用两个投影方程($\Sigma X=0,\Sigma Y=0$)和以 D 点为矩心的力矩方程 $\Sigma M_D=0$ 求解,则需要解联立方程组,将使计算麻烦。因此,建立平衡方程时,应力求使一个方程中只包含一个未知量。在列投影方程时,除了所求力之外,应使坐标轴尽可能地与其他未知力垂直;在列力矩方程时,除了所求力之外,应使矩心尽可能地选在其余未知力作用线的交点上。

【例 4-4】 在钢丝绳的牵引下,小车在轨道上沿倾角 $\alpha=40^\circ$的斜坡匀速上升(图 1-4-13)。已知小车重 $G=80\text{kN}$,其他尺寸如图所示。试求牵引力 $\boldsymbol{T}$ 及车轮对轨道的压力。

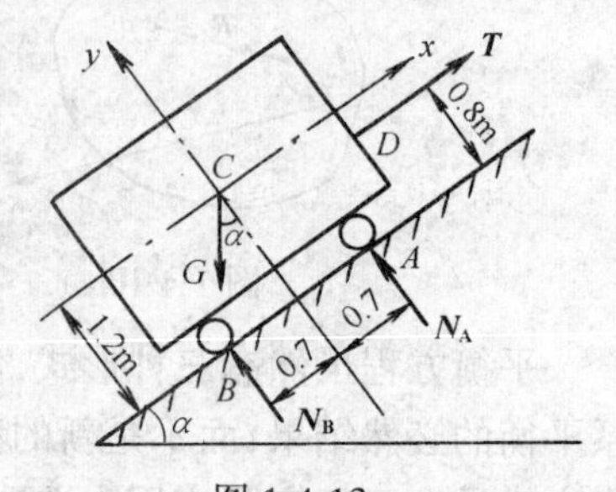

图 1-4-13

【解】 由于小车和它所受到的力具有同一个对称平面,所以可将各力简化到小车对称平面内,按平面一般力系的平衡问题求解。

(1) 取小车为研究对象,在小车对称平面内有小车的重力 $\boldsymbol{G}$、钢绳拉力 $\boldsymbol{T}$、轨道对前后轮的约束反力 $\boldsymbol{N_A}$、$\boldsymbol{N_B}$,受力图如图 1-4-13 所示。

(2) 以小车重心 C 为原点,建立坐标系 Cxy,如图示。

(3) 列平衡方程求未知量

由 $$\Sigma X=0$$

有 $$T-G\sin40^\circ=0$$

$$T=G\sin40^\circ=51.4\text{kN}$$

由 $\Sigma M_B=0$ 有 $1.4N_A-0.8T+1.2G\sin40^\circ-0.7G\cos40^\circ=0$

$$N_A=(0.8T-1.2G\sin40^\circ+0.7G\cos40^\circ)/1.4=15.95\text{kN}$$

由 $\Sigma Y=0$ 有 $N_A+N_B-G\cos40^\circ=0$

$$N_B=G\cos40^\circ-N_A=45.33\text{kN}$$

小车两个后轮对轨道压力大小应为 N_B,方向与 N_B 相反,于是每个轮子的压力为 $N_B/2=22.67\text{kN}$;而每个前轮的压力为 $N_A/2=7.98\text{kN}$,方向与 N_A 相反。

【例 4-5】 钢筋混凝土简支刚架所受荷载如图 1-4-14(a)所示,已知 $P=18\text{kN}$,$q=5\text{kN/m}$,刚架自重不计。试求 A、B 支座的反力。

【解】 取刚架为研究对象,受力图见图 1-4-14(b)。

作用于刚架的外力组成平面一般力系。求支座反力时,可将均布荷载 q 用其合力 Q 代替,$Q=q\cdot l=5\times4=20\text{kN}$,方向铅垂向下,作用在 DE 段中点,(图中虚线所示)。

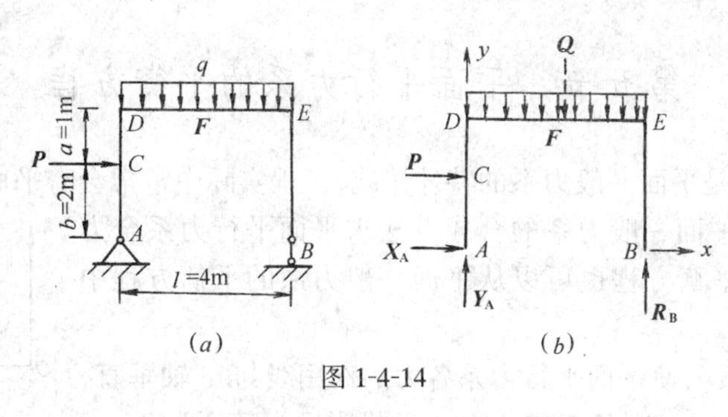

图 1-4-14

由 $\Sigma X=0$ $$X_A+P=0$$
得 $$X_A=-P=-18kN(\leftarrow)$$
由 $\Sigma M_B=0$ $$-Y_A\cdot l-P\cdot b+Q\cdot l/2=0$$
得 $$Y_A=(Q\cdot l/2-P\cdot b)/l=1kN(\uparrow)$$
$$\Sigma Y=0 \qquad R_B+Y_A-Q=0$$
得 $$R_B=Q-Y_A=19kN(\uparrow)$$

【例 4-6】 悬臂梁 AB 自重不计,所受荷载如图 1-4-15(a)所示。试求支座 A 的反力。

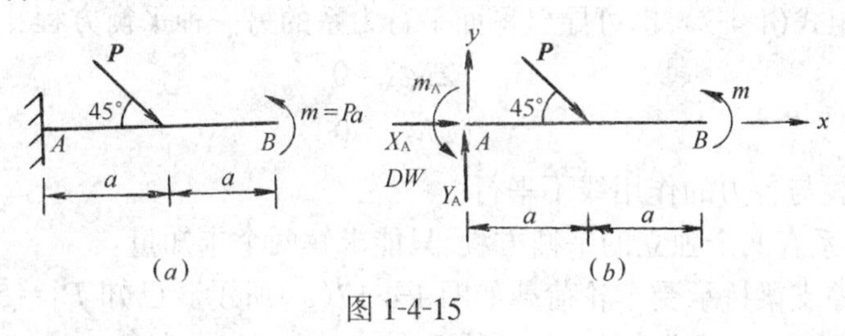

图 1-4-15

【解】 取梁为研究对象,它受到 $\boldsymbol{P}$、m 和固定端支座反力的作用。由本篇第一章第三节知,固定端支座反力有三个,可用 $\boldsymbol{X_A}$、$\boldsymbol{Y_A}$ 和 m_A 表示。梁的受力图及所选坐标如图 1-4-15(b)所示。

$$\Sigma X=0, X_A+P\cos45^\circ=0$$
得 $$X_A=-P\cos45^\circ=-0.707P(\leftarrow)$$
$$\Sigma Y=0, Y_A-P\cos45^\circ=0$$
得 $$Y_A=P\cos45^\circ=0.707P(\uparrow)$$
$$\Sigma M_A=0, m_A+m-P\cdot a\sin45^\circ=0$$
得 $$m_A=P\cdot a\sin45^\circ-m=P\cdot a\cdot0.707-Pa=-0.293Pa(\uparrow)$$

综合各例,归纳出平面一般力系平衡问题的解题步骤如下:

(1) 根据题意选取研究对象。

(2) 画出研究对象的受力图。

(3) 选取适当的平衡方程形式、坐标轴和矩心,列出平衡方程。列投影方程时,除所求的未知力外,应尽量使坐标轴与其他未知力垂直;列力矩方程时,除所求的未知力外,矩心应尽量取在其余未知力作用线的交点上。力求一个方程只含一个未知量。

(4) 解平衡方程,求出未知量。

(5) 校核。列出不独立的平衡方程,验算计算结果是否正确。

第五节　平面平行力系的平衡方程

平面平行力系是平面一般力系的特殊情况，工程实际中常常会有平面平行力系的实例。例 4-2 已介绍了按平面一般力系的合成方法求平面平行力系合力的作法，同样它的平衡方程也可以从平面一般力系的平衡方程中导出，现说明如下。

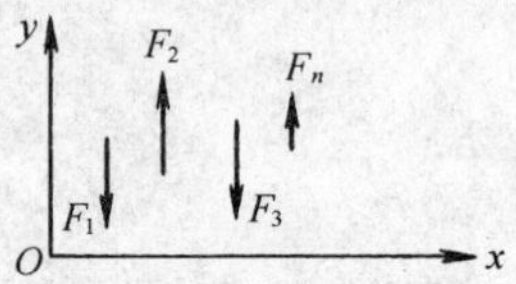

图 1-4-16

建立坐标系 Oxy，使平面平行力系各力的作用线与 x 轴垂直，与 y 轴平行(图 1-4-16)，则各力在 x 轴上的投影恒为零，即 $\Sigma X=0$ 成为恒等式，而无须再列，而 $\Sigma Y=0$ 就表示各力的代数和等于零。于是由式(1-4-6)可得：

$$\begin{cases}\Sigma Y=0\\ \Sigma M_O=0\end{cases} \tag{1-4-9}$$

上式表明平面平行力系平衡的必要和充分条件可叙述为：**力系中所有各力的代数和等于零及各力对任一点力矩的代数和等于零。**

同理，由二矩式(1-4-7)，也可导出平面平行力系的另一种平衡方程：

$$\begin{cases}\Sigma M_A=0\\ \Sigma M_B=0\end{cases} \tag{1-4-10}$$

式中 A、B 的连线与各力的作用线不平行。

平面平行力系有两个独立的平衡方程，只能求解两个未知量。

【例 4-7】　简支梁桥承受车轮荷载如图 1-4-17(a)所示。已知 $P_1=50\text{kN}$，$P_2=100\text{kN}$，$P_3=30\text{kN}$，$P_4=70\text{kN}$。试求支座 A、B 的反力。

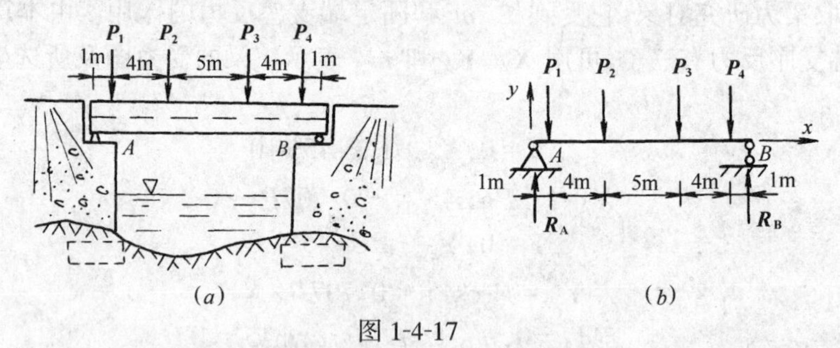

图 1-4-17

【解】　取梁为研究对象。A 点固定铰支座反力为 $\boldsymbol{R}_A$，B 点可动铰支座反力为 $\boldsymbol{R}_B$。由于荷载和 $\boldsymbol{R}_B$ 相互平行，故 $\boldsymbol{R}_A$ 必与各力平行，力系才能满足 $\Sigma X=0$ 的条件。可见，桥梁上的荷载和支座反力组成平面平行力系，可应用平面平行力系的平衡方程求解。用梁的轴线表示梁，受力图及坐标系如图 1-4-17(b)所示。

$$\Sigma M_B=0,\qquad -R_A\times15+P_1\times14+P_2\times10+P_3\times5+P_4\times1=0$$

得

$$R_A=\frac{50\times14+100\times10+30\times5+70\times1}{15}=128\text{kN}(\uparrow)$$

$$\Sigma Y=0,\qquad R_A+R_B-P_1-P_2-P_3-P_4=0$$

得

$$R_B=50+100+30+70-128=122\text{kN}(\uparrow)$$

【例 4-8】 塔式起重机(图 1-4-18)的机身总重量 $G=300\text{kN}$,作用线距离塔架中心线 $O—O'$ 为 0.5m,最大起重量 $P=80\text{kN}$,平衡锤重 $Q=130\text{kN}$。试求满载和空载时轨道 A、B 的约束反力,并问此时起重机会不会翻倒。

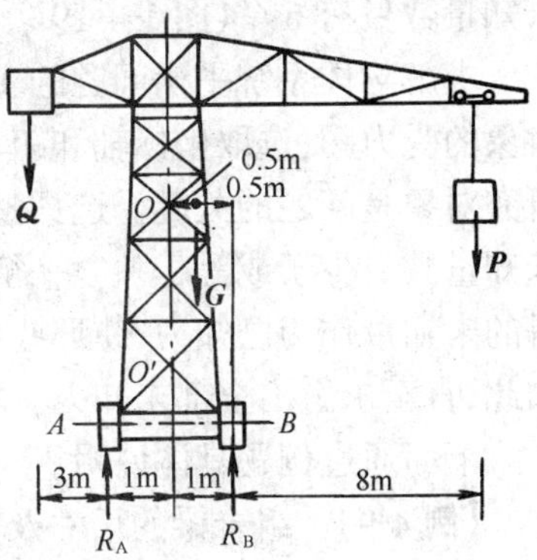

图 1-4-18

【解】 取起重机为研究对象,作用在起重机上的力 $\boldsymbol{G}$、$\boldsymbol{P}$、$\boldsymbol{Q}$ 及轨道的支反力 $\boldsymbol{R_A}$、$\boldsymbol{R_B}$ 组成平面平行力系。

分别以 B、A 为矩心,列出平衡方程。

$\Sigma M_B=0, Q(3+2)+G\times0.5-P\times8-R_A\times2=0$

得
$$R_A=2.5Q+0.25G-4P \qquad (a)$$

$\Sigma M_A=0, Q\times3-G\times1.5-P(8+2)+R_B\times2=0$

得
$$R_B=-1.5Q+0.75G+5P \qquad (b)$$

满载时,$P=80\text{kN}$,可由式(a)、(b)求得

$$R_A=2.5\times130+0.25\times300-4\times80=80\text{kN}(\uparrow)$$

$$R_B=-1.5\times130+0.75\times300+5\times80=430\text{kN}(\uparrow)$$

空载时,$P=0$,由式(a)、(b)可得

$$R_A=2.5\times130+0.25\times300=400\text{kN}(\uparrow)$$

$$R_B=-1.5\times130+0.75\times300=30\text{kN}(\uparrow)$$

当满载时,起重机不致绕 B 点翻倒的条件是 $R_A>0$;空载时,起重机不致绕 A 点翻倒的条件是 $R_B>0$。这些条件均能满足,故起重机在使用过程中不会翻倒。

第六节 物体系统的平衡

本篇第一章第四节已介绍了如何画物体系统的内力图,本节继续讨论物体系统的平衡问题。物体系统平衡时,系统整体及组成系统的每一部分都处于平衡状态。一般地说,物体系统若由 n 个物体组成,且每个物体又都受平面一般力系作用,则总共可建立 $3n$ 个独立的平衡方程,因而只能求解 $3n$ 个未知量。若系统中的物体受平面汇交力系或平面平行力系作用,则独立的平衡方程个数和所能求解的未知量个数都将相应减少。

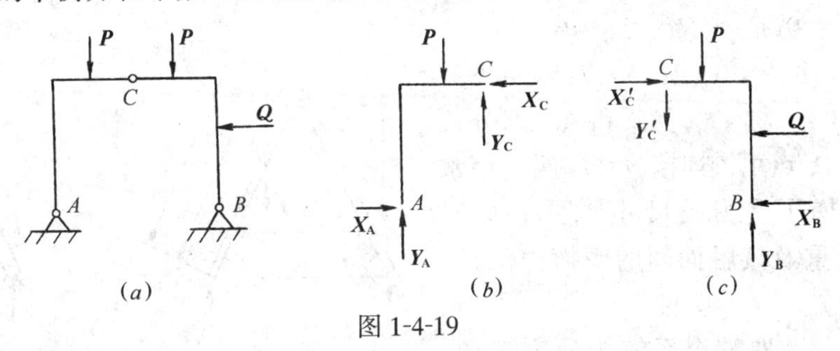

图 1-4-19

当系统中的未知力数目小于或等于独立的平衡方程数目时,所有的未知力都能由平衡方程求出,这样的问题称为静定问题。如果未知力的数目多于独立的平衡方程数目,则仅由平衡方程就无法求出全部未知力,这样的问题称为超静定问题。超静定问题将在第三篇讨

论，这里仅讨论静定问题。例如，图 1-4-19(a)所示的系统由左、右两半部分通过铰 C 连接，未知量数目有 6 个(图 1-4-19b、c)等于独立的平衡方程数，因而可由平衡方程求解。

求解物体系统平衡问题的主要作法是：选取系统整体或某一部分为研究对象；画出研究对象的受力图；选取坐标轴和矩心，列出平衡方程；解方程，求出未知量。其中，恰当地选取研究对象是问题的关键。选择整体还是某部分为研究对象，要视具体情况而定。通常是从未知量数目少于或等于独立平衡方程数目的情况(称为符合可解条件)开始计算，然后将求得的未知量作为已知力；使那些原来不符合可解条件的物体(系统整体或某部分)变成可解，如此，直至求解出全部未知力。

下面通过例题具体说明。

【例 4-9】 组合梁的尺寸及所受荷载如图 1-4-20(a)所示。已知 $m=-10\text{kN}\cdot\text{m}$，$q=4\text{kN/m}$，梁的自重不计。试求支座 A、B 的反力。

【解】 组合梁有 AC、CE 两段，C 处为铰接。A 为固定端，B 为可动铰支座。由于荷载与 B 处反力 R_B 均为竖向，故 A 处也只有竖向反力 R_A 和反力偶矩 m_A(图 1-4-20b)。故整个梁受平面平行力系作用而平衡，只有两个独立的平衡方程，无法求解三个未知量。若将梁从铰 C 处拆开，取 CE 段为研究对象(图 1-4-20c)，则未知力可由平衡方程求出。

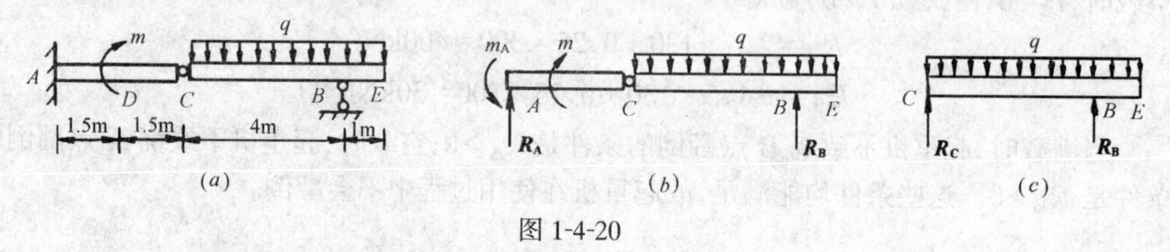

图 1-4-20

由于只要求出 R_B，因此可列出

$$\Sigma M_C=0,\quad 4R_B-5q\times5/2=0$$

得
$$R_B=\frac{(5\times4\times5)}{2\times4}=12.5\text{kN}(\uparrow)$$

再取整体为研究对象(图 1-4-20b)，由

$$\Sigma M_A=0, m_A+R_B\times7-q\times5(3+2.5)+m=0$$

得 $m_A=4\times5\times5.5+10-12.5\times7=32.5\text{kN}\cdot\text{m}(\curvearrowright)$

由 $\Sigma Y=0, R_A+R_B-5q=0$

得 $R_A=5q-R_B=20-12.5=7.5\text{kN}(\uparrow)$

【例 4-10】 梯子的 AB 和 AC 部分长度均为 l，在 A 点用铰连接，D、E 两点用水平绳相连。梯子受力及尺寸如图 1-4-21(a)所示，自重及接触面间的摩擦力不计。求绳的拉力 $\boldsymbol{T}$。

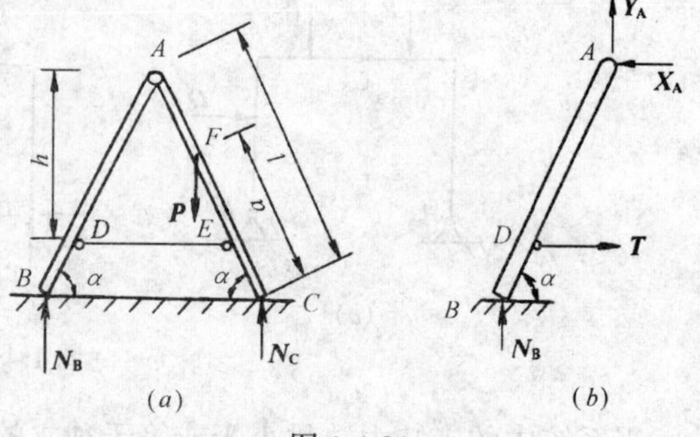

图 1-4-21

【解】 (1) 取整个系统为研究对象。B、C 处为光滑接触面，约束反力 $\boldsymbol{N_B}$、$\boldsymbol{N_C}$ 竖直向上，受力图见图 1-4-21(a)。

$$\Sigma M_c=0, Pa\cos\alpha-N_B\times2L\cos\alpha=0$$

得 $$N_B = Pa/2L$$

(2) 因只求绳的张力 $\boldsymbol{T}$,故取 AB 部分为研究对象,受力图如图 1-4-21(b)所示。

由 $$\Sigma M_A = 0, Th - N_B l\cos\alpha = 0$$

得 $$T = N_B l\cos\alpha/h = Pa\cos\alpha/2h$$

【例 4-11】 三铰刚架及所受荷载如图 1-4-22(a)所示,已知 $P = 20\text{kN}$, $q = 12\text{kN/m}$。试求 A、B 处的支座反力。

【解】 刚架的左、右两部分通过中间铰 C 连接而成。可先取整体考虑,分别求出 Y_A、Y_B,再取 AC(或 CB)部分考虑,求出 X_B 和 X_A。也可以分别选 AC、CB 部分为研究对象,列出六个平衡方程,求支座反力。显然后一种作法麻烦。

(1) 取整体为研究对象。

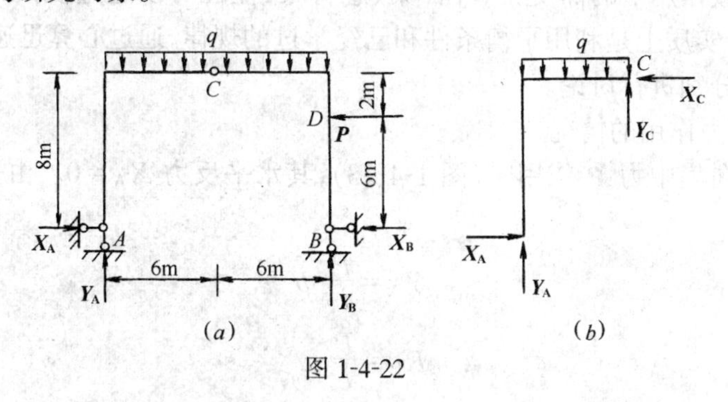

图 1-4-22

由 $$\Sigma M_A = 0, -12q\times 6 + P\times 6 + 12Y_B = 0$$

得 $$Y_B = \frac{12q\times 6 - 6P}{12} = 62\text{kN}(\uparrow)$$

由 $$\Sigma Y = 0, Y_A + Y_B - 12q = 0$$

得 $$Y_A = 12q - Y_B = 82\text{kN}(\uparrow)$$

(2) 取 AC 部分为研究对象,受力图见图 1-4-22(b),由于只需求 X_A,故

由 $$\Sigma M_C = 0, X_A\times 8 - Y_A\times 6 + q\times 6\times 3 = 0$$

得 $$X_A = \frac{(6Y_A - 6q\times 3)}{8} = \frac{(6\times 82 - 6\times 12\times 3)}{8} = 34.5\text{kN}(\rightarrow)$$

(3) 取整体为研究对象

由 $$\Sigma X = 0$$

$$X_A - X_B - P = 0$$

得 $$X_B = X_A - P = 14.5\text{kN}(\leftarrow)$$

当物体系统的受力属于静定问题时,只要将系统拆成单个物体,分别列出平衡方程,就会求出全部未知量。但是为了避免求解联立方程,使计算简便,就要掌握这类问题的求解特点。通过以上例题,现将解题时应注意的几点归纳如下:

(1) 认真分析题意,搞清系统由几个物体组成,未知数和独立平衡方程各有哪些?哪些未知量是必求的,不要盲目求解。

(2) 考虑好解题途径,搞清哪个部分符合可解条件,可先求解,哪个部分要在求出某些未知量后才能成为可解部分。

(3) 画对受力图。所选的研究对象与系统中其他物体间的相互作用力要符合作用与反作用关系。

(4) 妥善选取平衡方程及相应的投影轴或矩心，尽可能做到未知量少，计算简化。

第七节　求支座反力的简捷方法

求支座反力是静力平衡条件的重要应用。对结构进行受力分析，通常先要求出支座反力。本节介绍求支座反力的两种简捷方法。

一、观察法

对于简单荷载作用下的简支梁、外伸梁、悬臂梁，往往可以通过观察，直接求出支座反力。所谓"观察"，实质上是利用平衡条件和已经学过的规律，通过心算迅速计算出结果。下面根据荷载情况分别进行讨论。

1. 竖向集中力作用的情况

简支梁受竖向集中力 $\boldsymbol{P}$ 作用时(图 1-4-23)，其水平反力 $X_A=0$。由平衡条件可知，竖向反力

$$Y_A=\frac{P}{l}\cdot b$$

$$R_B=\frac{P}{l}\cdot a$$

它表明两竖向反力与 $\boldsymbol{P}$ 作用点到两支座的距离成反比。这好像是将力 $\boldsymbol{P}$ 分为 l 份，Y_A 占 b 份，R_B 占 a 份，且两竖向反力之和等于 $\boldsymbol{P}$ 的大小。运用这一关系，可由心算迅速确定各支座的反力。

当竖向集中力 $\boldsymbol{P}$ 作用于外伸梁的外伸部分时(图 1-4-24)，应用平衡条件，可得出如下结论：离力 $\boldsymbol{P}$ 远的支座反力(Y_A)的方向与 $\boldsymbol{P}$ 的方向相同，其大小等于 P 乘以 b/a，即 $Y_A=Pb/a$。而离 $\boldsymbol{P}$ 近的支座反力 $\boldsymbol{R_B}$ 的方向与 $\boldsymbol{P}$ 相反，大小等于 Y_A 与 P 之和。

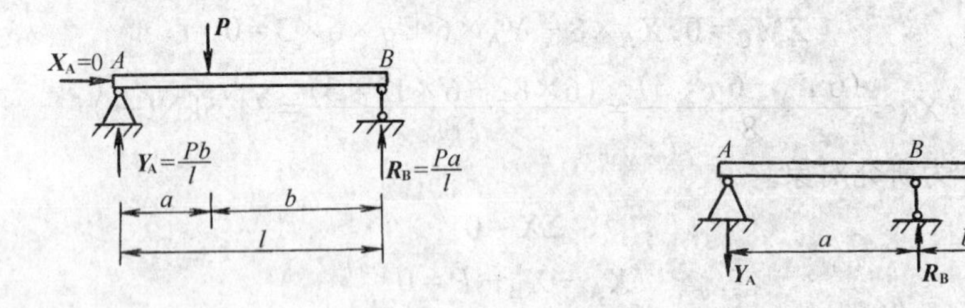

图 1-4-23　　图 1-4-24

2. 均布荷载作用的情况

当均布荷载作用于简支梁、外伸梁时，只要将均布荷载进行等效代换(即用合力代替均布荷载的作用)，即可应用上述结论求出支座反力。

3. 集中力偶作用的情况

当集中力偶作用于简支梁、外伸梁时，两支座的反力大小相等、方向相反，构成一个力

偶，力偶的转向与梁上集中力偶的转向相反。支座反力的大小等于集中力偶的力偶矩除以两支座反力作用线之间的距离。

4．几个荷载作用的情况

当梁上有几个荷载作用时，可用上述结论求出各个荷载单独作用下产生的某支座反力，然后将它们代数相加，即得该支座的反力。

下面是用观察法直接确定支座反力的几个算例(图 1-4-25)。

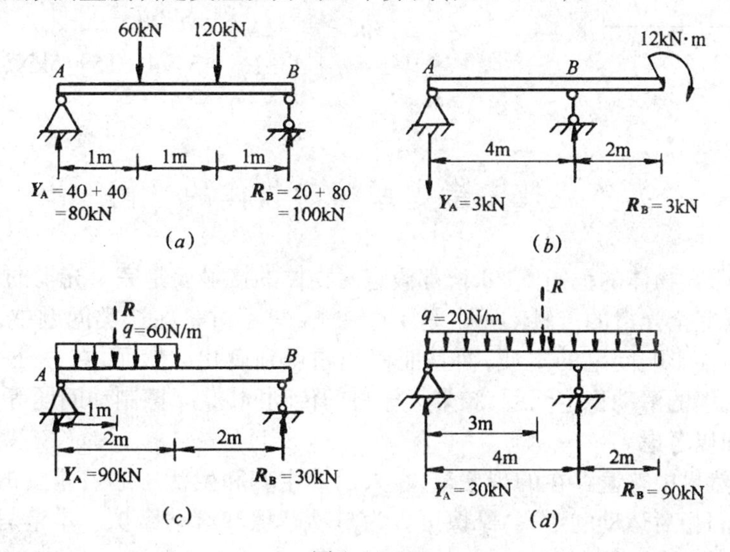

图 1-4-25

二、反正法

当结构较复杂、荷载较多时，可用下面的反正法计算支座反力。

用平衡方程求支座反力，在一般情况下，可以做到一个方程只含一个未知量。此时，若用投影方程 $\Sigma X=0$(或 $\Sigma Y=0$)，求反力可得：

$$X_A=\Sigma F_{ix}(\text{或 } Y_A=\Sigma F_{iy}) \tag{1-4-11}$$

式中，$X_A(Y_A)$表示支座 A 在 $x(y)$方向的未知反力；$F_{ix}(F_{iy})$表示外力 $\boldsymbol{F_i}$ 在 $x(y)$方向的投影，指向与 $X_A(Y_A)$相反者取正号。若用力矩方程 $\Sigma M_A=0$ 求反力矩可得：

$$m_A=\Sigma M_{Ai} \tag{1-4-12}$$

式中：m_A 表示支座 A 的反力矩；M_{Ai}表示第 i 个外力对 A 点之矩，转向与 m_A 相反者取正号。若用力矩方程 $\Sigma M_A=0$ 求支座反力 $\boldsymbol{R_B}$ 可得：

$$R_B=\frac{1}{l}(\Sigma M_{Ai}) \tag{1-4-13}$$

式中，R_B 表示 B 支座的反力的大小；l 表示矩心 A 至 $\boldsymbol{R_B}$ 作用线的距离；M_{Ai} 含义同上，转向与 $\boldsymbol{R_B}$ 对 A 点之矩的转向相反者取正号。

以上各式中，等号右边各力均以与等号左边的未知力指(转)向相反者为正，这一规律称为“反向为正”，简称反正。于是，只要先设定支座反力的指(转)向，便可以用上述规律直接写出计算式，求出结果，这就是**反正法**。和列平衡方程的作法相比，用反正法求反力，不必建立坐标系，不必画受力图，有直接的计算式，计算过程简化。值得一提的是，在第二篇将看到，反正法还可以很方便地求杆件截面上的内力。

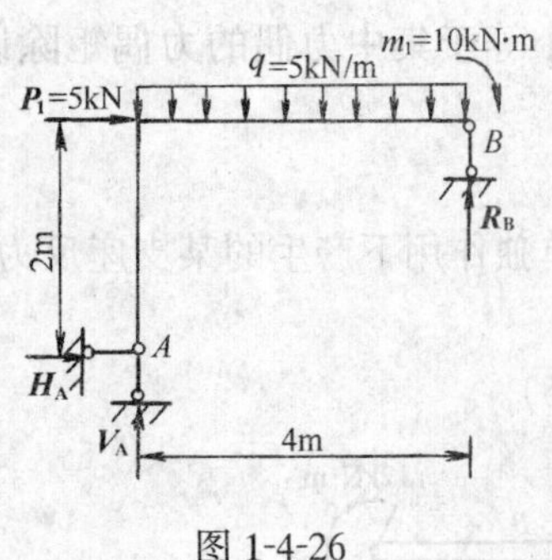

图 1-4-26

【例 4-12】 用反正法求图 1-4-26 所示结构的支座反力。

【解】 各力对 A 点取矩可得 R_B，由式(1-4-13)得

$$R_B = \frac{1}{4}(m_1 + q \times 4 \times 2 + P_1 \times 2) = \frac{1}{4}(10 + 5 \times 4 \times 2 + 5 \times 2)$$
$$= 15\text{kN}(\uparrow)$$

由式(1-4-11)得

$$H_A = -5\text{kN}(\leftarrow)$$
$$V_A = q \times 4 - R_B = 5 \times 4 - 15 = 5\text{kN}(\uparrow)$$

第八节　考虑摩擦时物体的平衡

前面各章研究物体的平衡问题时，都假定两物体的接触面是完全光滑的，即不考虑摩擦的影响。但是，完全光滑的接触实际上是不存在的，只不过是在这类问题中，摩擦的影响很小，把它略去不会影响问题的本质，而且能使问题得到简化。然而，在另外一些问题中，例如，重力式挡土墙的滑动稳定问题、胶带运输机的传动问题、摩擦制动问题等，摩擦则成为主要因素，必须加以考虑。

摩擦是自然界中普遍存在的现象，它在人们的生产和生活中起着重要的作用。按照物体接触部分之间相对运动的形式，摩擦可分为滑动摩擦和滚动摩擦。本节只讨论滑动摩擦的一些规律和考虑有摩擦存在时物体的平衡问题。

一、滑动摩擦

当两个物体的接触部分产生相对滑动或具有相对滑动趋势时，在接触部分就出现彼此阻碍滑动或阻碍滑动的发生，这种现象称为滑动摩擦。在滑动摩擦中，两物体接触面间阻碍物体相对滑动的力，称为滑动摩擦力，简称摩擦力。

1. 静滑动摩擦

当产生滑动摩擦时，如果两物体只有相对运动趋势而无相对运动，则这两个物体间的摩擦叫做静滑动摩擦，简称静摩擦。发生在静滑动摩擦中两物体接触面间阻碍彼此滑动的力称为静滑动摩擦力，简称静摩擦力。

为了了解滑动摩擦的规律，可作如下简单实验。如图 1-4-27 所示，重力为 $\boldsymbol{G}$ 的物体放在固定水平面上，未施加水平力 $\boldsymbol{P}$ 时，物体没有沿接触面滑动的趋势，则接触面间不存在阻碍滑动的摩擦力，即当 $P=0$ 时，$F=0$。施加水平力 $\boldsymbol{P}$，并由零逐渐增大。那么，只要物体没有开始滑动，就可由平衡条件 $\Sigma X=0$ 求得 $F=P$。当 P 力增大到某一临界值 P_x 时，物体处于即将开始滑动的临界状态，这时静摩擦力达到最大值，称为最大静摩擦力 $\boldsymbol{F}_{\max}$，显然 $F_{\max}=P_x$。如果 P 再有微小的增大，物体就由静止变为滑动。

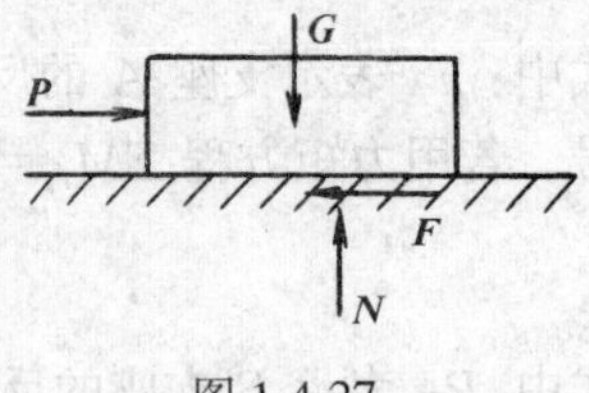

图 1-4-27

上述实验表明，静摩擦力的大小随主动力的变化而变化，变化范围在零到最大静摩擦力之间。即

$$0 \leqslant F \leqslant F_{\max}$$

由于摩擦力总是阻碍两物体相对滑动，因此，静摩擦力的方向总是与物体相对滑动的趋

势方向相反。大量实验证明:最大静摩擦力与两物体接触面积的大小无关;而与两物体间的正压力(或法向反力)$\boldsymbol{N}$ 成正比,即

$$F_{\max}=f\cdot N \tag{1-4-14}$$

这就是静滑动摩擦定律(又称库仑摩擦定律)。式(1-4-14)中,f 是比例常数,称为静滑动摩擦系数,简称静摩擦系数;它与两物体的材料、接触面粗糙度、温度、湿度和润滑情况等有关,其数值由实验测定。表 1-4-1 列出部分材料的 f 值。

几种材料的静摩擦系数 **表 1-4-1**

材　　料	f 值	材　　料	f 值
钢 对 钢	0.1～0.2	混凝土对岩石	0.5～0.8
铸铁对木材	0.4～0.5	混凝土对砖	0.7～0.8
铸铁对橡胶	0.5～0.7	混凝土对土	0.3～0.4
铸铁对皮革	0.3～0.5	土对木材	0.3～0.7
砖(石)对砖	0.5～0.7	木材对木材	0.4～0.6

2. 动滑动摩擦

在图 1-4-27 的实验中,当水平力 $\boldsymbol{P}$ 的值超过最大静摩擦力 $F_{\max}$ 时,物体就产生滑动,这就是动滑动摩擦,简称动摩擦。动滑动摩擦时沿接触面所产生的摩擦力 $\boldsymbol{F}'$,称为动滑动摩擦力,简称动摩擦力。

根据大量的实验可以得出动滑动摩擦定律:动摩擦力的大小与两物体间的正压力(或法向反力)$\boldsymbol{N}$ 成正比。即

$$F'=f'\cdot N \tag{1-4-15}$$

式中 f' 称为动滑动摩擦系数,简称动摩擦系数,其值与接触物体的材料及接触面情况有关。在速度不大时,可认为与运动速度无关。f' 略小于 f,这也说明,为什么维持一个物体的运动比使其由静止进入运动要容易一些。不过,在工程计算中,通常近似地认为 f' 与 f 相同。

3. 摩擦角

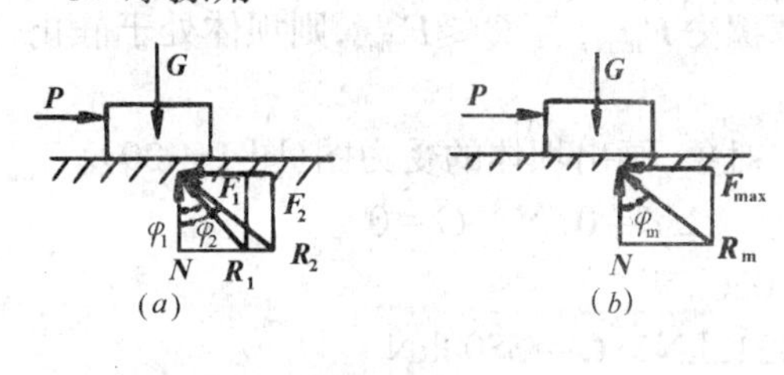

图 1-4-28

当接触表面有摩擦时,支承面对物体的约束反力包括法向反力 $\boldsymbol{N}$ 和切向反力(静摩擦力)$\boldsymbol{F}$。这两个力的合力 $\boldsymbol{R}$ 就是支承面对物体的全反力,如图 1-4-28(a)所示。全反力与支承面的法线的夹角用 φ 表示,当主动力 $\boldsymbol{P}$ 由零开始逐渐增大时,静摩擦力 $\boldsymbol{F}$ 也由零逐渐增大,此时,$\boldsymbol{R}$ 及 φ 也随之增大,如图 1-4-28(a)所示。当 P 达到临界值,物体处于平衡的临界状态时,F 达到最大值 $F_{\max}$,角 φ 也增至最大值,记为 φ_{m},如图 1-4-28(b)所示。φ_{m} 称为静摩擦角,简称**摩擦角**。当作用于物体上的主动力的合力作用线在摩擦角范围内时,不论主动力合力的大小如何,物体总能保持平衡。

全反力 $\boldsymbol{R}$ 与支承面的法线的夹角 φ 随着摩擦力 $\boldsymbol{F}$ 而变化,因为摩擦力只能在一定范围内变化(即 $0\leqslant F\leqslant F_{\max}$),所以 φ 值的变化也有一定范围,即

$$0\leqslant\varphi\leqslant\varphi_{m} \tag{1-4-16}$$

上式给出了物体处于静止状态时,全反力 $\boldsymbol{R}$ 的作用线可能的范围。

摩擦角 φ_m 与 F_{max}有关,它们的关系是

$$\mathrm{tg}\varphi_m=\frac{F_{max}}{N}=\frac{fN}{N}=f \tag{1-4-17}$$

即摩擦角的正切等于静摩擦系数。摩擦角和静摩擦系数都是表示材料的摩擦性质的物理量。

二、考虑摩擦时物体的平衡问题

考虑摩擦时物体平衡问题的解题方法与不考虑摩擦时基本相同,也要用平衡条件求解,但在受力分析时必须考虑摩擦力,它有如下几个特点:

(1) 关于受力图。首先将各接触表面视为光滑表面,画出受力图。然后分析相对滑动或相对滑动趋势,在接触面处加上摩擦力。摩擦力方位沿接触面切向,指向与相对滑动或相对滑动趋势的方向相反。

(2) 摩擦力的大小是未知的,但处于临界状态时,$F=F_{max}=fN$。

(3) 由于摩擦力的数值有一个变化范围($0\leqslant F\leqslant F_{max}$),所以考虑摩擦时的平衡问题中,主动力的数值相应地有一个变化范围,从而问题的解答也具有一定范围,此范围称为平衡范围。求解时,通常假定物体处于平衡的临界状态,由 $F=F_{max}=fN$,求出平衡范围的极值,然后再确定平衡范围。

考虑摩擦时物体的平衡问题,大致有以下两种情况

(1) 已知物体所受的主动力,判断物体处于静止还是滑动状态。

(2) 要使物体保持静止,求有关未知量的值或所具有的范围。

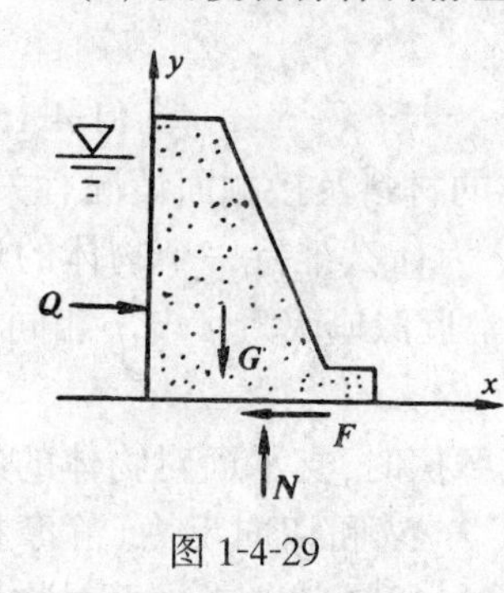

图 1-4-29

【例 4-13】 建在水平岩石上的混凝土重力坝的断面如图 1-4-29 所示。在每延米坝体上,作用有水压力 $Q=3800\mathrm{kN}$ 和坝自重 $G=7020\mathrm{kN}$,坝底对岩石的静摩擦系数 $f=0.6$。试问坝体会否沿岩石滑动。

【解】 这是判断物体处于静止还是滑动状态的问题。使坝体滑动的是水压力 Q,阻止坝体滑动的是静摩擦力 $\boldsymbol{F}$,$\boldsymbol{F}$ 的最大值是最大静摩擦力$\boldsymbol{F}_{\max}$,若 $Q\leqslant F_{max}$,则坝体处于静止,否则产生滑动。

取坝体为研究对象,画出坝体的受力图(图 1-4-29)。

由 $\Sigma Y=0,N-G=0$

得 $N=G=7020\mathrm{kN}$

由 式(1-4-14)有 $F_{max}=fN=0.6\times7020=4212\mathrm{kN}>Q=3800\mathrm{kN}$

最大抗滑移力大于滑移力,坝体不会滑动。

【例 4-14】 重量 $W=600\mathrm{N}$ 的物体,放在斜面上,如图 1-4-30(a)所示。已知物体与斜面间的静摩擦系数 $f=0.2$,斜面的倾角 $\alpha=35°$,且 α 大于摩擦角 φ_m。如在物体上加一水平

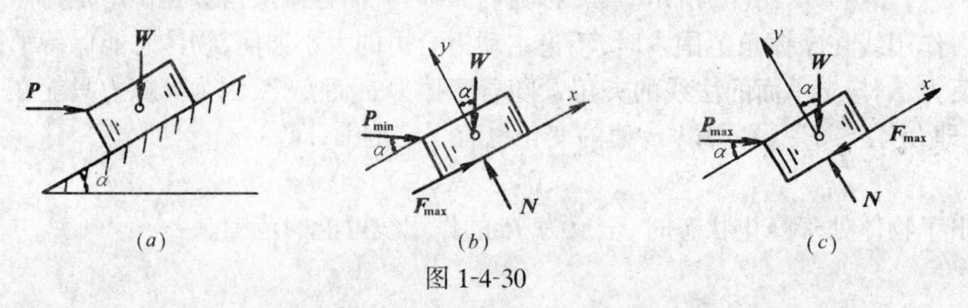

图 1-4-30

力 **P**,求物体不滑动时 **P** 的最大值和最小值。

【解】 为使物体不下滑,施加的力 **P** 不能太小,但也不能太大,否则物体将沿斜面上滑。可见,本题是要使物体不滑动,求力 **P** 应具有的范围。

(1) 求物体不下滑时 **P** 的最小值 P_{min}。

取物体为研究对象。在水平力 $\boldsymbol{P}_{min}$ 作用下,物体处于沿斜面即将下滑的临界状态,摩擦力达到最大值 F_{max},方向沿斜面向上。将主动力 **W**、法向反力 **N**、水平力 $\boldsymbol{P}_{min}$ 及最大静摩擦力 $\boldsymbol{F}_{max}$ 作用于物体上,可得受力图(图 1-4-30b)。列出平衡方程,

$$\Sigma X=0, P_{min}\cos\alpha + F_{max} - W\sin\alpha = 0 \tag{a}$$

由

$$\Sigma Y=0, -P_{min}\sin\alpha + N - W\cos\alpha = 0 \tag{b}$$

由式(1-4-14)有

$$F_{max} = fN \tag{c}$$

联立求解式(a)、(b)、(c)得

$$P_{min}=\frac{\sin\alpha - f\cos\alpha}{\cos\alpha + f\sin\alpha}W=\frac{0.574-0.2\times0.819}{0.819+0.2\times0.574}\times600=263.4\text{N}$$

(2) 求物体不向上滑时,**P** 的最大值 P_{max}。

力 **P** 由 P_{min} 逐渐加大时,物体将由向下滑动的趋势变为沿斜面向上滑动的趋势,当力 **P** 达到最大值 P_{max} 时,物体处于即将上滑的临界状态,摩擦力也达到最大值,但方向沿斜面向下,物体在主动力 **W**、法向反力 **N**、水平力 $\boldsymbol{P}_{max}$ 及最大静摩擦力 $\boldsymbol{F}_{max}$ 作用下的受力图如图1-4-30(c)所示。列出平衡方程

$$\Sigma X=0, P_{max}\cos\alpha - F_{max} - W\sin\alpha = 0 \tag{d}$$

$$\Sigma Y=0, -P_{max}\sin\alpha + N - W\cos\alpha = 0 \tag{e}$$

由式(1-4-14)有

$$F_{max} = fN \tag{f}$$

将这三个方程联立求解得

$$P_{max}=\frac{\sin\alpha + f\cos\alpha}{\cos\alpha - f\sin\alpha}W=\frac{\sin35^\circ+0.2\cos35^\circ}{\cos35^\circ-0.2\sin35^\circ}\times600=629\text{N}$$

(3) 由以上计算可知,要使物体不滑动,力 **P** 的取值范围是

$$263.4\text{N}\leqslant P\leqslant629\text{N}$$

小　　结

本章讨论了平面一般力系的简化和平衡问题,内容较多,所涉及的理论应用很广,是静力学的重点。

一、力的平移定理

力的平移定理表明,一个力平行移动时,必须附加一个力偶,其力偶矩等于原力对新作用点之矩。力的平移定理是将一个力化为一个力和一个力偶。反之,在同一平面内的一个力和一个力偶也可以化为一个合力。力的平移定理是平面一般力系简化的依据。

二、平面一般力系的简化

1. 简化方法

应用力的平移定理把各力向简化中心平移,得到一个平面汇交力系和一个平面力偶系,再将它们分别合成,一般可得到一个作用于简化中心的合力(称为原力系的主矢)和一个合力偶(其力偶矩称为原力系对简化中心的主矩)。主矢等于原力系各力的矢量和,它与简化中心的位置无关。主矩等于原力系各力对简化中心之矩的代数和,与简化中心的位置有关。

2. 简化的最后结果

对主矢和主矩作进一步简化,便得到平面一般力系简化的最后结果:或者是一个力偶($\boldsymbol{R}'=0, M_O\neq 0$);或者是一个力($\boldsymbol{R}'\neq 0, M'_O=0$ 或 $\boldsymbol{R}'\neq 0, M'_O\neq 0$);或者平衡($\boldsymbol{R}'=0, M'_O=0$)。

三、平面力系的平衡方程

平面一般力系是平面力系的一般情况。平面汇交力系、平面平行力系、平面力偶系都是平面一般力系的特殊情况。现将各种力系的平衡方程列于下表。

力系类别	平衡方程	限制条件	可求未知量数目
一般力系	(1) 基本形式 $\Sigma X=0, \Sigma Y=0, \Sigma M_O=0$		3
	(2) 二矩式 $\Sigma X=0, \Sigma M_A=0, \Sigma M_B=0$	AB 连线与 x 轴不垂直	
	(3) 三矩式 $\Sigma M_A=0, \Sigma M_B=0, \Sigma M_C=0$	A、B、C 三点不共线	
平行力系	(1) $\Sigma Y=0, \Sigma M_O=0$		2
	(2) $\Sigma M_A=0, \Sigma M_B=0$	AB 连线不平行于各力作用线	
汇交力系	$\Sigma X=0, \Sigma Y=0$		2
力偶系	$\Sigma m=0$		1

应用平面力系的平衡方程,可以求解单个物体及物体系统的平衡问题。求解时要认真分析题意,确定研究对象及选取的次序,选取适当的平衡方程形式、投影轴和矩心,力求作到一个方程只含一个未知量,使计算简便。求支座反力的观察法和反正法,是根据平衡方程得出的简便计算方法。熟悉它们,有利于更好地掌握平衡方程,提高力学分析能力。

四、滑动摩擦

滑动摩擦力是在两个物体间相互接触面处有相对滑动或有相对滑动趋势时产生的,方向始终与接触面间相对滑动或者相对滑动趋势方向相反。最大静摩擦力是两个物体间的相对滑动趋势达到临界状态时的摩擦力,其值为

$$F_{\max}=fN$$

静摩擦力的大小介于零与最大摩擦力之间。静摩擦力达到最大值时,全反力与接触面的法线间的夹角 φ_m,称为摩擦角。

考虑摩擦时的平衡问题与不考虑摩擦时的平衡问题解题方法相同,只是在画受力图时要注意搞清摩擦力的方向,要注意什么情况下是静摩擦力,什么情况下是最大静摩擦力。对于要物体保持静止,求有关未知量值的范围这类问题,可按物体平衡的临界状态考虑,除列出平衡方程外,还要补充列出 $F_{\max}=fN$,求出最后结果,再讨论平衡范围。

思 考 题

1-4-1 在将力 $\boldsymbol{F}$ 从 A 点向 B 点平移时,图 1-4-31 中附加的力偶对不对?为什么?

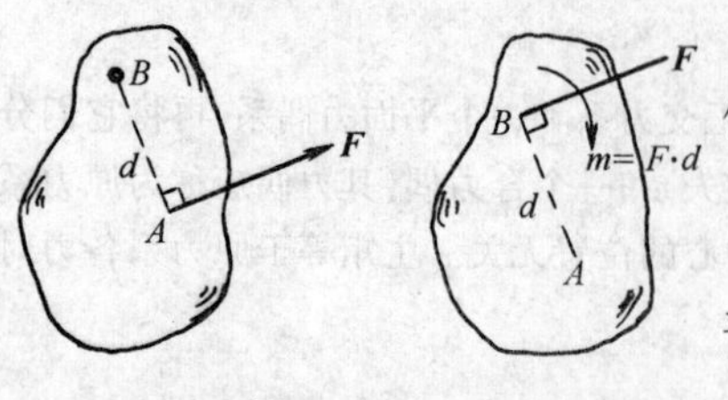

图 1-4-31

1-4-2 力的平移定理在推导平面一般力系的简化中有什么作用?

1-4-3 合力矩定理的内容是什么?它有什么用途?

1-4-4 如图 1-4-32 所示,轮子在力 $\boldsymbol{P}$ 与力偶 m 作用下处于平衡状态。这是否说明一个力与一个力偶等效。为什么?

1-4-5 刚体受三个力 $\boldsymbol{F}_1$、$\boldsymbol{F}_2$、$\boldsymbol{F}_3$ 作用,如图 1-4-33(a)所

示,其力多边形自行封闭(图 1-4-33b)。试问力系的合力为零吗？为什么？

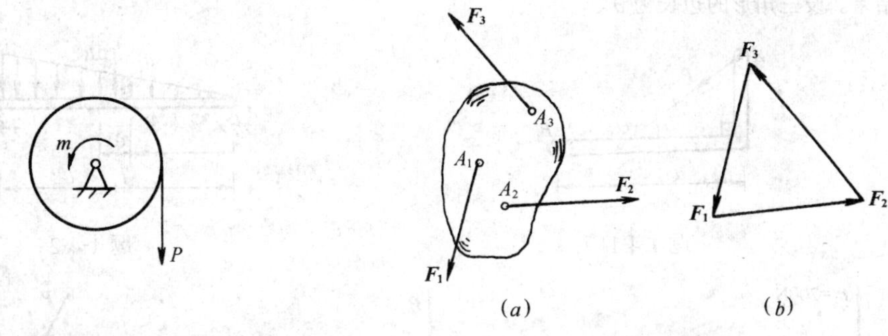

图 1-4-32　　图 1-4-33

1-4-6　平面一般力系只有三个独立的平衡方程,只能求解三个未知量,但是在图 1-4-34 所示的三铰刚架中,却可以用平衡方程求出四个未知力 H_A、V_A、H_B、V_B,为什么？

1-4-7　试从平面一般力系的平衡方程导出平面汇交力系和平面力偶系的平衡方程。

1-4-8　图 1-4-35 所示的 y 坐标轴不与各力平行,试问该平行力系若平衡,是否可写出 $\Sigma X=0$,$\Sigma Y=0$ 和 $\Sigma M_O=0$ 三个独立的平衡方程？为什么？

1-4-9　若求图 1-4-36 所示系统 A、B、C 处的约束反力,研究对象怎样选取？

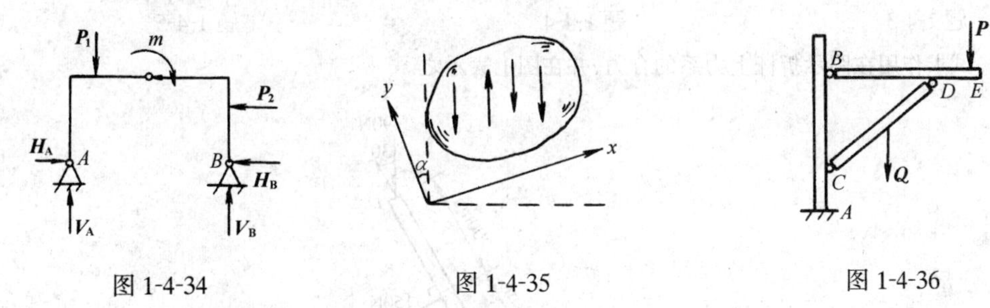

图 1-4-34　　图 1-4-35　　图 1-4-36

1-4-10　静滑动摩擦力与最大静摩擦力有何区别？试叙述摩擦角的意义。

1-4-11　图 1-4-37 所示物体与支承面间的静摩擦系数 $f=0.2$,$P=5\text{kN}$,$G=16\text{kN}$。试分析(a)、(b)两种情况下的运动状态。

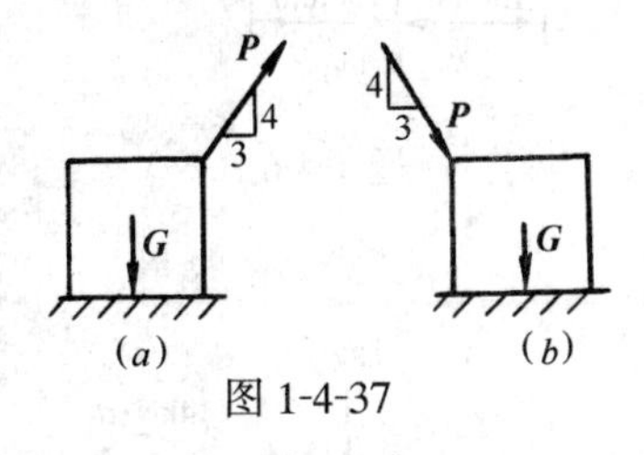

图 1-4-37

习　　题

1-4-1　如图所示,力 $\boldsymbol{P}$ 作用在 A 点,试求作用在 B 点与力 $\boldsymbol{P}$ 等效的力和力偶。

1-4-2　用合力矩定理求图示荷载的合力大小及其作用线位置(提示:$q_x=\dfrac{q_o}{l}x$,微段 dx 上分布力的合力 $dR=dx\cdot q_x$)。

1-4-3　求图示各力及力偶向 A 点简化后的主矢和主矩。

1-4-4　桥墩所受力如图所示,已知 $P=2500\text{kN}$,$W=4500\text{kN}$,$Q=140\text{kN}$,$T=190\text{kN}$。试将力系向 O 点简化,并求其最后的简化结果。

1-4-5 在三角形钢板的 A、B、C 三点上，分别作用有大小均为 P 的力，方向如图示。试求此力系的简化结果。设三角形的边长为 a。

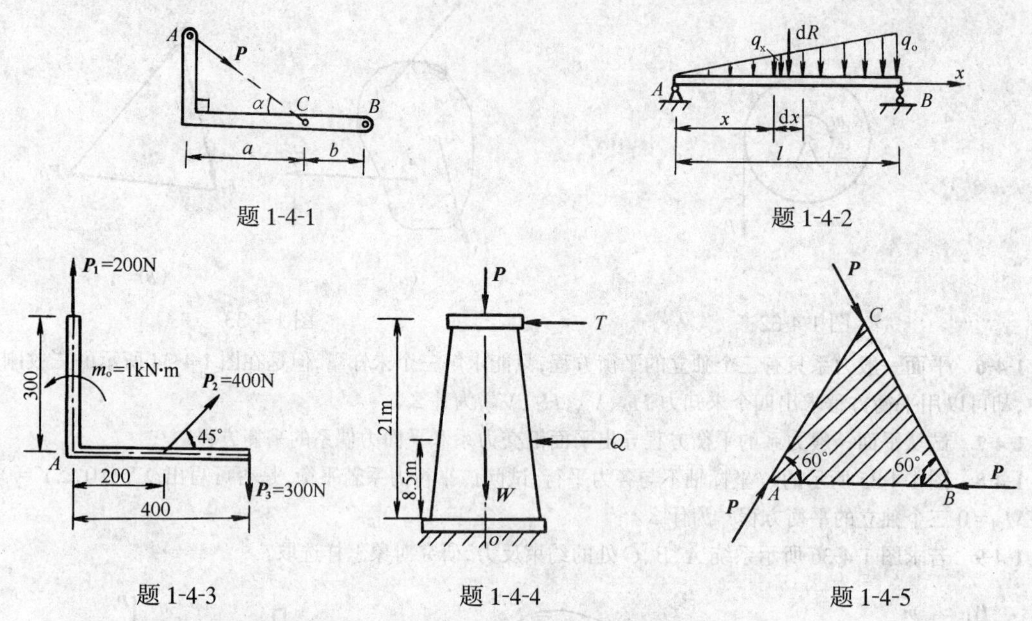

题 1-4-1　　题 1-4-2

题 1-4-3　　题 1-4-4　　题 1-4-5

1-4-6 试求作用在图示折杆上力系的合力，并在图上表示之。

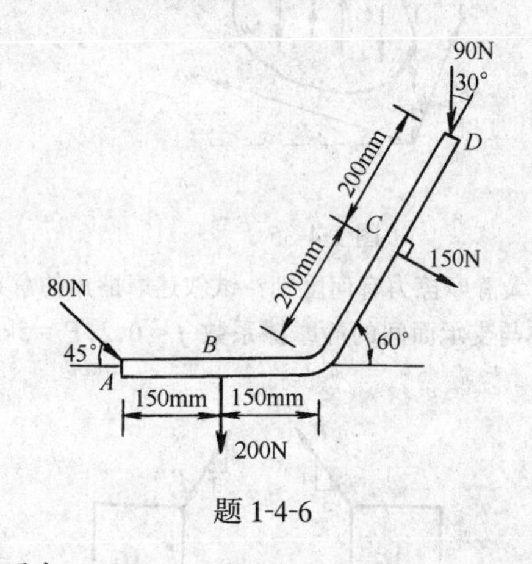

题 1-4-6

1-4-7 求图示各梁的支座反力。

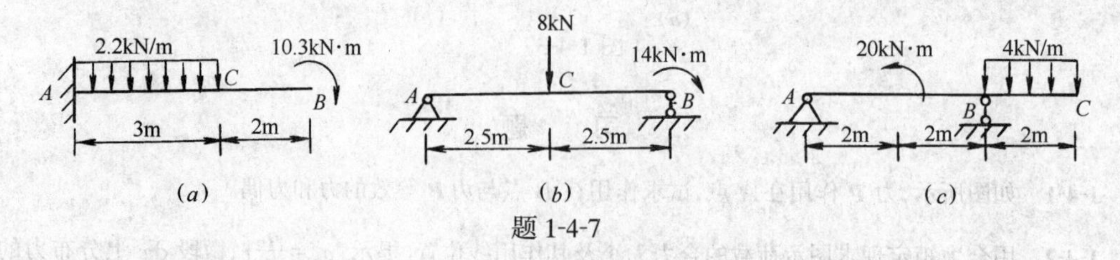

题 1-4-7

1-4-8 求图示刚架的支座反力。

1-4-9 求图示桁架 A、B 支座的反力。

1-4-10 梁 AB 用三根链杆 a、b、c 支承，荷载及尺寸如图示。已知 $P=100\text{kN}$，$m=50\text{kN}\cdot\text{m}$。求这三根链杆的反力。

1-4-11 本题图所示的三角形支架,已知 $W=15\text{kN}$,$q=2.5\text{kN/m}$。求固定铰支座 A、B 处的反力。

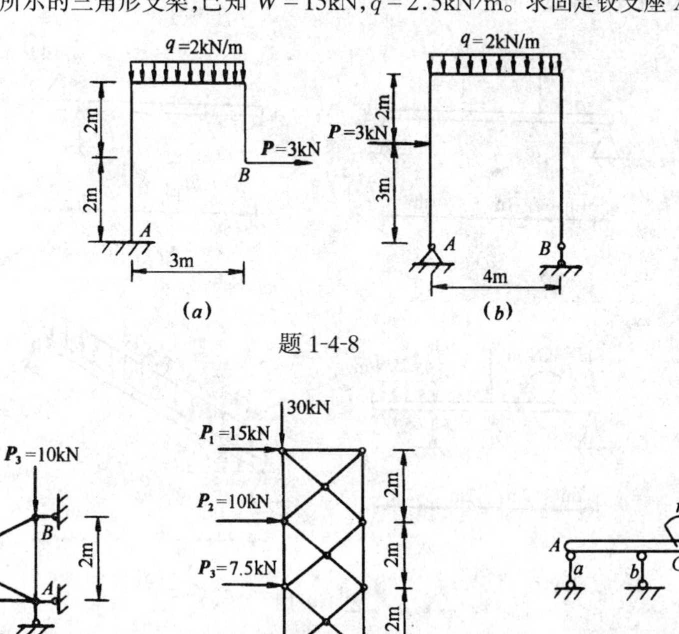

题 1-4-8

P₁=10kN
P₂=20kN
P₃=10kN
B
A
C
2m
2m
(a)

30kN
P₁=15kN
P₂=10kN
P₃=7.5kN
2m
2m
2m
A
B
2.5m
(b)

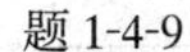

题 1-4-9

P
45°
m
A
C
B
a
b
c
60°
2m 1m 2m 1m

题 1-4-10

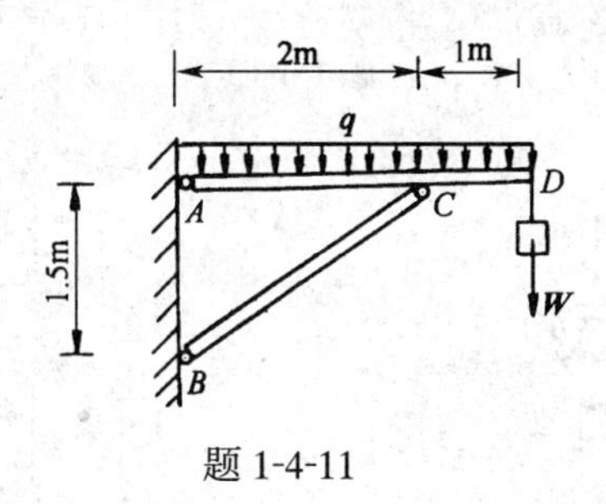

题 1-4-11

1-4-12 试求图示各梁的支座反力。

1-4-13 求梁在图示荷载作用下的支座反力。

1-4-14 如图所示,起重机重 $G=50\text{kN}$,搁置在水平梁上,重力 $\boldsymbol{G}$ 的作用线铅垂向下;起吊重量 $P=10\text{kN}$;梁重 $W=30\text{kN}$,作用在梁的中点。试求:

(1) 重力 G 的作用线通过梁的中点时,支座 A、B 的反力;

(2) 重力 G 离开支座 A 多远时,支座 A、B 的反力相等。

1-4-15 杠杆扩力机如图所示,它利用两个同样的杠杆 AB 和 CD 来增加工件的压紧力。工作时压力 $\boldsymbol{P}$ 经过两个杆件压到工件 F 上。已知 $P=100\text{N}$;$l_1=50\text{mm}$,$l_2=200\text{mm}$。试求对工件的压紧力。

1-4-16 求图示多跨静定梁的支座反力。

1-4-17 求图示刚架的支座反力。

1-4-18 三铰拱如图所示,求支座 A、B 的反力及铰链 C 的约束反力。

1-4-19 组合屋架如图所示,构件 AC、CB 与拉杆之间均为铰接,A 处为固定铰支座,B 处为可动铰支座。求支座 A、B 的反力、拉杆的拉力及铰链 C 的约束反力。

1-4-20 重 $G=6\text{kN}$ 的物体,悬挂在支架的滑轮 C 上。已知滑轮直径 $d=200\text{mm}$,其余尺寸如图所示。

求固定端 A 处的反力及链杆 DE 所受的力。

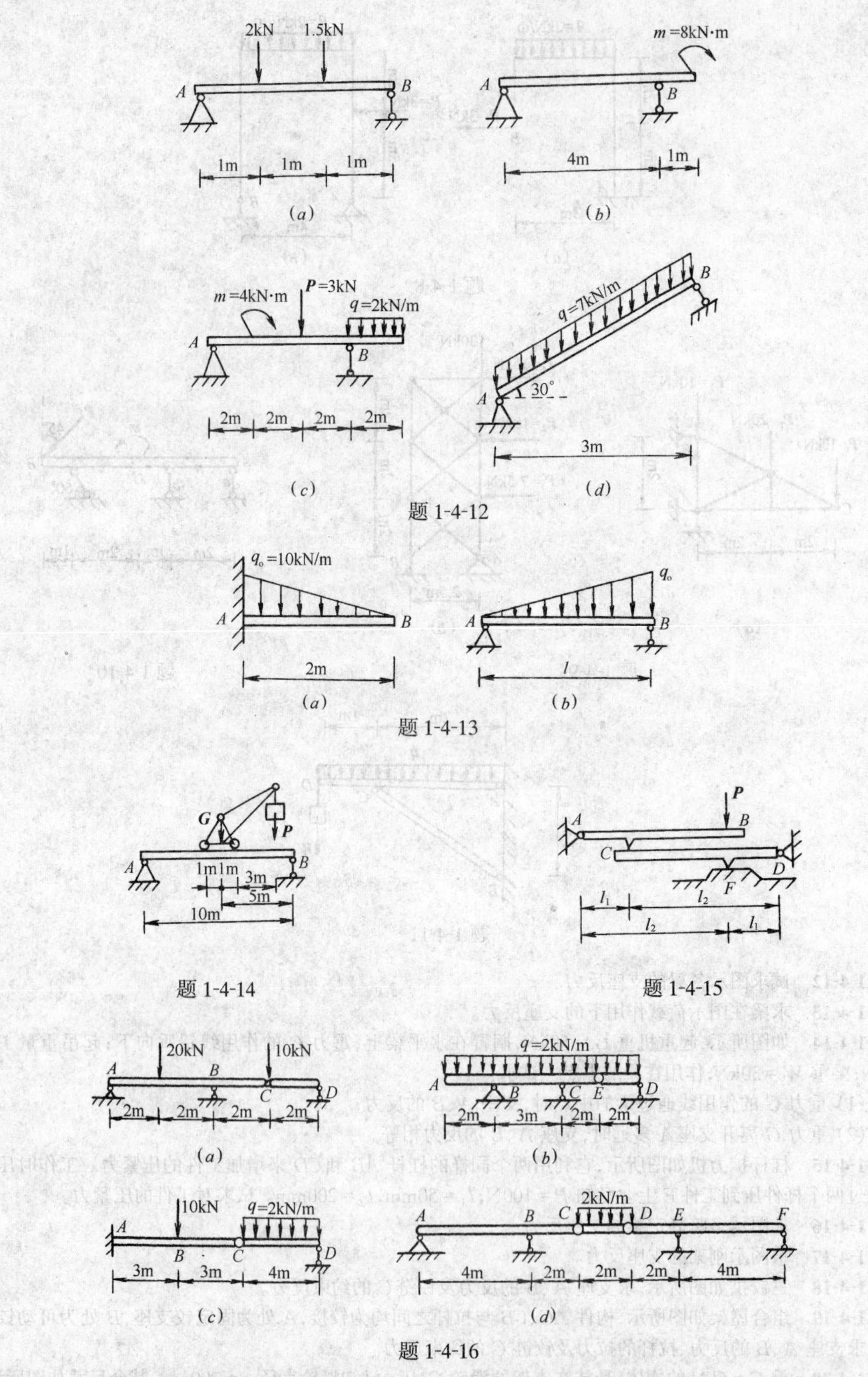

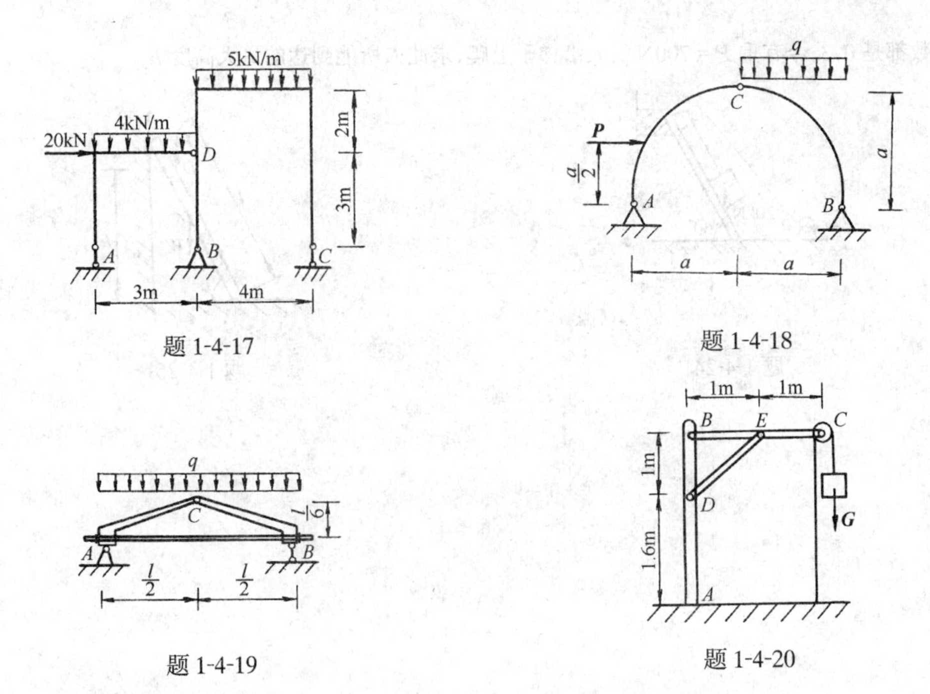

题 1-4-17　　题 1-4-18

题 1-4-19　　题 1-4-20

1-4-21　求图示三铰刚架的支座反力。

1-4-22　塔式起重机重 $G=500$kN(不包括平衡锤重量)作用于 C 点,如图所示。最大起重量 $P=250$kN,离 B 轨距离 $l=10$m,为防止起重机左右翻倒,在 D 处需加平衡重。要使起重机在满载或空载($P=0$)时都不致翻倒,求平衡锤的最小重量 Q 和平衡锤到左轨 A 的最大距离 x。图中 $e=1.5$m,$b=3$m。

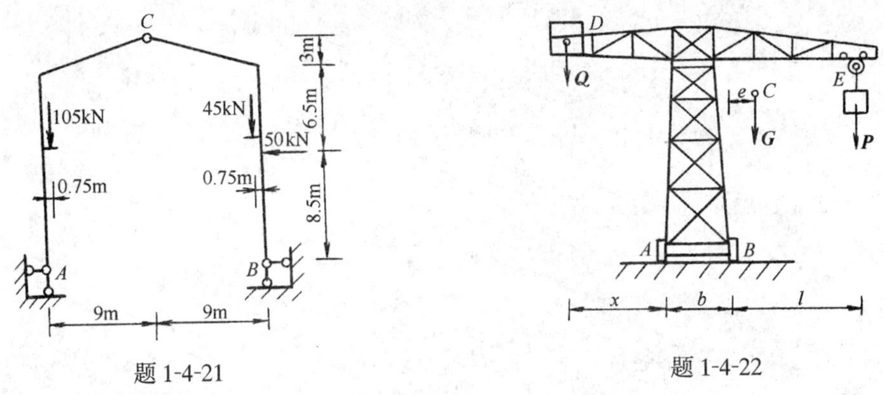

题 1-4-21　　题 1-4-22

1-4-23　两个物体 A 和 B 叠放在水平面上,已知物体 A 重 500kN,B 重 200kN。A 与 B 间的静摩擦系数 $f_1=0.25$;B 与水平面间的静摩擦系数 $f_2=0.20$。求图(a)、(b)两种情况下拉动物体 B 的最小力 $\boldsymbol{P}$ 之值。

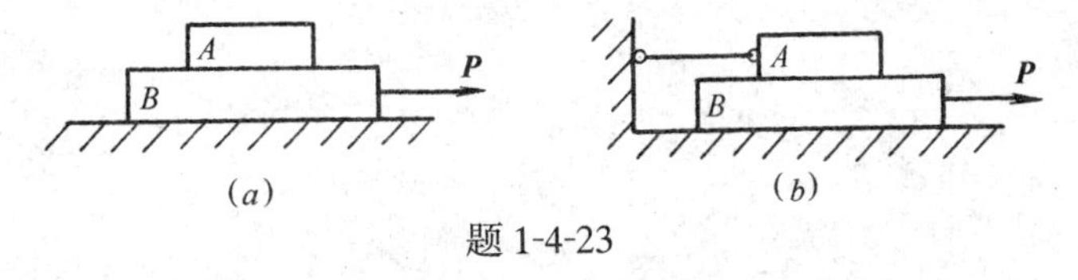

(a)　　(b)

题 1-4-23

1-4-24　升降混凝土构件的简单起重机如图所示,已知构件共重 20kN。构件与滑道间的动摩擦系数 $f'=0.3$。求构件匀速上升时绳的张力。

1-4-25　如图所示,重 $W=180$N 的梯子靠在墙上,梯子长 l,与水平面的夹角 $\alpha=60°$,各接触面间的静摩擦系数都是0.3,今有重 $P=700\text{N}$ 的人沿梯子上爬,求此人所能到达的最大高度 h。

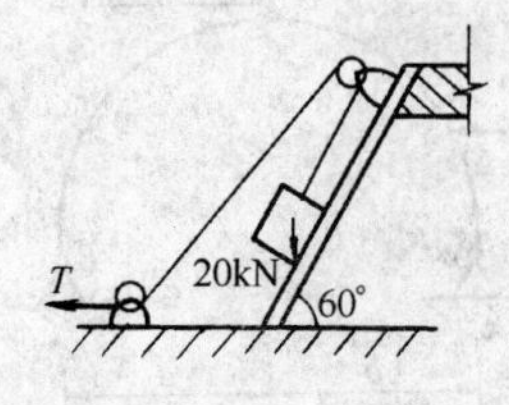

题 1-4-24

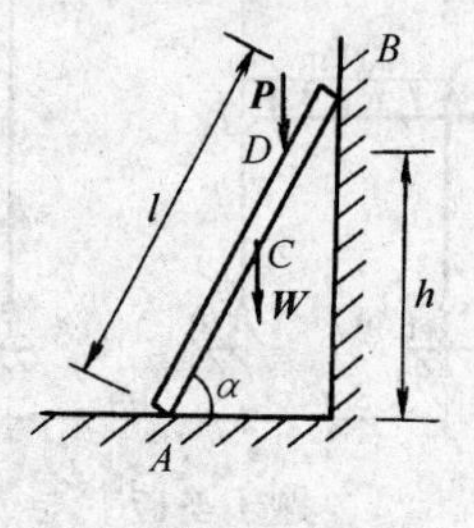

题 1-4-25

第五章 空间力系与重心

各力的作用线不在同一平面内的力系，称为空间力系。严格地说，工程实际中物体所受的力系都是空间力系。为了方便计算，许多情况下空间力系都可以简化为平面力系来处理。而对有些不能简化为平面力系的问题，则必须按空间力系来计算。研究空间力系的常用方法是解析法。

在学会分析平面力系的基础上，本章将进一步讨论空间汇交力系、空间平行力系和空间一般力系的合成与平衡问题。在最后一节还将建立物体重心的坐标公式。

第一节 力在空间直角坐标轴上的投影

用解析法讨论空间力系合成与平衡问题，首先要学会计算力在空间直角坐标轴上的投影。

一、一次投影法

已知力 $\boldsymbol{F}$ 作用于空间直角坐标系的 O 点，它的正向与 x、y、z 轴正向间的夹角必在 0 至 π 之间，分别用 α、β、γ 表示(图 1-5-1)，从力 $\boldsymbol{F}$ 的终端 A 点分别向三坐标轴作垂线 AD、AB、AC 所截得的线段 OD、OB、OC 分别为力 $\boldsymbol{F}$ 在三坐标轴上的投影 X、Y、Z。并且规定，从力的始端的投影到终端的投影与投影轴正向一致时，力的投影为正值，反之为负值。由几何关系知 $Z=OC=F\cos\gamma$。同理，可得 X 和 Y。于是，力 $\boldsymbol{F}$ 在直角坐标轴上的投影为：

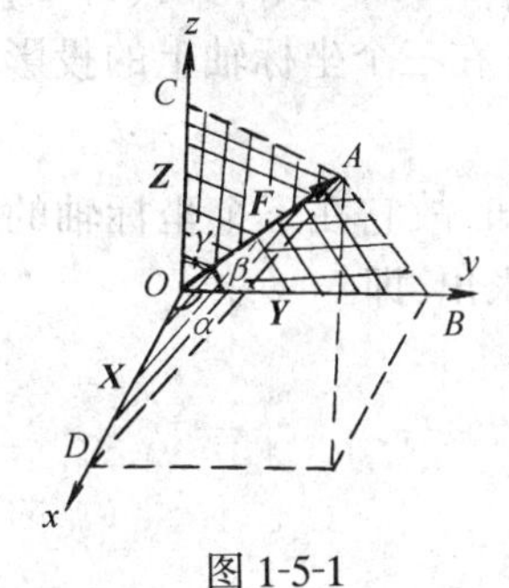

图 1-5-1

$$\begin{cases}X=F\cos\alpha\\Y=F\cos\beta\\Z=F\cos\gamma\end{cases}\tag{1-5-1}$$

上述求力在坐标轴上的投影方法称为**一次投影法**。

二、二次投影法

当力 $\boldsymbol{F}$ 和三个坐标轴的夹角(α、β、γ)不易全部得出时，一次投影法难以使用。这时可采用二次投影法求投影值。如图 1-5-2，若力 $\boldsymbol{F}$ 和 z 轴的夹角 γ 已知，可先将 $\boldsymbol{F}$ 分别投影到 z 轴和 xoy 坐标面上。力 $\boldsymbol{F}$ 在 z 轴的投影为 $Z=OC=F\cos\gamma$，在 xoy 平面的投影为 $\boldsymbol{F}_{xy}$，$\boldsymbol{F}_{xy}$ 仍为矢量(因为它是一个有大小和方向的量)，其大小为 $F_{xy}=F\sin\gamma$。

设 $\boldsymbol{F}_{xy}$ 与 x 轴所夹锐角为 φ，按本篇第二章第三节所述的投影方法，它在 x、y 轴上的投影可表示为：$X=\pm F_{xy}\cos\varphi$，$Y=\pm F_{xy}\sin\varphi$。又因为 $F_{xy}=F\sin\gamma$，于是力 $\boldsymbol{F}$ 在三坐标轴上的投影可写成：

$$\begin{cases} X = \pm F\sin\gamma\cos\varphi \\ Y = \pm F\sin\gamma\sin\varphi \\ Z = F\cos\gamma \end{cases} \tag{1-5-2}$$

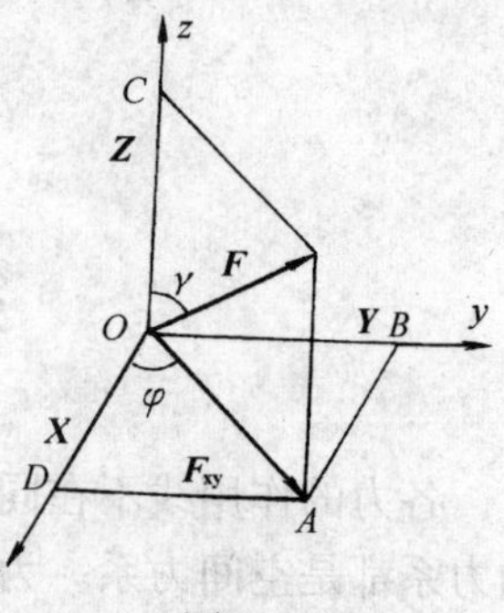

图 1-5-2

上述投影方法称为**二次投影法**。

值得注意的是,力在坐标轴上的投影值是代数量。在一次投影中,α、β、γ 之值在 0 至 π 之间,力在某轴投影值的正负由力与该轴夹角的余弦确定;在二次投影法中,γ 在 $0\sim\pi$ 之间变化,力在 z 轴的投影值的正负由角 γ 的余弦给出,φ 为锐角,力在 x、y 轴投影的正负则由 $\boldsymbol{F}_{xy}$的正向与相应坐标轴正向的夹角是否锐角确定(锐角取正号,钝角取负号)。若已知力 $\boldsymbol{F}$ 在三个坐标轴上的投影值X、Y、Z,则应用勾股定理由图 1-5-1 可求出该力的大小和方向余弦:

$$\begin{cases} F = \sqrt{X^2 + Y^2 + Z^2} \\ \cos\alpha = X/F \\ \cos\beta = Y/F \\ \cos\gamma = Z/F \end{cases} \tag{1-5-3}$$

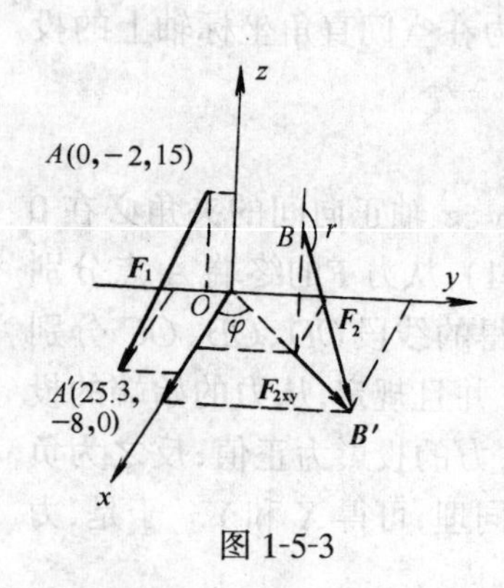

图 1-5-3

【例 5-1】 力 $\boldsymbol{F}_1$、$\boldsymbol{F}_2$ 如图 1-5-3 所示。已知 $\boldsymbol{F}_1$ 的单位为 kN,其始端和终端的坐标分别为 $A(0, -2, 15)$、$A'(25.3, -8, 0)$;力 $\boldsymbol{F}_2$ 的大小 $F_2 = 12\text{kN}$,与 z 轴的夹角 $\gamma = 135°$,$\boldsymbol{F}_2$ 在 xoy 平面内的投影 $\boldsymbol{F}_{2xy}$与 x 轴正向的夹角 $\varphi = 60°$。试计算:(1) $\boldsymbol{F}_1$ 的大小及它与三坐标轴的夹角;(2) $\boldsymbol{F}_2$ 在三个坐标轴上的投影 X_2、Y_2、Z_2。

【解】 (1) $\boldsymbol{F}_1$ 始、终端的坐标已知,故它在三个坐标轴的投影可由终端坐标值减去始端坐标值求出,即

$$X_1 = 25.3 - 0 = 25.3$$
$$Y_1 = -8 - (-2) = -6$$
$$Z_1 = 0 - 15 = -15$$

由式(1-5-3)有

$$F_1 = \sqrt{X_1^2 + Y_1^2 + Z_1^2} = \sqrt{25.3^2 + (-6)^2 + (-15)^2} = 30\text{kN}$$

$$\cos\alpha_1 = X_1/F_1 = 25.3/30 = 0.843 \qquad \alpha_1 = 32.5°$$
$$\cos\beta_1 = Y_1/F_1 = -6/30 = -0.2 \qquad \beta_1 = 101.5°$$
$$\cos\gamma_1 = Z_1/F_1 = -15/30 = -0.5 \qquad \gamma_1 = 120°$$

即 $\boldsymbol{F}_1$ 与 x、y、z 坐标轴正方向的夹角分别为 32.5°、101.5°、120°。

(2) 由图 1-5-3 知,$\boldsymbol{F}_{2xy}$与 x、y 轴正向的夹角均为锐角,故 X_2、Y_2 均为正,在式(1-5-2)中取正号,即

$$X_2 = F_2\sin\gamma\cos\varphi = 12 \times \sin135° \times \cos60° = 4.24\text{kN}$$
$$Y_2 = F_2\sin\gamma\sin\varphi = 12 \times \sin135° \times \sin60° = 7.35\text{kN}$$
$$Z_2 = F_2\cos\gamma = 12 \times \cos135° = -8.49\text{kN}$$

三、力沿空间直角坐标轴的分解

应用力的平行四边形法则，还可以将力沿空间直角坐标轴分解。例如图 1-5-4 所示，首先应用力的平行四边形公理，将力 $\boldsymbol{F}$ 分解为沿 z 轴方向和 xoy 平面上的分力 $\boldsymbol{F}_{z}$、$\boldsymbol{F}_{xy}$，然后再将分力 $\boldsymbol{F}_{xy}$在 xoy 平面内分解为沿 x 轴和 y 轴的分力 $\boldsymbol{F}_{x}$、$\boldsymbol{F}_{y}$。比较同一轴上的分力和投影可知，力沿直角坐标轴的分力大小等于该力在同一坐标轴上投影值的大小；分力的指向与坐标轴一致时，投影值为正；相反时投影值为负。投影是标量，分力是矢量，分力还须明确其作用线的位置。当力 $\boldsymbol{F}$ 不是作用在坐标系的原点时，投影轴一般并不与分力的作用线重合。切不可将分力与投影的概念混淆。

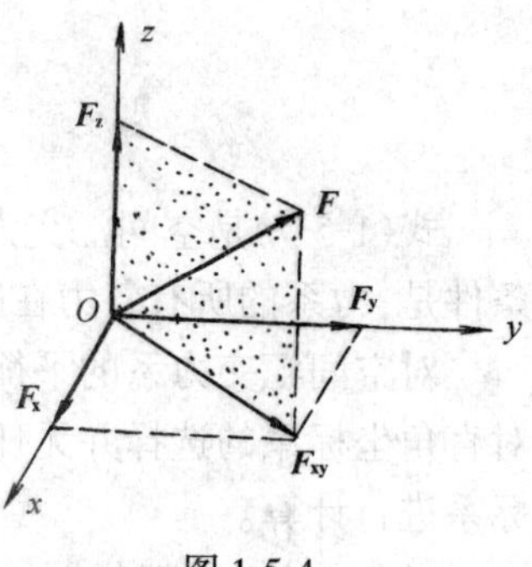

图 1-5-4

第二节　空间汇交力系的合成与平衡条件

一、空间汇交力系的合成

各力作用线都汇交于一点的空间力系称为空间汇交力系。与平面汇交力系类似，一个空间汇交力系总可以合成为一个合力。连续使用两个汇交力合成的平行四边形法则就可以证明这一点。同样，本篇第二章所述的合力投影定理也可以推广到空间汇交力系，即空间汇交力系的合力在某坐标轴上的投影等于所有各分力在同一坐标轴上投影的代数和。设合力 $\boldsymbol{R}$ 在 x、y、z 轴上的投影为 R_x、R_y、R_z，由合力投影定理有：

$$\left\{\begin{array}{l} R_x = \Sigma X \\ R_y = \Sigma Y \\ R_z = \Sigma Z \end{array}\right. \tag{1-5-4}$$

式中 ΣX、ΣY、ΣZ 分别为力系中各分力在坐标轴 x、y、z 上投影的代数和。如果已知 R_x、R_y、R_z，则根据几何关系，合力大小及其方向余弦可写成

$$\left\{\begin{array}{l} R = \sqrt{R_x^2 + R_y^2 + R_z^2} = \sqrt{(\Sigma X)^2 + (\Sigma Y)^2 + (\Sigma Z)^2} \\ \cos\alpha = R_x/R = \Sigma X/R \\ \cos\beta = R_y/R = \Sigma Y/R \\ \cos\gamma = R_z/R = \Sigma Z/R \end{array}\right. \tag{1-5-5}$$

式中 α、β、γ 代表合力 $\boldsymbol{R}$ 与三个坐标轴正向的夹角，合力的作用线通过原力系的汇交点。

二、空间汇交力系的平衡条件

既然空间汇交力系可以合成一个合力，那么，若合力为零，则空间汇交力系必然是平衡力系。反之，若空间汇交力系是平衡力系，物体处于平衡状态，合力一定为零。所以，空间汇交力系平衡的充分必要条件是力系的合力等于零。即

$$R = \sqrt{(\Sigma X)^2 + (\Sigma Y)^2 + (\Sigma Z)^2} = 0 \tag{1-5-6}$$

因为上式根号下每一项不可能为负，所以要使上式成立必须并且只有 ΣX、ΣY、ΣZ 同时为零，即

$$\begin{cases}\Sigma X = 0 \\ \Sigma Y = 0 \\ \Sigma Z = 0\end{cases} \tag{1-5-7}$$

式(1-5-7)是空间汇交力系的平衡方程,它表明空间汇交力系平衡的必要和充分的解析条件是:力系的所有各力在空间直角坐标系中每一坐标轴上的投影的代数和均为零。

对空间汇交力系的平衡问题,利用方程(1-5-7),可以求解三个未知量。由于平衡条件对直角坐标系的选择并无任何限制,因而解题时可以选取便于获得投影结果的空间直角坐标系进行计算。

【例 5-2】 吊架如图 1-5-5 所示,已知$\angle CBA=\angle BCA=60°$,$\angle BAE=\angle CAE=30°$,$BE=EC$,$DE\perp BC$,$\angle EAD=30°$,重物的重量 $G=5\text{kN}$。平面 ABC 为水平面。A、B、C 各点均为铰接。试求撑杆 AB 和 AC 的反力及绳索 AD 的拉力。

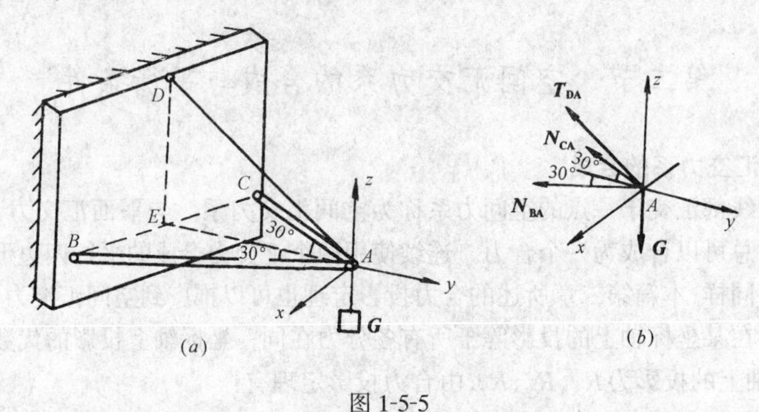

图 1-5-5

【解】 (1) 取坐标轴如图 1-5-5(a)所示。绳索拉力 $\boldsymbol{T}_{\mathbf{DA}}$沿绳索方向,$BA$ 和 CA 杆都是二力杆,约束反力 $\boldsymbol{N}_{\mathbf{BA}}$、$\boldsymbol{N}_{\mathbf{CA}}$必沿各自杆件的轴线,设 $\boldsymbol{N}_{\mathbf{BA}}$、$\boldsymbol{N}_{\mathbf{CA}}$都是拉力,取 A 点为研究对象,受力图如图 1-5-5 (b)所示。

(2) 由空间汇交力系的平衡方程,得

$$\Sigma X=0,\ N_{\mathrm{BA}}\sin30°-N_{\mathrm{CA}}\sin30°=0 \tag{a}$$

$$\Sigma Y=0,\ -N_{\mathrm{BA}}\cos30°-N_{\mathrm{CA}}\cos30°-T_{\mathrm{DA}}\cos30°=0 \tag{b}$$

$$\Sigma Z=0,\ T_{\mathrm{DA}}\sin30°-G=0 \tag{c}$$

求解式(a)、(b)、(c)得 $T_{\mathrm{DA}}=10\text{kN}$,$N_{\mathrm{BA}}=N_{\mathrm{CA}}=-5\text{kN}$。$N_{\mathrm{BA}}$、$N_{\mathrm{CA}}$为负值,说明与假设相反,两杆均是压力。

第三节　力对轴的矩·合力矩定理

一、力对轴的矩

在平面力系中,由力使物体绕某点转动的现象,介绍了力对点的矩。在空间力系中,还会碰到力使物体绕某定轴转动的情况,需要引入“力对轴的矩”的概念。

如图 1-5-6(a)所示,在门上 A 点作用一力 $\boldsymbol{F}$,门可绕上下两活页确定的门轴转动。为了研究力 $\boldsymbol{F}$ 的转动效应,可以在力的作用点 A 作一平面 M 垂直于门轴,M 平面与门轴的

交点记作O。以O为原点建立空间直角坐标系，x和y轴在M平面内，z轴与门轴重合，将

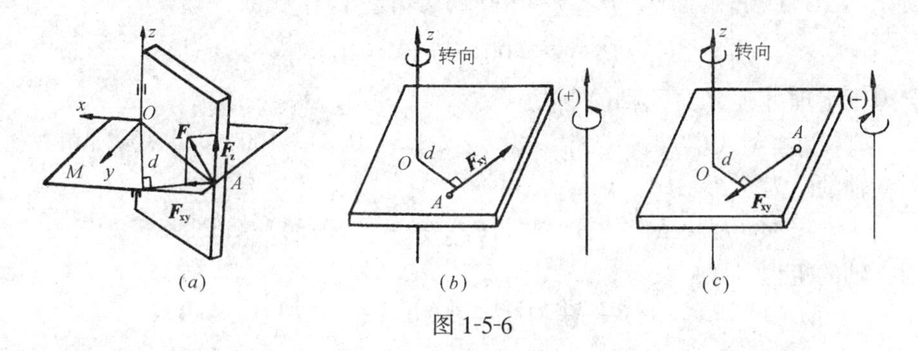

图 1-5-6

力 $\boldsymbol{F}$ 分解为$\boldsymbol{F_z}$(沿 Z 轴方向)和 $\boldsymbol{F_{xy}}$(在 M 平面内)两个分力。根据经验，分力 $\boldsymbol{F_z}$ 与门轴平行，它不会使门转动，而分力 $\boldsymbol{F_{xy}}$的作用线若与 z 轴相交，门也不会转动，只有分力 $\boldsymbol{F_{xy}}$作用线不与 z 轴相交时，才会使门绕 z 轴转动。这时，$\boldsymbol{F_{xy}}$的作用与平面中一个力使物体绕矩心 O 点转动的情况完全一样。由此可以定义：力 $\boldsymbol{F}$ 对 z 轴的矩 $M_z(\boldsymbol{F})$，等于该力在垂直于 z 轴的平面内的分力$\boldsymbol{F_{xy}}$对该平面与 z 轴之交点 O 的矩，即 F_{xy}与 O 点到 $\mathbf{F_{xy}}$作用线的垂直距离 d 的乘积，可用下式表示

$$M_z(\boldsymbol{F}) = \pm F_{xy}d \tag{1-5-8}$$

式(1-5-8)等号右边的正负号表示力对轴之矩的转向。通常规定：当右手四指表示物体绕 z 轴的转向时，若大拇指指向与 z 轴正向相同，则取正号；反之取负号(图 1-5-6b、c)。力对轴之矩是代数量，单位也是 N·m 或 kN·m。

归纳以上讨论可知：

(1) 力对某轴的矩，实质上就是力在与该轴垂直的平面上的分力对此平面与该轴交点的矩。

(2) 如果 $\boldsymbol{F}$ 与某轴平行或相交，则它对该轴之矩必为零。

(3) 如果 $\boldsymbol{F}$ 沿其作用线移动，则它对某轴的矩不变，因为这种移动并不改变力 $\boldsymbol{F}$ 在垂直于该轴的平面上的分力，从而力和力臂的大小均不变。

二、合力矩定理

与平面力系的合力矩定理类似，空间力系中力对轴之矩也存在合力矩定理(证明从略)。即：空间力系若有合力，则合力 $\boldsymbol{R}$ 对某轴(例如 z 轴)的矩等于各分力 $\boldsymbol{F_1}$、$\boldsymbol{F_2}$、……、$\boldsymbol{F_n}$ 对同一轴的矩的代数和，其表达式为

$$M_z(\boldsymbol{R}) = M_z(\boldsymbol{F_1}) + M_z(\boldsymbol{F_2}) + \cdots\cdots + M_z(\boldsymbol{F_n}) = \Sigma M_z(\boldsymbol{F}) \tag{1-5-9}$$

利用空间力系的合力矩定理，可大大简化空间力系对定轴之矩的计算。

【例 5-3】 如图 1-5-7 所示，手柄 $ABCD$ 在水平面 Axy 内，在 D 点作用一力 $P = 200$N，其作用线与 Axz 平面平行，且与水平面夹角 $\alpha = 30°$。求力对三个坐标轴的矩。

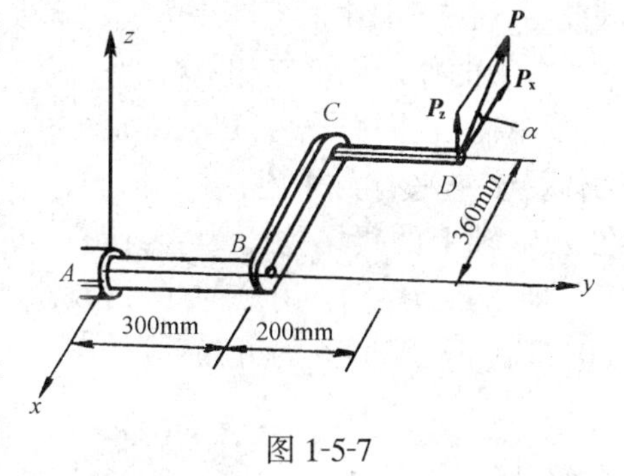

图 1-5-7

【解】 本例应用合力矩定理求解较方便，先将力 $\boldsymbol{P}$ 沿 x、z 轴方向分解为 $\boldsymbol{P_x}$、$\boldsymbol{P_z}$ 两个分力，它们

的大小为

$$P_x = P\cos\alpha = 200\times\cos30^\circ = 173.2\text{N}$$

$$P_z = P\sin\alpha = 200\times\sin30^\circ = 100\text{N}$$

由合力矩定理可有 $\boldsymbol{P}$ 对 x 轴的矩为

$$M_x(\boldsymbol{P}) = M_x(\boldsymbol{P_x}) + M_x(\boldsymbol{P_z}) = 0 + P_z(0.3+0.2) = 100\times0.5 = 50\text{N}\cdot\text{m}$$

$\boldsymbol{P}$ 对 y 轴的矩为

$$M_y(\boldsymbol{P}) = M_y(\boldsymbol{P_x}) + M_y(\boldsymbol{P_z}) = 0 + P_z(0.36) = 36\text{N}\cdot\text{m}$$

$\boldsymbol{P}$ 对 z 轴的矩为

$$M_z(\boldsymbol{P}) = M_z(\boldsymbol{P_x}) + M_z(\boldsymbol{P_z}) = P_x(0.3+0.2) + 0 = 86.6\text{N}\cdot\text{m}$$

第四节　空间一般力系的平衡条件

一、空间一般力系的平衡方程

各力的作用线既不全部汇交于一点,也不全部平行的空间力系称为**空间一般力系**。空间一般力系可以使物体产生移动和转动,因此要使物体在空间一般力系作用下处于平衡状态,该力系就必须满足下列条件:力系中各力沿坐标系三个坐标轴上的投影的代数和都为零,同时,力系中各力对三个坐标轴的矩的代数和亦分别为零。即

$$\left\{\begin{aligned}&\Sigma X = 0\\&\Sigma Y = 0\\&\Sigma Z = 0\\&\Sigma M_x = 0\\&\Sigma M_y = 0\\&\Sigma M_z = 0\end{aligned}\right. \tag{1-5-10}$$

反之,空间一般力系如果满足式(1-5-10)的条件,物体一定处于平衡状态。可见公式(1-5-10)是空间一般力系平衡的必要和充分条件,称为空间一般力系的平衡方程,它由六个独立的平衡方程组成,可以求解六个未知量。

二、空间力系的特例

空间一般力系是由任意的力组成的,代表了力系的最普遍情况,所有其他力系都是它的特例。因此,各种力系的平衡方程都可由空间一般力系的平衡方程式(1-5-10)导出。例如,对于空间汇交力系,取各力的汇交点为坐标原点,则各力对三个坐标轴的矩必定恒等于零。因此,式(1-5-10)中的后三个方程已无实际意义,删去后就得到式(1-5-7)。

各力的作用线都互相平行的空间力系称为空间平行力系,它的平衡方程同样也可以从式(1-5-10)导出。如图 1-5-8 所示,物体受多个平行力作用,取 z 轴和各力的作用线平行,则各力在 x、y 轴上的投影均恒为零,而且,各力对 z 轴的矩亦恒为零。即 $\Sigma X = 0, \Sigma Y = 0, \Sigma M_z = 0$ 恒成立,毫无意义,于是式(1-5-10)只剩下三个独立的方程

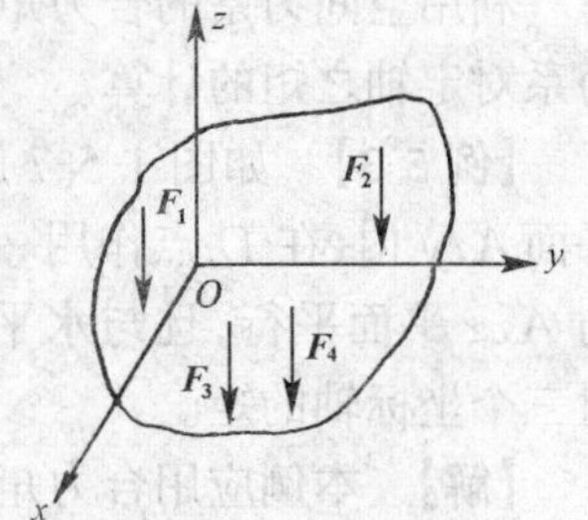

图 1-5-8

$$\begin{cases}\Sigma Z=0\\ \Sigma M_x=0\\ \Sigma M_y=0\end{cases} \tag{1-5-11}$$

式(1-5-11)即是空间平行力系的平衡方程。当空间平行力系平衡时,由式(1-5-11)可求解三个未知量。

【例 5-4】 等腰直角三角形薄板由三条绳垂直悬挂成水平面,如图 1-5-9(*a*)所示。在板的 *A* 点下悬吊一重物 G=500N,忽略薄板自重,求三条绳的拉力。

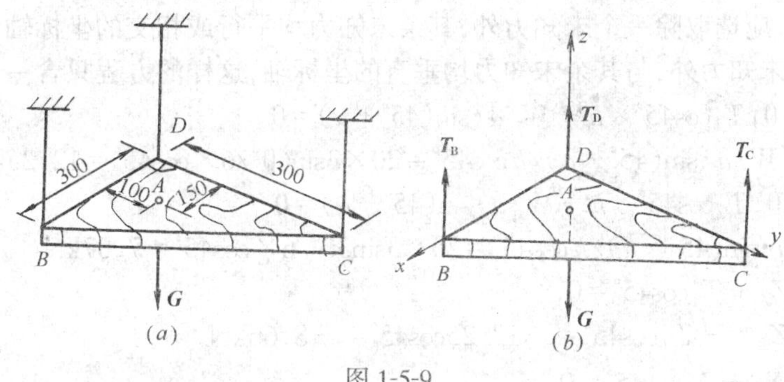

图 1-5-9

【解】 (1) 取水平薄板为研究对象,三绳的拉力设为 $\boldsymbol{T_B}$、$\boldsymbol{T_D}$、$\boldsymbol{T_C}$,均铅垂向上与重力 $\boldsymbol{G}$ 组成空间平行力系,受力图如图 1-5-9(*b*)所示。

(2) 取坐标系如图(*b*)所示,*x*、*y* 轴分别与边 *DB*、*DC* 重合,*z* 轴与力系平行。

(3) 列平衡方程,求未知力。

$$\Sigma M_x=0, T_c\times 0.3-G\times 0.1=0 \tag{a}$$

$$\Sigma M_y=0, G\times 0.15-T_B\times 0.3=0 \tag{b}$$

$$\Sigma Z=0, T_B+T_C+T_D-G=0 \tag{c}$$

解方程可得　　　　$T_C=167\text{N}$; $T_B=250\text{N}$; $T_D=83\text{N}$

本例取 *x* 轴与 T_B、T_D 相交,取 *y* 轴与 T_C、T_D 相交,使(*a*)、(*b*)两式都只含一个未知量,避免了求解联立方程组。所以,恰当地选择坐标系很重要。

【例 5-5】 起重桅杆 *ABC*,在 *A* 端用球形铰与地面相连,*B* 端用缆风绳 *BD*、*BE* 拉住,*C* 端悬吊重物 *W*=20kN,*AB* 垂直于地平面(图 1-5-10*a*)。已知 *h*=6m,*a*=3m,当铅垂面

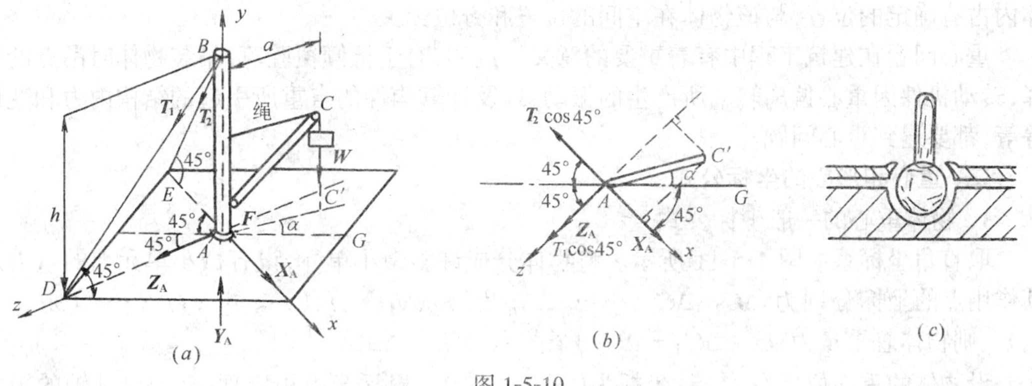

图 1-5-10

ABC 与铅垂面 BAG 夹角 $\alpha = 15^\circ$ 时，求缆风绳的拉力 $\boldsymbol{T_1}$、$\boldsymbol{T_2}$ 及支座 A 的反力。

【解】 球形铰支座是由固定在构件端部的圆球嵌入球窝内而成(图 1-5-10c)，它只能限制构件沿任何方向的移动，而不能限制构件绕球心的转动，其约束反力通过球心，方向未定，常用沿空间直角坐标轴的三个分力表示。在本题 A 端的反力设为 $\boldsymbol{X_A}$、$\boldsymbol{Y_A}$、$\boldsymbol{Z_A}$。取桅杆整体为研究对象，由图 1-5-10(a)所示的受力图知，这是一个空间一般力系的平衡问题。图 1-5-10(b)是各力在水平面投影的示意图

由于重力 $\boldsymbol{W}$ 与 y 轴平行，其余各力均与 y 轴相交，故平衡方程 $\Sigma M_y = 0$ 是恒等式，式(1-5-10)的其余 5 个方程可求解五个未知量 T_1、T_2、X_A、Y_A、Z_A。为避免求解联立方程组，列力矩方程时，应选取除一个未知力外，其余未知力均平行或相交的坐标轴；列投影方程时，应选取除一个未知力外，与其余未知力均垂直的坐标轴，这样的方程只含一个未知量。

由 $\Sigma M_x = 0$，$T_1\cos45^\circ \times h - W \cdot a \cdot \sin(45^\circ + \alpha) = 0$

得 $T_1 = W \cdot a \cdot \sin(45^\circ + \alpha)/h\cos45^\circ = 20 \times 3\sin60^\circ/6 \times \cos45^\circ = 12.25\text{kN}$

由 $\Sigma M_z = 0$，$T_2\cos45^\circ \times h - W \cdot a \cdot \sin(45^\circ - \alpha) = 0$

得 $T_2 = W \cdot a \cdot \sin(45^\circ - \alpha)/h\cos45^\circ = 20 \times 3\sin30^\circ/6 \times \cos45^\circ = 7.07\text{kN}$

$\Sigma Z = 0 \quad Z_A + T_1\cos45^\circ = 0$

$Z_A = -T_1\cos45^\circ = -12.25\cos45^\circ = -8.66\text{kN}$

$\Sigma X = 0 \quad X_A - T_2\cos45^\circ = 0$

$X_A = T_2\cos45^\circ = 7.07\cos45^\circ = 5\text{kN}$

$\Sigma Y = 0 \quad Y_A - T_1\sin45^\circ - T_2\sin45^\circ - W = 0$

$Y_A = T_1\sin45^\circ + T_2\sin45^\circ + W$

$= 12.25\sin45^\circ + 7.07\sin45^\circ + 20 = 33.66\text{kN}$

第五节　重　心

一、重心的概念

物体所受到的地心引力称为物体的重力，重力的大小就是物体的自重。若将物体划分为许多微小单元，每个单元都将存在一个微小的重力。而且都指向地心，从而形成一个汇交于地心的空间汇交力系，但由于地球半径远比物体的尺寸大得多，故可将这些微小重力看作铅垂向下的空间平行力系。这个平行力系的合力就是物体的重力，合力的大小即是物体的自重，合力的作用点就是物体重力的作用点，称为物体的重心。实验表明，物体的重心在物体内占有确定的位置，与该物体在空间的位置和方位无关。

重心问题在建筑工程中有着重要的意义。例如，对于抗倾覆验算，吊装物体时吊点的选择，转动机件因重心偏离转轴所产生的振动，以及计算构件的自重所引起的结构内力和变形等等，都要遇到重心问题。

二、重心和形心的坐标公式

1. 物体重心的一般坐标公式

取直角坐标系如图 1-5-11 所示。将物体分成许多微小单元，设各微小单元上的重力及其作用点的坐标分别为 $\Delta \boldsymbol{G_1}$、$\Delta \boldsymbol{G_2}$、……、$\Delta \boldsymbol{G_n}$ 及(x_1、y_1、z_1)、(x_2、y_2、z_2)、……、(x_n、y_n、z_n)。则物体总重量为：$G = \Delta G_1 + \Delta G_2 + \cdots\cdots + \Delta G_n = \Sigma \Delta G_i$

设物体的重心位置在 C 点，坐标为(x_C、y_C、z_C)。根据合力矩定理，合力对某轴的矩应

为各分力对同一轴之矩的总和，即

$$\begin{cases} G \cdot x_C = \Sigma \Delta G_i x_i \\ G \cdot y_C = \Sigma \Delta G_i y_i \end{cases} \qquad (a)$$

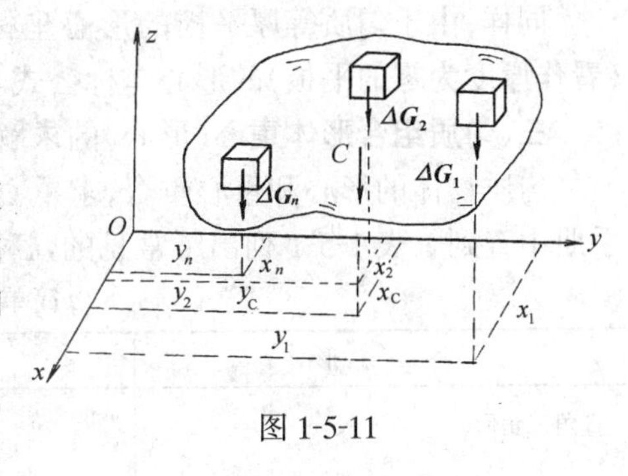

图 1-5-11

将物体与坐标系一起绕 x 轴逆时针转动 90°使 zOx 平面成为水平面，由重心的概念知，各单元的重力仍铅直向下，物体重心位置仍不变，再对 x 轴应用合力矩定理，有

$$G \cdot Z_C = \Sigma \Delta G_i Z_i \qquad (b)$$

于是物体重心的通用坐标公式可表示为

$$\begin{cases} x_C = \Sigma \Delta G_i x_i / G \\ y_C = \Sigma \Delta G_i y_i / G \\ z_C = \Sigma \Delta G_i z_i / G \end{cases} \qquad (1\text{-}5\text{-}12)$$

以上各式中 i 依次取 1、2、……、n

2．匀质物体重心(形心)的坐标公式

在匀质物体中各部分的重力密度是不变的，即单位体积的重力 γ(重力密度)为常量。设物体总体积为 V，它分成的各微小单元的体积为

$\Delta V_1, \Delta V_2, \cdots\cdots, \Delta V_n$，则

$$\Delta G_1 = \gamma \Delta V_1、\Delta G_2 = \gamma \Delta V_2、\cdots\cdots、\Delta G_n = \gamma \Delta V_n, G = \gamma V$$

将此关系代入式(1-5-12)，则有

$$\begin{cases} x_C = \Sigma \Delta V_i x_i / V \\ y_C = \Sigma \Delta V_i y_i / V \\ z_C = \Sigma \Delta V_i z_i / V \end{cases} \qquad (1\text{-}5\text{-}13)$$

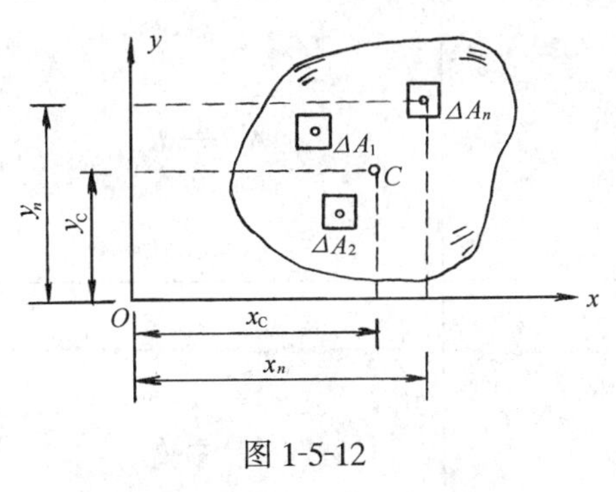

图 1-5-12

上式即是匀质物体的重心坐标公式。由式(1-5-13)可知，匀质物体的重心与物体的重量无关，它完全取决于物体的几何形状和尺寸。由物体的几何形状和尺寸所决定的几何中心称为形心。因此，上式又是物体形心的坐标公式。对匀质物体而言，重心和形心是重合的，确定物体重心位置，也就是确定它的形心位置。

3．匀质等厚薄板重心(形心)的坐标公式

设匀质等厚平板厚为 h，平板的面积为 A。将平板分为厚度均为 h 的许多微小的单元，各微小单元的面积为 ΔA_1、ΔA_2、……、ΔA_n，取平板的对称平面为坐标面(图 1-5-12)，这时每个微小单元的 z_i 为零，因此平板重心的 z_C 值亦为零。由此可知，平板的重心坐标只需确定 x_C、y_C。各微小单元和整个平板的体积为：$\Delta V_1 = h\Delta A_1$、$\Delta V_2 = h\Delta A_2$、……、$\Delta V_n = h\Delta A_n$，$V = hA$

将它们代入式(1-5-13)的前两式。可得到匀质等厚平板的重心(形心)坐标公式。

$$\begin{cases} x_C = \Sigma \Delta A_i x_i / A \\ y_C = \Sigma \Delta A_i y_i / A \end{cases} \qquad (1\text{-}5\text{-}14)$$

同样，由于匀质等厚平板的形心坐标与板的厚度无关，所以式(1-5-14)也是平面图形(看作厚度为零的平板)的形心坐标公式。

三、匀质组合形体重心(形心)的求解方法

匀质物体的形心和重心重合，求重心也就是求形心，简单形体的形心位置可从有关工程手册中查到。表1-5-1列出了常见的几种简单形体的形心位置。

简单形体的形心位置 **表 1-5-1**

图　形	形心位置	面积或体积
直角三角形 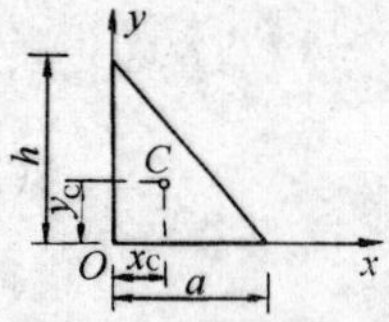	$x_C=\frac{a}{3}$ $y_C=\frac{h}{3}$	$A=\frac{ah}{2}$
半圆形 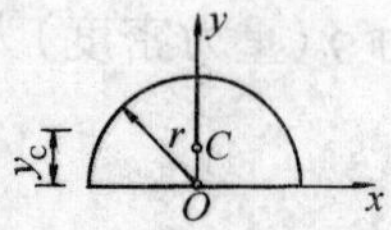	$y_C=\frac{4r}{3\pi}$	$A=\frac{\pi r^2}{2}$
弓形 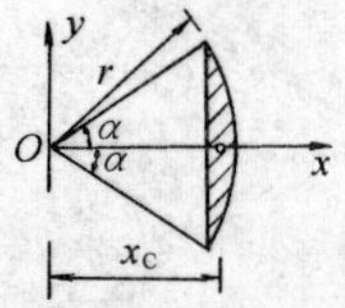	$x_C=\frac{2}{3}\cdot\frac{r^3\sin^3\alpha}{A}$	$A=\frac{r^2(2\alpha-\sin2\alpha)}{2}$
二次抛物线(1) 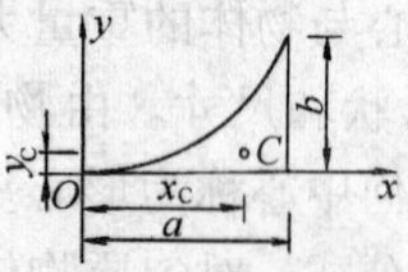	$x_C=\frac{3}{4}a$ $y_C=\frac{3}{10}b$	$A=\frac{1}{3}ab$
二次抛物线(2) 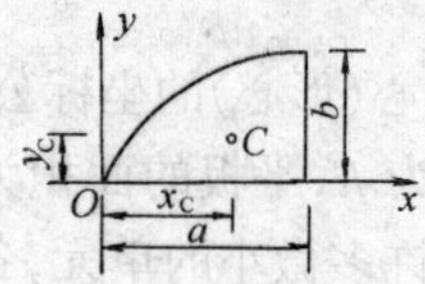	$x_C=\frac{5}{8}a$ $y_C=\frac{2}{5}b$	$A=\frac{2}{3}ab$
半球体 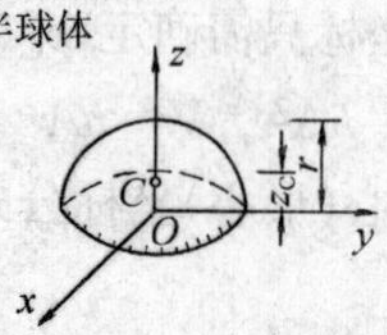	$z_C=\frac{3}{8}r$	$V=\frac{2}{3}\pi r^3$

续表

图　　形	形 心 位 置	面 积 或 体 积
正锥体(圆锥、棱锥)	$z_C=\frac{h}{4}$	$V=\frac{1}{3}hA_{底}$

对于工程中常见的匀质物体,常常可以由表中所列简单形体组合而成。对于这类组合形体的重心(形心)可按下列方法求出:

1. 对称法

具有对称平面、对称轴或对称中心的匀质物体,其形心一定在对称平面或对称轴或对称中心上。例如,匀质等厚平板的形心在板的对称平面上(图 1-5-12),等腰三角形的形心在其对称轴上(图 1-5-13a),球体的形心在其对称中心(即球心)上(图 1-5-13b),等等。因此,求解实际问题时,应先判断物体是否具有上述对称性质,应用此对称性可以很容易地得到物体形心的某些甚至全部坐标值,这就是对称法。

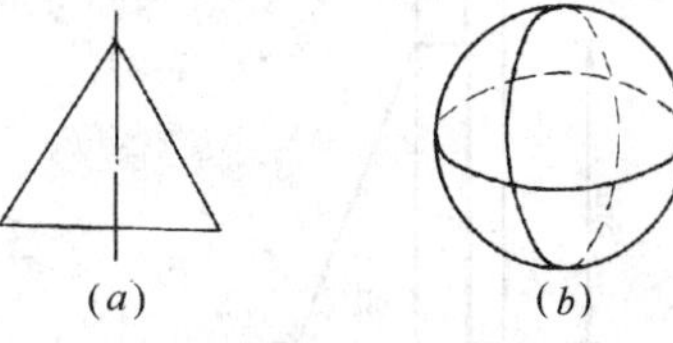
(a)　(b)

图 1-5-13

2. 分割法

对于形状复杂的组合形体,可将其分割成几个简单形体,各简单形体的形心应该是容易确定或能由表中查出,然后应用式(1-5-13)或式(1-5-14)即可求出组合形体的形心。这时式中 ΔV_i、ΔA_i、x_i、y_i、z_i 则是所分割的第 i 个简单形体的体积、面积和形心坐标。这种方法称为分割法。

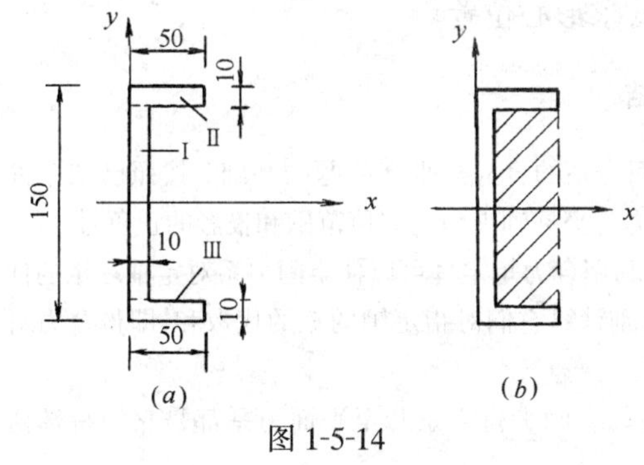

(a)　(b)

图 1-5-14

3. 负面积法或负体积法

某些形体是从某个简单形体中挖去若干个简单形体而构成。这时该形体可以看成由未挖时的形体和挖去部分组合而成,其形心位置仍然可用分割法确定,不过挖去的面积(或体积)要用负值代入,此方法称为负面积法或负体积法。

【例 5-6】 求图 1-5-14(a)所示匀质等厚槽形薄板的重心位置。

【解】 槽形板具有对称性,取对称轴为 x 轴。由对称法知板的形心位置一定在 x 轴上,故有 $y_C=0$。形心的另一坐标 x_C 可用分割法确定。将板按图 1-5-14(a)中虚线分为三个矩形,各矩形面积和形心坐标如下

矩形Ⅰ

$A_1=130\times10=1300\text{mm}^2,x_1=5\text{mm}$

矩形Ⅱ、Ⅲ

$A_2 = A_3 = 50 \times 10 = 500\text{mm}^2, x_2 = x_3 = 25\text{mm}$

由式(1-5-14)得

$x_C = \Sigma\Delta A_i \cdot x_i / A = 1300 \times 5 + 2 \times 500 \times 25/(1300 + 2 \times 500) = 13.7\text{mm}$

也可以用负面积法确定 x_C,此时将板看成由原槽形图形和图 1-5-14(b)中的阴影部分组成的大矩形面积 A_{I},挖去阴影部分面积 A_{II} 而成。于是有

$$A_{\text{I}} = 150 \times 50 = 7500\text{mm}^2, x_{\text{I}} = 25\text{mm}$$

$$A_{\text{II}} = 130 \times 40 = 5200\text{mm}^2(\text{负面积}), x_{\text{II}} = 30\text{mm}$$

$$x_C = \frac{\Sigma\Delta A_i x_i}{A} = \frac{A_{\text{I}} x_{\text{I}} + A_{\text{II}} x_{\text{II}}}{A_{\text{I}} + A_{\text{II}}} = \frac{7500 \times 25 + (-5200) \times 30}{7500 + (-5200)}$$
$$= 13.7\text{mm}$$

【例 5-7】 挡土墙截面如图 1-5-15 所示,试求截面形心的位置。

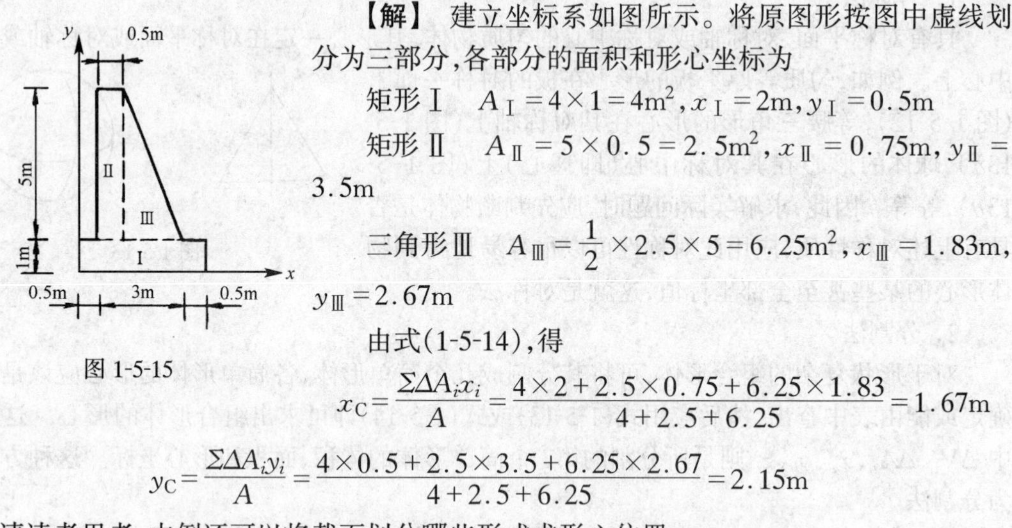

图 1-5-15

【解】 建立坐标系如图所示。将原图形按图中虚线划分为三部分,各部分的面积和形心坐标为

矩形Ⅰ $A_{\text{I}} = 4 \times 1 = 4\text{m}^2, x_{\text{I}} = 2\text{m}, y_{\text{I}} = 0.5\text{m}$

矩形Ⅱ $A_{\text{II}} = 5 \times 0.5 = 2.5\text{m}^2, x_{\text{II}} = 0.75\text{m}, y_{\text{II}} = 3.5\text{m}$

三角形Ⅲ $A_{\text{III}} = \frac{1}{2} \times 2.5 \times 5 = 6.25\text{m}^2, x_{\text{III}} = 1.83\text{m}, y_{\text{III}} = 2.67\text{m}$

由式(1-5-14),得

$$x_C = \frac{\Sigma\Delta A_i x_i}{A} = \frac{4 \times 2 + 2.5 \times 0.75 + 6.25 \times 1.83}{4 + 2.5 + 6.25} = 1.67\text{m}$$

$$y_C = \frac{\Sigma\Delta A_i y_i}{A} = \frac{4 \times 0.5 + 2.5 \times 3.5 + 6.25 \times 2.67}{4 + 2.5 + 6.25} = 2.15\text{m}$$

请读者思考,本例还可以将截面划分哪些形式求形心位置。

小　结

1. 在空间直角坐标系中,力的投影和分解是解决空间力系的合成与平衡问题的基础。按照已知条件的不同,可以选用一次投影法或二次投影法,应用时注意力与坐标轴夹角的取值范围和投影的正负号。

2. 力对轴的矩是力使物体绕定轴转动效应的度量。利用合力矩定理可以使空间力系对定轴之矩的计算简化。通常先将各分力沿三个坐标轴方向分解,然后分别计算它们对指定轴的矩的代数和,即得合力对该指定轴的矩。

3. 空间一般力系是力系最一般的情况,空间汇交力系、空间平行力系乃至平面力系都是它的特殊情况。各种空间力系的平衡方程见下表。

力系特征	平衡方程	可求未知量数目
空间一般力系	$\Sigma X = 0, \Sigma Y = 0, \Sigma Z = 0$ (投影方程) $\Sigma M_x = 0, \Sigma M_y = 0, \Sigma M_z = 0$ (力矩方程)	6

续表

力系特征	平衡方程	可求未知量数目
空间汇交力系	$\Sigma X=0, \Sigma Y=0, \Sigma Z=0$ （投影方程）	3
空间平行力系 （力系平行于 z 轴）	$\Sigma Z=0, \Sigma M_x=0, \Sigma M_y=0$	3

4. 物体的重心是物体各微小单元所受重力(平行力系)的合力作用点。

物体的形心是物体几何形状的中心。匀质物体的重心与形心重合。

5. 匀质物体重心(形心)的坐标公式

$$\begin{cases} x_C=\dfrac{\Sigma\Delta V_i x_i}{V} \\ y_C=\dfrac{\Sigma\Delta V_i y_i}{V} \\ z_C=\dfrac{\Sigma\Delta V_i z_i}{V} \end{cases}$$

6. 匀质薄板的重心(平面图形的形心)坐标公式

$$\begin{cases} x_C=\dfrac{\Sigma\Delta A_i x_i}{A} \\ y_C=\dfrac{\Sigma\Delta A_i y_i}{A} \end{cases}$$

7. 组合图形的形心计算方法有对称法、分割法和负面积(体积)法。

思考题

1-5-1 计算力在空间直角坐标轴上的投影,什么情况用一次投影法,什么情况用二次投影法?

1-5-2 已知力 $\boldsymbol{F}$ 的大小以及它与 x、y 轴的夹角 α 和 β,问能否求出力 $\boldsymbol{F}$ 在 z 轴上的投影 Z? 若能求出,则 $Z=$?

1-5-3 二次投影法中,力在平面上的投影是代数量还是矢量? 为什么?

1-5-4 已知 $\boldsymbol{F}$ 不为零,在下列几种情况下,力 $\boldsymbol{F}$ 的作用线与 y 轴的关系怎样?

(1) $Y=0$　　　$M_y(F)=0$

(2) $Y\neq0$　　　$M_y(F)=0$

(3) $Y=0$　　　$M_y(F)\neq0$

(4) $Y\neq0$　　　$M_y(F)\neq0$

1-5-5 物体的形心和重心有什么区别? 又有什么联系?

1-5-6 对于任意物体,如果几何形状具有对称面、对称轴或对称中心,则该物体的重心必在对称面、对称轴或对称中心上。此话对吗?

1-5-7 计算同一个物体的重心位置,如选取两个不同的坐标系,其计算结果是否相同? 如果不同,是否意味着物体重心的位置可以改变?

1-5-8 例 5-5 中,为了保证桅杆不翻倒,α 角的变化范围应有什么要求? 桅杆 AB 是否二力杆? 为什么?

习　题

1-5-1 试分别求出图示各力在三个坐标轴上的投影及力对各轴之矩。

(1) 图(a)中 $P_1=200\text{N}, P_2=150\text{N}, P_3=250\text{N}$

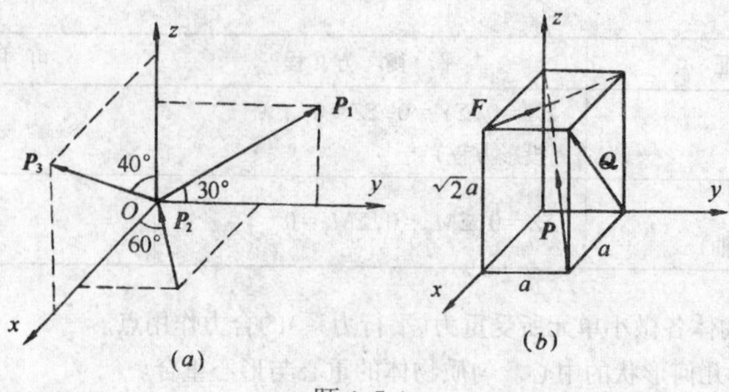

题 1-5-1

(2) 图(b)中 $P=300\text{N}$, $Q=250\text{N}$, $F=100\text{N}$, $a=30\text{cm}$

1-5-2 一端为固定的折杆(三折互相垂直),受力如图示。已知 $F_1=F_3=1000\text{N}$, $F_2=500\text{N}$。求各力对 x、y、z 轴之矩的和 ΣM_x、ΣM_y、ΣM_z。

1-5-3 天线支架由柱 AB 和 AC 以及拉线 AD 构成,几何关系如图所示。已知天线受到的拉力 $\boldsymbol{P}$ 作用在 oyz 平面内并与 y 轴平行。设 $P=1\text{kN}$。求拉线及支柱所受的力。

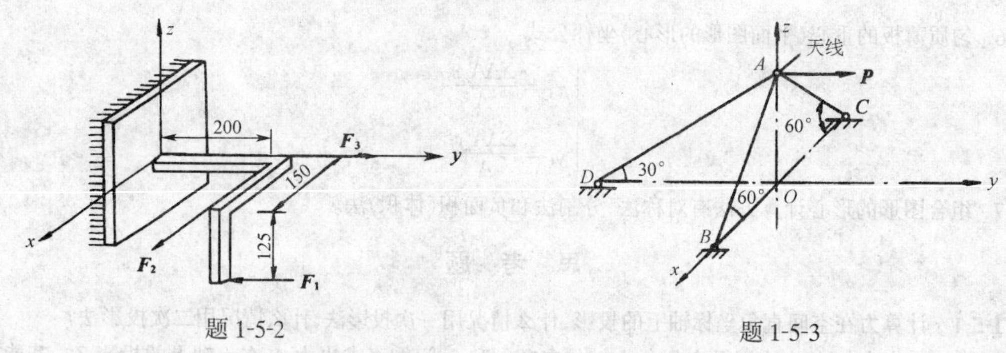

题 1-5-2　　题 1-5-3

1-5-4 挂物架由三根不计自重的直杆铰接于 O 点如图示。BOC 为水平面,$OB=OC$,角度如图示。若在 O 点挂一重物 $G=1\text{kN}$。求三根杆所受的力。

1-5-5 图示支架由六根杆铰接而成。等腰三角形 EAK、FBM 和 NDB 在顶点 A、B 和 D 处皆为直角,且 1、2、4、5 杆等长。结点 A 上作用一力 $P=10\text{kN}$,此力在矩形 $ABDC$ 平面内,且与铅垂线成 45°角。求各杆所受的力。

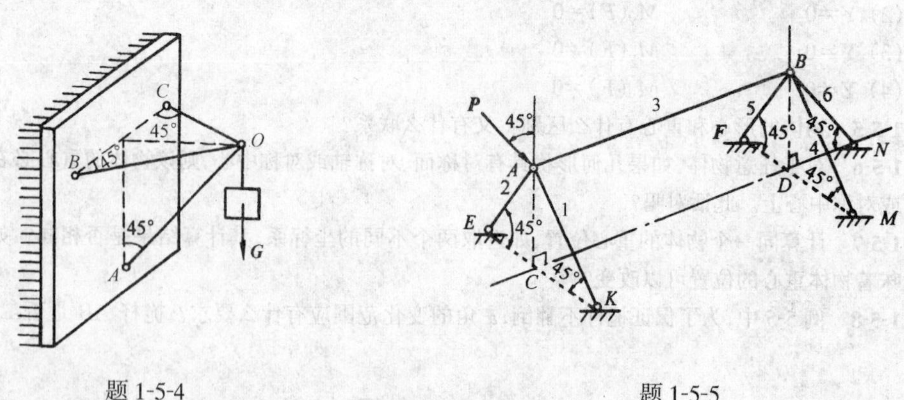

题 1-5-4　　题 1-5-5

1-5-6 悬臂刚架上作用着 $q=2\text{kN/m}$ 的均布荷载,以及集中力 $\boldsymbol{P}$、$\boldsymbol{Q}$;$P=5\text{kN}$,作用线平行于 y 轴;$Q=4\text{kN}$,作用线平行于 x 轴。求固定端 O 处的约束反力。

1-5-7 匀质长方形薄板重 $G=200\text{N}$,用球形铰 A 和碟形铰链 B 固定在墙上并用绳子 CE 拉住维持在水平位置。E 点和 A 点在同一铅垂线上，如图示。$\angle ECA=\angle BAC=30^\circ$，求绳子的张力和 A、B 铰的约束反力。

（提示：铰 A 有三个约束反力，碟形铰 B 有两个约束反力）。

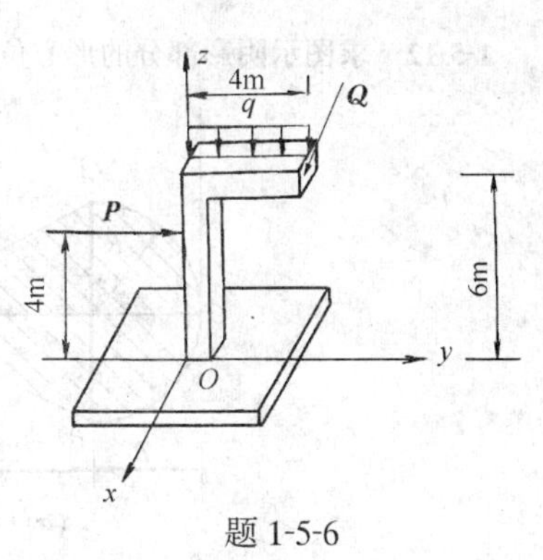

题 1-5-6

1-5-8 求空间平行力系的合力。该力系由五个力组成。力的大小和作用线位置如图示。

1-5-9 空心楼板 $ABCD$ 重 $W=2.8\text{kN}$，一端支承在 AB 的中点 E，另一端在 H、G 两处用绳悬挂，如图示。已知 $HD=GC=\dfrac{AD}{8}$，求 H、G 两处绳索的拉力及 E 处的约束反力。

1-5-10 起重铰车如图示。已知 $\alpha=20^\circ$，圆筒半径 $r=100\text{mm}$，齿轮半径 $R=200\text{mm}$，其他尺寸如图。$W=10\text{kN}$。试求重物匀速上升时支座 A 和 B 的约束反力以及齿轮所受的力 P 的大小。

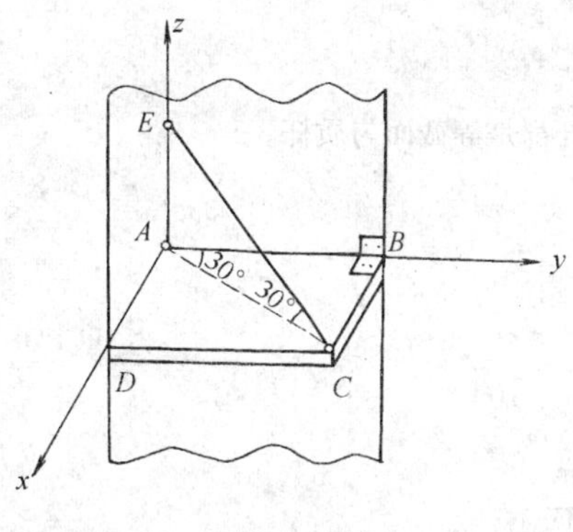

题 1-5-7

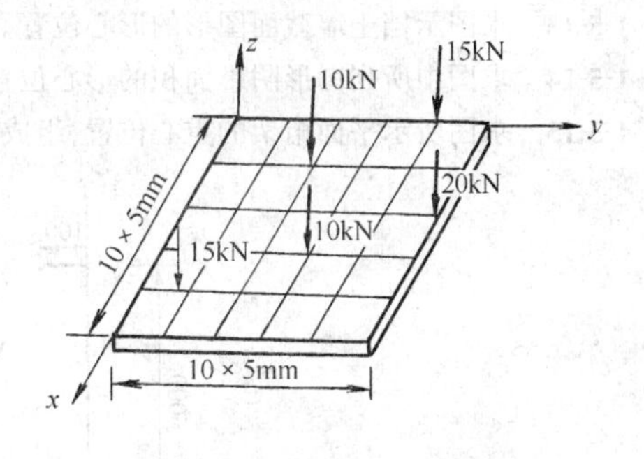

题 1-5-8

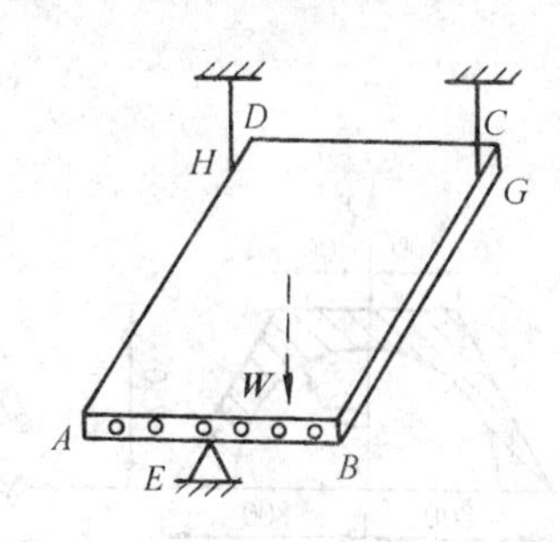

题 1-5-9

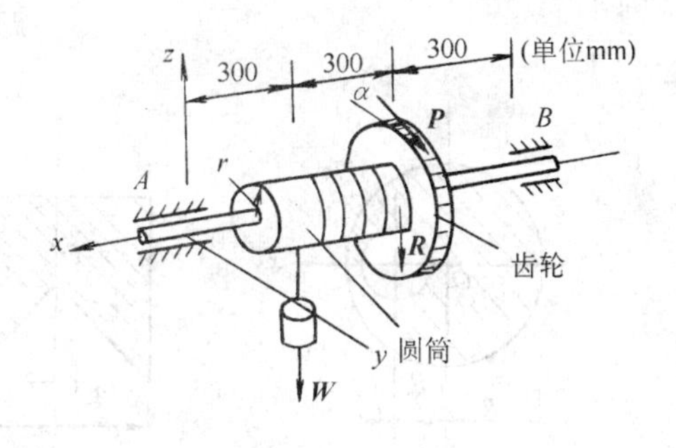

题 1-5-10

1-5-11 求图示各平面图形的形心坐标。图中各长度尺寸单位为 mm。

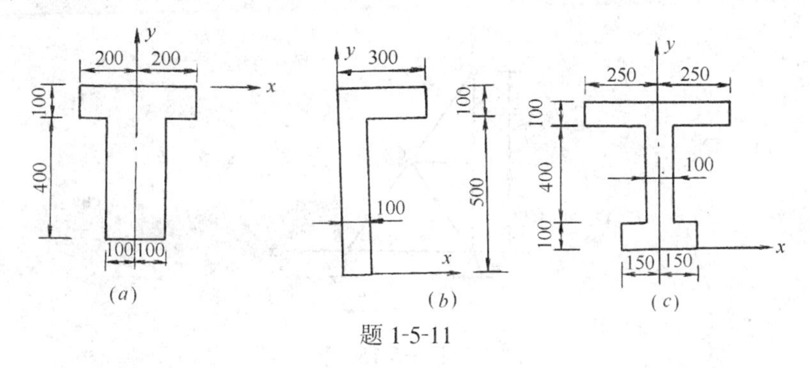

题 1-5-11

1-5-12 求图示阴影部分的形心位置。

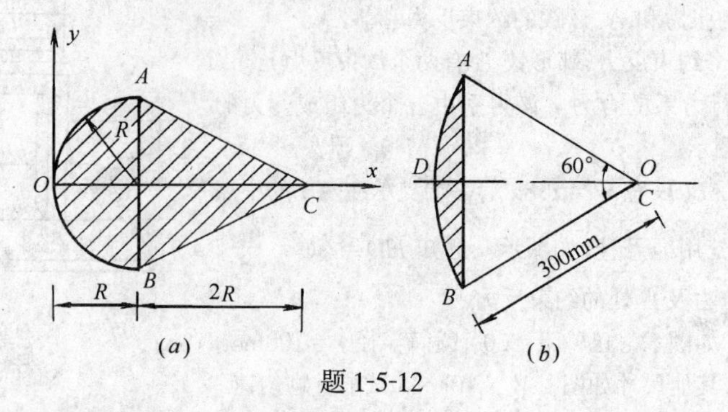

题 1-5-12

1-5-13 求图示挡土墙截面图形的形心位置。

1-5-14 求图中所列图形阴影面积的形心位置。

1-5-15 求图所示平面桁架的重心位置，组成桁架的各杆都是等截面匀质杆。

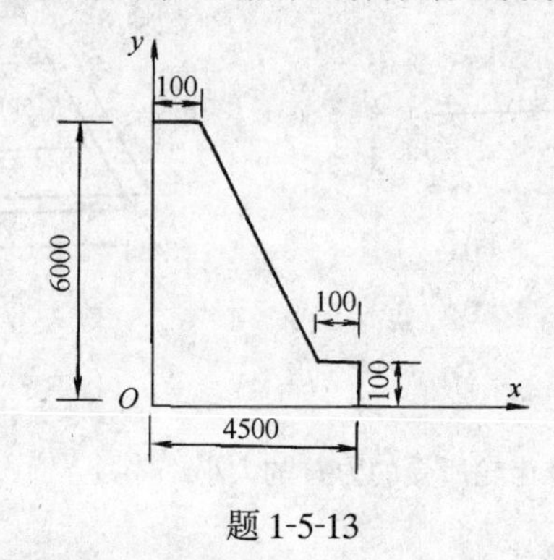

题 1-5-13

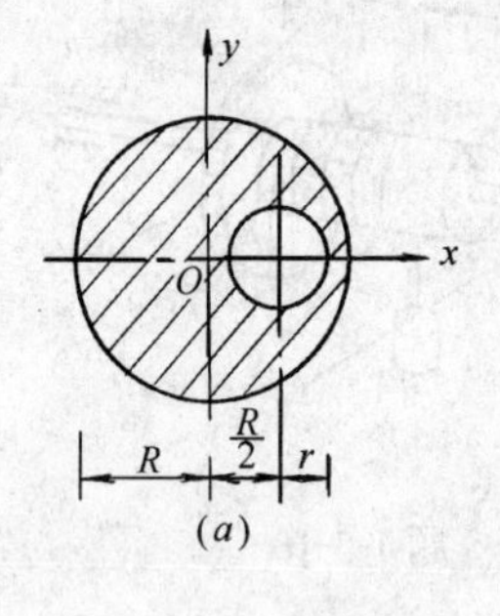

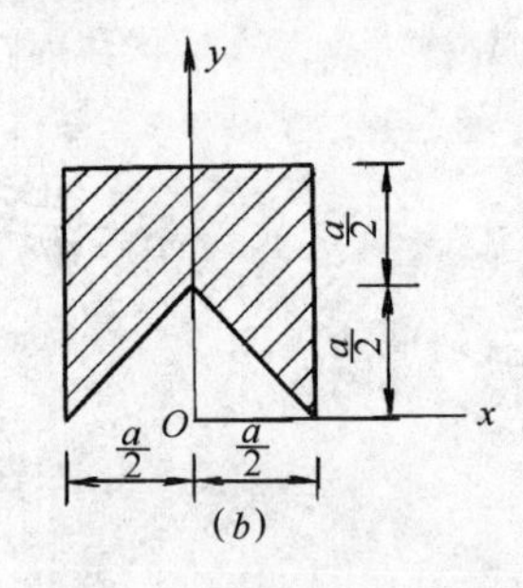

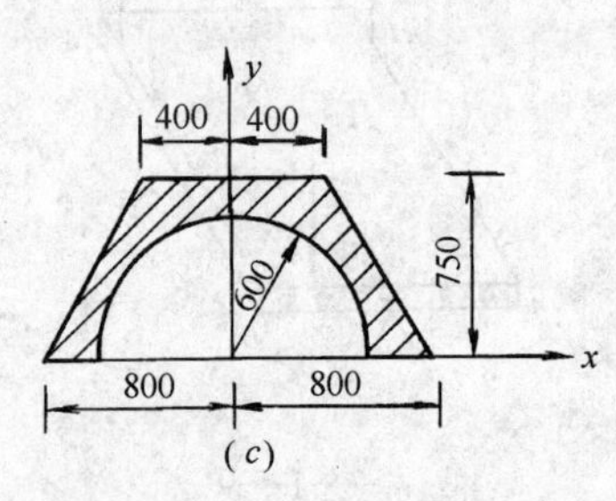

题 1-5-14

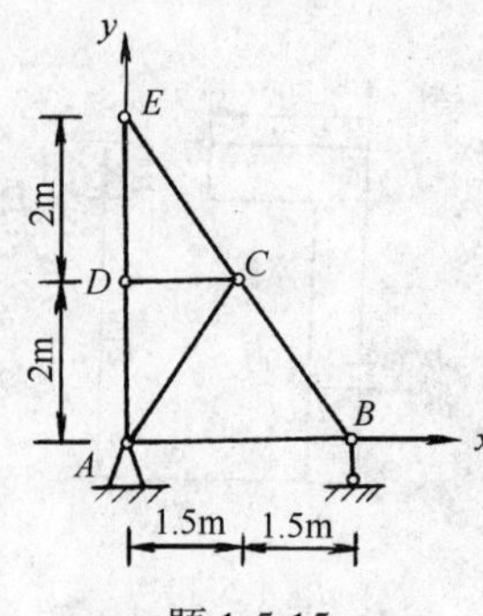

题 1-5-15

第二篇 材 料 力 学

引 言

材料力学是研究杆件在外力作用下的内力和变形规律的科学。

建筑结构中的各个部分和机械设备中的零件，统称为**构件**。房屋中的梁、柱、屋架中的各根杆以及机械中的轴、销钉、吊钩等都是构件的实例。在力学中把长度远大于其它两个方向尺寸的构件称为**杆件**。

所谓**内力**是指杆件在外力作用下，其内部各部分之间的相互作用力。

所谓**变形**是指杆件在外力作用下，其几何形状和尺寸大小的改变。如直杆两端在沿着杆轴方向的一对拉力作用下将要伸长和变细，这就使杆件产生了变形。

实际工程中的结构或构件在荷载作用下都要产生或大或小的内力和变形。荷载增加时，构件的内力和变形也将增大。但这种内力和变形是有一定限度的，一旦超过这种限度，构件就会破坏。

本篇将进一步研究构件在荷载作用下的内力、变形和破坏规律。这时变形已成为主要的研究内容。因此，就不能再象静力学那样把物体视作刚体，而必须如实地将所研究的物体作为变形固体对待。

工程中的建筑物是由许多构件组成的，为保证整个建筑物的正常工作，就必须使每个构件安全可靠。这就要求构件在荷载作用下具有足够的抵抗破坏的能力。我们把构件抵抗破坏的能力称为**强度**。同时要求构件具有足够的抵抗变形的能力，即构件在荷载作用下不致发生过大的变形而影响正常使用。我们把构件抵抗变形的能力称为**刚度**。此外，对于受压的细长构件在荷载大到一定数值时，稍有扰动，便会改变原有的平衡状态而突然变弯，这种现象称为**丧失稳定性**。因此，要求受压细长构件具有保持原有直线平衡状态的能力，即具有足够的**稳定性**。综上所述，为保证构件安全正常地工作，就必须要求构件有足够的强度、刚度和稳定性，也就是有足够的承载能力。

但是，过分强调安全，把构件的尺寸选得过大或不恰当地选用质量过好的材料，就会使构件不能充分发挥其承载能力，造成结构笨重、成本增加、材料浪费，带来不好的经济效果。因此，在设计构件时，既要满足安全适用的要求，又要符合经济合理的原则。材料力学的任务，就是保证构件在既安全又经济的前提下，建立构件强度、刚度和稳定性计算的理论基础，为构件选用适当的材料，确定合理的形状和尺寸，提供科学的依据。

材料力学的内容有实验和理论两部分。实验为建立理论提供必要的感性知识和客观的检验；反过来理论又给实验指出目的和方向。它们是紧密结合，不可分割的。

材料力学是一门技术基础课。它对后继课程(结构力学、建筑结构等)的学习和今后的工作都十分重要。

第一章　材料力学的基本概念

第一节　变形固体及其基本假设

一、变形固体

工程上的构件是由多种多样的固体材料制成的,如钢、铸铁、木材、混凝土等。这些固体材料在外力作用下会产生变形,称为**变形固体**。

静力学是研究力对物体作用的外效应,对物体在外力作用下几何形状和尺寸的微小改变不加考虑,因而可以将物体理想化为刚体。材料力学则是研究力的内效应,即研究物体的强度、刚度和稳定性的计算原理,这时变形是一个主要因素,必须加以考虑。因此,在材料力学中,就要把所研究的物体按实际的变形固体看待。

变形固体在外力作用下的变形按其性质可分为两种:一种是当外力卸去后,变形也随之消失,物体恢复到原来的形状,这种变形称为**弹性变形**;另一种是外力卸除后,变形不能完全消失而残留部分变形,这残留部分的变形称为**塑性变形**(或称残余变形)。实验表明,象金属、木材等材料在一定的受力范围内,在外力卸除后都可以恢复原状,而无塑性变形,这种能完全恢复原形而没有任何残余变形的物体称为完全弹性体。只引起弹性变形的外力范围称为**弹性范围**。工程上大多数构件在正常工作条件下只允许弹性变形。因此,本书只限于讨论材料在弹性范围内的变形及内力。

二、变形固体的基本假设

变形固体的种类很多,性质十分复杂。为了使问题得到简化,常常略去材料的次要性质,而保留主要性质,将其简化为一个理想的模型。因此,在材料力学中采用如下基本假设作为理论分析的基础。

1. 均匀连续假设　假设变形固体在其整个体积内连续不断地充满着物质,没有任何空隙存在,同时材料的性质在整个物体的所有各部分都是均匀一样的。

从微观上看,变形固体是由许多分子或晶粒组成的,它们之间并不连续,而且其性质也不是处处均匀一样的。但是,从宏观上看,工程中的构件比起组成它的分子或晶粒要大得多,因此,就整体来讲可以认为是均匀连续的。实验证明,这个假设对于钢、铜等金属材料相当符合,对于砖、石、木材等材料也近似符合。

根据这个假设,可以取出物体的任意一小部分来分析物体的性质,也允许把一定尺寸的试件在试验中获得的材料性质应用到尺寸不同的构件或构件的微小部分上去,同时可运用数学的方法进行受力分析。

2. 各向同性假设　假设材料在各个不同的方向都具有相同的性质。实际上,组成固体的晶粒的性质是有方向性的,但是构件包含的晶粒极多,而且晶粒又是**错综交叠**地排列着,使得材料的性质在各个方向趋于一致。因此,在研究构件的受力分析中,可以认为是各向同性的。

根据这个假设,在研究了材料任一方向的性质后,认为其结论适用于其他方向,即材料的性质不随方向而变化。实验表明,工程中的大多数材料,基本符合各向同性假设,如铸钢、铸铜、玻璃、混凝土等。但也有一些材料,如木材、胶合板等,其性质是有方向性的,称为各向异性材料。

力学中,**把符合均匀连续性、各向同性、完全弹性的物体,称为理想弹性体。**

3. 小变形假设　工程实际中的构件在外力作用下产生的变形与其本身尺寸相比一般是很微小的,这种变形称为小变形。

在小变形条件下,假设杆件变形前后力的作用方向、位置不变,构件的大小尺寸也不变,从而在列静力平衡方程时,物体变形的影响可以忽略不计,使得计算简化。至于构件变形过大,超出小变形条件,则不在材料力学中讨论。

总之,**材料力学所研究的构件都是理想弹性体,且限于小变形范围。**

第二节　杆件及其变形的基本形式

一、杆件

工程中,构件的形式很多,但最常见的形式是纵向(长度方向)远大于横向(垂直于长度方向)尺寸的构件,即杆件。

杆件的形状和尺寸可由两个主要的几何元素——横截面和轴线来描述。**横截面**是指与杆件纵向垂直的截面,而**轴线**则是各横截面形心的连线(图 2-1-1)。横截面与杆件轴线是互相垂直的。

轴线是直线时的杆件称为直杆(图 2-1-2*a*、*c*),轴线是曲线时,则称为曲杆(图 2-1-2*b*、*d*);各横截面都相同的杆件称为**等截面杆**(图 2-1-2*a*、*b*),各横截面不相同的杆件称为**变截面杆**(图 2-1-2*c*、*d*)。轴线为直线,且各横截面都相同的杆件称为**等截面直杆**,简称等直杆(图 2-1-2*a*)。

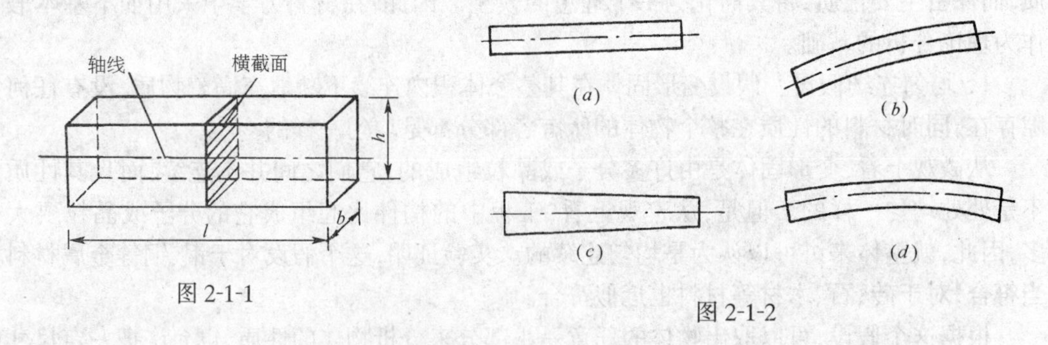

图 2-1-1

图 2-1-2

材料力学的主要研究对象是等截面直杆。

二、杆件变形的基本形式

杆件在不同的受力情况下,会产生不同的变形,但是基本的变形形式有下列四种

1. 轴向拉伸或压缩　在大小相等、方向相反、作用线与杆件轴线重合的一对外力作用下,将产生杆件长度的改变,这种变形称为轴向拉伸或压缩(图 2-1-3*a*、*b*)。拧紧的螺栓、吊挂重物的钢丝绳、桁架中的杆件等引起的变形都是轴向拉伸或压缩的例子。

2．剪切　在大小相等、方向相反、作用线垂直于杆件轴线且相距很近的一对外力作用下，杆件的横截面将沿外力方向发生相对错动，这种变形称为剪切（图 2-1-3c）。许多连接件，如铆钉、销钉、键等的变形都是剪切变形。

3．扭转　在大小相等、转向相反、位于垂直于杆件轴线的两个平面内的一对力偶作用下，杆件任意横截面将产生绕轴线的相对转动，这种变形称为扭转（图 2-1-3d）。房屋的雨篷梁、机械中的传动轴等都是主要承受扭转变形的构件。

4．弯曲　在杆件纵向平面内的一对大小相等、转向相反的力偶作用下，杆件轴线将由直线变成曲线，这种变形称为弯曲（图 2-1-3e）。房屋建筑中的横梁都是以弯曲变形为主的实例。

工程实际中，构件的变形可能是多种多样、比较复杂的，但都可以看成以上几种基本变形形式之一或者是它们的组合。

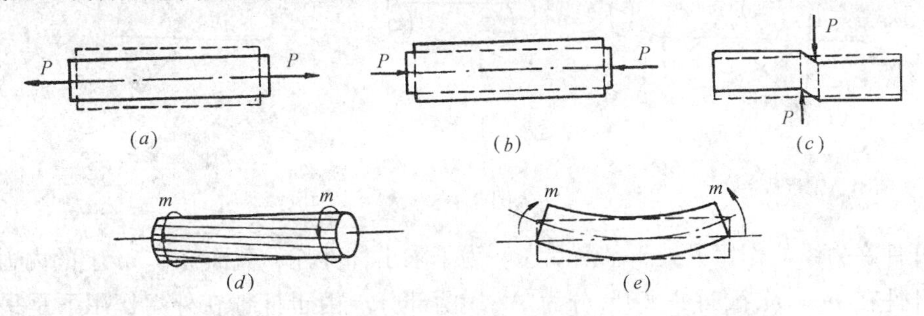

图 2-1-3

第三节　内力·截面法·应力

一、内力

杆件在外力作用下，不但要产生变形，同时也要引起内力，下面通过橡皮棒的受力来说明内力的概念。

图 2-1-4(a)所示的橡皮棒，两端受等值、反向、沿杆件轴线的一对不大的拉力 P 作用。从任一横截面 $m—m$ 来看，为什么截面左右两部分不会脱离开？显然，是因为截面 $m—m$ 处，左右两部分之间存在某种相互作用的力将它们联结起来。这种因外力作用而引起的物体内部某一部分与另一部分间相互作用的力称为内力。按照连续性假设，在截面 $m—m$ 的各点处都将有连续分布的内力（图 2-1-4b）。由于截面 $m—m$ 是任意的，由此可以推论，这种连续分布的内力将存在于物体的任意相连两部分之间。这可以从橡皮棒受拉后，处处都伸长的事实来说明。工程中的受拉构件和橡皮棒的情形相似，只是变形很小而已。由此可知

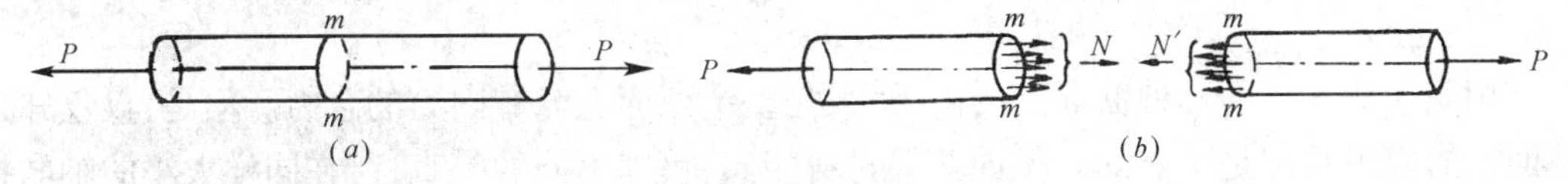

图 2-1-4

1．内力是由外力引起的。外力消失，内力也消失；外力增大，内力也增大。但内力的增大有一定的限度，超过这个限度，构件就要破坏。这说明内力与构件的强度、刚度、稳定性均

有密切联系。所以,内力是材料力学研究的重要内容。

2. 外力不大时,内力保持了物体的整体性,它存在于物体内部各部分之间。因此,内力实际上是一种分布力系。以后我们所计算的杆件某一截面上的内力,就是连续作用在此截面各点处分布力系的合力。

3. 既然内力是物体任意相连两部分之间的相互作用力(如图 2-1-4b 中的 N 和 N'),那么,它就一定服从作用力与反作用力公理。

二、截面法

截面法是材料力学中求内力的一个基本方法。现以图 2-1-5(a)所示的杆件为例,说明用截面法求内力的作法。

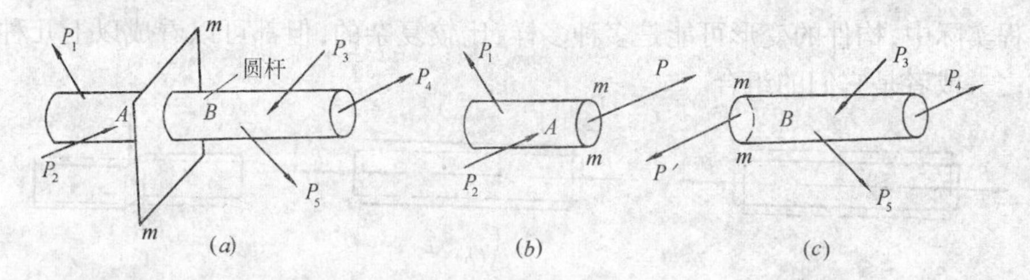

图 2-1-5

设杆件在力系的作用下处于平衡状态。为了求出杆件任一截面 m—m 上的内力,可假想地将杆件在 m—m 截面处截开,分为 A、B 两部分。由于杆件在外力作用下是平衡的,因此,切开后的任一部分也一定处于平衡。任取一部分,例如 A 部分,为研究对象,其作用的外力有 P_1、P_2,此时要使 A 部分保持平衡,在截面 m—m 上必然存在着 B 部分对 A 部分的作用力——内力,并令其合力为 P(图 2-1-5b)。这样,截面上的内力被显示出来了。再根据静力平衡条件求出此内力。

同理,若取 B 部分为研究对象(图 2-1-5c),用同样的作法可以求出 P'。显然,P 与 P' 是作用力与反作用力关系,它们大小相等、方向相反,力的性质相同,但分别作用于 A、B 两部分上。因此,求截面上的内力时,无论取截面哪一侧来研究,所得结果不变。对整个杆件来说,P、P' 是内力,而取 A(或 B)部分为研究对象时,P(或 P')就成了外力。

上述利用假想截面将杆件截开,使截面上的内力显示出来,并根据平衡条件求解的方法称为截面法。

用截面法求内力的步骤可归纳如下:

1. 截开　沿欲求内力的截面将杆件假想地截开,分为两部分。

2. 代替　任留一部分为研究对象,用截面上的内力代替弃去部分对留下部分的作用。

3. 求内力　根据留下部分的已知外力,由平衡方程求出截面上的内力。

三、应力

用截面法求出的杆件截面上的内力,只是整个截面上分布内力的合力。但是,仅仅知道截面上的内力总和是不够的。例如两根材料相同、粗细不同的等直杆,在同样大小的轴向拉力 P 作用下,随着拉力的逐渐增加,细直杆首先被拉断,因为细杆横截面上内力分布的密集程度(简称集度)大。另外,若内力在截面上分布不均匀,则内力集度最大的点先破坏。可见,为了解决强度问题还必须知道内力在截面上的分布情况。为此,需要引入应力的概念。

应力是截面上一点处的内力的集度，它反映了该点内力的强弱程度。如图 2-1-6 所示，在受力物体任一截面 $m—m$ 上某一点 M 处，取一微小面积 ΔA，ΔA 上的合力为 ΔP，则 ΔA 上的内力的平均集度

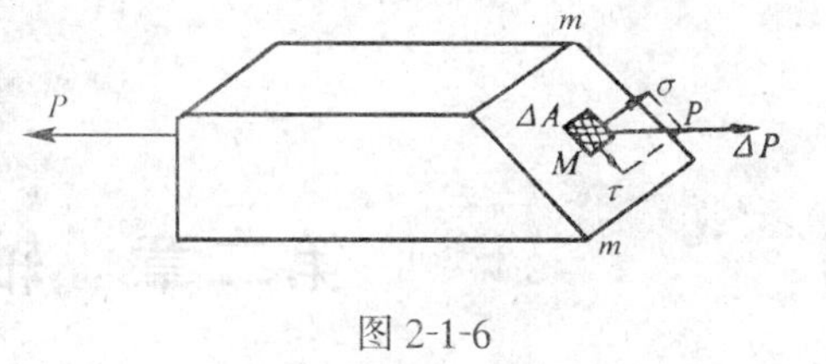

图 2-1-6

$$p_{\mathrm{m}}=\frac{\Delta P}{\Delta A}$$

称为 ΔA 上的平均应力。当 ΔA 无限趋近于零时，比值 $\Delta P/\Delta A$ 的极限值 p 就成为截面上 M 点处的内力集度，即

$$p=\lim_{\Delta A\to 0}\frac{\Delta P}{\Delta A}=\frac{\mathrm{d}P}{\mathrm{d}A}$$

称为 M 点的应力。

当截面上各点的应力都相同时，应力 p 就是该截面单位面积上的内力。p 也是矢量。工程上的构件，常常是垂直于截面的应力引起材料的分离破坏，平行于截面的应力引起材料的滑移破坏。因此，材料力学中，总是把应力 p 分解为沿截面法线方向的分量 σ 和与截面相切的分量 τ。σ 称为正应力，τ 称为剪应力，p 称为全应力。

在国际单位制中，应力的单位是帕斯卡，简称帕，符号为 Pa。

$1\mathrm{Pa}=1\mathrm{N/m^2}$　　(1 帕 = 1 牛/米^2)

也可以采用千帕(kPa)或吉帕(GPa)作单位。

$1\mathrm{kPa}=10^3\mathrm{Pa}=10^3\mathrm{N/m^2}$

$1\mathrm{MPa}=10^6\mathrm{Pa}=10^6\mathrm{N/m^2}$

$1\mathrm{GPa}=10^9\mathrm{Pa}=10^9\mathrm{N/m^2}$

工程实际中应力数值较大，一般以兆帕(MPa)为计量单位，当长度尺寸以 mm 为单位时，则有

$$1\mathrm{MPa}=10^6\mathrm{N/m^2}=10^6\mathrm{N}/10^6\mathrm{mm^2}=1\mathrm{N/mm^2}。$$

小　　结

本章讨论了材料力学的一些基本概念。

1. 工程中的构件是变形固体。假设变形固体具有连续性、均匀性、各向同性。材料力学所研究的物体是理想弹性体，且只限于小变形问题。

2. 等截面直杆是材料力学的主要研究对象。它有四种基本变形形式：轴向拉伸或压缩、剪切、扭转和弯曲。

3. 内力和应力是两个重要的基本概念。内力是外力作用下杆件内相连两部分之间的相互作用力，杆件某截面上的内力，实际上是此截面上分布内力的合力。应力是截面上一点处分布内力的集度。若截面上各点的应力均相同，则应力就等于单位面积上的内力。杆件某截面上的应力一般可分为正应力 σ 和剪应力 τ。

4. 截面法是求内力的基本方法，它的主要步骤可形象地归纳为“截开—代替—求内力”。

第二章　轴向拉伸和压缩

第一节　轴向拉伸和压缩时的内力

一、轴向拉伸和压缩的概念

轴向拉伸和压缩是四种基本变形中最简单的一种。工程实际中,承受轴向拉伸和压缩的杆件是常见的。例如,三角支架中的 AB 杆(图 2-2-1)、屋架的下弦杆(图 2-2-2)、吊运重物的钢丝绳(图 2-2-3)等都是轴向拉伸的实例。而图 2-2-1 中的 BC 杆、图 2-2-2 中的上弦杆、图 2-2-4 所示的支柱等都是轴向压缩的杆件。

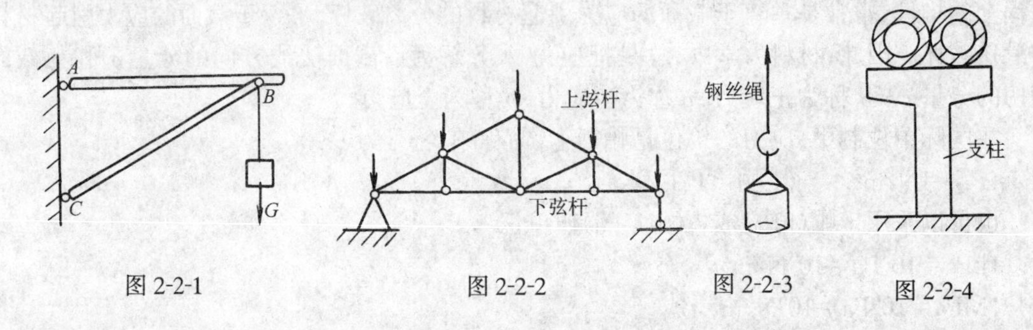

图 2-2-1　图 2-2-2　图 2-2-3　图 2-2-4

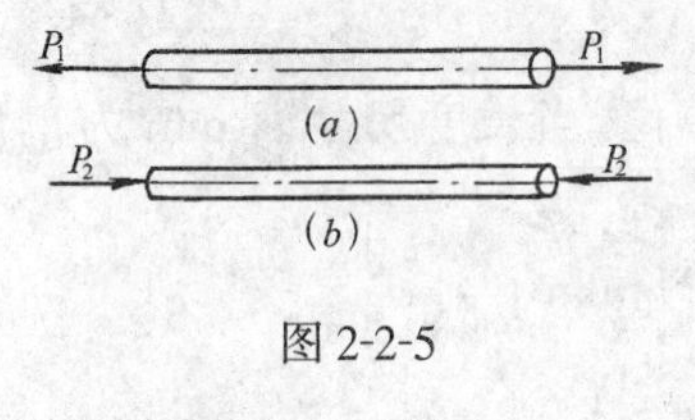

图 2-2-5

这些受拉或受压的杆件可以简化成如图 2-2-5 所示的计算简图。它们的受力特点是:作用在杆端的两个力,大小相等、方向相反、作用线与杆件轴线重合;其变形特点是:杆件产生沿轴线方向的伸长(受拉伸时)或缩短(受压缩时)。

二、轴力

为了对杆件进行强度计算,需要先分析杆件的内力。

设有等直杆,在 A、B、C 处分别受沿杆件轴线的力 P_1、P_2、P_3 作用而平衡(图 2-2-6a),欲求截面 1—1、2—2 上的内力。为此,可采用截面法。

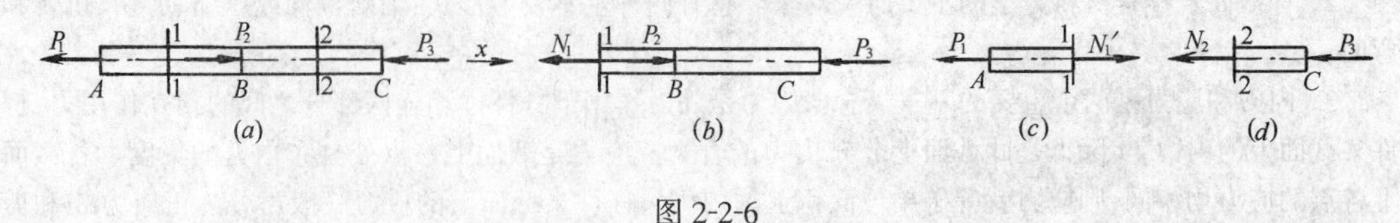

图 2-2-6

1. 截开　沿 1—1 截面将杆件假想截开,弃去截面以左部分,取右段为研究对象(图 2-2-6b)。

2. 代替　以截面上的内力 N_1 表示左段对右段的作用力,它是连续作用于 1—1 截面上分布内力的合力。

3. 求内力　右段在 N_1、P_2、P_3 作用下处于平衡状态，由于 P_2、P_3 作用在杆轴线上，故 N_1 也一定沿着杆件轴线作用。假设 N_1 的指向离开截面，由平衡方程 $\Sigma X=0$ 可有

$$P_2-P_3-N_1=0 \tag{a}$$

即

$$N_1=P_2-P_3 \tag{b}$$

由图 2-2-6(a)的平衡条件知，$P_2=P_1+P_3$，将此关系代入上式得

$$N_1=P_2-P_3=P_1+P_3-P_3=P_1 \tag{c}$$

N_1 为正值，说明与假设方向一致，它使杆件受拉。

同样可取 1—1 截面以左部分为研究对象(图 2-2-6c)，此时 N_1'、P_1 组成二力平衡力系，故 N_1' 也一定作用在杆件轴线上。由平衡方程 $\Sigma X=0$ 有

$$N_1'-P_1=0 \tag{d}$$

即

$$N_1'=P_1 \tag{e}$$

N_1' 为正值，说明与假设方向一致，也是使杆件受拉。

比较两次计算可知，同一截面的内力，无论取截面哪一侧研究，结果都是一样的。但是，取外力少的一侧，计算较简便。

计算 2—2 截面的内力，可再次应用截面法。如取截面右侧研究(图 2-2-6d)，由力的平衡关系有

$$-N_2-P_3=0 \tag{f}$$

即

$$N_2=-P_3 \tag{g}$$

N_2 为负值，说明指向与假设方向相反，即 2—2 截面受压。

由于轴向拉伸或压缩时，杆件横截面上的内力与杆轴线重合，所以把这种内力称为轴力，通常用 N 表示，并且规定：使杆件受拉的轴力用正号表示，指向背离截面；使杆件受压的轴力用负号表示，指向朝向截面。

轴力的单位为牛(N)或千牛(kN)。

分析上面的示例，可以总结出求轴力的规律：求某截面上的轴力，就是对该截面以左(或右)部分建立投影方程 $\Sigma X=0$，经过移项可得

$$N=\Sigma P_{左} \tag{h}$$

或

$$N=\Sigma P_{右} \tag{i}$$

上两式说明：**任一横截面上的轴力 N，其大小等于该截面一侧(左侧或右侧)所有外力沿杆件轴线方向投影的代数和。**等号右边各外力与 N 所设的指向相反时取正号；反之，取负号。此规律可记为“反向为正”，简称“反为正”。

应用“反为正”规律求轴力时，先用一片纸(或手)将截面一侧盖住(相当于去掉的部分)，对留下部分按式(h)或(i)直接由外力写出内力。这样可省去画受力图和列平衡方程，使计算简化。为了叙述方便，我们将这种求内力的作法称为反正法。

【例 2-1】 求图 2-2-7(a)所示等直杆指定截面的轴力。

【解】 (1) 计算 1—1 截面内力。

用纸将 1—1 截面以右部分盖住，假设截面内力 N_1 为正，即指向右。根据反为正规律可写出

$$N_1=20\text{kN}$$

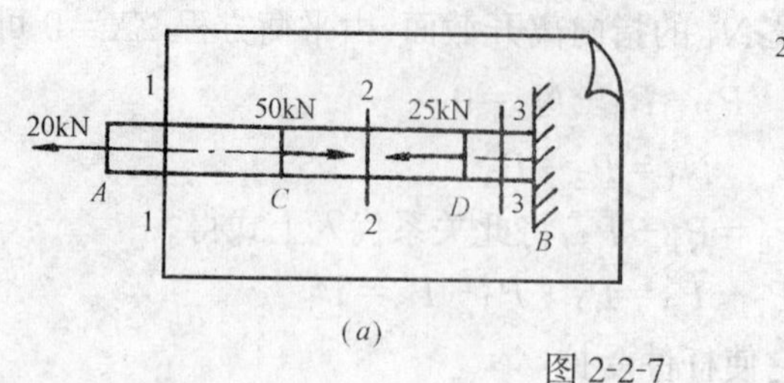

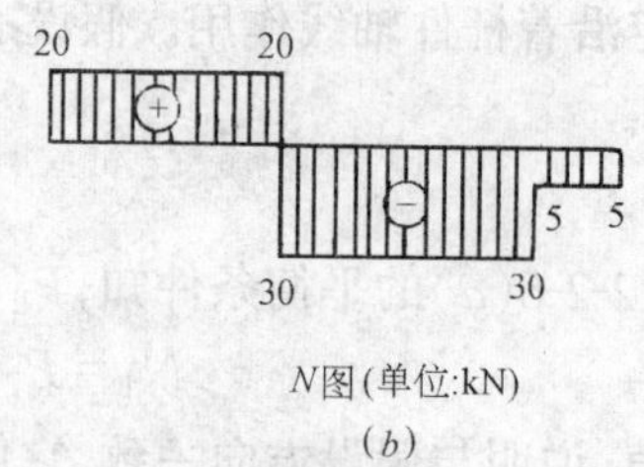

图 2-2-7

正值说明 N_1 为拉力。

(2) 计算 3—3 截面的内力。

3—3 截面右侧只有支座 B 处的反力,但反力未知,所以仍取截面以左部分研究。用纸盖住截面右侧,设 N_3 指向离开截面(即指向右),由式(h)有

$$N_3 = 20 - 50 + 25 = -5\text{kN}$$

负值说明 N_3 使杆件受压。

读者可练习求 2—2 截面的内力。

反正法的实质仍是截面法。它仍然有:截开(用纸沿截面盖住去掉部分)—代替(用内力表示去掉部分的作用力)—求内力(按反为正规律直接写出内力)的步骤。

三、轴力图

表示杆件各横截面轴力数值的图形称为**轴力图**,记为 N 图。轴力图不仅能反映出轴力沿杆长的变化规律,而且能容易地找到最大轴力的截面位置和数值。轴力图通常是用与杆轴线平行的线段(又称为基线)表示截面位置,用垂直于基线的坐标(又称为竖标)表示截面上轴力的数值,并按一定比例绘出的图形。正轴力值画在基线上方,负轴力画在下方,同时标明正负号。

仍以图 2-2-7(a)为例,按外力作用截面将杆件分为 AC、CD、DB 三段。由轴力的计算知,同一区段上各截面轴力相同,即轴力图与基线平行。因此,AC 段只需求一个截面(如 1—1 截面)的轴力,便可画出该区段的轴力图。同样地,可画 CD、DB 段轴力图,再注明正负号,即得杆件 AB 的轴力图(图 2-2-7b)。

为避免分段求截面上的内力,可用下述方法绘轴力图:从杆件的一端将外力矢量沿杆轴线移动,在轴向外力情况下力矢与杆轴线是重合的,移动中遇到下一个外力,作代数相加,然后继续移动,直到杆件另一端,则移动力矢在某一位置的大小,就是对应截面上轴力的大小。移动时,若箭尾(没有箭头的一端)在前,表明力矢的指向为离开截面,轴力为正;若箭头在前,则力矢指向截面,轴力为负,据此可画出轴力图。这种方法称为力矢移动法。

【例 2-2】 用力矢移动法绘图 2-2-8(a)所示杆件的轴力图。

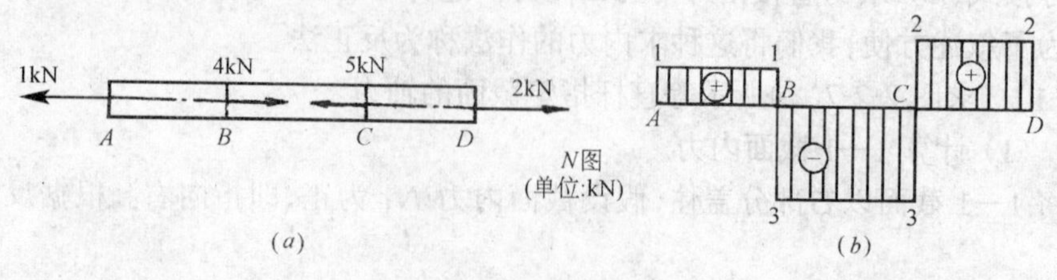

图 2-2-8

【解】 画出基线。从 A 端将 1kN 的力矢沿杆轴线移动,在 AB 段 $N=1$kN,移动力矢箭尾在前,故轴力为正;到 B 截面与 4kN 的力相减,此时在 BC 段移动力矢变为箭头在前,轴力为负,大小为 3kN;移到 C 截面与 5kN 的力代数相加,得 $N=2$kN,CD 段移动力矢的箭尾在前,故 N 为正;到 D 截面与 2kN 的力相减为零。按此画出的图再注上正负号,即得 N 图(图 2-2-8b)。

实际绘图时,上述过程不必写出,只需对照外力将力矢边移动边加减(一般可心算出),便可绘出 N 图,正负号则由移动力矢的指向直接判断。

第二节 轴向拉压时横截面上的应力

为了解决强度问题,必须了解内力在横截面上的分布情况,即需研究横截面上的应力。

应力的分布与变形有关,为此,通过变形实验来分析应力,取橡胶等直棒,在表面均匀地画若干条与杆轴平行的纵线和与杆轴垂直的横线,形成许多大小相同的方格(图 2-2-9a),然后在棒的两端施加轴向拉力 P,使其产生拉伸变形(图 2-2-9b)。这时可观察到,所有的小方格都变成了长方格,但同方向的各线仍保持平行,说明各纵线伸长量相等,各横线的缩短量也相等。于是,可作出如下假设:

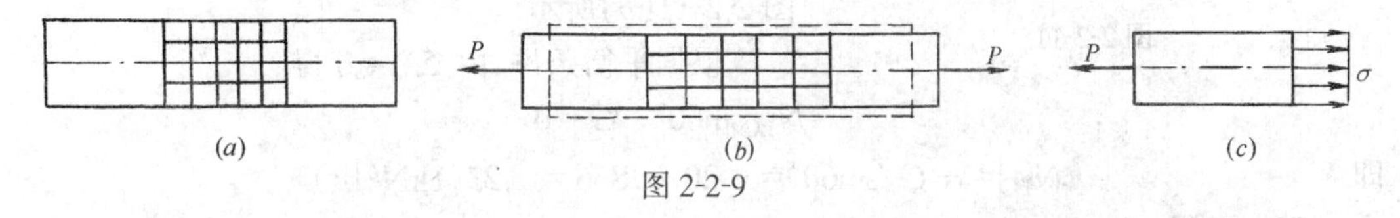

图 2-2-9

1. 变形前为平面的横截面,变形后仍保持为平面。这个假设称为**平面截面假设**。

2. 设想直杆由无数纵向纤维组成,根据平面截面假设可知,任意两横截面之间的所有纤维都伸长了相同的长度。

由上述假设可以推知,横截面各点的纵向变形是相同的,说明受力也相同,因此横截面上的内力是均匀分布的。因为各点的纵向变形垂直于横截面,所以截面上各点的应力也必然垂直于横截面,这种应力称为正应力,用 σ 表示(图 2-2-9c)。于是可知,若杆件横截面面积为 A,轴力为 N,则等直杆横截面上的正应力 σ 为

$$\sigma=\frac{N}{A} \tag{2-2-1}$$

当杆件受轴向拉伸时,N 为正,σ 也为正,称为拉应力;当杆件受轴向压缩时,N 为负,σ 也为负,称为压应力。

【例 2-3】 图 2-2-10(a)为一阶梯状直杆的受力情况,其横截面面积 AC 段为 $A_1=400\text{mm}^2$,CB 段为 $A_2=200\text{mm}^2$,不计自重,试绘出轴力图并计算各段杆横截面上的正应力。

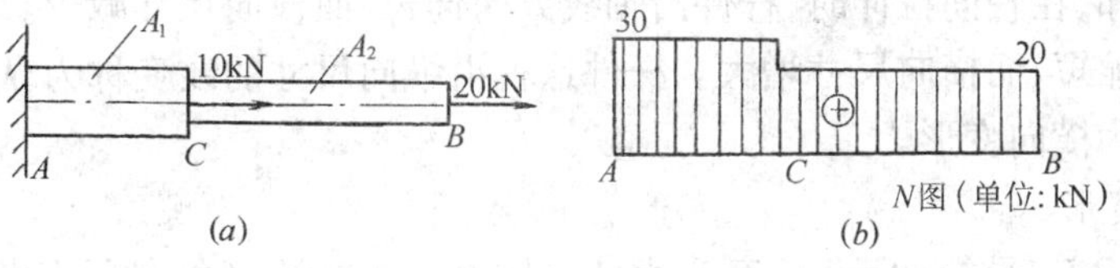

图 2-2-10

【解】 (1) 画轴力图。将 B 截面处 20kN 的力在杆轴线上移动,移动时箭尾在前,故 BC 段内力 $N_2=20\text{kN}$(拉力);到 C 截面与 10kN 的力相加后再移到 A,可知 CA 段内力 $N_1=20+10=30\text{kN}$(拉力)。按比例绘出 N 图见图 2-2-10(b)所示。

(2) 求各段横截面上的正应力

AC 段:

$$\sigma_1=\frac{N_1}{A_1}=\frac{30\times10^3}{400}=75\text{MPa}$$

CB 段:

$$\sigma_2=\frac{N_2}{A_2}=\frac{20\times10^3}{200}=100\text{MPa}$$

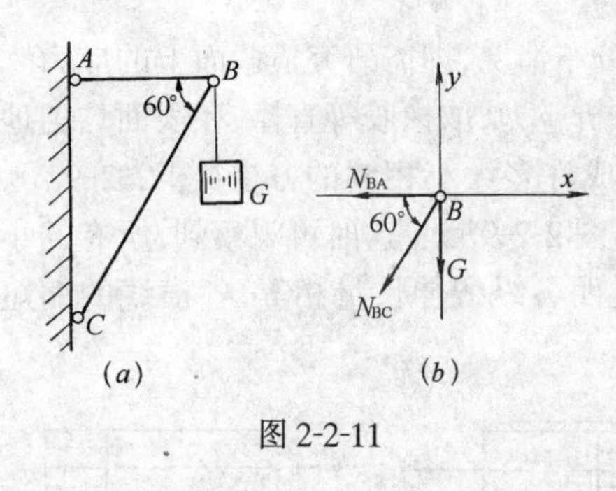

图 2-2-11

【例 2-4】 三角形支架在 B 点承受荷载 $G=20\text{kN}$(图 2-2-11),已知各杆的横截面面积为 $A_{BA}=100\text{mm}^2$,$A_{BC}=400\text{mm}^2$。求 BA、BC 杆横截面上的正应力。

【解】 (1) 求各杆轴力。取结点 B 为研究对象,建立坐标系 Bxy,假设各杆均受拉,画出受力图如图 2-2-11(b)所示。

根据平衡条件,由 $\Sigma Y=0$ 得

$$-N_{BC}\sin60^\circ-G=0$$

即

$$N_{BC}=-G/\sin60^\circ=-20/0.866=-23.1\text{kN}(\text{压})$$

由 $\Sigma X=0$ 得

$$-N_{BA}-N_{BC}\cos60^\circ=0$$

即 $N_{BA}=-N_{BC}\cos60^\circ=-(-23.1)\times0.5=11.55\text{kN}$(拉力)

(2) 求各杆正应力

BA 杆:

$$\sigma_{BA}=\frac{N_{BA}}{A_{BA}}=\frac{11.55\times10^3}{100}=115.5\text{MPa}(\text{拉应力})$$

BC 杆:

$$\sigma_{BC}=\frac{N_{BC}}{A_{BC}}=\frac{-23.1\times10^3}{400}=-55.75\text{MPa}(\text{压应力})$$

第三节 轴向拉压时的变形·虎克定律

由量测可知,在轴向拉伸时,杆件沿轴线方向伸长,而横向尺寸减少。在轴向压缩时,杆件沿轴线方向缩短,而横向尺寸增大。杆件这种沿纵向尺寸的改变称为纵向变形,而沿横向尺寸的改变称为横向变形。

一、纵向变形

设杆件原长 L,受拉伸后,长度变为 L_1(图 2-2-12a),则杆件沿长度的伸长量 $\Delta L=L_1-L$ 称为纵向绝对变形,单位是毫米(mm)。显然,拉伸时 ΔL 为正,压缩时 ΔL 为负。

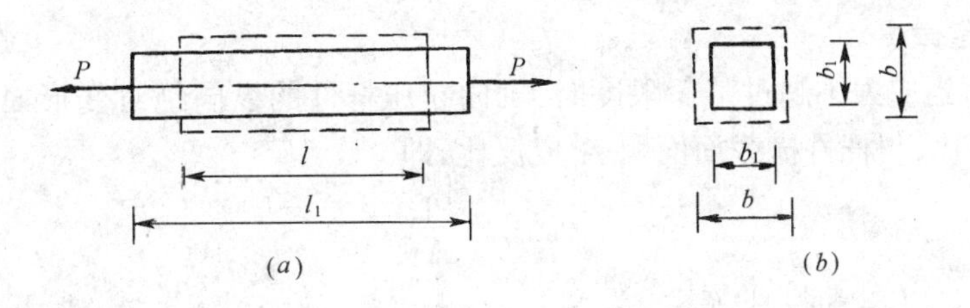

图 2-2-12

纵向绝对变形除以原长度称为相对变形或线应变,记为 ε,表达式为:

$$\varepsilon = \frac{\Delta L}{L} \tag{2-2-2}$$

线应变表示杆件单位长度的变形量,它反映了杆件变形的强弱程度,是一个无单位的量,其正负号规定与纵向绝对变形相同。

二、横向变形

设受轴向拉伸的杆件,原来横向尺寸为 b,变形后为 b_1(图 2-2-12b),则横向绝对缩短为

$$\Delta b = b_1 - b$$

相应地横向相对变形 ε'为

$$\varepsilon' = \frac{\Delta b}{b} \tag{2-2-3}$$

与纵向变形相反,杆件伸长时,横向尺寸减小,Δb 为负值,ε'亦为负;杆件压缩时,横向尺寸增大,Δb 与 ε'均为正值。

三、泊松比

杆件轴向拉伸压缩时,其横向相对变形与纵向相对变形之比的绝对值称为横向变形系数,又称泊松比,用 ν 表示,即

$$\nu = \left| \frac{\varepsilon'}{\varepsilon} \right| \tag{2-2-4}$$

由于 ε'与 ε 的符号总是相反的,故有 $\varepsilon' = -\nu\varepsilon$。

泊松比是一个无单位的量。试验证明,当杆件应力不超过某一限度时[1],ν 为一常数。各种材料的 ν 值由实验测定。工程上常用材料的泊松比列于表 2-2-1。

常用材料的 E、ν 值 **表 2-2-1**

材料名称	弹性模量 E(GPa)	泊松比 ν
碳钢	200～220	0.25～0.33
16 锰钢	200～220	0.25～0.33
铸铁	115～160	0.23～0.27
铝及硬铝合金	71	0.33
花岗石	49	
混凝土	14.6～36	0.16～0.18
木材(顺纹)	10～12	

[1] 本节提到的某一限度是比例极限,可由实验测定,见本章第五节。

四、虎克定律

实验表明，当应力不超过某一限度时，轴向拉压杆件的纵向绝对变形 ΔL 与外力 P、杆件原长 L 成正比，与杆件横截面面积 A 成反比，即

$$\Delta L \propto \frac{PL}{A}$$

引进比例常数 E，上式可写成等式

$$\Delta L = \frac{PL}{EA} \tag{2-2-5a}$$

由于轴向拉压时 $N = P$，故上式可改写为

$$\Delta L = \frac{NL}{EA} \tag{2-2-5b}$$

这一关系由虎克 1678 年提出，故称为虎克定律。式(2-2-5b)表明，当杆件应力不超过某一限度时，其纵向绝对变形与轴力及杆长成正比，与横截面面积成反比。

将 $\sigma = N/A$ 及 $\varepsilon = \Delta L/L$ 代入式(2-2-5b)可得

$$\sigma = E\varepsilon \tag{2-2-6}$$

式(2-2-6)是虎克定律的又一表达形式，它可表述为当应力不超过某一限度时，应力与应变成正比。

式(2-2-5)、(2-2-6)中的比例常数 E 称为弹性模量，可由实验测定。由于应变 ε 是无单位的量，所以弹性模量 E 的单位与应力的相同。常用材料的弹性模量列于表 2-2-1 中。

由式(2-2-5)、(2-2-6)可以看出，当 σ 一定时，E 值越大，ε 就越小。因此弹性模量反映了材料抵抗拉伸或压缩变形的能力。此外，EA 越大，杆件的变形就越小，因此 EA 表示杆件抵抗拉(压)变形的能力，故 EA 称为杆件的抗拉(压)刚度。

需要指出，应用虎克定律计算变形时，在杆长 L 范围内，N、E、A 都应是不变的量。

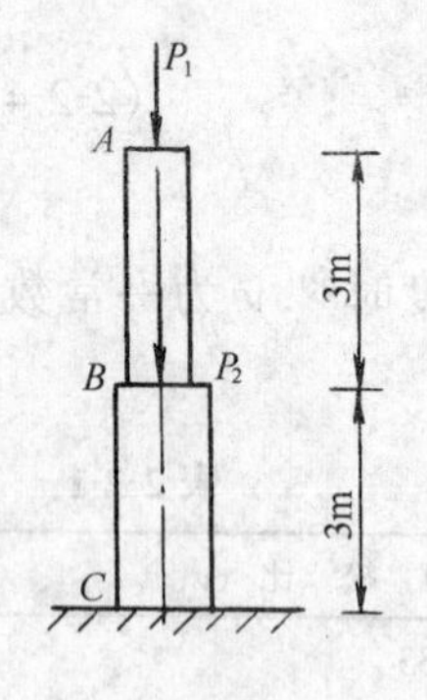

图 2-2-13

【例 2-5】 图 2-2-13 为正方形截面混凝土柱，上段柱边长 $a_1 =$ 240mm，下段柱边长 $a_2 = 300$mm，荷载 $P_1 = 200$kN，$P_2 = 270$kN，不计自重，混凝土的弹性模量 $E = 25$GPa，求柱的总变形。

【解】 AB 和 BC 两段的轴力、横截面面积都不同，需分段计算变形。

(1) AB 段：

轴力 $N_{AB} = -P_1 = -200$kN(压)

长度 $l_{AB} = 3$m

截面面积 $A_{AB} = 240 \times 240 = 5.76 \times 10^4 \text{mm}^2$

由式(2-2-5b)得

$$\Delta l_{AB} = \frac{N_{AB} \cdot l_{AB}}{E \cdot A_{AB}} = \frac{-200 \times 10^3 \times 3 \times 10^3}{25 \times 10^3 \times 5.76 \times 10^4} = -0.4167\text{mm}$$

(2) BC 段：

轴力 $N_{BC} = -P_1 - P_2 = -470$kN(压)

长度 $l_{BC} = 3$m

截面面积 $A_{BC} = 300 \times 300 = 9 \times 10^4 \text{mm}^2$

由式(2-2-5b)得

$$\Delta l_{BC}=\frac{N_{BC}\cdot l_{BC}}{E\cdot A_{BC}}=\frac{-470\times10^3\times3\times10^3}{25\times10^3\times9\times10^4}=-0.6267\text{mm}$$

(3) 总变形

$$\Delta l=\Delta l_{AB}+\Delta l_{BC}=-0.4167-0.6267=-1.0434\text{mm}(压缩)$$

第四节 轴向拉压时斜截面上的应力

杆件拉伸或压缩时,其破坏并不一定都发生在横截面上,同时,为了全面研究构件的强度,也需了解拉(压)杆斜截面上的应力情况。

一、斜截面上的应力公式

图 2-2-14(a)所示为一受轴向拉力 P 作用的等直杆。若杆件横截面面积为 A,轴力为 N,则由式(2-2-1)可知,横截面的正应力 σ 为

$$\sigma=\frac{N}{A}=\frac{P}{A} \tag{a}$$

那么,任一斜截面 K—K 上的应力如何呢? 现分析如下。

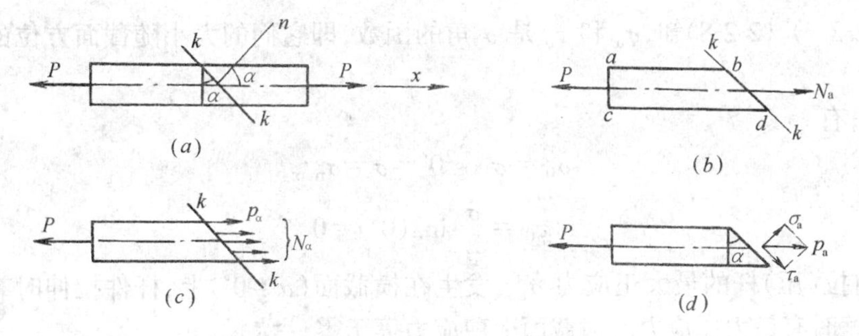

图 2-2-14

设 K—K 斜截面的外法线 n 与杆轴线 x 的夹角为 α,规定 α 角自 x 轴转向 n 是逆时针方向时为正。由图知 K—K 截面与横截面的夹角也为 α。若斜截面面积为 A_α,则它与横截面面积 A 有如下关系

$$A_\alpha=\frac{A}{\cos\alpha} \tag{b}$$

应用截面法,沿斜截面 K—K 将杆件假想截开,取左段研究,以 N_α 表示斜截面上的内力(图 2-2-14b),由平衡条件可得

$$N_\alpha=P \tag{c}$$

由本章第二节知,轴向拉(压)杆件任意两横截面之间的所有纤维纵向绝对变形相同,因此各点的应变也相同。尽管图 2-2-14(b)中各处长度不同(例如$\overline{ab}<\overline{cd}$),其纵向绝对伸长不等,但 K—K 截面各点的应变是相同的。根据虎克定律知,斜截面上各点的应力 p_α 必然相同(图 2-2-14c),即 N_α 沿斜截面均匀分布,于是有

$$p_\alpha=\frac{N_\alpha}{A_\alpha}=\frac{P}{A_\alpha} \tag{d}$$

注意到式(a)、式(b)的关系,可得

$$p_\alpha=\frac{N_\alpha}{A_\alpha}=\frac{P}{A}\cos\alpha=\sigma\cos\alpha \qquad (e)$$

应力 p_α 的方向平行于杆件轴线,是斜截面上的全应力。再将 p_α 分解为垂直于斜截面的正应力 σ_α 和沿斜截面的剪应力 τ_α(图 2-2-14d)则有

$$\sigma_\alpha=p_\alpha\cos\alpha=\sigma\cos^2\alpha \qquad (2\text{-}2\text{-}7)$$

$$\tau_\alpha=p_\alpha\sin\alpha=\sigma\cos\alpha\sin\alpha=\frac{1}{2}\sigma\sin2\alpha \qquad (2\text{-}2\text{-}8)$$

式中,正应力 σ_α 为拉应力时取正值,压应力时取负值;剪应力 τ_α 以围绕研究对象有顺时针方向转动趋势时为正,反之,为负(图 2-2-15)。

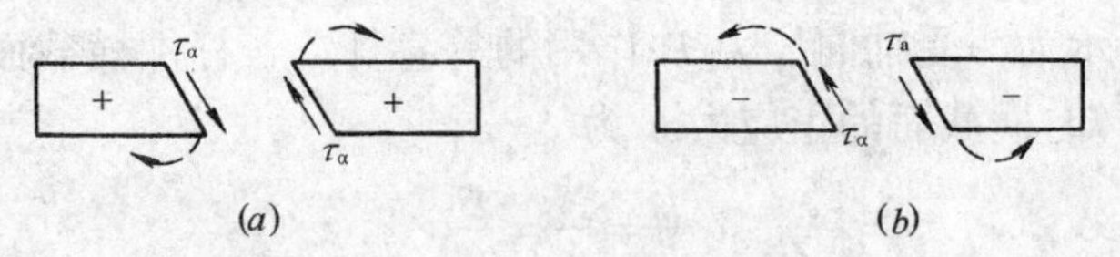

图 2-2-15

二、最大应力

由式(2-2-7)、(2-2-8)知,σ_α 和 τ_α 是 α 角的函数,即它们的大小随截面方位的变化而变化。

当 $\alpha=0°$时,有

$$\sigma_{0°}=\sigma\cos^2 0°=\sigma=\sigma_{max}$$

$$\tau_{0°}=\frac{\sigma}{2}\sin2(0°)=0$$

这表明轴向拉(压)杆的最大正应力 σ_{max}发生在横截面($\alpha=0°$)上,杆件拉伸时有最大拉应力,杆件压缩时有最大压应力。横截面上剪应力等于零。

当 $\alpha=45°$时,有

$$\sigma_{45°}=\sigma\cos^2 45°=\frac{\sigma}{2}$$

$$\tau_{45°}=\frac{\sigma}{2}\sin2(45°)=\frac{\sigma}{2}=\tau_{max}$$

这表明轴向拉(压)杆的最大剪应力发生在与杆轴线成 45°的斜截面上,其值为$\frac{\sigma}{2}$。在此截面上,正应力和剪应力相等。

当 $\alpha=90°$时,有

$$\sigma_{90°}=\sigma\cos^2 90°=0$$

$$\tau_{90°}=\frac{\sigma}{2}\sin2(90°)=0$$

说明杆件轴向拉(压)时纵向截面($\alpha=90°$)上不受力。

第五节　拉伸压缩时材料的力学性能

所谓材料的力学性能是指材料在外力作用过程中,在强度和变形方面所表现出的特性,

又称为**材料的机械性能**。例如本章第三节提到的材料的弹性模量 E、泊松比 ν、比例极限都属于材料的力学性能。本节通过对材料在常温(室温)、静载(加载速度缓慢平稳)下的拉伸与压缩试验,介绍材料的力学性能指标。

工程中使用的材料通常分为塑性材料和脆性材料两类。**塑性材料**是指断裂前产生较大的塑性变形的材料,如低碳钢、合金钢、铜、铅等;**脆性材料**则在断裂前产生的塑性变形很小,如铸铁、石料、混凝土等。实验研究中,常把低碳钢的拉伸试验和铸铁的压缩试验作为两类材料的代表性试验。

一、拉伸时材料的力学性能

为了使不同材料的试验结果能互相比较,须采用国家规定的标准试件。金属材料试件的中部等截面段有圆截面(直径为 d)的或矩形截面(截面面积 $A=t\times b$)的,如图 2-2-16 所示。试件中段用来测量变形的长度 l 叫标距,对圆形截面试件,取 $l=5d$ 或 $l=10d$;对矩形截面试件,取 $l=11.3\sqrt{A}$ 或 $l=5.65\sqrt{A}$。

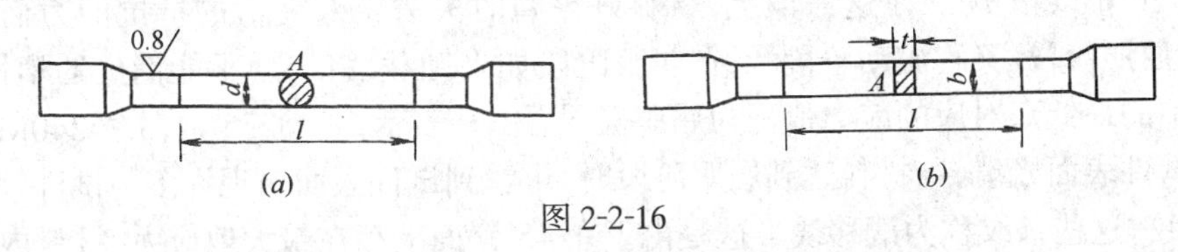

图 2-2-16

试验时,将试件两端装入试验机的夹头上,开动试验机后,试件受到由零缓慢增加的拉力 P(可由试验机的测量装置读出),同时记录各时刻的纵向伸长 Δl,直至拉断。具体试验方法可参阅有关试验书籍。

1. 低碳钢拉伸试验

对低碳钢拉伸试件,若以拉力 P 为纵坐标,纵向绝对伸长 Δl 为横坐标,试件拉伸过程中,试验机便可自动绘出 P 与 Δl 的关系曲线(图 2-2-17),称为拉伸图(或 P—Δl 曲线)。它描述了从开始加载到破坏,试件承受荷载与变形发展的全过程。

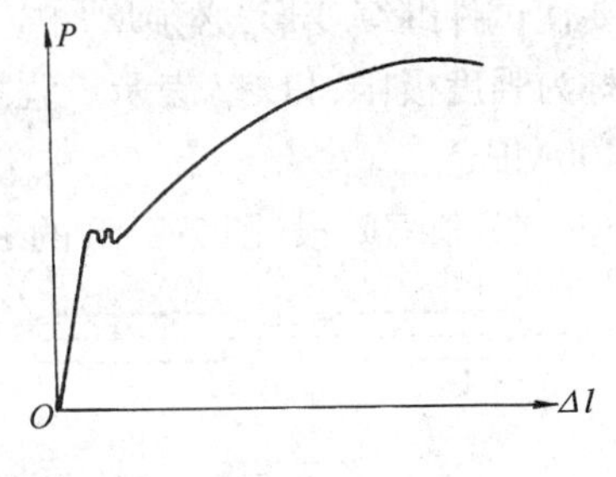

图 2-2-17

拉伸图与试件的几何尺寸有关。例如,材料、横截面以及荷载完全相同的两个试件,若标距 l 不同,则产生的变形 Δl 也不同。为了消除试件几何尺寸的影响,反映材料本身的性质,可将纵坐标 P 除以试件拉伸前的横截面面积 A,横坐标 Δl 除以原标距 l,则得到以应力 $\sigma=P/A$ 为纵坐标,应变 $\varepsilon=\Delta l/l$ 为横坐标的关系曲线,称为应力-应变图(σ—ε 图),如图 2-2-18 所示。

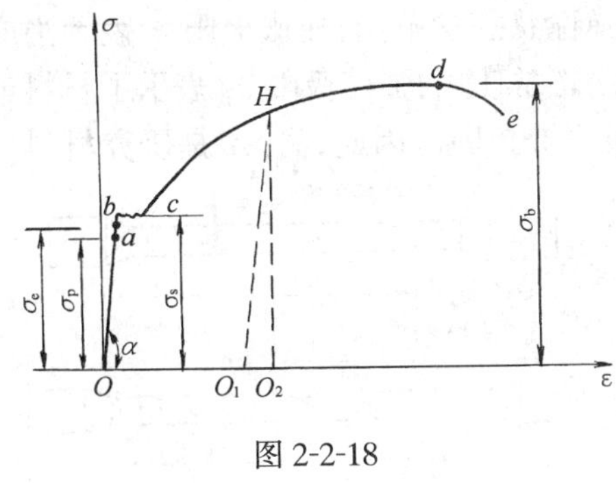

图 2-2-18

(1) 拉伸过程的四个阶段

低碳钢拉伸过程的 σ—ε 曲线可分为四个阶段,每一阶段材料表现出的力学性能有所不同,现分别说明如下:

1) 弹性阶段(图 2-2-18 的 ob 段)

在 ob 阶段,材料的变形全部是弹性的,即在试件的应力不超过 b 点所对应的应力时,便卸除荷载，变形将完全消失。因此 ob 阶段称为**弹性阶段**，最高点 b 对应的应力值σ_e，称为材料的**弹性极限**。

弹性阶段中的 oa 段是一直线段，说明在 oa 范围内应力与应变成正比，材料服从虎克定律：$\sigma = E\varepsilon$。直线段最高点 a 对应的应力 σ_p，称为材料的**比例极限**。对 Q235 钢，$\sigma_p \approx$ 200MPa。过 a 点后σ—ε图开始微弯，说明应力与应变不再成正比。

弹性极限 σ_e 和比例极限 σ_p 虽然意义不同，但二者数值非常接近，所以实际应用时，对它们并不严格区分，而近似地将 a 和 b 视为同一点。

材料的弹性模量 E，可由直线 oa 与横坐标 ε 所夹角 α 的正切表示：

$$E = \mathrm{tg}\alpha = \frac{\sigma}{\varepsilon} \tag{2-2-9}$$

2）屈服阶段（图 2-2-18 的 bc 段）

应力超过 b 点后，应变增加很快，应力仅在很小范围内波动，σ—ε 图上出现一条接近于水平的“锯齿”形线段 bc。在这一段上，材料好象暂时失去了对变形的抵抗能力而屈服一样，故称为**屈服阶段**（又称**流动阶段**）。在屈服阶段如果卸载，将出现不能消失的塑性变形。屈服阶段中的最低点对应的应力值称为屈服极限，用 σ_s 表示，对 Q235 钢，$\sigma_s \approx$240MPa。

如果试件表面光滑，则材料达到屈服阶段时，可看到试件表面出现许多与试件轴线约成 45°角的条纹，这些条纹称为滑移线。这是由于在 45°斜面上存在最大剪应力，材料内部晶粒沿最大剪应力作用面发生滑移的结果。

3）强化阶段（图 2-2-18 的 cd 段）

屈服阶段之后，σ—ε 曲线又缓慢地上升，说明材料重新产生了抵抗变形的能力。此时，要使试件继续变形，必须增加应力，这一阶段称为**强化阶段**，σ—ε 曲线最高点 d 对应的应力称为**强度极限**，以 σ_b 表示。强化阶段的变形绝大部分也是塑性变形。对 Q235 钢，$\sigma_b \approx$ 400MPa。

4）颈缩阶段（图 2-2-18 的 de 段）

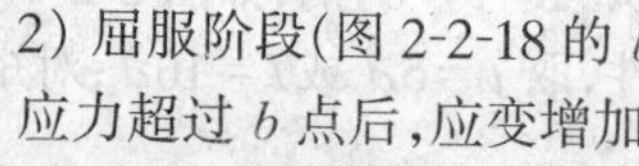

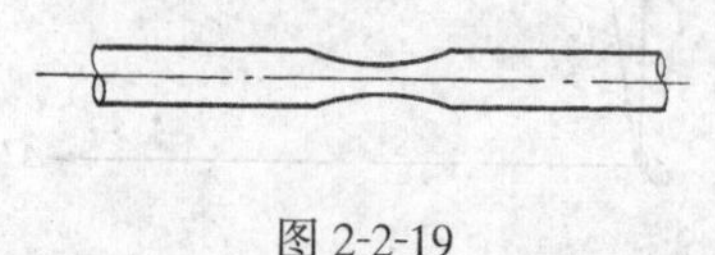

图 2-2-19

应力到达强度极限之后，在试件某一局部，纵向变形显著增加，横向显著变细，出现“颈缩”现象（图 2-2-19）。由于试件局部横截面面积迅速缩小，使试件继续变形所需的拉力 P 也相应减小，故按原始截面面积计算的应力值也随之减小，到达 e 点试件被拉断。

上述四个阶段中，比例极限 σ_p 表示了材料处于弹性状态的范围；屈服极限 σ_s表示当应力达到此值后，将产生显著的塑性变形，使得杆件无法正常使用；强度极限 σ_b 表示了材料最大的抵抗能力，应力达到 σ_b 后，杆件将出现颈缩并很快被拉断。因此，σ_s、σ_b 是研究材料强度的两个重要指标。

（2）塑性指标

试件被拉断后，弹性变形因荷载的消失而消失了，只剩下塑性变形。工程中常用试件拉断后遗留的塑性变形的大小表示材料的塑性性能。

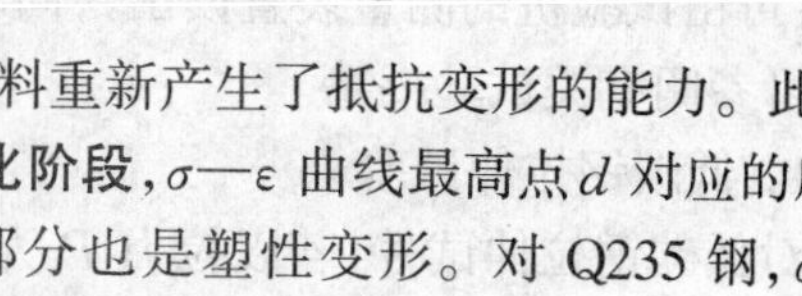

图 2-2-20

若试件原来的标距为 l，拉断后的标距为 l_1（图 2-2-20），则延伸率 δ 可表示为

$$\delta=\frac{l_1-l}{l}\times 100\% \tag{2-2-10}$$

Q235 钢的延伸率 $\delta\approx 20\%\sim 30\%$。

量测出试件原来的横截面面积 A 和拉断后断裂处的面积 A_1，则比值

$$\psi=\frac{A-A_1}{A}\times 100\% \tag{2-2-11}$$

称为截面收缩率。Q235 钢的截面收缩率 $\psi\approx 60\%\sim 70\%$。

δ 和 ψ 是衡量材料塑性性能的两个重要指标。δ、ψ 越大，说明材料的塑性越好，一般将 $\delta\geqslant 5\%$ 的材料称为塑性材料，而将 $\delta<5\%$ 的材料称为脆性材料。

(3) 冷作硬化

如果将试件拉伸到强化阶段的任一点 H(图 2-2-18)，然后逐渐卸载到零。可以发现 $\sigma—\varepsilon$ 曲线沿着基本上与弹性阶段直线 oa 平行的直线 HO_1 返回至 ε 坐标轴。H 点对应的总应变为 OO_2，其中 O_1O_2 代表卸载时所消失的弹性变形，OO_1 代表残留下的塑性变形。若卸载后再重新加载，则应力应变曲线将沿着卸载时的直线 O_1H 上升，到 H 点后仍沿曲线 Hde 直到断裂。由图可知，先加载至强化阶段，再行卸载，材料的比例极限与屈服极限都得到了提高，而塑性将下降。这种不经过热处理而提高材料强度的方法称为冷作硬化。工程中的冷拉钢筋就是利用冷作硬化提高其屈服强度，以达到节约钢材的目的。

2. 其他材料的拉伸试验

(1) 其他塑性材料

其他塑性材料的拉伸试验方法与低碳钢相同。图 2-2-21 将 16 锰钢、铝合金、黄铜和低碳钢的 $\sigma—\varepsilon$ 曲线画在同一坐标内。它们的共同特点是延伸率较大，所以都是塑性材料。

有些塑性材料没有明显的屈服阶段，对这些材料，通常取试件卸载后残留的塑性应变等于 0.2% 时对应的应力值作为材料的**名义屈服极限**，用 $\sigma_{0.2}$ 表示(图 2-2-22)。

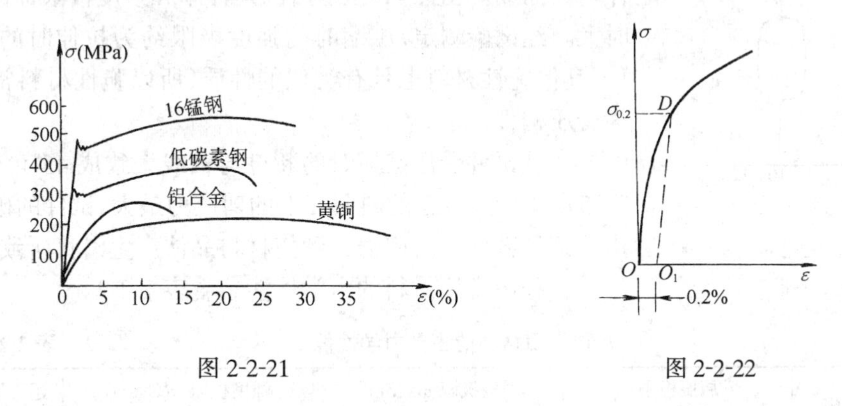

图 2-2-21　　图 2-2-22

(2) 铸铁

仿照低碳钢的拉伸试验，可得到铸铁拉伸时的 $\sigma—\varepsilon$ 曲线(图 2-2-23)。铸铁的延伸率 δ 很小，约为 0.4%，是典型的脆性材料。铸铁的 $\sigma—\varepsilon$ 曲线无明显的直线部分，没有屈服阶段，在没有明显的塑性变形时就断裂了，断口平齐。铸铁断裂时的应力，就是强度极限 σ_b。可见，σ_b 是衡量脆性材料强度的唯一指标。

铸铁拉断时的变形极小，一般取应变为 0.1% 以下所对应的应力范围为弹性范围，并近

似地认为材料服从虎克定律。它的弹性模量 E 是用 $\sigma—\varepsilon$ 图中开始部分的曲线的割线斜率来表示,称为**割线弹性模量**。铸铁的弹性模量 E 约为 115～160MPa。

二、压缩时材料的力学性能

压缩试验时,金属材料的试件是圆柱体。为了避免试件压弯,试件的高度只有直径的 1.5～3 倍;非金属材料(混凝土、石料等)试件一般为立方体。

1. 塑性材料的压缩试验

图 2-2-24 中的虚线为低碳钢压缩试验的 $\sigma—\varepsilon$ 曲线,实线为拉伸试验的曲线。试验表明:低碳钢压缩时的比例极限、屈服极限、弹性模量均与拉伸时相同。在屈服阶段以前,拉伸与压缩时的 $\sigma—\varepsilon$ 曲线是重合的,故一般只作拉伸试验。过了屈服极限之后,试件越压越扁,如图中所示,因而无法测得受压时的强度极限。一般塑性材料都具有上述特点。

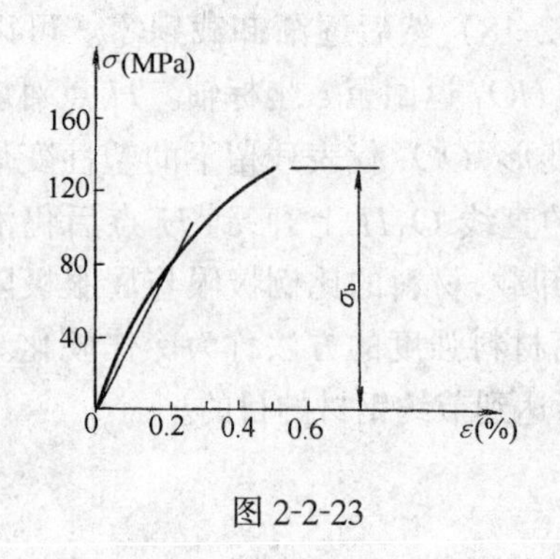

图 2-2-23

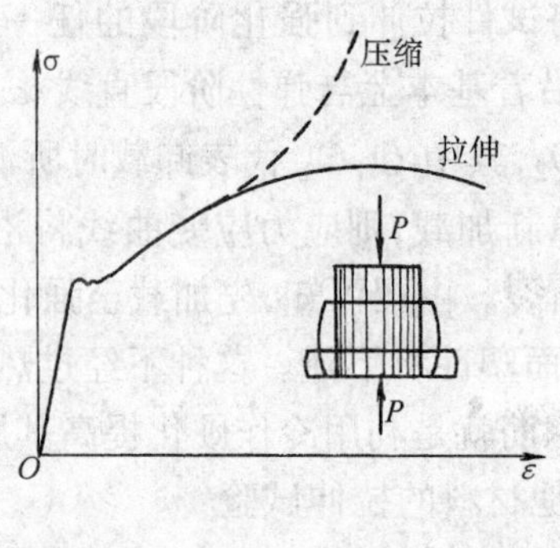

图 2-2-24

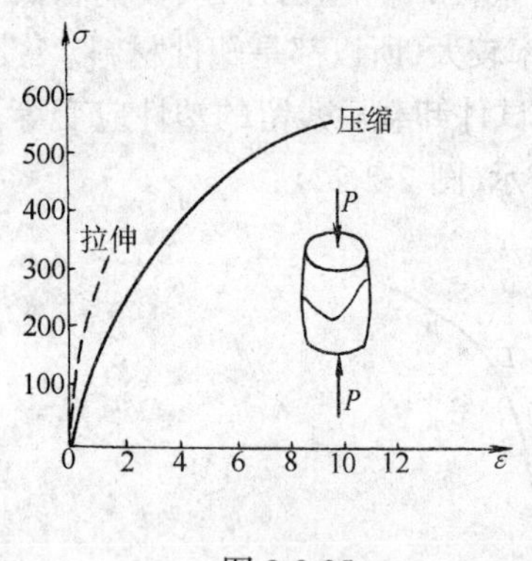

图 2-2-25

2. 脆性材料的压缩试验

脆性材料压缩时的力学性质与拉伸时有较大差别。图 2-2-25 中的实线为铸铁压缩试验时的 $\sigma—\varepsilon$ 曲线,虚线为拉伸时的曲线。由图知,压缩时的延伸率和强度极限都比拉伸时大。经试验测定,压缩时的强度极限约为拉伸时的 4～5 倍,其他脆性材料也具有类似的性质,所以脆性材料常被作为受压构件。

铸铁试件受压破坏时的断口与轴线大致成 45°角(图 2-2-25)。因为在 45°的斜截面上的剪应力最大,试件的破坏是由于该斜截面上剪应力大到使材料晶体产生滑移所致。

工程中常用材料的力学性能参看表 2-2-2。

几种常用材料的主要力学性能 **表 2-2-2**

材料名称	屈服极限 σ_s(MPa)	强度极限 σ_b(MPa) 受拉	强度极限 σ_b(MPa) 受压	延伸率 (%)
低碳钢	220～240	370～460		25～27
16 锰钢	280～340	470～510		19～21
灰口铸铁		98～390	640～1300	<0.5
混凝土 C20		1.6	14.2	
C30		2.1	21	
红松(顺纹)		96	32.2	

综上所述,塑性材料拉伸和压缩时 σ_p、σ_s 都相同,当应力超过弹性极限后,有屈服现象;脆性材料的压缩强度极限远比拉伸时大,没有屈服现象。由于塑性材料可塑性大,便于加工及安装,且构件破坏前有较大的变形能给人以预兆,而脆性材料可塑性小,难于加工和施工,构件破坏突然。因此,从总体上看,塑性材料的力学性能比脆性材料好。但脆性材料(铸铁、砖石、混凝土)的价格比塑性材料(钢、合金等)低得多。在工程实际中,不但要看材料本身的力学性能,还要作到经济合理。因此,对以承受压力为主的构件如柱、墙身、基础等都应尽量用脆性材料。

第六节　许用应力与安全系数

任何一种材料,所能承受的应力总是有一定限度的,超过这一限度,材料就要破坏。我们把某种材料所能承受应力的这个限度称为该种材料的**极限应力**,用 σ^0 表示。

由上一节知,塑性材料的应力达到屈服极限 σ_s 时,将出现显著的塑性变形,构件将不能正常工作;脆性材料的应力达到强度极限 σ_b 时,构件将会断裂。工程上,这两种情况均为不能承担荷载的破坏标志,是不允许发生的。因此,对塑性材料,屈服极限就是它的极限应力,即

$$\sigma^0=\sigma_s$$

对脆性材料,强度极限就是它的极限应力,

$$\sigma^0=\sigma_b$$

在设计构件时,有许多情况难以准确估计,另外,构件使用时还要留有必要的强度储备。为此,规定将极限应力 σ^0 除以一个大于 1 的系数 K 作为构件工作时所允许产生的最大应力,称为**许用应力**,用$[\sigma]$表示,即

$$[\sigma]=\frac{\sigma^0}{K} \tag{2-2-12}$$

K 称为**安全系数**。由于脆性材料破坏时设有显著变形的"预兆",而塑性材料的应力达到 σ_s 时,构件也不至于断裂。因此脆性材料的安全系数比塑性材料的大。实际工程中,一般取 $K_s=1.4\sim1.7$, $K_b=2.5\sim3.0$。

材料的许用应力可从有关的设计规范查出。

安全系数的确定是一个比较复杂的问题,取值过大,许用应力就小,可增加安全储备,但用料也增多;反之,安全系数过小,许用应力就高,安全储备就要减少。一般确定安全系数应考虑:荷载的可能变化;对材料均匀性估计的可靠程度;应力计算方法的近似程度;构件的工作条件及重要性等因素。

第七节　轴向拉压杆的强度条件

构件工作时,由荷载所引起的实际应力称为**工作应力**。为了保证拉、压杆件在外力作用下能够安全正常工作,要求杆件横截面上的最大工作应力不得超过材料的许用应力,即

$$\sigma_{max}=\frac{N}{A}\leqslant[\sigma] \tag{2-2-13}$$

式(2-2-13)称为拉、压杆的强度条件。

杆件的最大工作应力 σ_{max}通常发生在危险截面上。对承受轴向拉、压的等截面直杆,轴力最大的截面就是危险截面;对轴力不变而横截面变化的杆,面积最小的截面是危险截面。

若已知 N、A、$[\sigma]$中的任意两个量,即可由式(2-2-13)求出第三个未知量。利用强度条件,可以解决以下三类问题:

1. 强度校核　已知 A、$[\sigma]$及构件承受的荷载,可用式(2-2-13)验算杆内最大工作应力是否满足 $\sigma_{max} \leqslant [\sigma]$,如果满足则构件具有足够的强度,否则,强度不够。

2. 设计截面　已知构件承受的荷载及材料的许用应力$[\sigma]$,则由式(2-2-13)可求得构件所需的最小横截面面积,即 $A \geqslant N/[\sigma]$。

3. 确定许可荷载　已知构件的横截面面积 A 及材料的许用应力$[\sigma]$,则由式(2-2-13)可求得允许构件所能承受的最大轴力为$[N] \leqslant A \cdot [\sigma]$,然后根据$[N]$确定构件的许可荷载$[P]$。

【例 2-6】　如图 2-2-26a 所示,斜杆 AB、横梁 CD 及墙体之间均为铰接,各杆自重不计,在 D 点受集中荷载$P = 10$kN 作用。

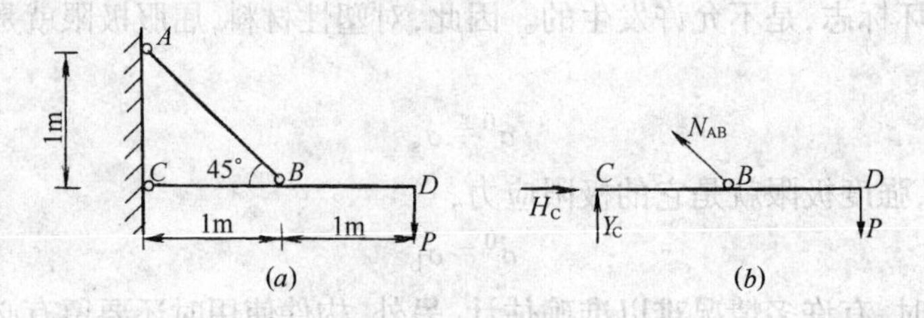

图 2-2-26

① 若斜杆为木杆,横截面面积 $A = 4900\text{mm}^2$,许用应力$[\sigma] = 6$MPa,试校核斜杆的强度。

② 若斜杆为锻钢圆杆,$[\sigma] = 120$MPa,求斜杆的截面尺寸。

【解】　计算斜杆的内力　斜杆在 A、B 处铰接,为二力杆。设斜杆受拉,它对 CD 梁的拉力用N_{AB}表示。

取 CD 梁为研究对象(图 2-2-26b),由平衡方程 $\Sigma M_c = 0$,有

$$1 \times N_{AB}\sin 45^\circ - 2 \times P = 0$$

得

$$N_{AB} = \frac{2P}{\sin 45^\circ} = 2\sqrt{2} \times 10 = 28.3\text{kN}\quad(\text{受拉})$$

(1) 当斜杆为木杆时,作强度校核

截面应力

$$\sigma = \frac{N_{AB}}{A} = \frac{28.3 \times 10^3}{4900} = 5.79\text{MPa} < [\sigma] = 6\text{MPa}$$

斜杆满足强度要求

(2) 当斜杆为锻钢圆杆时,求截面尺寸

由强度条件

$$\sigma_{max} = \frac{N_{max}}{A} = \frac{N_{AB}}{A} \leqslant [\sigma]$$

有
$$A \geqslant \frac{N_{AB}}{[\sigma]} = \frac{28.3 \times 10^3}{120} = 235.8\text{mm}^2$$

直径 d 为

$$d \geqslant \sqrt{\frac{4A}{\pi}} = \sqrt{\frac{4 \times 235.8}{\pi}} = 17.33\text{mm}$$

取 $d = 18\text{mm}$。

【例 2-7】 图 2-2-27(a)所示正方形等截面石柱,重度 $\gamma = 22\text{kN/m}^3$,许用应力$[\sigma] = 1\text{MPa}$,柱高 $H = 10\text{m}$,柱顶有轴心压力 $P = 300\text{kN}$,试按强度条件确定柱的截面尺寸。

【解】 (1) 计算柱的轴力　柱某一截面的压力由外力 P 和该截面以上石柱的自重引起,所以从上到下各截面的压力是变化的。用截面法求距柱顶为 x 处截面的压力 $N(x)$。将柱沿 $m—m$ 截面假想截开,取上段研究(图 2-2-27b)。设柱横截面积为 A,由平衡方程有

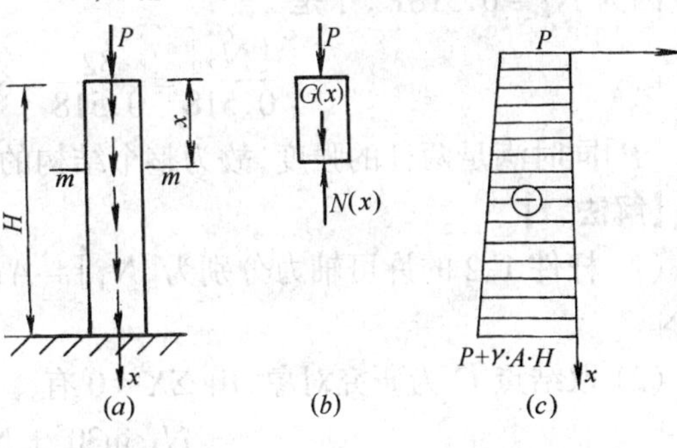

图 2-2-27

$$-N(x) + P + G(x) = 0$$

得　$N(x) = P + G(x) = P + \gamma Ax$

由上式知,$N(x)$是 x 的一次函数,轴力图为一条斜直线,在柱顶截面,$x = 0, N = P$;在柱底截面,$x = H, N = P + \gamma \cdot A \cdot H$。由画出的轴力图(图 2-2-27$c$)可知,最大轴力发生在柱底截面。

(2) 计算柱的截面尺寸　由强度条件有

$$\sigma_{\max} = \frac{N_{\max}}{A} = \frac{P + \gamma AH}{A} = \frac{P}{A} + \gamma H \leqslant [\sigma]$$

得
$$A \geqslant \frac{P}{[\sigma] - \gamma H} = \frac{300 \times 10^3}{10^6 - 22 \times 10^3 \times 10} = 0.385\text{m}^2$$

边长
$$a = \sqrt{A} = \sqrt{0.385} = 0.62\text{m}$$

取 $a = 0.65\text{m}$。

【例 2-8】 在图 2-2-28(a)所示支架中,杆件 1、2 的许用应力分别为 $[\sigma]_1 = 120\text{MPa}$ 及 $[\sigma]_2 = 160\text{MPa}$。横截面面积分别为 $A_1 = 300\text{mm}^2$、$A_2 = 200\text{mm}^2$,求许可荷载$[P]$。

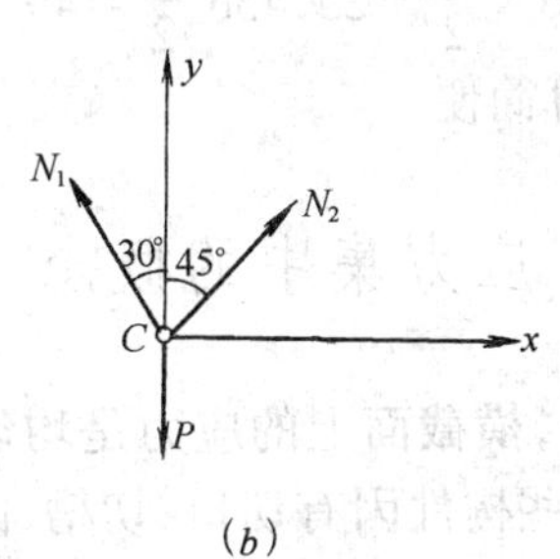

图 2-2-28

【解法一】

(1) 计算各杆轴力　取结点 C 为研究对象(图 2-2-28b)。列平衡方程

$$\Sigma X = 0 \qquad -N_1 \sin 30^\circ + N_2 \sin 45^\circ = 0$$

$$\Sigma Y = 0 \qquad N_1 \cos 30^\circ + N_2 \cos 45^\circ - P = 0$$

联立求解得 $N_1 = 0.732P, N_2 = 0.518P$

(2) 求许可荷载　先按杆 1 的强度条件确定许可荷载$[P]$

杆 1 的许可轴力$[N_1]=A_1[\sigma]_1=300\times120=36\text{kN}$，当 $N_1=[N_1]$时，相应的荷载 P 即为$[P]$，

由 $N_1=0.732P$ 的关系知

$$[P]\leqslant\frac{[N_1]}{0.732}=\frac{36}{0.732}=49.18\text{kN}$$

再按杆 2 的强度条件校核$[P]$

杆 2 的许可轴力$[N_2]=A_2[\sigma]_2=200\times160=32\text{kN}$

因为 $N_2=0.518P$，于是

$$\frac{[N_2]}{0.518}=\frac{32}{0.518}=61.77\text{kN}>[P]$$

$[P]$同时满足两杆的强度，故为整个结构的许可荷载。

【解法二】

(1) 杆件 1、2 的许可轴力分别为$[N_1]=A_1[\sigma]_1=36\text{kN}$，$[N_2]=A_2[\sigma]_2=200\times160=32\text{kN}$

(2) 取结点 C 为研究对象，由 $\Sigma X=0$ 有

$$-N_1\sin30^\circ+N_2\sin45^\circ=0$$

得
$$N_1=\frac{N_2\sin45^\circ}{\sin30^\circ}=\sqrt{2}N_2$$

当
$$N_1=[N_1]=36\text{kN}\text{ 时}$$

$$N_2=\frac{N_1}{\sqrt{2}}=\frac{36}{\sqrt{2}}=25.456\text{kN}<[N_2]=32\text{kN}$$

满足杆 2 的强度条件。

(3) 确定许可荷载。与 $N_1=36\text{kN}$，$N_2=25.456\text{kN}$ 对应的荷载 P 即为$[P]$。由结点 C 的平衡条件 $\Sigma Y=0$，有

$$N_1\cos30^\circ+N_2\cos45^\circ-[P]=0$$

即
$$[P]=N_1\cos30^\circ+N_2\cos45^\circ=36\times\frac{\sqrt{3}}{2}+25.456\frac{\sqrt{2}}{2}=49.18\text{kN}$$

解法二不必解联立方程组，因而计算简便。

第八节　应力集中的概念

承受轴向拉伸或压缩的等截面直杆，横截面上的应力是均匀分布的。然而，工程实际中，由于结构或工艺方面的要求，常有一些构件因有切口、切槽、圆孔等，截面尺寸发生突然变化。试验表明，在突变处截面上的应力分布并不均匀。例如，一开有圆孔的板条当未受力前在表面画出许多细小方格(图 2-2-29a)，在施加轴向拉力 P 后，可以看到，圆孔周边的方格比离孔稍远处的方格，变形程度要严重得多(图 2-2-29b)。说明孔边附近局部范围内的应力比其他处的应力大得多(图 2-2-29c)，也远大于无孔时的应力(图 2-2-29d)。这种由于截面尺寸的突然变化而引起局部应力急剧增大的现象，称为**应力集中**。

孔边应力集中，绝不是因为有孔而使截面减少的缘故。研究表明，即使截面比无孔时只减少了百分之几或千分之几，应力集中也会大到若干倍。对于同样形状的孔来说，应力集中

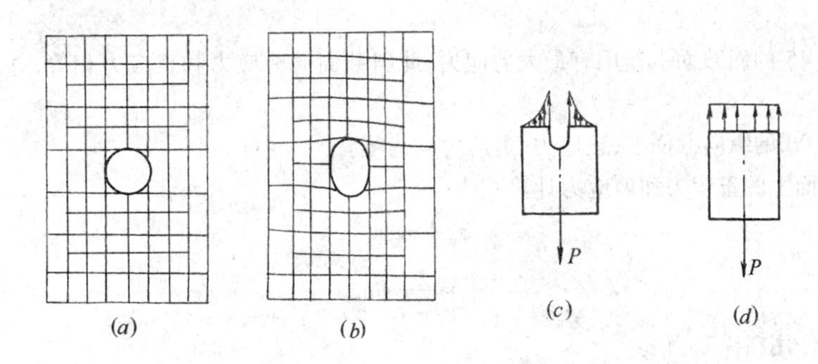

图 2-2-29

的倍数几乎与孔的大小无关。应力集中的程度与孔的形状有关,例如圆孔孔边的应力集中的程度就低于带有尖角的孔。因此若必须在构件中挖孔或留孔时,应当尽可能采用圆孔。孔边应力集中是局部现象。在几倍于孔径之外,应力几乎不受孔的影响。一般来说,集中的程度越高,集中现象就越带有局部性,即应力随着离孔的距离越大而越快地趋近于无孔时的应力。

在静力荷载作用下,应力集中对塑性材料和脆性材料的强度影响不同。由于塑性材料具有屈服阶段,当孔边附近最大应力达到屈服极限时(图 2-2-30a),该处材料只在局部产生塑性变形,应力不会增大;随着荷载的继续增大,其他点处的应力增大,截面上达到屈服极限的区域也逐渐扩大(图 2-2-30b),直到整个截面上的应力都达到屈服极限时,应力分布趋于均匀(图 2-2-30c),构件丧失工作能力。因此塑性材料构件,应力集中并不显著降低构件的承载能力,一般可不考虑应力集中的影响。脆性材料则不同,由于它无屈服阶段,当应力集中处的最大应力达到强度极限时,该处首先断裂,很快导致整个构件破坏。所以,应力集中使脆性材料的承载能力大大降低,因而必须考虑应力集中对构件强度的影响。

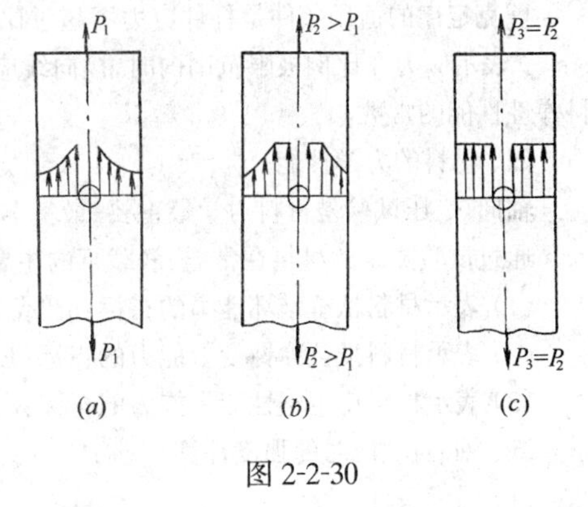

图 2-2-30

小　　结

本章讨论了杆件在拉伸压缩时的内力、应力、强度和变形的计算以及材料的力学性质。

一、轴向拉压时的内力

拉、压杆横截面上的内力是轴力 N。计算轴力的方法是截面法或反正法,反正法是在截面法的基础上总结出外力与内力之间存在着"反为正"的规律,从而可直接由外力写出欲求内力的简捷作法,实质仍是截面法。

任一截面的轴力等于截面一侧所有外力沿杆轴方向的代数和。

轴力图是表示轴力沿杆轴方向变化规律的图形。绘制轴力图的方法是截面法和力矢移动法。力矢移动法无需将杆件分段计算,绘图方法形象、快速、易掌握。截面法是求轴力和绘制轴力图的基本方法,要切实掌握,不能因有反正法和力矢移动法而忽略对基本方法的练习。

二、轴向拉压时的应力

轴向拉、压时横截面上只有正应力,无剪应力。正应力 σ 在整个横截面上均匀分布,计算式为

$\sigma=N/A$。

在与杆轴成45°的斜截面上作用有最大剪应力，此斜截面的剪应力和正应力相等，并等于横截面上正应力之半。

与横截面成90°的纵向截面上，正应力、剪应力均为零。

在任意斜截面上的正应力和剪应力计算式为

$$\sigma_\alpha=\sigma\cos^2\alpha$$

$$\tau_\alpha=\frac{1}{2}\sigma\sin2\alpha$$

最大正应力作用在横截面上。

三、轴向拉压时的变形

虎克定律揭示了材料的应力与应变之间的关系，是材料力学的一个基本定律。

用虎克定律计算纵向绝对变形的计算式为

$$\Delta l=\frac{Nl}{EA}$$

杆件在 l 段内的 N、A、E 应为不变的量。

虎克定律的另一表达形式为

$$\sigma=E\cdot\varepsilon$$

虎克定律的适用条件是杆件应力不超过比例极限 σ_p。

ν 表示应力在比例极限范围内时，横向线应变 ε' 与纵向线应变 ε 之比值的绝对值。E、ν 都是反映材料弹性性能的常数。

四、材料的力学性能

轴向拉、压试验是材料力学最主要、最基本的试验，是解决强度和刚度问题的重要依据。

通过试验测定的材料在常温、静载下的主要力学性能有

(1) 表示材料抵抗破坏能力的指标：σ_s(或 $\sigma_{0.2}$)、σ_b；

(2) 表示材料抵抗弹性变形能力的指标：E、ν；

(3) 表示材料产生塑性变形能力的指标：δ、ψ。

五、轴向拉、压时的强度计算

(1) 强度条件

$$\sigma_{max}=\frac{N}{A}\leqslant[\sigma]$$

(2) 应用强度条件可进行三类问题的计算：强度校核、设计截面、求许可荷载。

(3) 强度计算的步骤

1) 强度校核和设计截面

分析外力——求危险截面的内力(必要时可通过画轴力图确定)。

若为强度校核，则求出危险截面面积再按强度条件验算。

若为设计截面，则由 $A\geqslant\frac{N}{[\sigma]}$ 求出 A，再按截面形状求直径或边长。

2) 确定许可荷载[P]

求出横截面积 A——求出许可轴力[N]——按[N]与荷载的关系求出[P]。

思 考 题

2-2-1 试指出下列概念的区别。

(1) 内力与应力；

(2) 变形与应变；

(3) 线应变与延伸率；

(4) 极限应力与许用应力。

2-2-2 在什么条件下杆件产生轴向拉伸和压缩变形？

2-2-3 三根材料不同但尺寸相同的杆，它们的 σ—ε 曲线，如图 2-2-31 所示。问哪种材料的强度高？哪种材料的刚度大？哪种材料的塑性好？

2-2-4 现有低碳钢和铸铁两种材料，若图 2-2-32 中杆②选用低碳钢，杆①选用铸铁，你认为是否合理，为什么？

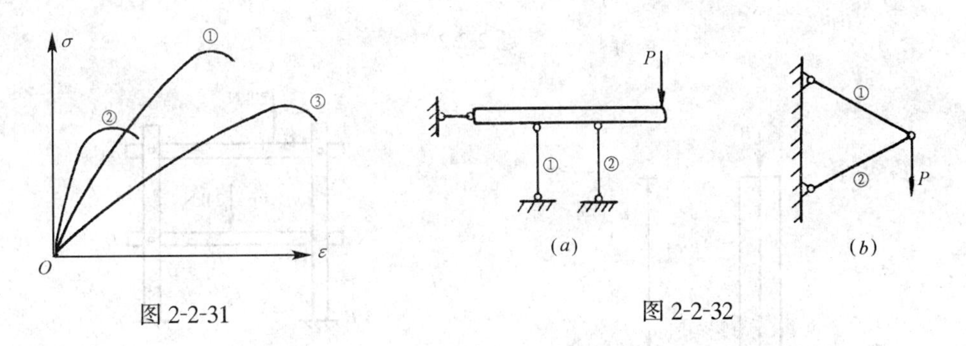

图 2-2-31　　图 2-2-32

2-2-5 已知低碳钢的弹性极限 $\sigma_e = 200\text{MPa}$，弹性模量 $E = 200\text{GPa}$，现有一低碳钢试件，其应变 $\varepsilon = 0.002$，问能否按下式计算试件的应力？

$$\sigma = E\varepsilon = 200 \times 10^3 \times 0.002 = 400\text{MPa}$$

2-2-6 轴力和截面面积相等而截面形状和材料不同的拉杆，它们的应力是否相等？

2-2-7 拉压杆强度条件是什么？利用强度条件可进行哪几类问题的计算？

习　题

2-2-1 求图示各杆 1—1 和 2—2 横截面上的轴力，并作轴力图。

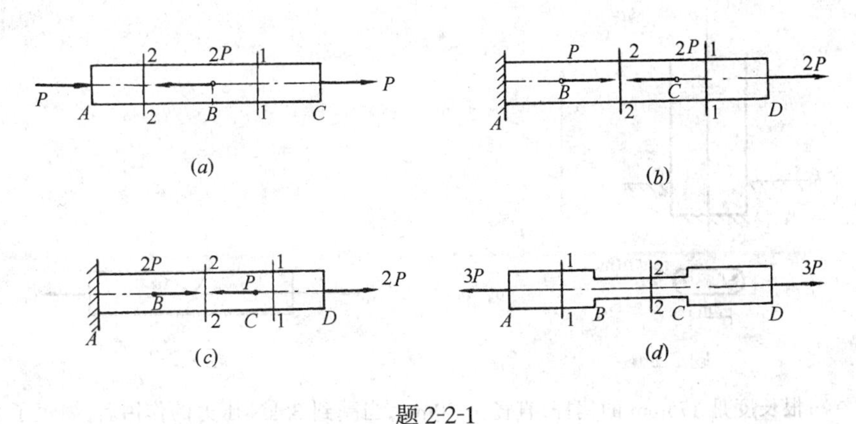

题 2-2-1

2-2-2 画出图示各杆的轴力图。

2-2-3 图示混凝土柱，截面积为 A、顶端受 P 作用，试作该柱的轴力图（考虑自重，重度为 γ）。

2-2-4 木架受力如图所示。已知左右立柱横截面面积 $A = 10 \times 10\text{cm}^2$，试作立柱的轴力图，并求左立柱各段横截面上的应力。

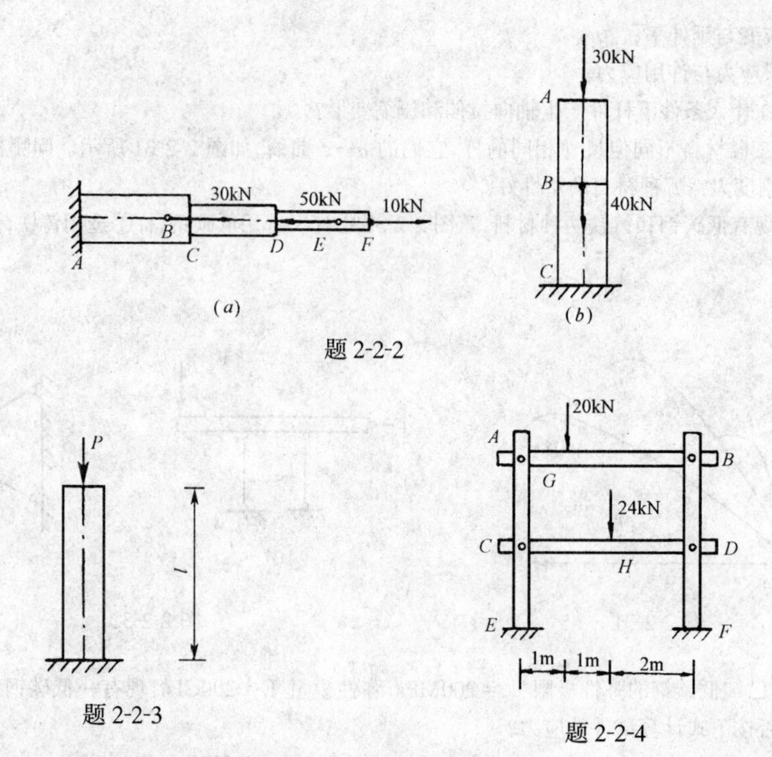

题 2-2-2

题 2-2-3

题 2-2-4

2-2-5 一根边长为 50mm 的正方形截面杆与另一根边长为 100mm 的正方形截面杆，受同样大小的轴向拉力作用。试求它们横截面上的正应力之比。

2-2-6 图示为一高 10m 的石砌桥墩，其横截面上的两端为半圆形。已知轴心压力 $P = 1000\text{kN}$，石料的重度 $\gamma = 23\text{kN/m}^3$。试求在桥墩底面上压应力的大小。

2-2-7 图示为一承受轴向拉力 $P = 10\text{kN}$ 的等直杆，已知杆的横截面面积 $A = 100\text{mm}^2$。试求 $\alpha = 30°$ 及 45°斜截面上的正应力和剪应力。

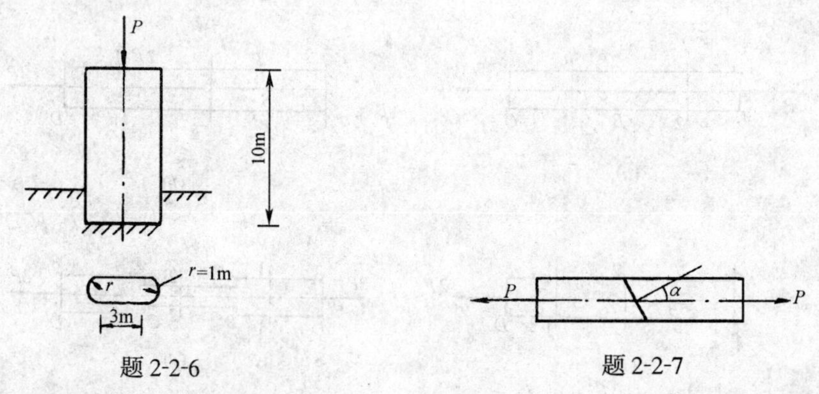

题 2-2-6

题 2-2-7

2-2-8 一根长度是 175mm 的钢杆，直径是 20mm，当受到 35kN 压力的作用后，缩短了 0.075mm。求：

(1) 钢杆的弹性模量 E；

(2) 在 20kN 拉力作用下的伸长。

2-2-9 一木柱受力情况如图示。已知柱的横截面为边长 $a = 200\text{mm}$ 的正方形，材料的弹性模量 $E = 10\text{GPa}$，如不计柱的自重。试求：

(1) 各段柱横截面上的应力；

(2) 各段柱的纵向线应变；

(3) 柱的总变形。

2-2-10 一阶梯形杆受力情况如图示。已知各段的横截面面积分别为 $A_1=800\text{mm}^2$，$A_2=400\text{mm}^2$，材料的弹性模量 $E=200\text{GPa}$，试求杆的总伸长。

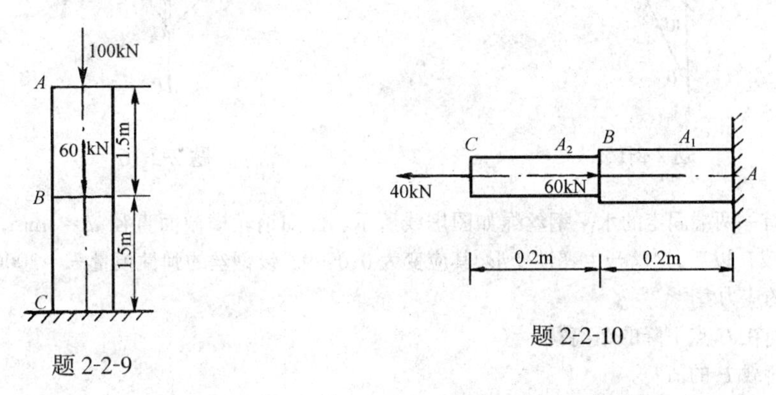

题 2-2-9

题 2-2-10

2-2-11 设低碳钢的弹性模量 $E_1=210\text{GPa}$，混凝土的弹性模量 $E_2=28\text{GPa}$，求：

(1) 在正应力 σ 相同的情况下，钢和混凝土的应变的比值；

(2) 在应变 ε 相同的情况下，钢和混凝土的正应力的比值；

(3) 当应变 $\varepsilon=-0.00015$ 时，钢和混凝土的正应力。

2-2-12 如图所示，用绳索吊起 $G=100\text{kN}$ 的重物，绳索的直径 $d=40\text{mm}$，许用应力 $[\sigma]=100\text{MPa}$，试校核绳索的强度。

2-2-13 图示支架，杆①为直径 $d=16\text{mm}$ 的圆截面钢杆，许用应力 $[\sigma]_1=140\text{MPa}$；杆②为边长 $a=100\text{mm}$ 的方形截面木杆，许用应力 $[\sigma]_2=4.5\text{MPa}$。已知结点 B 处挂一重物 $G=40\text{kN}$，试校核两杆的强度。

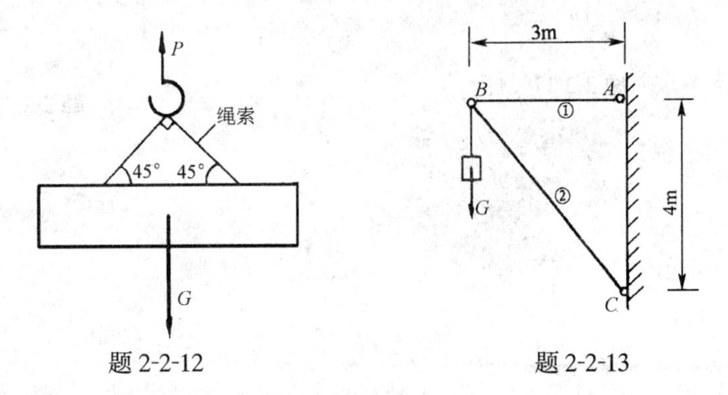

题 2-2-12

题 2-2-13

2-2-14 杆件受力如图所示，已知 CD 杆的刚度远比 AB 杆大，AB 杆为钢杆，直径 $d=30\text{mm}$，$[\sigma]=160\text{MPa}$。求结构的许可荷载 $[P]$。

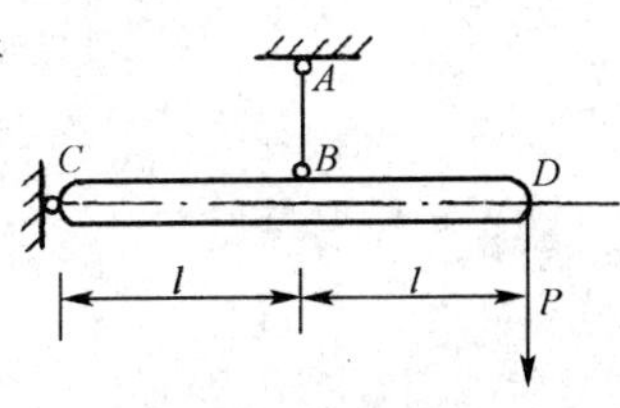

题 2-2-14

2-2-15 图示结构中，杆①为钢杆，$A_1=710\text{mm}^2$，材料的 $\sigma_p=200\text{MPa}$，$\sigma_s=240\text{MPa}$，$\sigma_b=400\text{MPa}$，安全系数 $n=2$。杆②为铸铁，$A_2=1260\text{mm}^2$，$\sigma_{b压}=400\text{MPa}$，$\sigma_{b拉}=100\text{MPa}$，安全系数 $n=4$。求结构的许可荷载 $[P]$。

2-2-16 一简单结构 ACB 的受力如图示。已知 $P=18\text{kN}$，$\alpha=30°$，$\beta=45°$，AC 杆的横截面面积为 300mm^2，BC 杆的横截面面积为 350mm^2。试求各杆横截面上的内力和应力。

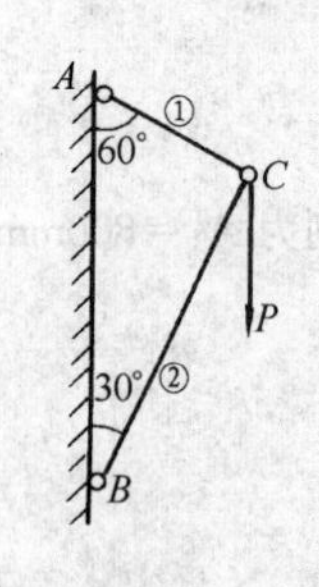

题 2-2-15

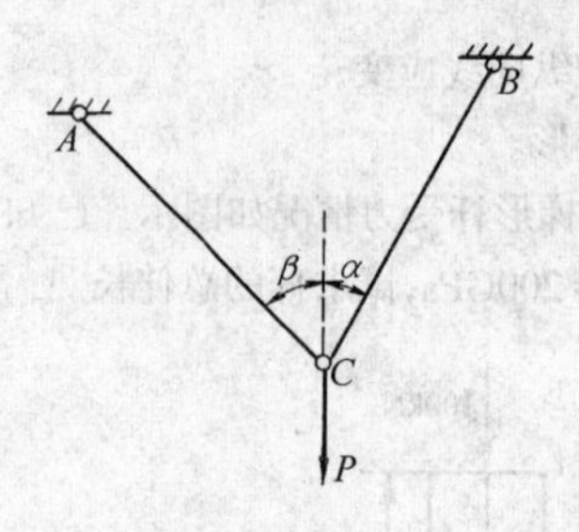

题 2-2-16

2-2-17 有一两端固定的水平钢丝绳如图虚线所示。已知钢丝横截面直径 $d=1\text{mm}$，当在绳中点 C 悬挂一集中荷载 P 以后，钢丝产生弹性变形，其应变为 0.0009。设钢丝的弹性模量 $E=200\text{GPa}$。试求：

(1) 钢丝的应力？

(2) 钢丝绳在 C 点下降的距离？

(3) 此时荷载 P 的值？

2-2-18 滑轮结构如图。AB 为钢杆，截面为圆形，直径 $d=20\text{mm}$，许用应力 $[\sigma]_1=160\text{MPa}$；BC 为木杆，截面为正方形，边长 $a=60\text{mm}$，许用应力 $[\sigma]_2=12\text{MPa}$。若不考虑绳与滑轮间的摩擦。试求此结构的许用荷载 $[P]$。

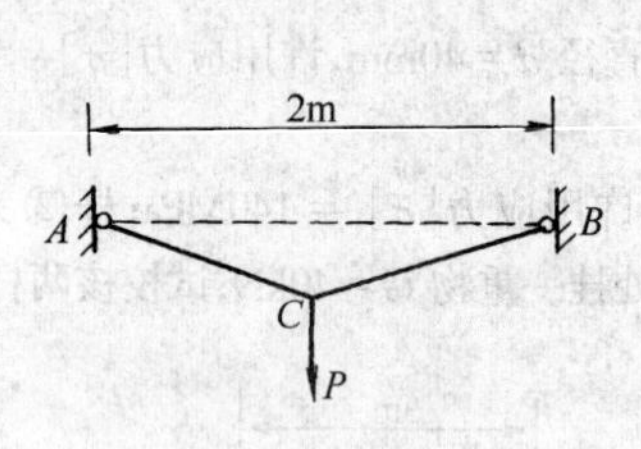

题 2-2-17

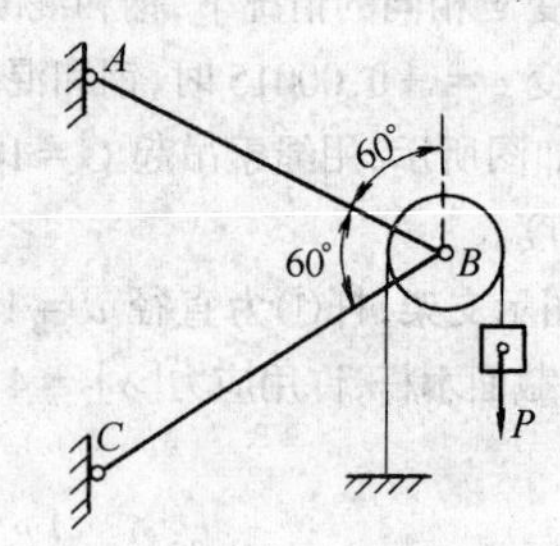

题 2-2-18

第三章　剪切和挤压

第一节　剪切的概念和实用计算

一、剪切的概念

剪切变形是杆件的基本变形形式之一。在日常生活中，人们用剪刀剪断物体，就是典型的剪切破坏的实例。在机器和结构中的一些连接件如螺栓（图 2-3-1）、键（图 2-3-2）、销钉（图 2-3-3）等也都是承受剪切作用的构件。现在说明这一类构件的受力和变形特点。

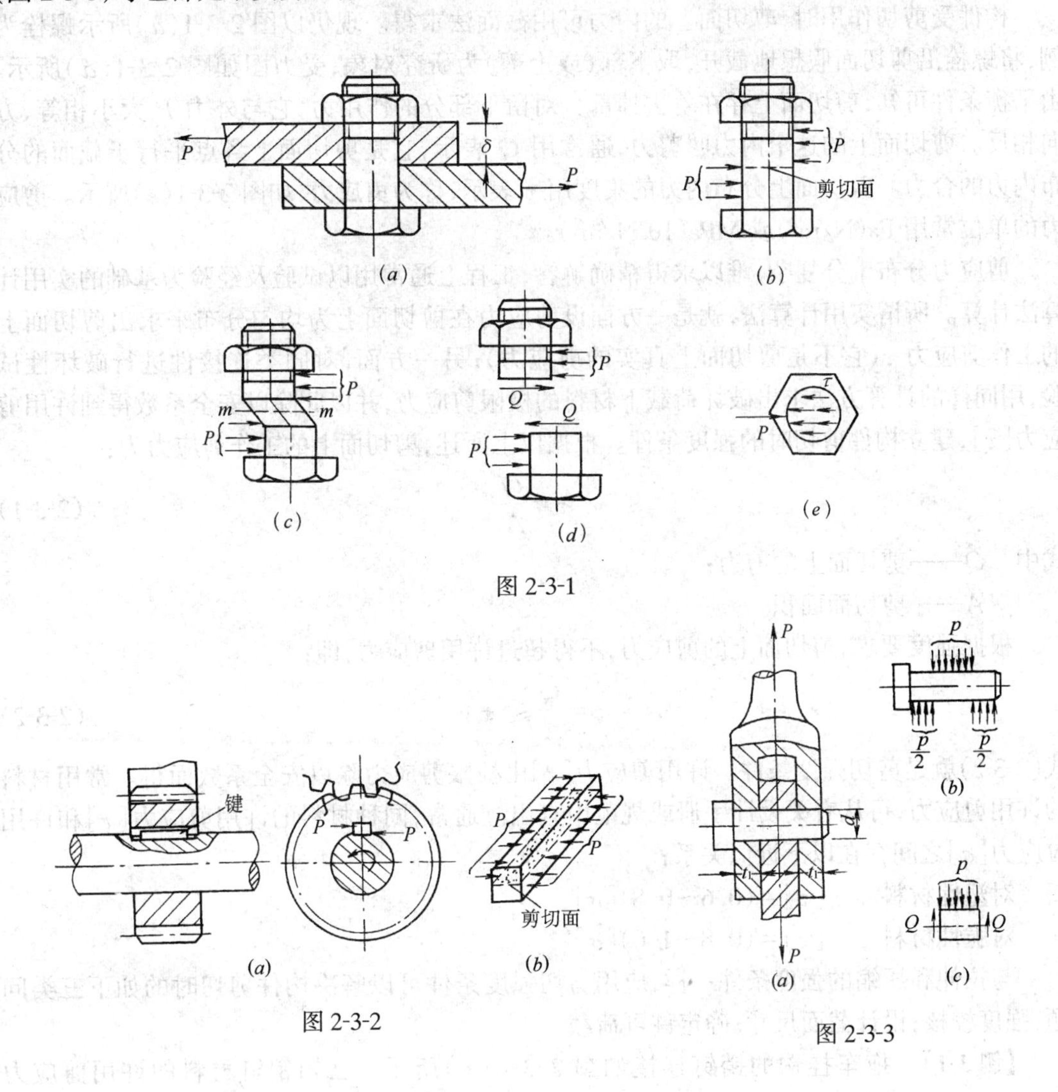

图 2-3-1

图 2-3-2

图 2-3-3

图 2-3-1(a)所示是两块钢板用螺栓连接的情形,螺栓起连接作用,称为**连接件**,钢板是被连接的部件,称为**被连接件**。当钢板受到拉力 P 作用后,将力传递到螺栓上,使螺栓的左下侧和右上侧受力(图 2-3-1b)。作用到螺栓两侧面上分布力的合力大小相等、方向相反、作用线不重合但相距很近。这时,螺栓介于这两个力之间的截面将发生沿作用力方向的相对错动(图 2-3-1c)。这种变形称为**剪切变形**,发生相对错动的截面称为**剪切面**。当外力足够大时,螺栓将沿剪切面被剪断。销钉、键等构件的受力和变形情况与螺栓相似。由此可见,构件在剪切变形时的受力特点是:作用于构件两侧面上横向外力的合力大小相等、方向相反,作用线平行且相距很近;其变形特点是:介于两作用力之间的截面将沿外力作用方向发生相对错动。

图 2-3-1 的螺栓和图 2-3-2 的键都只有一个剪切面,工程中称为**单剪**;而图 2-3-3 中的销钉具有两个剪切面,称为**双剪**。

二、剪切实用计算

构件受剪切作用时,剪切面上的内力可用截面法求得。现仍以图 2-3-1(a)所示螺栓为例,将螺栓沿剪切面假想地截开,取下部(或上部)为研究对象,受力图如图 2-3-1(d)所示。由平衡条件可知,剪切面上存在着去掉部分对留下部分的作用力,它与外力 P 大小相等、方向相反。剪切面上的这个内力叫**剪力**,通常用 Q 表示,它是剪切面上各点平行于截面的分布内力的合力。剪切面上分布内力的集度用 τ 表示,称为**剪应力**,如图 2-3-1(e)所示。剪应力的单位常用 Pa(N/m^2)或 MPa($10^6N/m^2$)。

剪应力分布十分复杂,难以求得精确解答,工程上通常用以试验及经验为基础的实用计算法计算。所谓实用计算法,就是一方面设剪应力在剪切面上为均匀分布来求出剪切面上的工作剪应力 τ(它不是剪切面上真实的剪应力);另一方面,对同类连接件进行破坏性试验,用同样的计算方法求出破坏荷载下材料的极限剪应力,并以此除以安全系数得到许用剪应力[τ],建立构件剪切时的强度条件。根据以上所述,剪切面上的工作剪应力为:

$$\tau=\frac{Q}{A} \tag{2-3-1}$$

式中 Q——剪切面上的剪力;

A——剪切面面积。

根据强度要求,剪切面上的剪应力,不得超过许用剪应力,即:

$$\tau=\frac{Q}{A}\leqslant[\tau] \tag{2-3-2}$$

式(2-3-2)就是剪切强度条件。许用剪应力[τ]由极限剪应力除以安全系数而得。常用材料的许用剪应力,可从有关设计手册或规范中查出。通常,同种材料的许用剪应力[τ]和许用拉应力[σ]之间存在以下近似关系:

对塑性材料　　$[\tau]=(0.6\sim0.8)[\sigma]$

对脆性材料　　$[\tau]=(0.8\sim1.0)[\sigma]$

与拉伸和压缩的强度条件一样,应用剪切强度条件可以解决构件剪切时的如下三类问题:强度校核;设计截面尺寸;确定许可荷载。

【例 3-1】 拖车挂钩的销钉连接如图 2-3-4(a)所示。已知销钉材料的许用剪应力$[\tau]=60$MPa,拖车的拉力 $P=15$kN,试选择销钉直径。

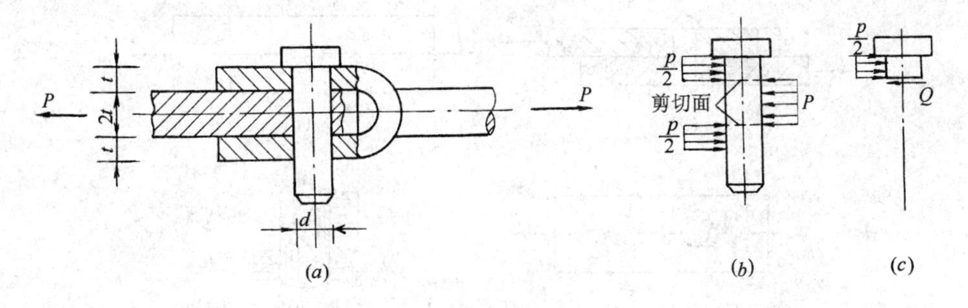

图 2-3-4

【解】 销钉受力情况如图 2-3-4(*b*)所示,因销钉有两个剪切面,故每个剪切面上的剪力 Q 可由截面法求得:

$$Q=\frac{P}{2}$$

设销钉直径为 d,则截面面积

$$A=\frac{\pi d^2}{4}$$

根据剪切强度条件有:

$$\tau=\frac{Q}{A}=\frac{\frac{P}{2}}{\frac{\pi}{4}d^2}=\frac{2P}{\pi d^2}\leqslant[\tau]$$

所以

$$d\geqslant\sqrt{\frac{2P}{\pi[\tau]}}=\sqrt{\frac{2\times15\times10^3}{\pi\times60}}=12.62\text{mm}$$

取 $d=14$mm。

第二节 挤压的概念和实用计算

一、挤压的概念

构件在受剪切作用的同时,还伴随着发生局部受挤压的现象。例如图 2-3-5(*a*)所示的铆钉连接,在钢板与铆钉的接触面上,力 P 由钢板传递给铆钉。由于钢板与铆钉的接触面积很小,而传递的压力又比较大,因而在两构件接触表面的局部区域很可能产生塑性变形。这种在接触面上因传递压力而产生局部变形的现象称为**挤压现象**。两构件相互压紧的表面称为**挤压面**,用 A_C 表示;作用于挤压面上的压力称为**挤压力**,用 P_C 表示;挤压力在挤压面上各点的分布集度称为挤压应力,以 σ_C 表示。当挤压力过大时,接触面将发生显著的塑性变形,使钢板上的铆钉孔变成椭圆形或使铆钉杆压扁(图 2-3-5*b*),造成连接松动,这就是**挤压破坏**。销钉、键、螺栓等构件也有与铆钉类似的受力与变形情况。因此,对连接件除进行剪切强度计算外,还应作挤压强度计算。

需要指出的是,挤压与压缩是截然不同的两个概念,挤压是发生在相互接触的两个物体的表面(连接件与被连接件的接触面);压缩则是产生于同一物体上,是同一物体在轴向压力

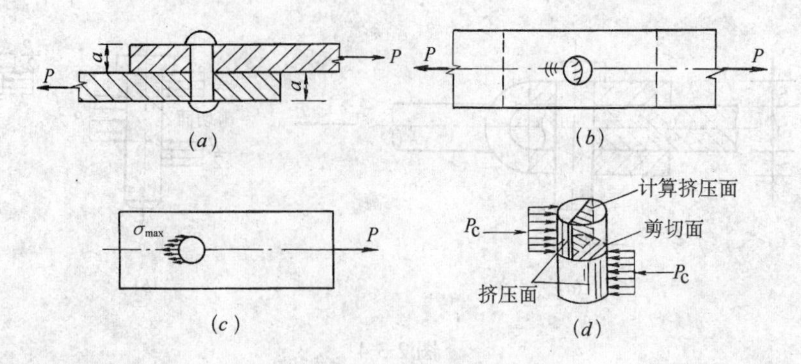

图 2-3-5

作用下沿力作用方向的缩短。

二、挤压实用计算

作用于连接件与被连接件接触面上的挤压力是作用力与反作用力的关系，可根据平衡条件求出。如图 2-3-5(a)中，求铆钉上半部分的挤压力时，由上面钢板的平衡条件知，铆钉作用于钢板孔壁的力为 P，指向左。而铆钉承受的挤压力 $P_C = P$，指向右。

挤压应力在挤压面上的分布很复杂，在图 2-3-5(a)的铆钉连接中，应力分布如图 2-3-5(c)所示。因此，工程上也采用实用计算法。在实用计算中，假定挤压应力在计算挤压面上为均匀分布，即：

$$\sigma_C = \frac{P_C}{A_C} \tag{2-3-3}$$

式中 A_C 为计算挤压面面积。当接触面为平面时，计算挤压面积就是接触面的面积；当接触面为半圆柱面时，取圆柱体的直径平面作为计算挤压面积(图 2-3-5d)。按此求得的挤压应力与按理论分析所得的最大挤压应力值十分接近。

为了保证构件不产生局部挤压破坏，按式(2-3-3)求出的挤压应力不得超过材料的许用挤压应力，即：

$$\sigma_C = \frac{P_C}{A_C} \leqslant [\sigma_C] \tag{2-3-4}$$

式(2-3-4)为挤压强度条件。式中$[\sigma_C]$为材料的许用挤压应力，可由试验确定，对于常用的材料可从有关规范中查取。根据实验积累的数据，许用挤压应力$[\sigma_C]$与许用拉应力$[\sigma]$存在以下近似关系：

对塑性材料　　$[\sigma_C] = (1.5 \sim 2.5)[\sigma]$

对脆性材料　　$[\sigma_C] = (0.9 \sim 1.5)[\sigma]$

应用挤压强度条件，可以对构件进行强度校核、设计截面尺寸、确定许可荷载三类强度计算。

【例 3-2】 两块厚度 $t = 10\text{mm}$ 的钢板用铆钉连接(图 2-3-6a)，钢板和铆钉的材料相同，已知材料的许用挤压应力$[\sigma_C] = 320\text{MPa}$，铆钉直径 $d = 16\text{mm}$，拉力 $P = 52\text{kN}$。试校核挤压强度。

【解】 两块钢板厚度相同，故铆钉上半部分和下半部分的挤压面也相同。取铆钉上半部分进行挤压强度校核，假定拉力 P 平均分配在每个铆钉上(图 2-3-6c)，由上面钢板的平衡条件可知，每个铆钉受到的挤压力为：

$$P_C = \frac{P}{2} = 26\text{kN}$$

计算挤压面面积为:

$$A_C = d \cdot t = 16 \times 10 = 160\text{mm}^2$$

故
$$\sigma_C = \frac{P_C}{A_C} = \frac{26 \times 10^3}{160} = 162.5\text{MPa} < [\sigma] = 320\text{MPa}$$

满足挤压强度要求。

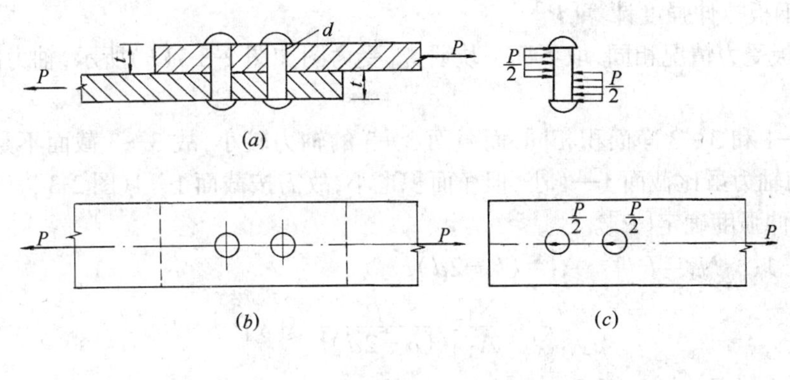

图 2-3-6

第三节　拉压杆件连接部分的强度计算

拉压杆件的连接部分包括连接件和被连接件。这一部分的牢固和安全对杆件乃至整个结构起着重要作用。连接部分的破坏可能有以下三种情况:1) 连接件发生剪切破坏;2) 连接件发生挤压破坏;3) 被连接件在连接部分由于钻孔截面受到削弱,削弱的截面处被拉断。相应地要进行以上三个方面的强度计算,下面通过例题具体说明。

【例 3-3】 两块钢板各宽 $b = 250\text{mm}$,厚 $t = 16\text{mm}$,用七个螺栓搭接如图 2-3-7(a)所示。已知螺栓直径 $d = 20\text{mm}$,钢板与螺栓材料相同,$[\tau] = 140\text{MPa}$,$[\sigma_C] = 320\text{MPa}$,$[\sigma] = 160\text{MPa}$。试求此连接部分能承受的最大荷载 P。

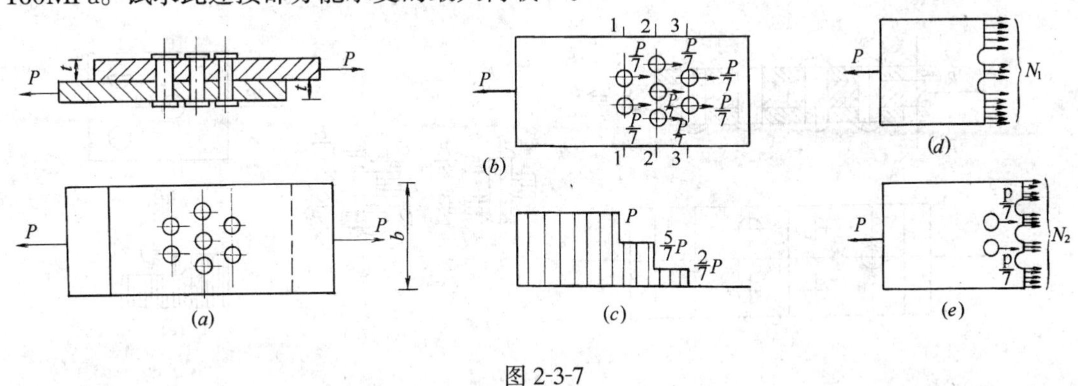

图 2-3-7

【解】 (1) 按螺栓剪切强度计算许可荷载$[P]$

由剪切强度条件

$$\tau=\frac{Q}{A}=\frac{4P}{7\pi d^2}=\frac{P}{700\pi}\leqslant[\tau]=140$$

$$[P]\leqslant 700\pi\times140=307.7\text{kN}$$

(2) 按挤压强度计算许可荷载

$$\sigma_C=\frac{P_C}{A_C}=\frac{P}{dt\times7}=\frac{P}{2240}\leqslant[\sigma_C]=320$$

$$[P]\leqslant 320\times2240=716.8\text{kN}$$

(3) 按钢板拉伸强度计算$[P]$

两块钢板受力情况相同,取下面一块研究,受力图如图 2-3-7(b)所示,轴力图示于图 2-3-7(c)。

截面 1—1 和 3—3 净面积相同,而截面 3—3 的轴力较小,故 3—3 截面不是危险截面。截面 2—2 的轴力虽比截面 1—1 小,但净面积也小,故需按截面 1—1(图 2-3-7d)和 2—2(图 2-3-7e)的拉伸强度确定$[P]$。

截面 1—1: $N_1=P \qquad A_1=(b-2d)t$

$$\sigma_1=\frac{N_1}{A_1}=\frac{P}{(b-2d)t}\leqslant[\sigma]$$

得 $$[P]\leqslant(b-2d)t[\sigma]=(250-2\times20)\times16\times160=537.6\text{kN}$$

截面 2—2: $N_2=\frac{5P}{7} \qquad A_2=(b-3d)t$

$$\sigma_2=\frac{N_2}{A_2}=\frac{5P/7}{(b-3d)t}\leqslant[\sigma]$$

$$[P]\leqslant\frac{7}{5}(b-3d)t[\sigma]=\frac{7}{5}(250-3\times20)\times16\times160=681\text{kN}$$

经三方面计算,连接部分能承受的最大荷载 $P=307.7\text{kN}$。

【例 3-4】 两块厚度 $t_2=20\text{mm}$ 的钢板用铆钉对接,上下各加一块厚度 $t_1=12\text{mm}$ 的盖板,如图 2-3-8(a)所示。已知拉力 $P=100\text{kN}$,盖板与钢板的材料均为 Q235 钢,材料的许用应力$[\tau]=100\text{MPa}$,$[\sigma_C]=320\text{MPa}$,$[\sigma]=160\text{MPa}$。试问 1) 共需用直径 $d=16\text{mm}$ 的铆钉多少个? 2) 钢板与盖板的宽度相同时,宽度 $b=$?

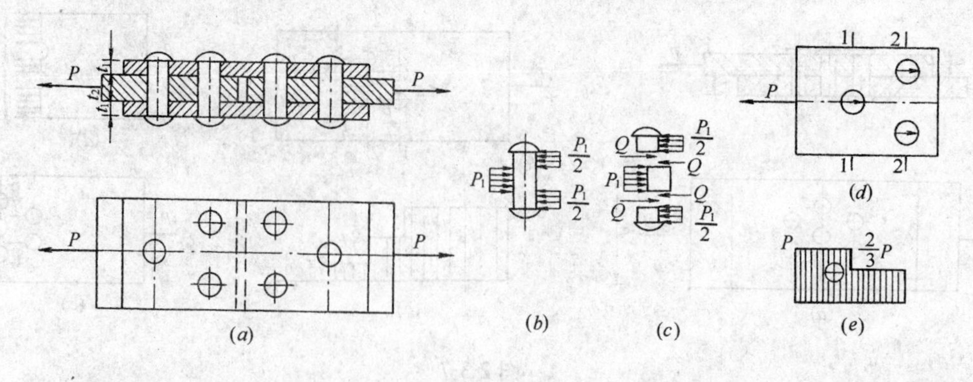

图 2-3-8

【解】 (1) 确定铆钉个数 设每边所需 n 个铆钉,则每个铆钉一侧受到的作用力为

$P_1=\dfrac{P}{n}$,受力图如图 2-3-8(b)所示。每个铆钉有两个剪切面,剪切面上的剪力(图 2-3-8c)为

$$Q=\frac{P_1}{2}=\frac{P}{2n}$$

由剪切强度条件

$$\tau=\frac{Q}{A}=\frac{P}{2nA}\leqslant[\tau]$$

得
$$n\geqslant\frac{P}{2A[\tau]}=\frac{100\times10^3}{2\times\frac{\pi}{4}\times16^2\times100}=2.49(个)$$

取 $n=3$ 个

用挤压强度校核　因 $2t_1>t_2$,故取计算挤压面面积 $A_C=t_2\times d$,每个铆钉的挤压力

$$P_C=P_1=\frac{P}{n}$$

于是挤压应力为

$$\sigma_C=\frac{P_C}{A_C}=\frac{\frac{P}{n}}{t_2d}=\frac{100\times10^3}{3\times20\times16}=104.2\text{MPa}<[\sigma_C]=320\text{MPa}$$

挤压强度满足。

(2) 确定钢板宽度　因 $2t_1>t_2$,按钢板抗拉强度确定板宽 b。

取左边钢板分析,画出受力图(图 2-3-8d)和轴力图(图 2-3-8e)。截面 1—1 比截面 2—2 的净面积大,但承受的轴力也大,故应对两个截面分别计算。

截面 1—1:　$N_1=P\quad A_1=(b-d)t_2$

由强度条件

$$\sigma_1=\frac{N_1}{A_1}=\frac{P}{(b-d)t_2}\leqslant[\sigma]$$

有
$$b\geqslant\frac{P}{t_2[\sigma]}+d=\frac{100\times10^3}{20\times160}+16=47.3\text{mm}$$

截面 2—2:　$N_2=\frac{2}{3}P\qquad A_2=(b-2d)t_2$

由强度条件

$$\sigma_2=\frac{N_2}{A_2}=\frac{\frac{2}{3}P}{(b-2d)t_2}\leqslant[\sigma]$$

有
$$b\geqslant\frac{\frac{2}{3}P}{t_2[\sigma]}+2d=\frac{2\times100\times10^3}{3\times20\times160}+2\times16=52.8\text{mm}$$

取 $b=54$mm。

小　　结

一、连接件的变形形式主要是剪切变形,并拌有挤压。其受力与变形特点是:在构件上作用有大小相等、方向相反、作用线平行且相距很近的两个横向力时,介于两力之间的截面将发生剪切变形。同时在接

触面上,因传递压力,产生挤压变形。

二、本章着重介绍了剪切和挤压的实用计算。实用计算法假设剪应力在剪切面上均匀分布及挤压应力在计算挤压面上均匀分布,并由此得出剪切和挤压强度条件:

$$\tau=\frac{Q}{A}\leqslant[\tau]$$

$$\sigma_C=\frac{P_C}{A_C}\leqslant[\sigma_C]$$

三、进行连接件的强度计算应注意以下几点

(1) 把连接件拆开或截断,认真进行受力分析,正确画出受力图;

(2) 正确判断剪切和挤压部位,并计算出剪切面面积和计算挤压面面积。

四、拉(压)杆件连接部分一般有三种破坏形式:1) 连接件的剪切破坏;2) 连接件的挤压破坏;3) 被连接件的拉伸破坏。相应地要进行上述三方面的强度计算。

思　考　题

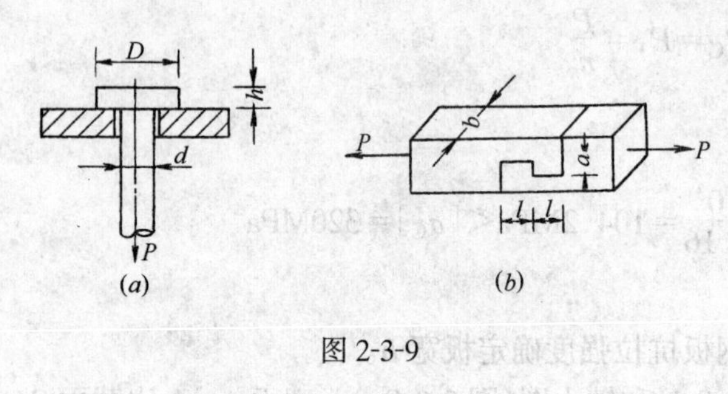

图 2-3-9

2-3-1　指出图 2-3-9 所示构件的剪切面和挤压面。

2-3-2　剪切变形的特点是什么?在剪切实用计算中作了什么假设?挤压面与计算挤压面是否相同?试举例说明。

2-3-3　挤压应力与压应力有何区别?

2-3-4　铆接连接部分要进行哪几方面的强度计算?

习　题

2-3-1　试校核图示联接销钉的剪切强度。已知 $P=80\text{kN}$,销钉直径 $d=30\text{mm}$,材料的许用剪应力 $[\tau]=60\text{MPa}$。

2-3-2　两块厚 $t=6\text{mm}$ 的钢板,有 3 个铆钉连接如图。若 $P=50\text{kN}$,许用剪应力 $[\tau]=100\text{MPa}$,许用挤压应力 $[\sigma_C]=280\text{MPa}$,试求铆钉直径。

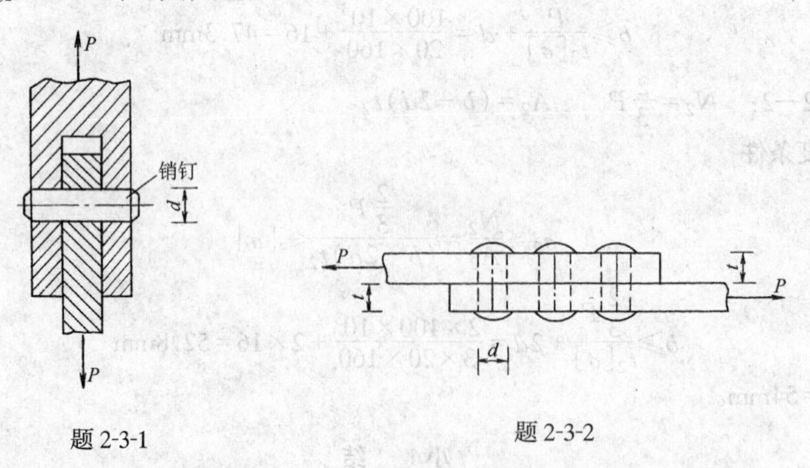

题 2-3-1　　　　题 2-3-2

2-3-3　用两个铆钉将等边角钢∟140×12(mm)铆接在墙上,构成支托。若 $P=30\text{kN}$,铆钉的直径为 21mm,试求铆钉的剪应力和挤压应力。

2-3-4 图示铜丝直径 $d_1=4\text{mm}$，销钉直径 $d_2=5\text{mm}$。当力 $P=150\text{N}$ 时，求铜丝与销钉截面上的平均剪应力。

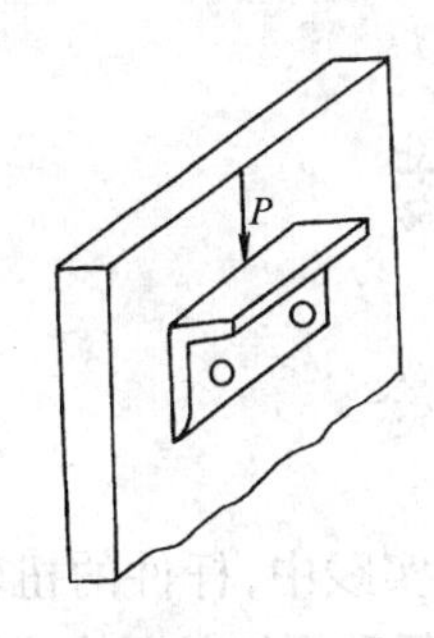

题 2-3-3

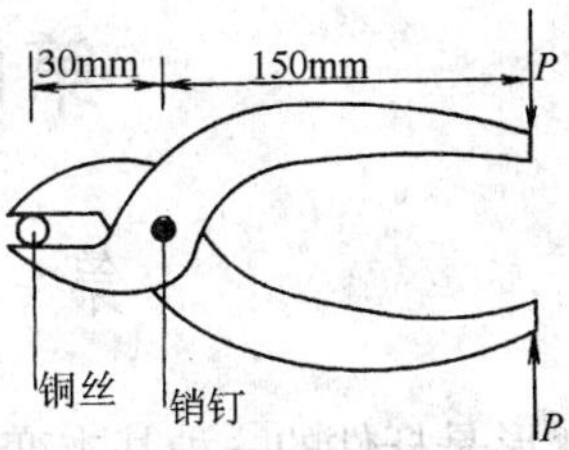

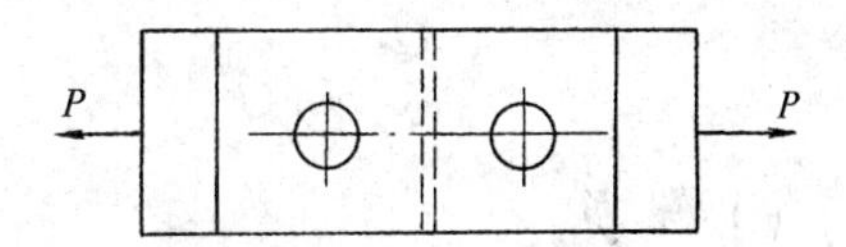

题 2-3-4

2-3-5 已知图示螺栓连接钢板的厚度 $t=10\text{mm}$，螺栓直径为 $d=17\text{mm}$，$[\tau]=140\text{MPa}$，$[\sigma_C]=320\text{MPa}$，$P=24\text{kN}$，试对螺栓作强度校核。

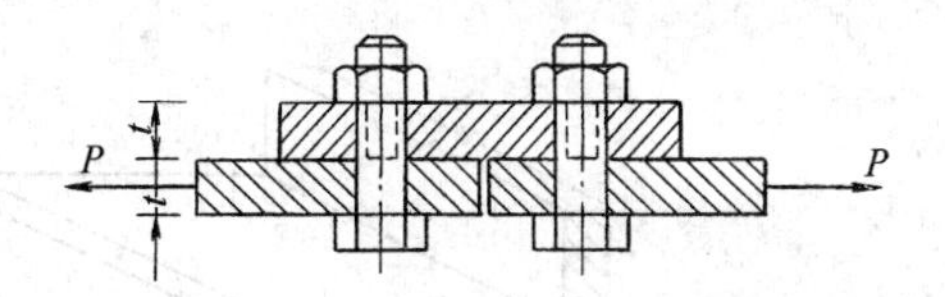

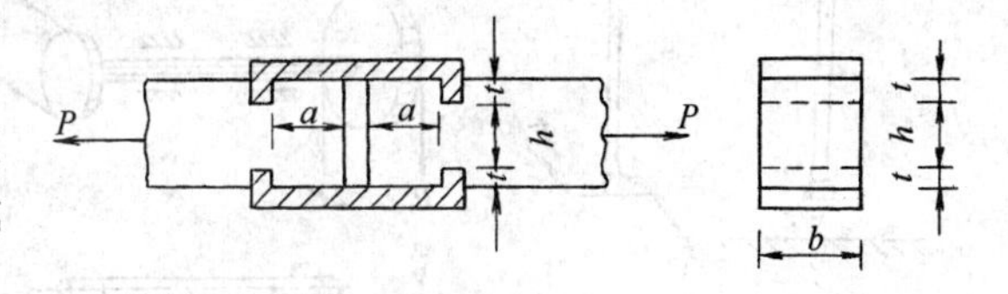

题 2-3-5

2-3-6 用两块槽形钢板将两根矩形截面木杆联接如图所示。若荷载 $P=80\text{kN}$，杆宽 $b=200\text{mm}$，木杆许用剪应力 $[\tau]=1\text{MPa}$，许用挤压应力 $[\sigma_C]=10\text{MPa}$，许用拉应力 $[\sigma]=10\text{MPa}$，试确定木接头所需尺寸 a、t 及高度 h。

题 2-3-6

2-3-7 正方形截面的混凝土柱，其横截面边长为 $a=180\text{mm}$，其基底为边长 $b=800\text{mm}$ 的正方形混凝土板。柱受轴向压力 $P=90\text{kN}$，如图所示。假设地基对混凝土板的反力为均匀分布，混凝土的许用剪应力为 $[\tau]=1.5\text{MPa}$。问使柱不致压穿混凝土板而所需的板的最小厚度 t 应为多少？

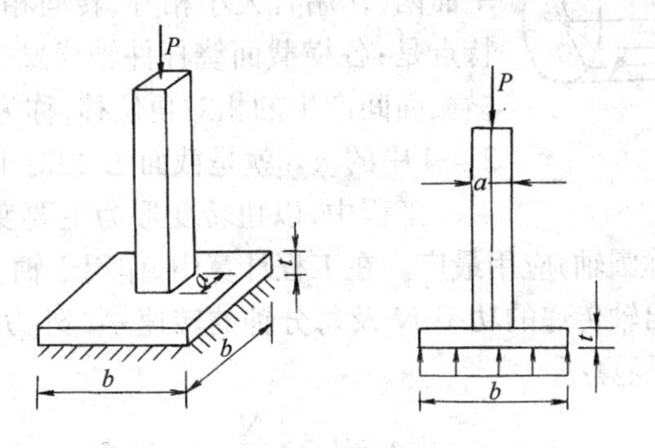

题 2-3-7

第四章　扭　　转

第一节　扭 转 的 概 念

扭转变形是杆件的一种基本变形。在日常生活及工程实践中，杆件的扭转变形是很多的。例如，用螺丝刀拧螺钉时，手指作用于螺丝刀柄上的力偶和螺钉的阻力在螺丝刀刀口上构成转向相反的力偶，就使螺丝刀产生扭转变形（图 2-4-1）。机械中的传动轴（图 2-4-2）也是以扭转变形为主的构件。再如房屋中的雨篷梁（图 2-4-3）在雨篷板荷载作用下，也有扭转变形。

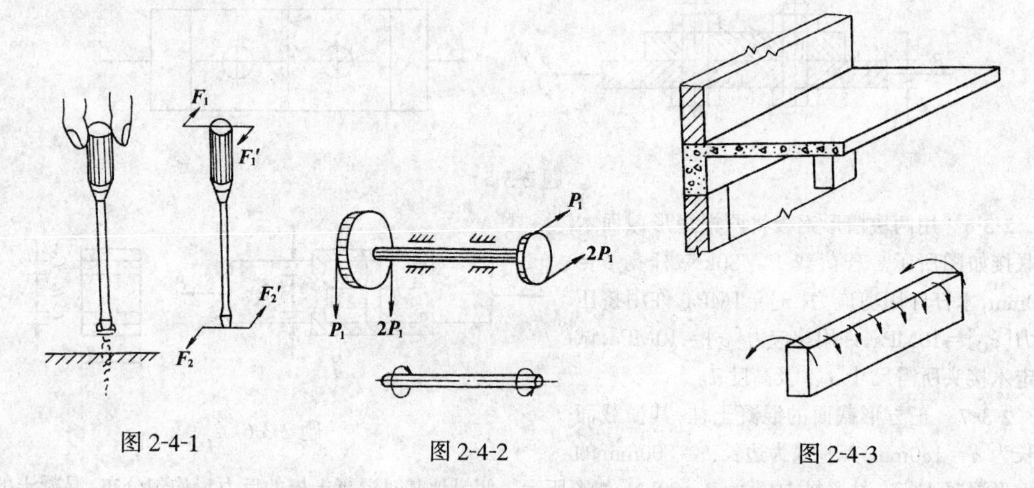

图 2-4-1　　图 2-4-2　　图 2-4-3

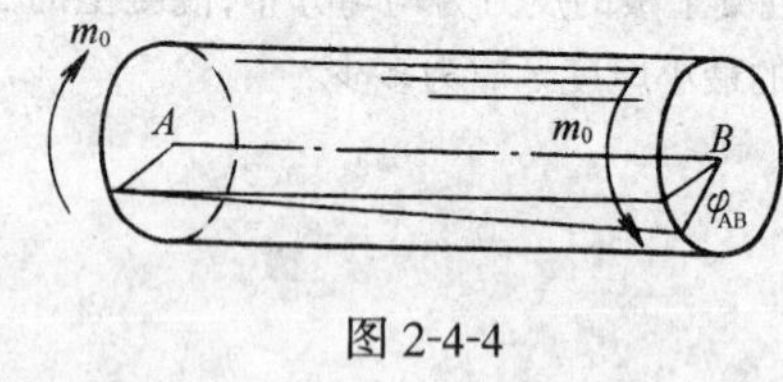

图 2-4-4

扭转变形的受力特点是：在垂直于杆件轴线的两个平面内，作用有大小相等、转向相反的一对力偶。其变形特点是：各横截面绕杆件轴线发生相对转动，这时任意两横截面间产生的相对角位移，称为扭转角，用 φ 表示。图 2-4-4 中的 φ_{AB} 就是截面 B 相对于截面 A 的扭转角。

工程中，以扭转变形为主要变形的构件称为轴，其中以等截面圆形直杆（简称圆轴）应用最广。在工程计算中，作用于轴上的外力偶矩 m 往往不是直接给出的，而是给出轴传递的功率 N 及每分钟的转速 n。外力偶矩 m 与功率 N、转速 n 可通过下面的关系式换算

$$m = 9.55\,\frac{N}{n} \tag{2-4-1}$$

式中 m 的单位为千牛·米（kN·m）；N 的单位为千瓦（kW），1 千瓦 $=\dfrac{1\text{千牛·米}}{\text{秒}}$（1kW = 1kN·m/s）；$n$ 的单位为转/分（r/min）。

本章主要讨论圆轴扭转时的强度和刚度计算。

第二节　扭转时的内力

一、扭矩

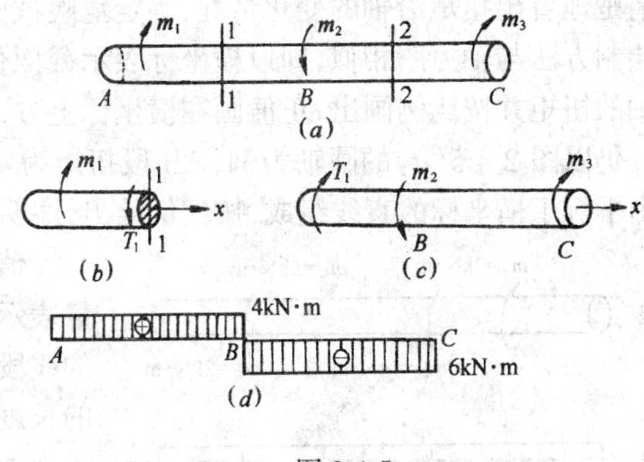

图 2-4-5

计算圆轴扭转时横截面上内力的方法仍然是截面法。设在圆轴上作用有大小为 $m_1=4\text{kN}\cdot\text{m}$，$m_2=10\text{kN}\cdot\text{m}$，$m_3=6\text{kN}\cdot\text{m}$ 的三个外力偶(图 2-4-5a)。欲求 AB 段任一截面 1—1 上的内力，可用一个垂直于杆轴的平面沿 1—1 截面将杆件假想地截开，取左段为研究对象(图 2-4-5b)，由平衡条件知，横截面上的内力必然是一个力偶 T_1，它代表了弃去的右段轴对左段轴的作用。内力偶的力偶矩称为扭矩，常用 T 表示，扭矩的单位与外力偶矩相同。在 T_1 中，下脚标表示 1—1 截面。假设它的转向如图 2-4-5(b)所示，根据平衡方程

$$\Sigma M_X=0 \qquad T_1-m_1=0$$

得

$$T_1=m_1 \tag{a}$$

如果取右段研究(图 2-4-5c)，由平衡方程 $\Sigma M_X=0$ 有

$$-T_1+m_2-m_3=0$$

得

$$T_1=m_2-m_3 \tag{b}$$

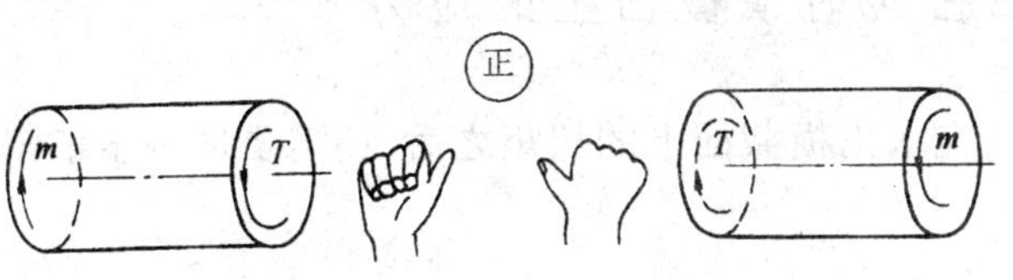

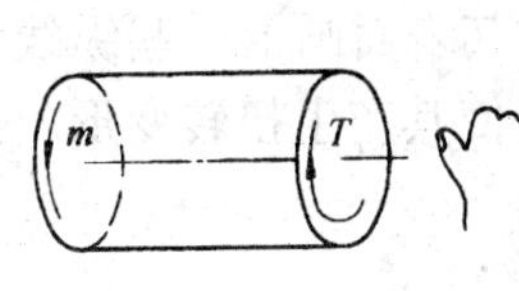

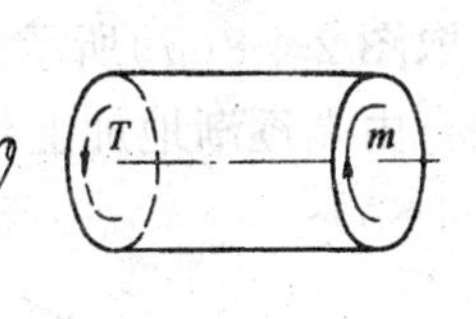

(b)

图 2-4-6

将各外力偶矩的大小代入式(a)和式(b)知，取截面的左边或右边部分研究，所得扭矩大小相同，但转向相反。为了使取左、右段轴求出的同一截面上扭矩的正负号相同，现作如下规定：以右手四指表示扭矩的转向，则大拇指的指向离开截面时为正，反之为负(图 2-4-6)。按照这一规定，1—1 截面的扭矩不论取左段还是右段研究，都为正值。

由上可知，计算扭矩是对左(或右)段轴建立平衡方程 $\Sigma M_X=0$，经过移项后得

$$T=\Sigma m_{左} \tag{2-4-2}$$

或

$$T=\Sigma m_{右} \tag{2-4-3}$$

上两式说明：圆轴任一横截面上的扭矩 T，其大小等于该截面一侧(左侧或右侧)轴上所有外力偶矩的代数和，且外力偶矩的转向与扭矩的转向相反时，等式右边的项取正号；反之取负号，符合“反为正”规律。应用这一规律可直接写出截面上的扭矩。例如求图 2-4-5(a)中截面 2—2 上的扭矩 T_2 时，用纸或手遮住截面左侧，假设截面上的扭矩为正，由反为

正规律,可直接得出 $T_2=-6\text{kN}$。可见,"反正法"同样适用于扭矩的计算。

二、扭矩图

表示圆轴各横截面扭矩变化规律的图形称为扭矩图。当轴上有多个外力偶作用时,为了清楚地看出扭矩沿轴的变化情况,确定危险截面和最大扭矩,就需要绘制扭矩图。扭矩图的绘制方法与轴力图相似,即以横坐标表示截面位置,纵坐标表示相应截面的扭矩,求出各段轴的扭矩并按比例画出,正值画在横坐标上方,负值画在下方,即得扭矩图。

仍以图 2-4-5(a)的圆轴为例,AB 段扭矩为 $4\text{kN}\cdot\text{m}$,BC 段为 $-6\text{kN}\cdot\text{m}$,均为常数,扭矩图由平行于横坐标的直线组成,按比例绘出,注明正负号即得扭矩图(图 2-4-5d)。

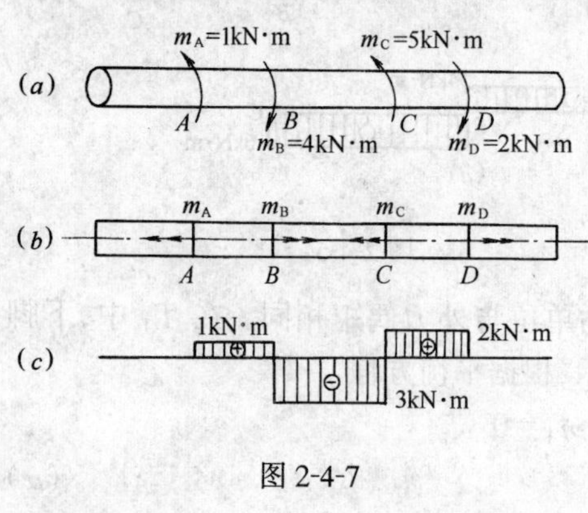

图 2-4-7

值得一提的是,外力偶矩、扭矩还可以用矢量表示。此矢量称为力偶矩矢,通常用带双箭头的线段(→→)表示,以便与力矢量相区别。线段的长度表示力偶矩的大小,线段的起(或终)点表示力偶矩作用平面,以右手四指表示力偶矩的转向,则大拇指的指向即为双箭头的指向。图 2-4-7(a)的外力偶矩若用力偶矩矢表示,则如图 2-4-7(b)所示。与力矢移动法绘 N 图的作法完全一样,将力偶矩矢从左(或右)端起,进行移动——代数相加,直至另一端,便可绘出扭矩图,如图 2-4-7(c)所示。

第三节 圆轴扭转时横截面上的应力

为了解决圆轴扭转时的强度问题,在求出横截面上的扭矩之后,还需要进一步了解截面上的应力。

一、横截面上剪应力的分布规律

先观察圆轴扭转时的变形现象。取图 2-4-8(a)所示的圆轴,在其表面画上一些纵线和圆周线,形成许多小方格,然后在圆轴自由端逐渐地加上外力偶 m,使其产生扭转变形。当变形很小时,可观察到如下现象(图 2-4-8b):

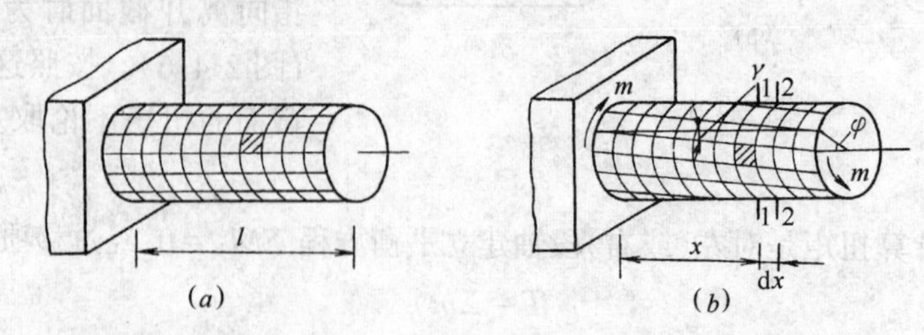

图 2-4-8

(1) 各圆周线的形状、大小和间距都未改变,只是绕轴线转动了不同的角度;

(2) 各纵向线都倾斜了同一角度 γ,圆轴表面的小方格都变成平行四边形,且直角的改变量均为 γ,这种直角的改变量称为剪应变。

根据上述变形现象，由表及里地推测，可以作出如下假设：

(1) 圆轴扭转后，圆周线所代表的横截面仍保持原来大小的圆形平面，半径仍为直线。各横截面只是象刚性圆盘一样绕轴线转了一个角度，这就是扭转时的平面假设。

(2) 各横截面间距不变，表明圆轴无纵向线应变，故横截面上没有正应力，只有剪应力。

(3) 各横截面形状、大小不变，直径仍为直线，且绕轴线有转动，表明圆轴沿径向无伸长或缩短，故横截面各点沿径向剪应力为零，只有垂直于半径方向的剪应力。

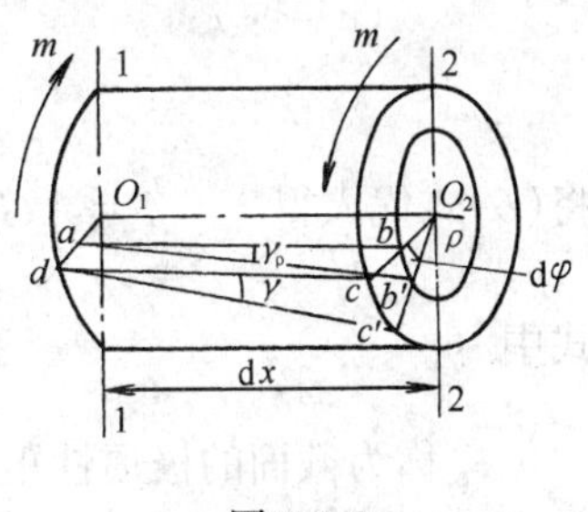

图 2-4-9

下面进一步分析剪应力在横截面上的分布规律。从图 2-4-8(b)中截取相距 $\mathrm{d}x$ 的微段，放大后如图 2-4-9 所示。由平面假设可知，截面 2—2 相对于截面 1—1 的扭转角为 $\mathrm{d}\varphi$，圆轴内与轴线 O_1O_2 相距为 ρ 的纵向线 ab 及圆轴表面的纵向线 dc 变形后分别为 ab' 与 dc'，2—2 截面上 c 点处的剪应变为 γ，设 b 点处的剪应变为 γ_ρ，由图上几何关系有

$$\gamma_\rho = \mathrm{tg}\gamma_\rho = \frac{\overset{\frown}{bb'}}{ab} = \rho\frac{\mathrm{d}\varphi}{\mathrm{d}x}$$

即
$$\gamma_\rho = \rho\frac{\mathrm{d}\varphi}{\mathrm{d}x} \tag{a}$$

式中 $\frac{\mathrm{d}\varphi}{\mathrm{d}x}$ 为单位长度的扭转角，对于同一截面，$\frac{\mathrm{d}\varphi}{\mathrm{d}x}$ 为一常数。可见，横截面上任一点的剪应变 γ_ρ 与该点到圆心的距离 ρ 成正比。

圆轴扭转试验表明：当剪应力不超过材料的剪切比例极限时，剪应力 τ 与剪应变 γ 成正比，即

$$\tau = G\gamma \tag{2-4-4}$$

式(2-4-4)称为剪切虎克定律，系数 G 称为材料的剪切弹性模量，它反映了材料抵抗剪切变形的能力。对于各向同性的材料，弹性模量 E、剪切弹性模量 G 和泊松比 ν 之间存在着下列关系

$$G = \frac{E}{2(1+\nu)} \tag{2-4-5}$$

当圆轴材料处于弹性范围内时，将式(a)代入式(2-4-4)可得

$$\tau_\rho = G\gamma_\rho = G\rho\frac{\mathrm{d}\varphi}{\mathrm{d}x} \tag{b}$$

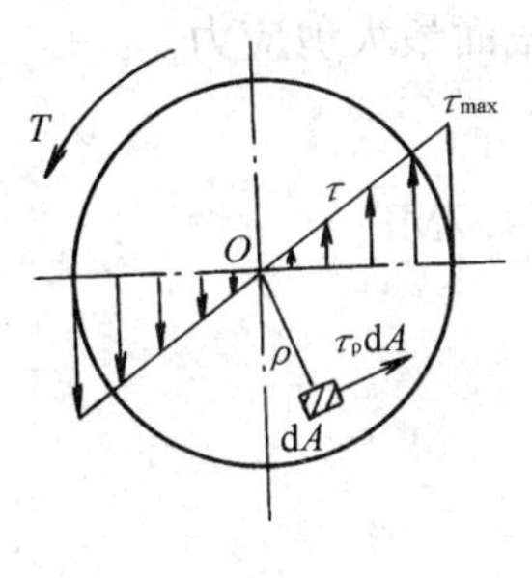

图 2-4-10

上式表明，横截面上各点的剪应力大小，与该点到圆心的距离成正比。由于圆轴扭转时，横截面上的扭矩 T，是截面上各点剪应力对圆心的微力矩之和，因此，任一点的剪应力对圆心微力矩的转向应和扭矩的转向一致。由此，可确定剪应力的指向。

综上所述：圆轴扭转时，横截面上各点只有剪应力，方向与半径垂直，指向与截面上扭矩的转向相对应，大小与该点到圆心的距离成正比，剪应力分布规律如图 2-4-10 所示。

二、剪应力的计算公式

在横截面上，离圆心 O 的距离为 ρ 处任取一微小面积 dA(图 2-4-10)，该处剪应力为 τ_ρ，整个微面积上的剪力为 $\tau_\rho dA$，它对圆心的微力矩为 $\rho\tau_\rho dA$，截面上所有微力矩的总和就是该截面的扭矩 T，即

$$\int_A \rho\tau_\rho dA = T \tag{c}$$

将(b)式代入得

$$T = \int_A G\rho^2 \frac{d\varphi}{dx} dA = G\frac{d\varphi}{dx}\int_A \rho^2 dA = G\frac{d\varphi}{dx} I_p \tag{d}$$

式中

$$I_p = \int_A \rho^2 dA \tag{e}$$

I_p 称为截面的极惯性矩，它只与截面的形状和尺寸有关(具体计算见下一章)，单位是 mm^4 或 cm^4。

由(d)式得

$$\frac{d\varphi}{dx} = \frac{T}{GI_p} \tag{f}$$

代入(b)式得

$$\tau_\rho = \frac{T}{I_p}\rho \tag{2-4-6}$$

这就是圆轴扭转时横截面上任一点的剪应力计算式。它表明：τ_ρ 与 ρ 成正比。在圆心 τ_ρ 为零，在周边 τ_ρ 最大，当 ρ 达到最大值 R 时(R 为半径)，τ_ρ 达到 τ_{max}。

$$\tau_{max} = \frac{T}{I_p}\rho_{max} = \frac{T}{I_p}R = \frac{T}{W_T} \tag{2-4-7}$$

式中，$W_T = \frac{I_p}{R}$，只与截面的几何尺寸有关，叫做抗扭截面系数，常用单位是 mm^3，有时也用 cm^3，式(2-4-7)表明，最大剪应力与截面上的扭矩 T 成正比，而与抗扭截面系数 W_T 成反比。若 W_T 增大，则 τ_{max} 减少，故 W_T 是表示圆轴抵抗扭转破坏能力的几何量。

对圆形截面，I_p、W_T 的计算式如下

$$I_p = \frac{\pi d^4}{32} \approx 0.1d^4 \tag{2-4-8}$$

$$W_T = \frac{I_p}{R} = \frac{\pi d^4/32}{d/2} = \frac{\pi d^3}{16} \tag{2-4-9}$$

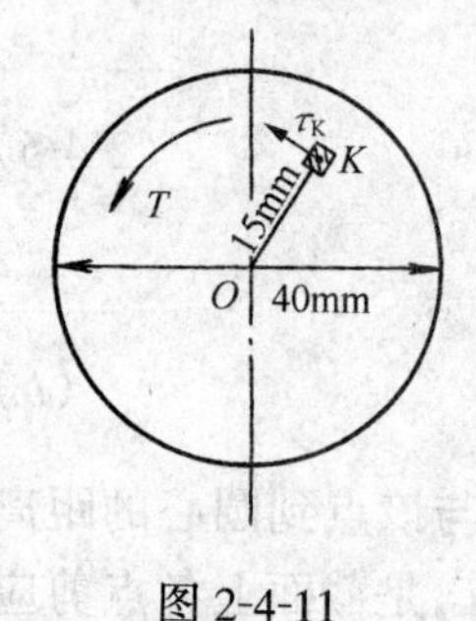

图 2-4-11

这里 d 为圆形截面的直径。

【例 4-1】 图 2-4-11 所示受扭圆轴的直径 $d = 40mm$，已知扭矩 $T = 1kN \cdot m$，试求横截面上 K 点剪应力及横截面最大剪应力。

【解】 由式(2-4-6)得 K 点剪应力

$$\tau_K = \frac{T}{I_p}\cdot\rho = \frac{1.0\times10^6}{\frac{\pi}{32}\times40^4}\times15 = 59.7MPa$$

由式(2-4-7)知，最大剪应力

$$\tau_{max} = \frac{T}{W_T} = \frac{1.0\times10^6}{\frac{\pi}{16}\times40^3} = 79.6MPa$$

三、空心圆轴扭转时的应力

由上面的分析可知,圆轴扭转时横截面上剪应力沿半径方向按直线规律变化。当截面边缘的剪应力很大,甚至达到许用剪应力时,圆心附近的剪应力仍然很小,材料得不到充分利用。为了提高圆轴的承载能力,又不增加材料用量,可将圆心附近的材料移到截面边缘,形成空心圆轴(图 2-4-12a)。对空心圆轴作与实心圆轴类似的分析,可得到如下结论:

空心圆轴扭转时,截面上只有垂直于半径方向的剪应力,指向与截面的扭矩转向相对应,大小也是沿半径方向按直线规律变化,只是在靠近轴线附近没有材料,所以也没有剪应力。剪应力分布规律如图 2-4-12(b)所示。

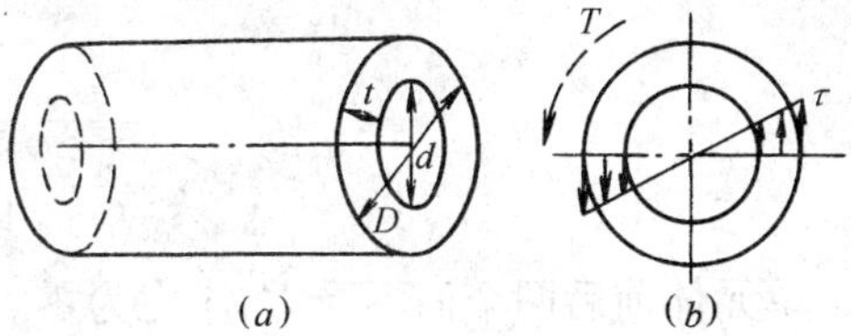

(a) (b)

图 2-4-12

空心圆轴横截面上任一点的剪应力 τ_ρ 和最大剪应力 τ_{max} 计算公式的形式与式(2-4-6)、式(2-4-7)相同,但 I_p 和 W_T 应按空心圆轴计算。对于外径为 D、内径为 d 的空心圆轴,极惯性矩 I_p 为

$$I_p=\frac{\pi D^4(1-\alpha^4)}{32} \tag{2-4-10}$$

抗扭截面系数 W_T 为

$$W_T=\frac{\pi D^3}{16}(1-\alpha^4) \tag{2-4-11}$$

式中,$\alpha=d/D$,是空心圆轴截面内、外直径的比值。

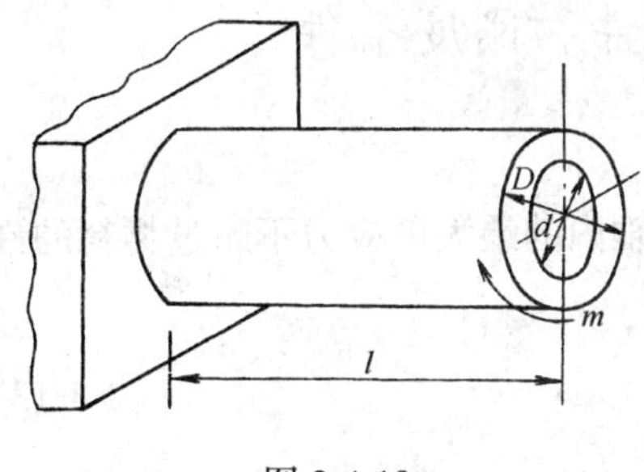

图 2-4-13

【例 4-2】 一钢制悬臂空心圆轴如图 2-4-13 所示。已知外径 $D=25$mm,内径 $d=15$mm,长度 $l=300$mm,在自由端受到 $m=90$N·m 的力偶作用。设应力不超过剪切比例极限,试求截面上的最大剪应力 τ_{max}及 $\rho=10$mm 处的剪应力。

【解】 圆轴各截面上的扭矩为

$$T=m=90\text{N·m}$$

圆轴的极惯性矩由式(2-4-10)得

$$I_p=\frac{\pi D^4}{32}(1-\alpha^4)=\frac{\pi\times25^4}{32}\left[1-\left(\frac{15}{25}\right)^4\right]=3.4\text{cm}^4$$

于是 $\rho=10$mm 处的剪应力 τ_ρ 及最大剪应力 τ_{max} 为

$$\tau_\rho=\frac{T}{I_p}\rho=\frac{90\times10^3}{3.4\times10^4}\times10=26.52\text{MPa}$$

$$\tau_{max}=\frac{T}{I_p}\rho_{max}=\frac{T}{I_p}\cdot\frac{D}{2}=\frac{90\times10^3\times12.5}{3.4\times10^4}=33.1\text{MPa}$$

四、剪应力互等定理

当空心圆轴截面内、外径比较接近(即圆筒厚度 t 很小)时,就成为薄壁圆筒(图2-4-14a)。对薄壁圆筒的扭转分析可知,圆筒横截面及径向纵截面上均无正应力;在横截面上剪应力沿壁厚均匀分布,沿圆周各点应力相同,方向与半径垂直。若用相距 dy 的两个径向纵截面和相距 dx 的两个横截面,截取图 2-4-14(a)所示的薄壁圆筒,可得到边长为 dx、dy 及厚度为 t 的矩形微块,称为单元体。图 2-4-14(b)是它的放大图。现在进一步研究单元体的平衡。

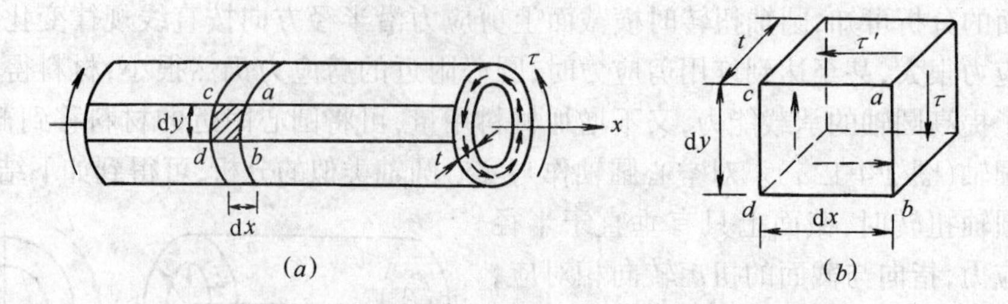

图 2-4-14

单元体前后两个面不受力,应力为零。ab 和 cd 面属于圆筒的横截面,其上作用有等值反向的剪应力 τ。这两个面上剪力的大小均为 $\tau \cdot t \cdot \mathrm{d}y$,它们组成一个力偶,力偶矩为$(\tau \cdot t \cdot \mathrm{d}y)\mathrm{d}x$,有使单元体转动的趋势。为了保持单元体的平衡,在它的上、下两个面必然存在着等值反向的剪应力 τ',相应的剪力为 $\tau' \cdot t \cdot \mathrm{d}x$,力偶矩为$(\tau' \cdot t \cdot \mathrm{d}x)\mathrm{d}y$,它与$(\tau \cdot t \cdot \mathrm{d}y)\mathrm{d}x$ 必然大小相等、转向相反,即

$$(\tau \cdot t \cdot \mathrm{d}y)\mathrm{d}x = (\tau' \cdot t \cdot \mathrm{d}x)\mathrm{d}y$$

所以

$$\tau = \tau' \tag{2-4-12}$$

上式表明,在单元体互相垂直的两个面上,垂直于公共棱边的剪应力成对存在,数值相等,且它们都指向(或背离)公共棱边。这种关系称为剪应力互等定理。象图 2-4-14(b)的单元体,在其四个侧面上只有剪应力,而无正应力,这种应力状态称为纯剪切状态。

第四节 圆轴扭转时的强度条件和刚度条件

一、强度条件

为了保证圆轴在扭转时安全、正常地工作,就必须使轴内的最大剪应力不超过材料的许用剪应力,即

$$\tau_{\max} = \frac{T}{W_{\mathrm{T}}} \leqslant [\tau] \tag{2-4-13}$$

式(2-4-13)称为圆轴扭转的强度条件。式中$[\tau]$为材料的许用剪应力,其值按上一章第一节所述方法确定。应用强度条件可进行如下计算:(1) 强度校核;(2) 设计截面尺寸;(3) 确定许可荷载。

【例 4-3】 传动轴如图 2-4-15(a)所示,所用材料的许用剪应力$[\tau]=40\mathrm{MPa}$。转速 $n=500\mathrm{r/min}$,轮 A 输入功率 $N_{\mathrm{A}}=20\mathrm{kW}$,轮 B、C 输出功率 $N_{\mathrm{B}}=12\mathrm{kW}$、$N_{\mathrm{C}}=8\mathrm{kW}$。试问:

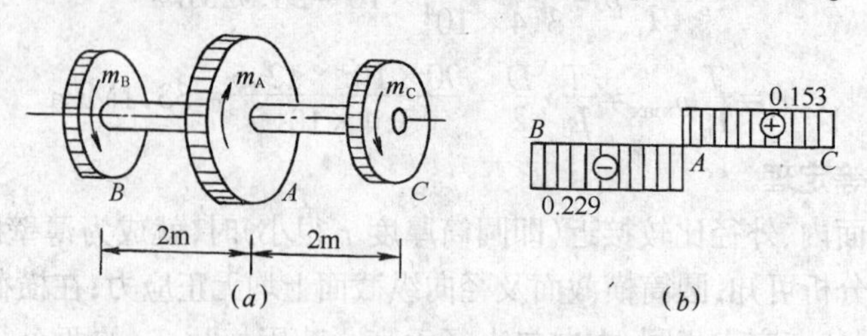

图 2-4-15

(1) 若采用实心圆轴,直径应为多少?

(2) 若采用空心圆轴，$\alpha=0.6$，此时内外直径各为多少？

(3) 比较上面两种情况下圆轴的用料。

【解】 作用于各轮的外力偶矩由式(2-4-1)求得

$$m_A=9.55\frac{20}{500}=0.382\text{kN}\cdot\text{m}$$

$$m_B=9.55\frac{12}{500}=0.229\text{kN}\cdot\text{m}$$

$$m_C=9.55\frac{8}{500}=0.153\text{kN}\cdot\text{m}$$

绘出传动轴的扭矩图如图 2-4-15(b)所示。

由扭矩图可以看出，最大扭矩在 AB 段，其值 $T=0.229\text{kN}\cdot\text{m}$。

(1) 采用实心圆轴，设直径为 D，由强度条件式(2-4-13)有

$$\tau_{\max}=\frac{T}{W_T}=\frac{T}{\frac{\pi D^3}{16}}\leqslant[\tau]$$

可得 $D\geqslant\sqrt[3]{\frac{16T}{\pi[\tau]}}=\sqrt[3]{\frac{16\times0.229\times10^6}{\pi\times40}}=30.8\text{mm}$

取 $D=32\text{mm}$

(2) 采用空心圆轴时，由式(2-4-11)知 $W_T=\frac{\pi D^3}{16}(1-\alpha^4)$，根据强度条件

$$\tau_{\max}=\frac{T}{W_T}=\frac{T}{\frac{\pi}{16}D^3(1-\alpha^4)}\leqslant[\tau]$$

有 $D\geqslant\sqrt[3]{\frac{16T}{\pi[\tau](1-\alpha^4)}}=\sqrt[3]{\frac{16\times0.229\times10^6}{\pi\times40\times(1-0.6^4)}}=32.2\text{mm}$

取外径 $D=34\text{mm}$，内径 $d=0.6\times34=20.4\text{mm}$

(3) 两轴长度和材料相同，故它们的用料比(重量比)应等于横截面积之比，

$$\frac{A_{空}}{A_{实}}=\frac{\frac{\pi}{4}(34^2-20.4^2)}{\pi\times32^2/4}=0.72$$

这表明，空心圆轴的用料仅为实心圆轴用料的 0.72 倍。

由本例可见，在相同的扭矩作用下，或者说具有相同的抗扭强度时，空心圆轴要比实心圆轴用料少，自重轻。这也可以理解为：横截面上圆心附近应力小，圆周边缘应力大，尽量把材料移到圆周边缘，充分发挥材料的作用，从而提高了圆轴的承载能力。

二、刚度条件

由上一节式(f)可得

$$d\varphi=\frac{T}{GI_p}dx \tag{2-4-14}$$

上式即为微段 dx(图 2-4-9)两端横截面的相对扭转角。对于长为 l 的圆轴，扭矩为 T 时，两端横截面的相对扭转角为：

$$\varphi=\int_l d\varphi=\int_0^l\frac{T}{GI_p}dx=\frac{Tl}{GI_p} \tag{2-4-15}$$

扭转角的单位为弧度(rad)。

工程中一般采用单位长度扭转角进行变形计算,即

$$\theta=\frac{\varphi}{l}=\frac{T}{GI_{\mathrm{p}}} \tag{2-4-16}$$

θ 的单位为弧度/米(rad/m)

由上式可知,当扭矩 T 一定时,剪切弹性模量 G 与截面极惯性矩 I_{p} 的乘积 GI_{p} 越大,则扭转角就越小。GI_{p} 反映了圆轴抵抗扭转变形的能力,故称为抗扭刚度。

圆轴受扭时的刚度条件为

$$\frac{\varphi}{l}=\frac{I}{GI_{\mathrm{p}}}\leqslant\left[\frac{\varphi}{l}\right] \tag{2-4-17}$$

式中$\left[\frac{\varphi}{l}\right]$为材料的许用单位长度扭转角,单位为度/米(°/m),为使式(2-4-17)等式两边用统一的单位(°/m),刚度条件又表示为

$$\frac{\varphi}{l}=\frac{T}{GI_{\mathrm{p}}}\cdot\frac{180}{\pi}\leqslant\left[\frac{\varphi}{l}\right] \tag{2-4-18}$$

【例 4-4】 某实心圆轴直径 $D=50$mm,转速 $n=250$r/min,材料的许用剪应力$[\tau]=60$MPa,$\left[\frac{\varphi}{l}\right]=0.8°$/m,$G=80$GPa。试求该圆轴所能传递的最大功率。

【解】 (1) 先按强度条件计算

由 $\tau_{\max}=\frac{T}{W_{\mathrm{T}}}\leqslant[\tau]$

得 $T\leqslant W_{\mathrm{T}}[\tau]=\frac{\pi}{16}\times50^3\times60$

$=1.47\times10^6\mathrm{N\cdot mm}=1.47\mathrm{kN\cdot m}$

(2) 由刚度条件$\frac{\varphi}{l}=\frac{T}{GI_{\mathrm{p}}}\cdot\frac{180}{\pi}\leqslant\left[\frac{\varphi}{l}\right]$

得 $T\leqslant\left[\frac{\varphi}{l}\right]G\cdot I_{\mathrm{p}}\cdot\frac{\pi}{180}=0.8\times10^{-3}\times80\times10^3\times\frac{\pi\times50^4}{32}\times\frac{\pi}{180}$

$=0.69\times10^6\mathrm{N\cdot mm}=0.69\mathrm{kN\cdot m}$

比较两种结果,可知圆轴截面的最大扭矩应不超过 0.69kN·m

由式(2-4-1)知 $T\geqslant m=9.55\,\frac{N}{n}$,

得 $N\leqslant\frac{T}{9.55}\times n=\frac{0.69}{9.55}\times250=18\mathrm{kW}$

该圆轴所能传递的最大功率为 18kW。

第五节 矩形截面杆扭转时的应力简介

在建筑工程中,大多数受扭杆件为矩形截面杆,如图 2-4-3 所示的矩形截面雨篷梁,发生弯曲变形的同时还发生扭转变形。

对于图 2-4-16(a)所示两端自由的矩形截面杆,在一对等值反向的力偶 m 作用下,扭转

变形如图 2-4-16(b)所示。我们可以观察到:横截面变形后不再是平面,而变成曲面。这种现象称为横截面的翘曲。这是矩形截面杆扭转变形区别于圆轴扭转的一个主要特征。因此,圆轴扭转的剪应力公式不再适用于矩形截面杆。

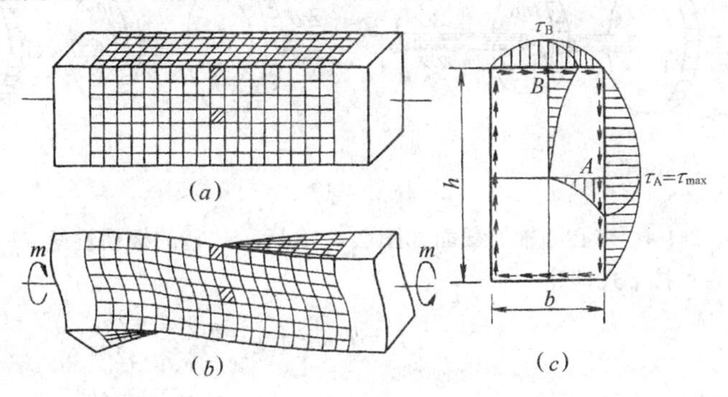

图 2-4-16

根据实验和弹性理论分析,图 2-4-16 所示的两端自由矩形截面杆,在扭转时,横截面上只有剪应力,其分布规律如图 2-4-16(c)所示。矩形截面四个角点的剪应力为零,周边上各点剪应力方向与周边相切,最大剪应力 τ_{max}发生在长边中点,其值可按下式计算

$$\tau_{max}=\frac{T}{\alpha b^2 h} \tag{2-4-19}$$

式中 T 为截面的扭矩;b、h 为截面的宽和长;α 是和边长比 h/b 有关的系数,可从下表查出。

α 与 h/b 的关系 **表 2-4-1**

h/b	1.0	1.2	1.5	1.75	2.0	2.5	3.0	4.0	5.0	6.0
α	0.208	0.219	0.231	0.239	0.246	0.258	0.267	0.282	0.291	0.299

小　结

一、圆轴扭转时的内力为扭矩 T,扭矩的大小可用截面法或者"反正法"计算,正负号规定按右手螺旋法则判定。圆轴所受外力偶较多时,一般要作出扭矩图。

二、本章介绍的剪应力互等定理及剪切虎克定律,是对材料进行力学分析时两个重要的基本定理。

三、圆轴扭转时横截面上只有剪应力,其大小沿半径呈直线规律分布,圆心处为零,圆周边缘最大;方向垂直于半径且对圆心之矩与扭矩转向一致。剪应力计算公式为 $\tau=\frac{T}{I_p}\rho$,在圆周边缘处 $\tau_{max}=\frac{T}{I_p}\rho_{max}=\frac{T}{W_T}$。其强度条件为:$\tau_{max}=\frac{T}{W_T}\leqslant[\tau]$。

刚度条件为

$$\frac{\varphi}{l}=\frac{I}{GI_p}\frac{180}{\pi}\leqslant\left[\frac{\varphi}{l}\right]$$

四、矩形截面杆扭转时,横截面翘曲。横截面上最大剪应力发生在矩形截面长边的中点。

思 考 题

2-4-1　受扭杆件的受力和变形特点是什么?如何计算截面上的扭矩?

2-4-2 在圆轴扭转变形实验中,根据什么推断出截面上任一点剪应力的方向与半径垂直。

2-4-3 图 2-4-17 所示的两个传动轴,哪一种轮的布置对轴的受力有利?

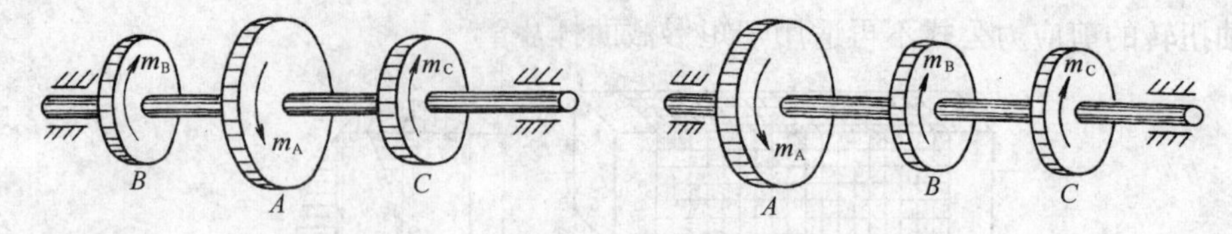

图 2-4-17

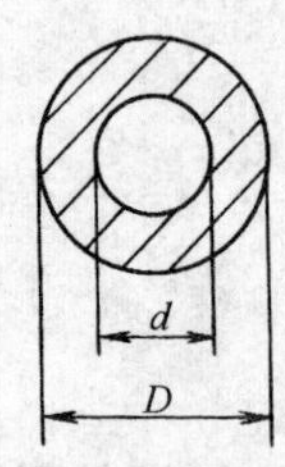

图 2-4-18

2-4-4 空心圆轴的截面如图 2-4-18 所示。它的极惯性矩 I_p 和抗扭截面系数 W_T 是否可按下式计算

$$I_p = I_{p外} - I_{p内} = \frac{\pi D^4}{32} - \frac{\pi d^4}{32}$$

$$W_T = W_{T外} - W_{T内} = \frac{\pi D^3}{16} - \frac{\pi d^3}{16}$$

2-4-5 直径相同,材料不同的两根等长的实心圆轴,在相同的扭矩作用下,其最大剪应力 τ_{max}、扭转角 φ 是否相同?为什么?

2-4-6 圆轴扭转的强度条件、刚度条件是什么?

2-4-7 矩形截面杆扭转时,横截面上剪应力的分布特点是什么?

习　　题

2-4-1 圆轴上作用四个外力偶,其矩为 $m_1 = 1000\text{N·m}$, $m_2 = 600\text{N·m}$, $m_3 = 200\text{N·m}$, $m_4 = 200\text{N·m}$。

(1) 求截面 1—1、2—2 的扭矩

(2) 求作轴的扭矩图。

2-4-2 一传动轴的转速为 $n = 200\text{r/min}$,轴上装有五个轮子,如图所示,主动轮 2 的输入功率为 60kW,从动轮 1、3、4、5 依次输出 18kW、12kW、22kW 和 8kW。试作出该轴的扭矩图。轮子这样布置是否合理?

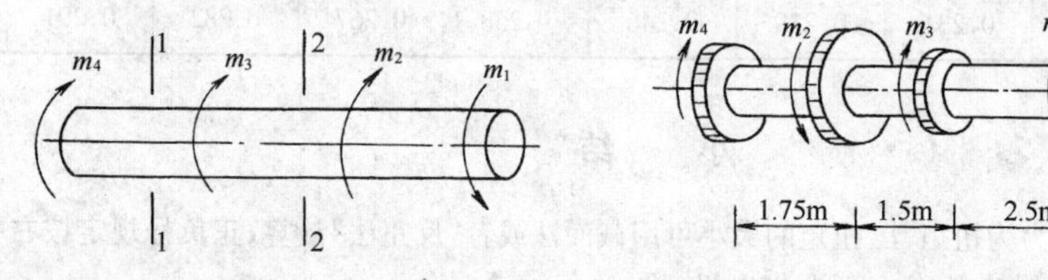

题 2-4-1　　　　题 2-4-2

2-4-3 图示一圆轴, $d = 100\text{mm}$, $l = 500\text{mm}$, $m_1 = 7000\text{N·m}$, $m_2 = 5000\text{N·m}$, $G = 80\text{GPa}$。

(1) 求作扭矩图;

(2) 求轴的最大剪应力,并指出其所在位置;

(3) 求截面 C 相对于截面 A 的扭转角。

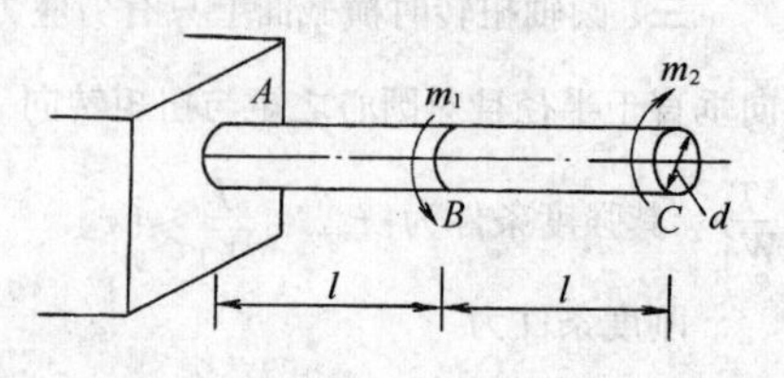

题 2-4-3

2-4-4 长 2m 的空心轴,外径是 100mm,内径是 75mm,一端固定,在自由端作用 $m = 600\text{N·m}$ 的外力偶矩。

(1) 求横截面上最大、最小的剪应力,并绘出截面的剪应力分布图;

(2) 求轴自由端截面的扭转角,取剪切弹性模量 $G = 85\text{GPa}$。

2-4-5 一直径 $d = 50\text{mm}$ 的圆轴,两端受 $m = 1000\text{N·m}$ 的外力偶矩作用而发生扭转,圆轴材料的剪切弹性模量 $G = 80\text{GPa}$。试求本题图中横截面上半径 $\rho_A = d/4$ 处的剪应力和剪应变。

2-4-6 图示传动轴，AC 段为空心圆轴，外径 $D_1=100\text{mm}$，内径 $d_1=80\text{mm}$；CD 段为实心圆轴，直径 $D=80\text{mm}$。B 轮输入功率 $N_B=250\text{kW}$，A 轮输出功率 $N_A=120\text{kW}$，D 轮输出功率 $N_D=130\text{kW}$。已知轴的转速 $n=300\text{r/min}$，$[\tau]=40\text{MPa}$，$\left[\dfrac{\varphi}{l}\right]=1°/\text{m}$，$G=30\text{GPa}$。试校核轴的强度和刚度。

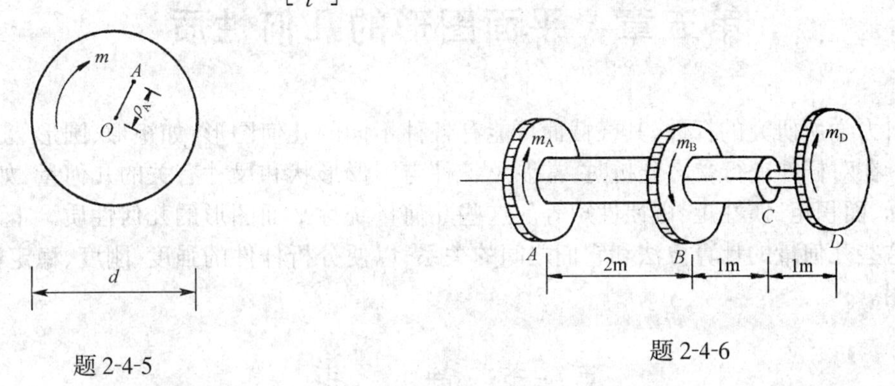

题 2-4-5

题 2-4-6

2-4-7 有一空心圆轴，已知其横截面的内、外直径比为 $d/D=0.8$，两端承受 $m=2\text{kN·m}$ 的外力偶作用，材料的抗剪许用应力 $[\tau]=50\text{MPa}$，剪切弹性模量 $G=80\text{GPa}$，容许单位长度扭转角 $\left[\dfrac{\varphi}{l}\right]=0.25°/\text{m}$。试求此空心圆轴应有的内径和外径。

第五章　平面图形的几何性质

材料力学所研究的杆件,其横截面可能有各种不同的几何图形,如矩形、圆形、工字形、T形等。在对杆件进行受力分析时,常涉及各种与图形形状和尺寸有关的几何量,如面积、形心坐标、面积矩、惯性矩、极惯性矩等。这些几何量统称平面图形的几何性质。本章将集中讨论这些几何量的计算方法和它们之间的关系,以便分析杆件的强度、刚度、稳定性等问题时使用。

第一节　静　　矩

图2-5-1所示任意平面图形,其面积为 A。在该图形内任一点(坐标为 x 和 y)处取一微面积 $\mathrm{d}A$,则乘积 $y\mathrm{d}A$ 称为微面积对 x 轴的静矩,这些微小乘积在整个面积 A 上的积分称为平面图形对 x 轴的静矩,又称为面积矩,用符号 S_x 表示

即
$$S_x = \int_A y\mathrm{d}A \qquad (2\text{-}5\text{-}1a)$$

类似地,可有
$$S_y = \int_A x\mathrm{d}A \qquad (2\text{-}5\text{-}1b)$$

公式(2-5-1)表明,平面图形的静矩不仅与图形面积有关,而且与坐标轴的位置有关。静矩是代数值,可正、可负、可为零,常用单位是三次方米(m^3)或三次方毫米(mm^3)。

若平面图形有对称轴,例如图2-5-2中的 y 轴,那末总可以在 y 轴两侧的对称位置上,取大小相同的微面积 $\mathrm{d}A$,它们的坐标 x 则是大小相等、符号相反,使得在对称位置上的这两个小静矩 $x\mathrm{d}A$ 之和等于零。依此类推,整个静矩 $S_y = \int_A x\mathrm{d}A$ 也必定为零。于是可得到静矩的如下重要性质:平面图形对它的对称轴的静矩为零。

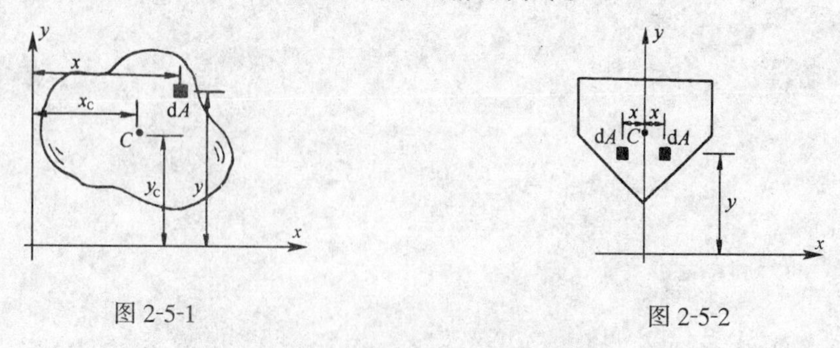

图2-5-1　　　　图2-5-2

在第一篇第五章中,已经建立了平面图形形心的坐标公式

$$\begin{cases} x_C = \dfrac{\Sigma \Delta A_i x_i}{A} \\ y_C = \dfrac{\Sigma \Delta A_i y_i}{A} \end{cases} \qquad (a)$$

当每个微面积 $\Delta A \to 0$ 时，(a)式中的总和号可以用积分取代，即

$$\begin{cases} x_C = \dfrac{\int_A x\mathrm{d}A}{A} \\ y_C = \dfrac{\int_A y\mathrm{d}A}{A} \end{cases} \tag{b}$$

将(b)式代入(2-5-1)式得到

$$\begin{cases} S_x = A \cdot y_C \\ S_y = A \cdot x_C \end{cases} \tag{2-5-2}$$

式(2-5-2)表明平面图形对 x(或 y)轴的静矩分别等于图形面积 A 与形心坐标 y_C 或 x_C 的乘积。该式反映了静矩和形心之间的关系。一般来说，简单图形的面积和形心位置都容易求得，所以利用(2-5-2)式可以方便地计算图形对任意轴线的静矩。此外，由式(2-5-2)可知，若 $y_C=0$，则 $S_x=0$；若 $x_C=0$，则 $S_y=0$。这说明若某坐标轴通过图形的形心，则图形对该轴的静矩等于零；反之，若图形对某坐标轴的静矩为零，则该轴必通过图形的形心。由于平面图形对于它的对称轴的静矩为零，故可以作出以下推论：平面图形的对称轴必定通过该图形的形心。如果平面图形具有两条对称轴，则该图形的形心必定位于两对称轴的交点。

由矩形、圆形等简单图形组合而成的图形，称为组合图形。若组合图形由 n 个简单图形组成，各简单图形的面积及其形心坐标为(A_1, x_1, y_1)、(A_2, x_2, y_2)、…、(A_n, x_n, y_n)，则由式(2-5-1)及积分的性质可知，整个组合图形对 x 轴和 y 轴的静矩为

$$\begin{aligned} S_x &= \int_A y\mathrm{d}A = \int_{A_1} y\mathrm{d}A + \int_{A_2} y\mathrm{d}A + \cdots + \int_{A_n} y\mathrm{d}A \\ &= A_1 y_{C1} + A_2 y_{C2} + \cdots + A_n y_{Cn} \\ S_y &= \int_A x\mathrm{d}A = \int_{A_1} x\mathrm{d}A + \int_{A_2} x\mathrm{d}A + \cdots + \int_{A_n} x\mathrm{d}A \\ &= A_1 x_{C1} + A_2 x_{C2} + \cdots + A_n x_{Cn} \end{aligned}$$

或写成

$$\begin{cases} S_x = \Sigma A_i y_{Ci} \\ S_y = \Sigma A_i x_{Ci} \end{cases} \tag{2-5-3}$$

这说明组合图形对某坐标轴的静矩，等于各简单图形对同一坐标轴的静矩之代数和。

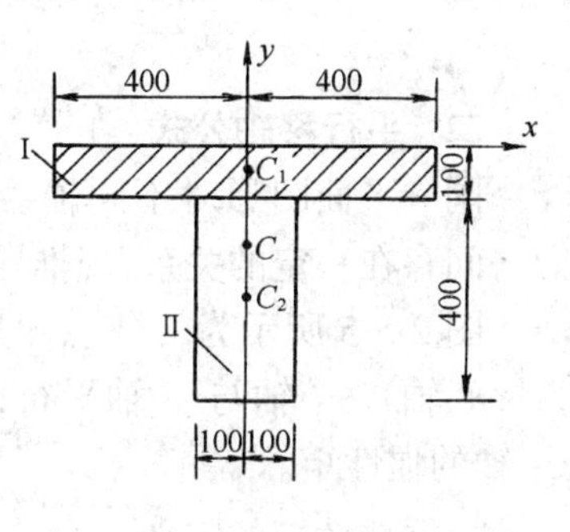

图 2-5-3

【例 5-1】 计算图 2-5-3 所示 T 形截面对 x 轴和 y 轴的静矩及形心位置。

【解】 T 形截面可视为矩形Ⅰ和Ⅱ组合而成，由于图形对称于 y 轴，故有 $S_y=0$ 及形心坐标 $x_C=0$。尚有 S_x 及 y_C 需要计算。

矩形Ⅰ

$A_1 = 800 \times 100 = 8 \times 10^4 \mathrm{mm}^2$，$y_{C_1} = -50\mathrm{mm}$

矩形Ⅱ

$$A_2=200\times400=8\times10^4\text{mm}^2, y_{C_2}=-300\text{mm}$$

$$S_x=A_1y_{C1}+A_2y_{C2}=8\times10^4\times(-50)+8\times10^4\times(-300)$$
$$=-28\times10^6\text{mm}^3$$

形心坐标 y_C 为

$$y_C=S_x/A=-28\times10^6/2\times8\times10^4=-175\text{mm}$$

第二节 惯 性 矩

一、简单图形的惯性矩

在图 2-5-1 所示任意平面图形中，微面积 dA 乘以它到 x 轴的距离的平方，即 y^2dA，称为微面积对 x 轴的惯性矩，它在整个图形上的积分称为该平面图形对 x 轴的惯性矩，记作 I_x。用同样的方式可以定义该图形对 y 轴的惯性矩 I_y。它们的数学表达式如下

$$\left\{\begin{aligned}I_x&=\int_A y^2\mathrm{d}A\\ I_y&=\int_A x^2\mathrm{d}A\end{aligned}\right. \tag{2-5-4}$$

平面图形的惯性矩是对某一轴而言的，对不同的轴线，其惯性矩是不同的。因为微面积和 y^2(或 x^2)都不可能为负值，所以惯性矩恒为正值，其常用单位是四次方米(m^4)或四次方毫米(mm^4)。

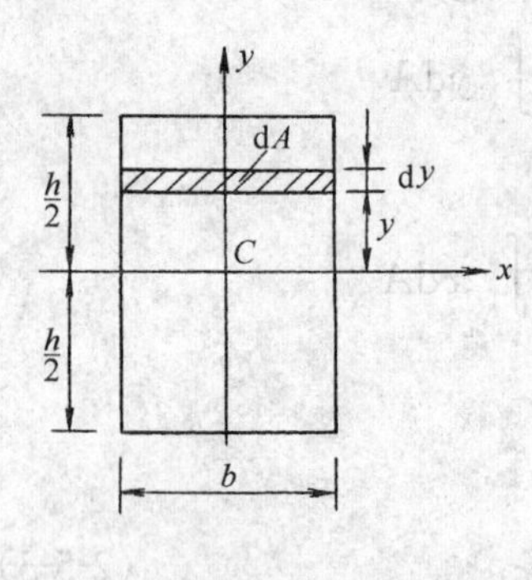

图 2-5-4

简单图形的惯性矩可由式(2-5-4)积分计算求出，常见简单图形和各种型钢的惯性矩也可从有关手册中查出。现以图 2-5-4所示矩形截面为例，说明积分计算的过程。设矩形的宽为 b 高为 h，计算它对通过形心 C 的两坐标轴的惯性矩 I_x 和 I_y。

取平行于 x 轴的微面积 $dA=b\,dy$，dA 到 x 轴的距离设为 y，由(2-5-4)式得

$$I_x=\int_A y^2\mathrm{d}A=\int_{-h/2}^{+h/2}y^2b\,\mathrm{d}y=\frac{b}{3}[y^3]_{-h/2}^{+h/2}=\frac{bh^3}{12}$$

类似地，取 $dA=h\,dx$，此微面积到 y 轴的距离为 x，

则 $$I_y=\int_A x^2\mathrm{d}A=\int_{-b/2}^{+b/2}x^2h\,\mathrm{d}x=\frac{h}{3}[x^3]_{-b/2}^{+b/2}=\frac{hb^3}{12}$$

二、平行移轴公式

同一平面图形对不同轴线的惯性矩虽然不同，但它们之间存在一定的关系，现推导如下。

图 2-5-5 所示为一任意图形，x 轴通过形心(因而称为形心轴)，x_1 轴与 x 轴平行，两轴相距为 a，求图形对 x_1 轴的惯性矩。

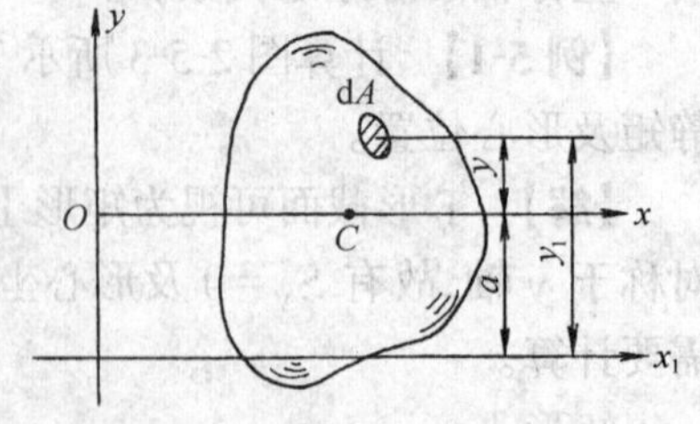

图 2-5-5

根据惯性矩的定义

$$I_{x_1}=\int_A y_1^2\mathrm{d}A=\int_A(y+a)^2\mathrm{d}A$$

$$=\int_A y^2 dA+2a\int_A y dA+a^2\int_A dA$$

等式右边第一项 $\int_A y^2 dA=I_x$，是图形对其形心轴 x 的惯性矩。第二项中 $\int_A y dA=S_x$ 是图形对形心轴 x 的静矩，由静矩的性质知 $S_x=0$。第三项中 $\int_A dA=A$ 是图形的面积。于是上式可写为

$$I_{x_1}=I_x+a^2A \tag{2-5-5}$$

此式称为平行移轴公式，它表明：平面图形对某轴的惯性矩，等于图形对与该轴平行的形心轴的惯性矩，再加上两轴距离的平方与图形面积的乘积。因为 a^2A 恒为正值，故图形对其形心轴的惯性矩是该截面对所有平行轴的惯性矩中最小的一个。利用这一公式，可使惯性矩的计算得到简化。

【例 5-2】 计算图 2-5-6(a)所示图形对 x_1 轴的惯性矩。

【解】 图形对形心轴的惯性矩 $I_x=\dfrac{bh^3}{12}$，且 x_1 轴平行于 x，两轴相距 $a=h/4$，故由式(2-5-5)有

$$I_{x_1}=\frac{bh^3}{12}+\left(\frac{h}{4}\right)^2\cdot bh=\frac{7}{48}bh^3$$

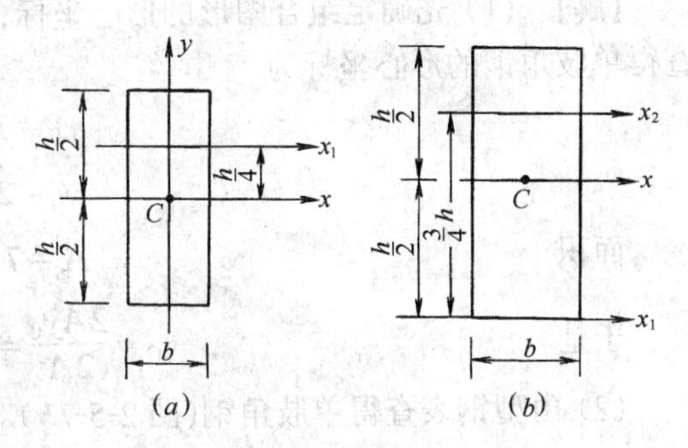

图 2-5-6

讨论：若已知图 2-5-6(b)中 $I_{x_1}=\dfrac{bh^3}{3}$，x_2 平行于 x_1 轴，相距 $a=3h/4$，能否直接用平行移轴公式计算 I_{x_2} 呢？

回答是否定的。因为 x_1 轴不是形心轴，故(2-5-5)式不能直接使用。否则将得出错误结果。正确算法是由 I_{x_1}、I_x 计算出 x_1 轴与形心轴之距 a_1，再求出形心轴与 x_2 轴之距 a_2，最后由式(2-5-5)求 I_{x_2}。计算过程如下

(1) 因 $I_{x_1}=I_x+a_1^2A$　即 $\dfrac{1}{3}bh^3=\dfrac{bh^3}{12}+a_1^2bh$

得 $a_1=h/2$，于是 x_2 轴与形心轴之距为 $a_2=\dfrac{3}{4}h-a_1=\dfrac{h}{4}$

(2) 由式(2-5-5)有

$$I_{x_2}=\frac{1}{12}bh^3+\left(\frac{h}{4}\right)^2\cdot bh=\frac{7}{48}bh^3$$

三、组合图形的惯性矩

设组合图形 A 由 A_1、A_2、…、A_n 等简单图形组成，根据惯性矩的定义和积分的性质有

$$I_x=\int_A y^2dA=\int_{A_1}y^2dA+\int_{A_2}y^2dA+\cdots+\int_{A_n}y^2dA$$

$$=I_x(A_1)+I_x(A_2)+\cdots+I_x(A_n)=\Sigma I_x(A_i) \tag{2-5-6}$$

这就是说，组合图形对某轴的惯性矩等于各简单图形对同一轴惯性矩之和。

各简单图形的形心轴，一般不是组合图形的形心轴，或者不是计算组合图形惯性矩时所指定的轴线。然而，只要各简单图形的形心轴与计算组合图形惯性矩时的坐标轴平行，就可以应用平行移轴公式，由式(2-5-6)求出组合图形的惯性矩。

【例 5-3】 图 2-5-7(a)所示为两肢不等边角钢∟80×50×6 组成的组合图形。试计算组合图形对其形心轴的惯性矩 I_x 及 I_y。

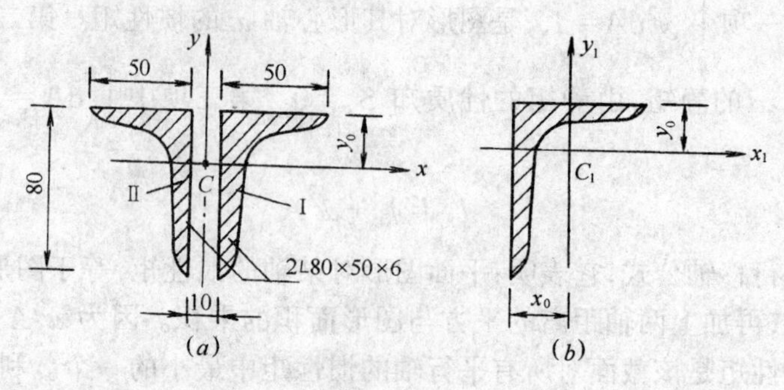

图 2-5-7

【解】 (1) 先确定组合图形的形心坐标,y 轴为组合截面的对称轴,故 $x_C=0$。由附录查得单肢角钢的形心坐标为

$$x_0=1.18\text{cm}$$

$$y_0=2.65\text{cm}$$

面积

$$A=7.56\text{cm}^2$$

于是

$$y_C=\frac{2Ay_0}{2A}=y_0=2.65\text{cm}$$

(2) 由型钢表查得单肢角钢(图 2-5-7b)对其形心轴的惯性矩为

$$I_{x_1}=49.49\text{cm}^4$$

$$I_{y_1}=14.95\text{cm}^4$$

(3) 因组合图形的 x 轴与单肢角钢的形心轴重合

所以

$$I_x=2I_{x_1}=2\times49.49=98.98\text{cm}^4$$

注意到组合图形的形心轴 y 与单肢角钢的形心轴 y_1 平行,相距

$$a=0.5\text{cm}+x_0=0.5+1.18=1.68\text{cm}$$

利用平行移轴定理

$$I_y=2(I_{y_1}+a^2A)$$

$$=2[14.95+(1.68)^2\times7.56]=72.57\text{cm}^4$$

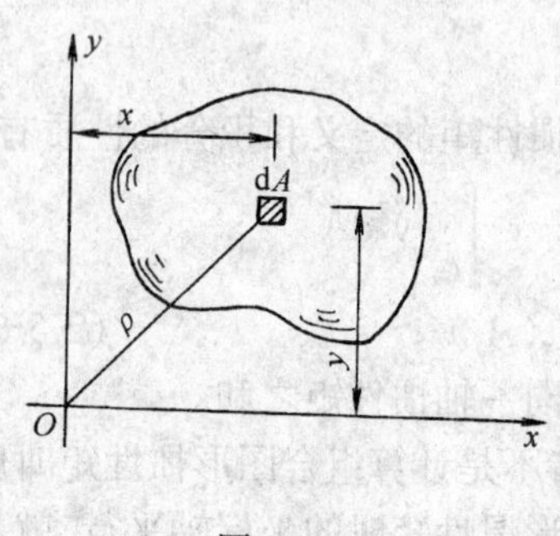

图 2-5-8

四、极惯性矩

如图 2-5-8 所示,设微面积 dA 到坐标原点 O 的距离为 ρ,则 $\rho^2\text{d}A$ 在整个面积上的积分称为平面图形对坐标原点 O 的极惯性矩,即

$$I_p=\int_A\rho^2\text{d}A \tag{2-5-7}$$

极惯性矩也恒为正值。单位与惯性矩相同。

由于 $\rho^2=x^2+y^2$

代入式(2-5-7)后得

$$I_p = \int_A y^2 dA + \int_A x^2 dA = I_x + I_y \tag{2-5-8}$$

即平面图形对其所在平面内任一点的极惯性矩 I_p 等于此图形对过此点的任一对正交坐标轴 x、y 的惯性矩之和。由于圆形、正方形对过形心坐标轴 x、y 的惯性矩有 $I_x = I_y$，所以这类图形对形心轴的惯性矩 I_x、I_y 和对形心的极惯性矩 I_p 的关系为：$I_x = I_y = I_p/2$。

【**例 5-4**】 计算图 2-5-9 所示圆形截面对圆心的极惯性矩和对任意过圆心的轴的惯性矩。已知圆形截面直径为 d

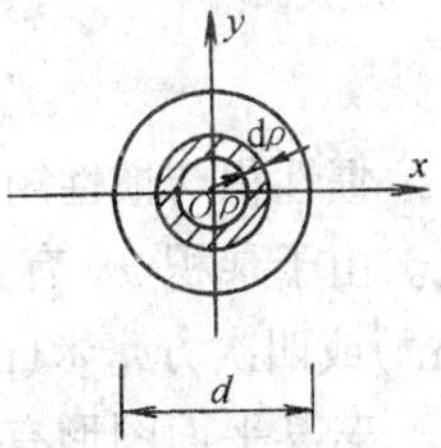

【**解**】 (1) 求 I_p

在距圆心 O 为 ρ 处取厚度为 $d\rho$ 的一环形面积(图 2-5-9)

$$dA = 2\pi \cdot \rho \cdot d\rho$$

图 2-5-9

由式(2-5-7)

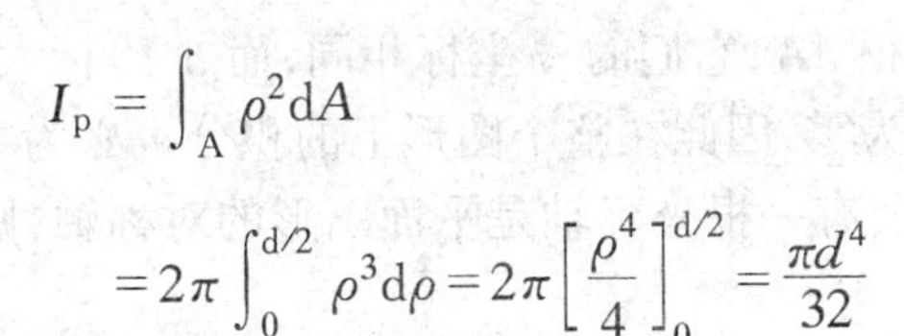

$$I_p = \int_A \rho^2 dA$$

$$= 2\pi \int_0^{d/2} \rho^3 d\rho = 2\pi \left[\frac{\rho^4}{4}\right]_0^{d/2} = \frac{\pi d^4}{32}$$

式(2-4-8)就是按此积分给出的。

(2) 图形对过圆心轴的惯性矩 I

利用圆的特殊性 $\quad I = I_x = I_y = \dfrac{I_p}{2} = \dfrac{\pi d^4}{64}$

根据惯性矩定义同样可以计算上一章给出的空心圆筒截面的极惯性矩。设空心圆筒横截面外径为 D，内径为 d，外圆面积为 A_1，内圆(空心)面积为 A_2，则截面面积 $A = A_1 - A_2$，于是

$$I_p = \int_A \rho^2 dA = \int_{A_1} \rho^2 dA - \int_{A_2} \rho^2 dA = \frac{\pi}{32}(D^4 - d^4)$$

此即式(2-4-10)。

五、惯性半径

平面图形对某坐标轴的惯性矩除以该图形的面积 A，再开平方，称为平面图形对该轴的惯性半径，即

$$i_x = \sqrt{\frac{I_x}{A}} \qquad i_y = \sqrt{\frac{I_y}{A}} \tag{2-5-9}$$

惯性半径常用单位为米或毫米。例如面积为 $b \times h$ 的矩形截面(图 2-5-4)，对其形心轴的惯性半径分别为

$$i_x = \sqrt{\frac{I_x}{A}} = \sqrt{\frac{bh^3/12}{bh}} = \frac{h}{\sqrt{12}} \qquad i_y = \sqrt{\frac{I_y}{A}} = \sqrt{\frac{hb^3/12}{bh}} = \frac{b}{\sqrt{12}}$$

又如直径为 d 的圆形截面(图 2-5-9)，对过形心的任一坐标轴的惯性半径为

$$i = \sqrt{\frac{I}{A}} = \sqrt{\frac{\pi d^4/64}{\pi d^2/4}} = \frac{d}{4}$$

第三节 惯性积及主惯性矩的概念

设有平面任意图形(图 2-5-1),微面积 dA 和它的两个坐标 x、y 的乘积 $xy\mathrm{d}A$,在整个图形内的积分称为该图形对 x、y 轴的惯性积,以 I_{xy}表示,即

$$I_{xy}=\int_A xy\mathrm{d}A \tag{2-5-10}$$

惯性积与惯性矩不同,它是对两条正交坐标轴而言的,因此与两条坐标轴的位置都有关。由于乘积 xy 有正、有负、有零,所以惯性积也可能为正、为负、为零。单位是四次方米(m^4)或四次方毫米(mm^4)。

若某平面图形有一根对称轴,如图 2-5-2 中的 y 轴,则在对称轴两侧的对称位置上,总可以找出大小相同的微面积 dA,它们的 y 坐标相同,而 x 坐标大小相等、符号相反。这两个微面积的惯性积之和必为零,因此在整个图形上的积分也必为零,即 $I_{xy}=0$。这表明:正交坐标系 x、y 两轴中,只要有一根坐标轴是平面图形的对称轴,则该图形对此坐标系的惯性积必为零。

平面任意图形(图 2-5-8),对于通过 O 点的任意正交坐标轴 x、y 的惯性积 I_{xy}可由式(2-5-10)计算。当这两坐标轴同时绕 O 点转动某一角度时,由于积分函数 xy 的变化,I_{xy}也随之变化。随着角在 0°～360°之间变化,I_{xy}则在正值和负值之间变化。因此必然存在着图形的惯性积 $I_{x_0y_0}=0$ 的一对正交坐标轴 x_0、y_0,则此时的正交坐标轴 x_0、y_0 称为图形通过 O 点的主惯性轴,简称主轴。此图形对于主轴 x_0 和 y_0 的惯性矩 I_{x_0} 和 I_{y_0} 称为主惯性矩。

如果主轴的原点 O 与该平面图形的形心 C 重合,则称 x_0、y_0 坐标轴为形心主惯性轴,简称形心主轴。此时 I_{x_0} 和 I_{y_0} 称为形心主惯性矩。

显然,原点在图形形心的正交坐标轴 x 和 y 中若有一根轴是图形的对称轴,则此两坐标轴(x 和 y)必为平面图形的形心主轴。

可以证明:平面图形对通过形心各轴的惯性矩中,形心主惯性矩 I_{x_0} 和 I_{y_0} 分别是最大值和最小值。在计算梁的强度、刚度问题时,必须确定形心主惯性轴的位置和求出形心主惯性矩的数值。

小 结

一、计算静矩和惯性矩、极惯性矩等是为了强度、刚度、稳定性分析的需要。

二、简单图形的静矩、惯性矩、极惯性矩的计算,最基本的方法是按定义进行积分。

常用的简单图形和各种型钢的有关数据,在附录或有关手册中都可以查到。

三、组合图形对某轴的静矩、惯性矩等于各简单图形对同一轴的静矩、惯性矩的总和,其数学表达式是式(2-5-3)和式(2-5-6)。利用简单图形对本身形心轴的惯性矩和平行移轴公式就可求得组合图形的惯性矩。根据平行移轴公式,平面图形对和形心轴 x 平行的坐标轴 x_1 的惯性矩为

$$I_{x_1}=I_x+a^2A$$

四、惯性积 $I_{xy}=0$ 的一对正交坐标 x、y 轴称为主轴。

图形的对称轴一定通过形心、也必定是形心主轴之一。形心主轴是指原点在形心的一对主惯性轴。

图形对形心主轴的惯性矩称为形心主惯性矩。形心主惯性矩是图形对过形心的各坐标轴的惯性矩中的最大者和最小者。

思考题

2-5-1 图 2-5-10 中，x 轴为形心轴。阴影部分与非阴影部分对 x 轴的面积矩，在数量上有什么关系？

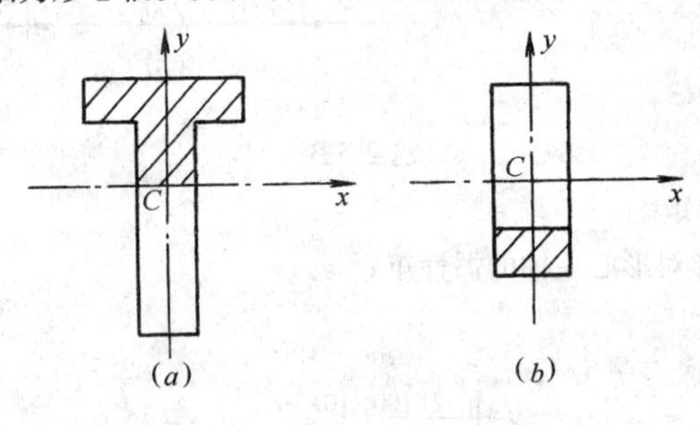

图 2-5-10

2-5-2 在所有平行轴中平面图形对过形心的坐标轴的惯性矩最小，试说明理由？

2-5-3 惯性积、惯性矩、极惯性矩是怎样定义的？它们的单位是什么？它们的值哪个可正、可负、可为零？

习题

2-5-1 试计算图示各截面图形对 x 轴的静矩。

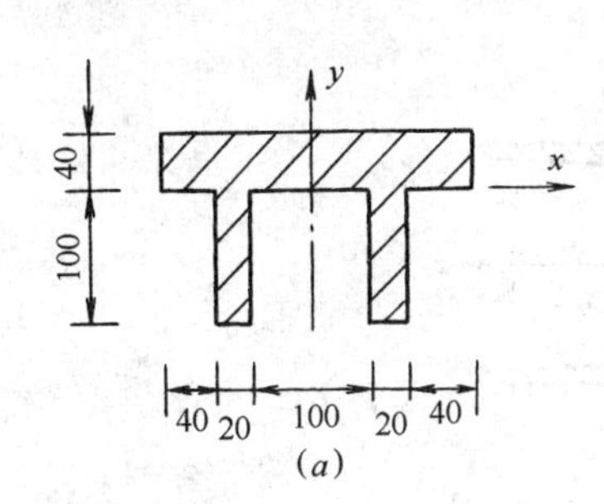

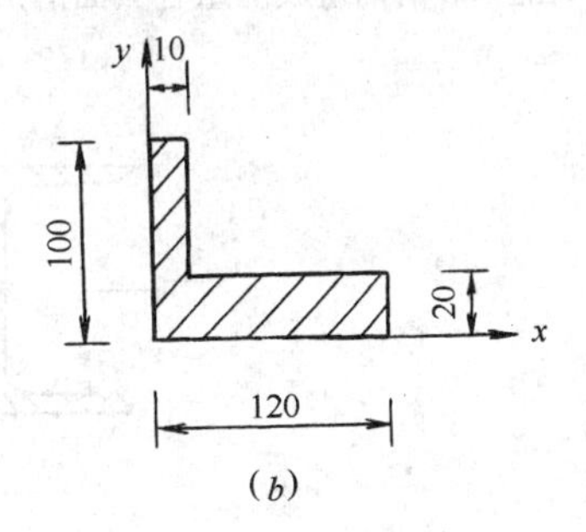

题 2-5-1

2-5-2 试求图示组合图形的形心坐标 y_C 及对形心轴 x 的惯性矩。

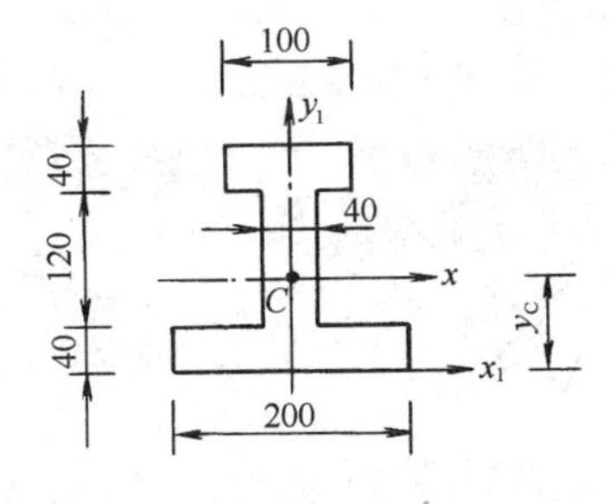

题 2-5-2

2-5-3 计算图示截面图形对形心轴 y、z 的惯性矩 I_y 和 I_z。

2-5-4 图示为一 T 型截面。

(1) 确定形心位置并计算图形对形心轴 z 的静矩；

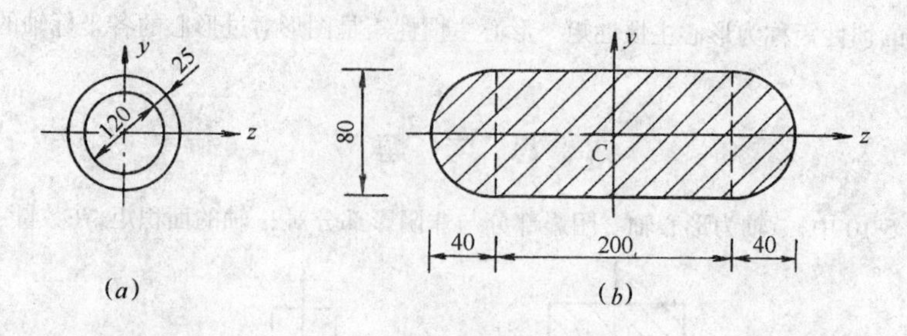

题 2-5-3

(2) 求图形对 z 轴的惯性矩。

2-5-5 计算图示组合图形对形心主轴的惯性矩。

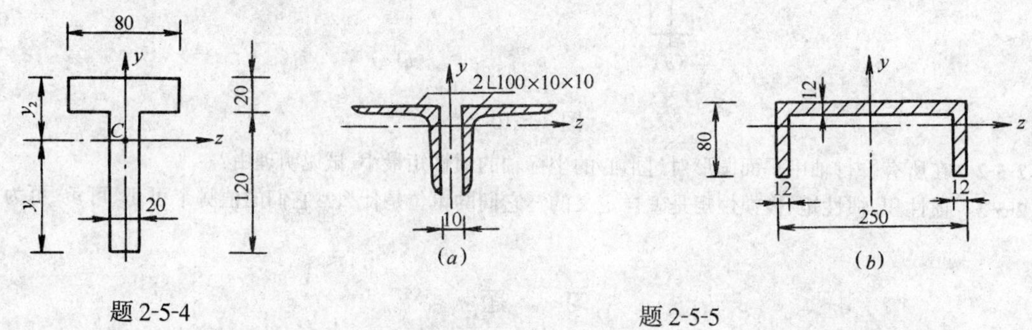

题 2-5-4

题 2-5-5

2-5-6 试求由[28a 槽钢组成的组合截面的形心主惯性矩，如果要使二形心主惯性矩相等，a 值应为多大？

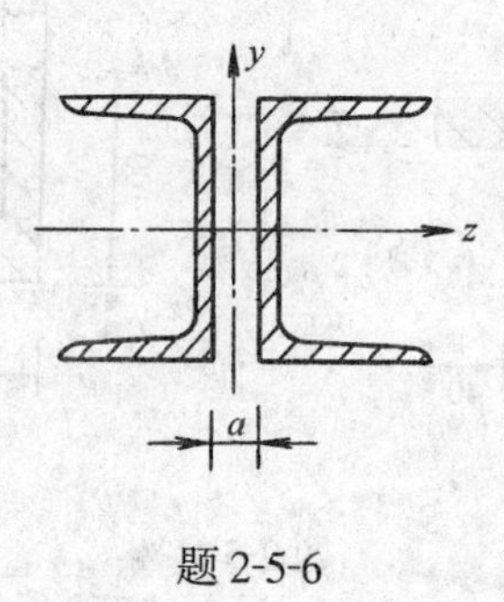

题 2-5-6

第六章　弯　曲　内　力

杆件受到垂直于杆轴的外力或在纵向平面内的力偶作用时，杆件轴线将由直线变成曲线，这种变形称为弯曲。弯曲变形是杆件重要的基本变形，以弯曲变形为主要变形的杆件称为**梁**。梁的弯曲是本书的重要内容，以下三章将分别讨论梁的弯曲内力、应力和变形。

第一节　梁的平面弯曲

梁是工程中最常见的一种基本构件。例如工业厂房中的吊车梁(图 2-6-1)，支承楼面的主梁和次梁(图 2-6-2)，阳台挑梁(图 2-6-3)，梁式桥的主梁(图 2-6-4)等都是梁的工程实例。梁的功能是将承受的荷载传向两端支承，从而形成较大的空间，供人们活动。因此，梁是建筑工程中十分重要的一种构件。

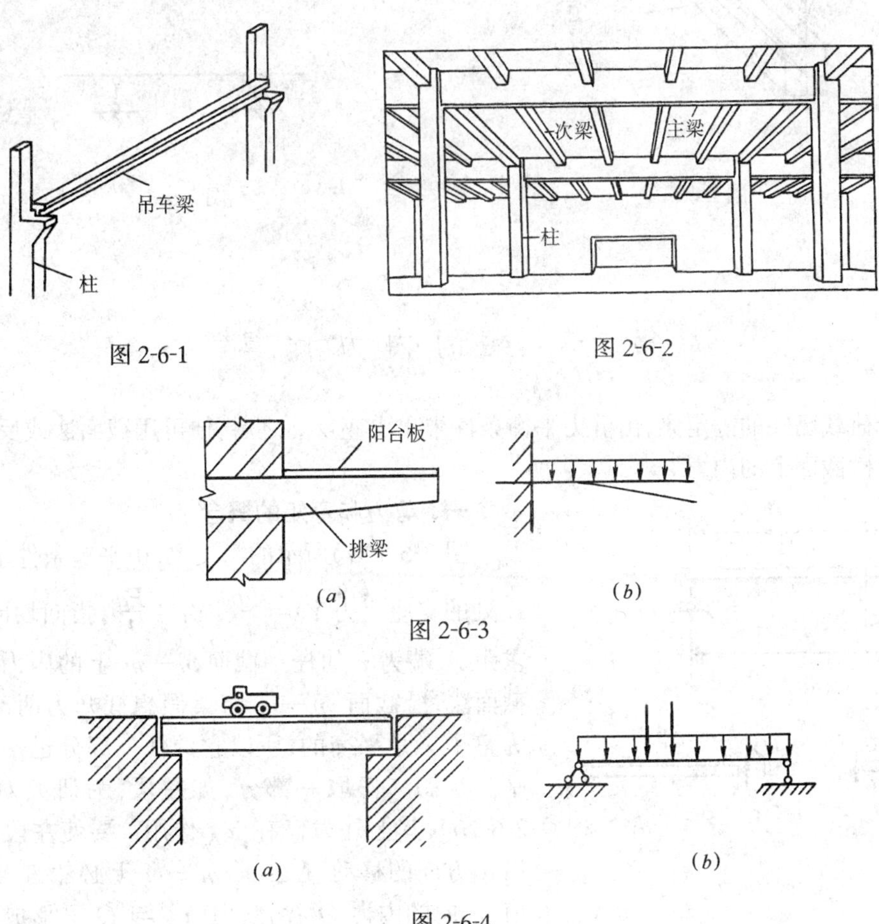

图 2-6-1

图 2-6-2

图 2-6-3

图 2-6-4

梁的横截面多为矩形、工字形、T形等。其横截面往往有一根竖向对称轴，这根对称轴和梁的轴线所组成的平面称为**纵向对称平面**(图2-6-5)。如果梁上的所有外力(包括荷载和支座反力)都作用在纵向对称平面内，则变形后梁的轴线弯曲成位于纵向对称平面内的一条平面曲线。这种弯曲变形称为**平面弯曲**。平面弯曲是最简单、最常见的弯曲变形。

全部支座反力仅凭静力平衡条件就能唯一地确定的梁称为**静定梁**。工程中的单跨静定梁(又称简单梁)有以下三种形式：

1. **悬臂梁**——梁的一端为固定端，另一端为自由端，图2-6-6(a)是其计算简图。

2. **简支梁**——梁的一端为固定铰支座，另一端为可动铰支座，其计算简图示于图2-6-6(b)。

3. **外伸梁**——梁的支座形式与简支梁相同，但梁的一端或两端伸出支座之外，计算简图见图2-6-6(c)。

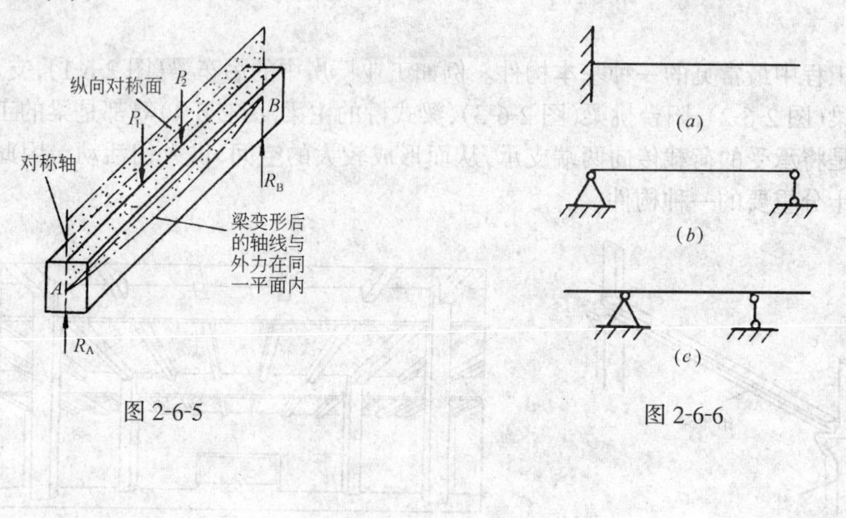

图2-6-5　　图2-6-6

第二节　梁的内力计算

对于荷载已知的静定梁，由静力平衡条件求出支座反力之后，便可用截面法或反正法计算梁内各横截面上的内力。

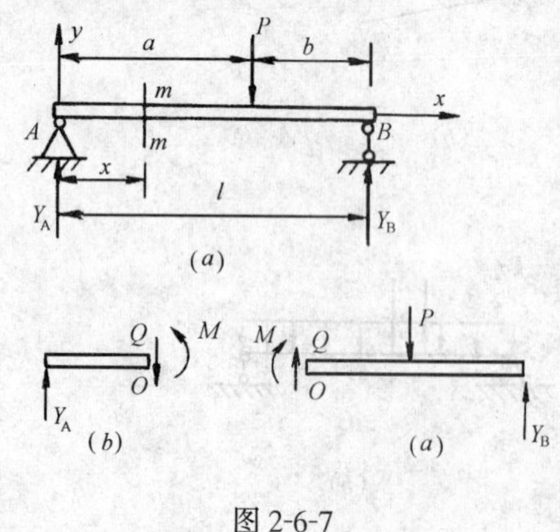

图2-6-7

一、剪力和弯矩的概念

图2-6-7(a)所示的简支梁，由平衡条件求得A、B处的支座反力$Y_A=\frac{Pb}{l}$，$Y_B=\frac{Pa}{l}$，指向均向上，欲求距A端为x的任一截面$m—m$上的内力。应用截面法，沿截面$m—m$将梁假想截开为两部分，因为整个梁是平衡的，所以它的任一部分也一定处于平衡状态。任取一部分，如左段，为研究对象(图2-6-7b)，其上外力仅有Y_A作用。要使左段不产生沿y方向的移动，在截面$m—m$上必然有与Y_A等值、反向的内力Q存在；但Y_A与Q又形成一个力

偶,有使左段产生顺时针转动的趋势,为了维持平衡,截面 $m—m$ 上必然还有一个逆时针转向的内力偶矩 M。可见,移去的右段对左段的作用可以用横截面 $m—m$ 上的内力 Q 和内力偶矩 M 来代替。所以,直梁平面弯曲时,横截面上一般存在两个内力元素 Q 和 M。其中与横截面相切的内力 Q 称为**剪力**,而作用于纵向对称平面(与横截面垂直)的内力偶矩 M 称为**弯矩**。

根据左段的平衡条件,由 $\Sigma Y=0$ 有

$$Y_A-Q=0$$

得

$$Q=Y_A=\frac{Pb}{l}$$

再对 $m—m$ 截面形心 0 取矩,由 $\Sigma M_0=0$ 有

$$-Y_A\cdot x+M=0$$

得

$$M=Y_A\cdot x=\frac{Pb}{l}x$$

如果取右段为研究对象,将左段对右段的作用用截面上的剪力 Q 和力偶矩 M 来代替(图 2-6-7c),同样根据平衡条件可有

$$\Sigma Y=0 \qquad Q+Y_B-P=0$$

即

$$Q=P-Y_B=P-\frac{Pa}{l}=\frac{Pb}{l}$$

由 $\Sigma M_0=0$ 有

$$-M-P(a-x)+Y_B(l-x)=0$$

即

$$M=Px-Pa+Y_Bl-Y_Bx=\frac{Pb}{l}x$$

剪力 Q 的单位为牛顿(N)或千牛顿(kN),弯矩 M 的单位为牛顿·米(N·m)或千牛顿·米(kN·m)。

由上面的计算可知,分别取梁的左段和右段为研究对象,求得截面 $m—m$ 上的剪力、弯矩的数值相等,而方向和转向却相反。这一结果是必然的,因为它们是作用力与反作用力的关系。

二、剪力和弯矩的正负号

为了使取同一截面左、右两段梁为研究对象所求得的内力都具有相同的正负号,并把它们和梁在该截面处的变形联系起来,现作如下规定:

1. 剪力的正负号

截面上的剪力 Q 使所考虑的脱离体有顺时针方向转动趋势时,规定取正号,为正剪力(图 2-6-8a);反之,取负号,为负剪力(图 2-6-8b)。

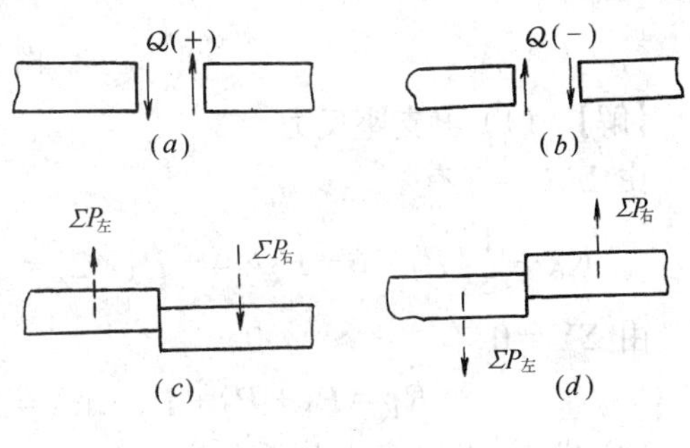

图 2-6-8

结合梁的变形,剪力正负号可解释为:截面的左段相对于右段有向上错动的趋势时,无论取左段还是右段为研究对象,截面上的剪力均为正(图 2-6-8c);反之,均为负(图 2-6-8d)。

2. 弯矩的正负号

截面上的弯矩 M 使所考虑的脱离体产生向下凸的变形时，规定为正号，是正弯矩（图 2-6-9a）；反之，是负号，为负弯矩（图 2-6-9b）。

弯矩的正负号也可解释为：对所研究的梁段，若把不求内力的一端（如图 2-6-9c、d 中的 A 端与 B 端）看作固定端，则截面上的弯矩使梁有上部受压、下部受拉的趋势时为正弯矩，取正号（图 2-6-9c）；反之为负弯矩，取负号（图 2-6-9d）。

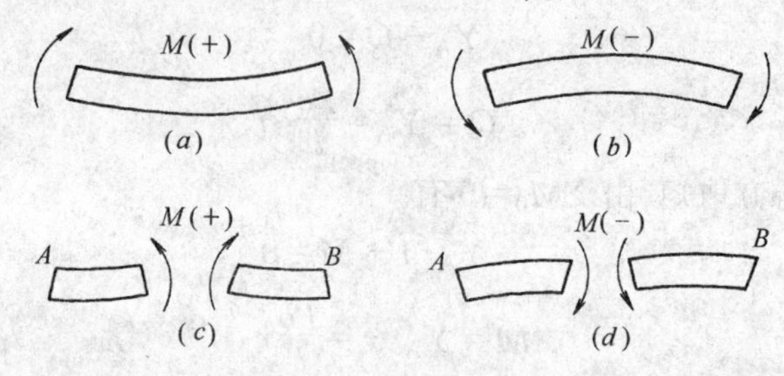

图 2-6-9

三、剪力和弯矩的计算

梁指定截面上的剪力和弯矩可由截面法求出，计算步骤如下

(1) 求出支座反力。

(2) 在欲求内力处用假想的截面将梁截为两段，任取一段为研究对象。

(3) 画出研究对象的受力图（截面内力假设为正号）。

(4) 列平衡方程，求出内力。

【例 6-1】 简支梁受荷载 $P_1=20\text{kN}$、$P_2=30\text{kN}$、$P_3=40\text{kN}$ 作用（图 2-6-10a），试求 1—1 截面和无限接近于 E 点的 2—2、3—3 截面上的剪力和弯矩。

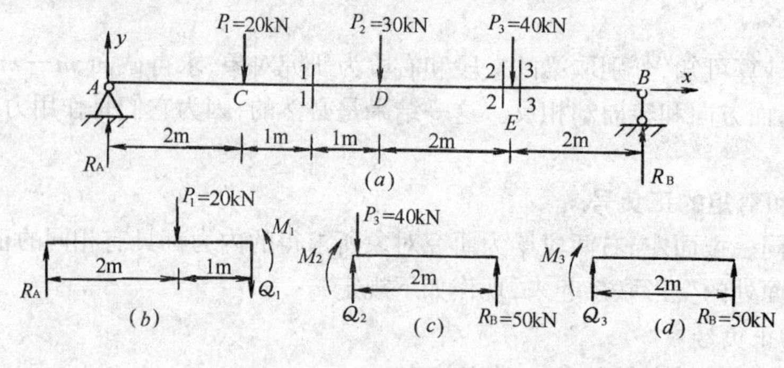

图 2-6-10

【解】 (1) 求支座反力

由 $\Sigma M_B=0$ 有

$$R_A=\frac{1}{8}(P_1\times6+P_2\times4+P_3\times2)=\frac{1}{8}(20\times6+30\times4+40\times2)=40\text{kN}(\uparrow)$$

由 $\Sigma Y=0$，有

$$R_B=P_1+P_2+P_3-R_A=20+30+40-40=50\text{kN}(\uparrow)$$

(2) 求 1—1 截面的内力

1—1 截面以左部分外力较少，取其为研究对象，受力图如图 2-6-10(b)所示。由平衡方

程 $\Sigma Y=0$,有

$$R_A-Q_1-P_1=0$$

即
$$Q_1=R_A-P_1=40-20=20\text{kN}$$

各力对1—1截面形心取矩,由 $\Sigma M=0$ 有

$$-R_A\times3+P_1\times1+M_1=0$$

得
$$M_1=3R_A-P_1=3\times40-20=100\text{kN}\cdot\text{m}$$

Q_1、M_1 均为正值,说明与假设方向相同,是正剪力、正弯矩。

(3) 求2—2、3—3截面的内力

取2—2截面之右研究,受力图见图2-6-10(c),

由 $\Sigma Y=0$ 有

$$R_B+Q_2-P_3=0$$

$$Q_2=-50+40=-10\text{kN}\cdot\text{m}$$

由 $\Sigma M=0$ 有 $M_2-2R_B=0$ $M_2=50\times2=100\text{kN}\cdot\text{m}$

Q_2 为负值与假设方向相反,M_2 为正值与假设方向相同。

类似地,取3—3截面之右为研究对象(图2-6-10d),由平衡条件求出 $Q_3=-50\text{kN}$,$M_3=100\text{kN}\cdot\text{m}$。

在 P_3 左右两侧无限接近 E 点的两个截面上弯矩相同($M_2=M_3$),剪力不同($Q_2\neq Q_3$)。说明集中力作用处弯矩无变化,而剪力有改变,改变量为 $Q_2-Q_3=-10-(-50)=40\text{kN}=P_3$,即集中力之值。

【例6-2】 已知 $q=200\text{N/m}$ 和 $P=600\text{N}$ 作用于悬臂梁上(图2-6-11a),试求截面1—1上的剪力和弯矩。

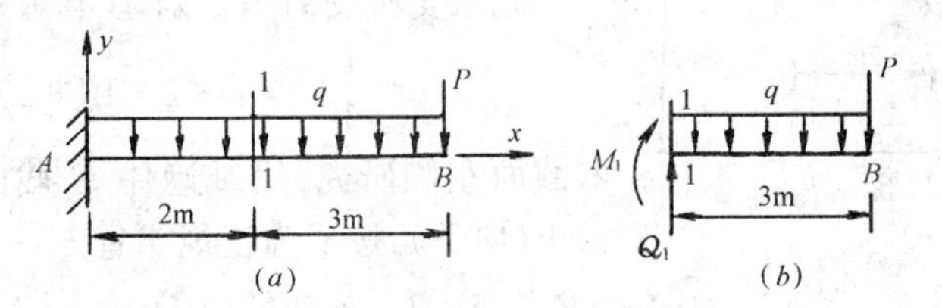

图2-6-11

【解】 本例取截面1—1右侧研究,可省去求反力。截面上的剪力 Q_1、弯矩 M_1 均设为正,受力图如图2-6-11(b)所示。

根据平衡条件 $\Sigma Y=0$ 有

$$Q_1-P-q\times3=0$$

得
$$Q_1=P+q\times3=600+200\times3=1.2\text{kN}$$

对截面形心取矩,由 $\Sigma M=0$ 有

$$-M_1-q\times3\times\frac{3}{2}-P\times3=0$$

得
$$M_1=-\frac{9}{2}q-3P=-\frac{9}{2}\times200-3\times600=-2.7\text{kN}\cdot\text{m}$$

Q_1 为正值,与假设方向一致,是正剪力;M_1 为负值,与所设转向相反,是负弯矩。

四、剪力和弯矩的规律

根据上面的计算，不难看出，计算横截面上的剪力，是对梁的左(或右)段建立投影方程 $\Sigma Y=0$，经过移项后可得

$$Q=\Sigma P_{左} \tag{a}$$

或

$$Q=\Sigma P_{右} \tag{b}$$

即，**梁内任一横截面上的剪力 Q，在数值上等于该截面一侧**(左或右)**梁段上所有外力沿截面方向投影的代数和**，并且当外力的投影与截面上剪力假设的指向相反时，在等式右方取正号，反之，取负号。

计算横截面上的弯矩，也是由梁的左(或右)段上的所有外力对截面形心 C 取矩，建立力矩方程 $\Sigma M_C=0$，经过移项后可得

$$M=\Sigma M_C(P_{左}) \tag{c}$$

或

$$M=\Sigma M_C(P_{右}) \tag{d}$$

即，**梁内任一横截面上的弯矩 M，在数值上等于该截面一侧**(左或右)**梁段上所有外力对截面形心力矩的代数和**，并且当外力对截面形心之矩与截面上弯矩假设的转向相反时，在等式右方取正号，反之，取负号。

可见，研究对象上的外力与截面上的内力均有反方向为正的规律，简称"**反为正**"。利用此规律，可以直接由外力写出内力。作法是：用手或纸盖住欲求截面内力的一侧(相当于去掉部分)，对留下部分根据截面上所设内力的正方向，按反为正的规律，直接写出等式右边各项。

【例 6-3】 试求图 2-6-12 所示外伸梁 C 截面及 B 截面稍右侧上的剪力和弯矩。

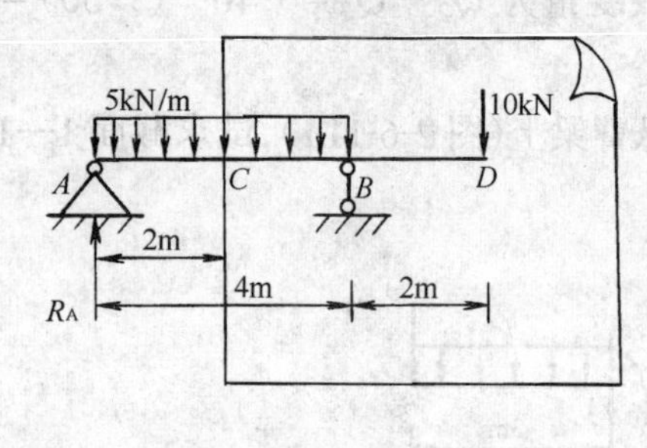

图 2-6-12

【解】 (1) 求 C 截面内力。

先求支座反力 R_A(对 B 点取矩)。

$$R_A=\frac{1}{4}(5\times4\times2-10\times2)=5\text{kN}(\uparrow)$$

取截面左侧研究，用纸遮住 C 截面右侧，剪力 Q_C 设为正(向下)，按反为正规律有

$$Q_C=R_A-5\times2=-5\text{kN}$$

负值说明 Q_C 绕脱离体为逆时针转向。

M_C 假设为逆时针转向(使梁下边受拉)，应用反为正规律

$$M_C=R_A\times2-5\times2\times1=0$$

(2) 求 B 截面右侧的内力

取截面右侧研究可省去求反力 R_B。$Q_{B右}$假设为正，绕脱离体顺时针转向。由反为正规律得

$$Q_{B右}=10\text{kN}$$

正值说明 $Q_{B右}$与所设指向相同，为正剪力。

$M_{B右}$假设使 BD 段下侧受拉，由平衡关系可有

$$M_{B右}=-10\times2=-20\text{kN}\cdot\text{m}$$

负值说明 $M_{B右}$使 BD 段上侧受拉，为负弯矩。

【例 6-4】 试求图 2-6-13 所示悬臂梁 1—1、2—2 截面的内力。

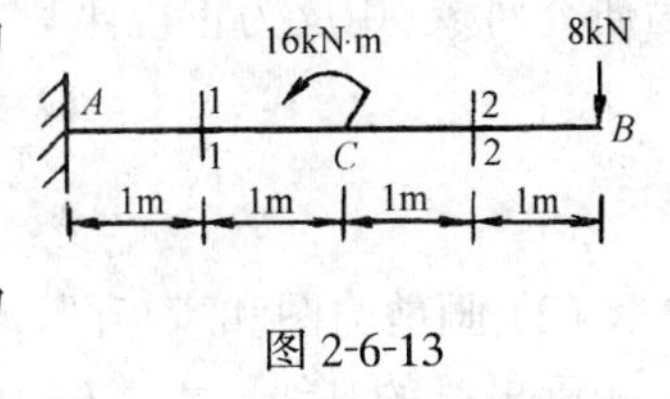

图 2-6-13

【解】 (1) 1—1 截面的内力

取截面右侧研究，可不求支座反力。Q_1 设为正，由反为正规律有

$$Q_1 = 8\text{kN}$$

正值说明截面上是正剪力。

假设 M_1 使脱离体下侧受拉，由反为正规律

$$M_1 = 16 - 8 \times 3 = -8\text{kN·m}$$

负值说明 M_1 是负弯矩。

(2) 2—2 截面的内力可由读者练习求解。

回顾反正法求支座反力、轴力、扭矩以及剪力、弯矩的作法，可知：

1) 无论支座反力，还是杆件内力，都可统一用反为正的规律直接计算。

2) 可省去画受力图和列平衡方程，好记忆，易掌握，提高了计算速度。

3) 避免了因坐标轴的方向、所求内力的方向以及列方程、移项等造成的正、负号错误。

第三节 梁的内力图

在计算梁的强度和刚度时，必须知道最大剪力、弯矩及其所在截面位置。为此，还需要了解剪力和弯矩沿梁轴线变化的规律。

用与梁轴线平行且等长的线段为基线，基线上的点表示梁对应横截面的位置，用垂直于基线的纵坐标表示相应截面的剪力或弯矩，并按一定比例画出的图形，分别叫作**剪力图**和**弯矩图**，统称梁的**内力图**。建筑工程中，习惯上把正剪力画在基线上方，负剪力画在下方，并注明正、负号，剪力图常记为 Q 图；而把弯矩图画在梁受拉的一侧，不必注明正、负号，弯矩图记为 M 图。

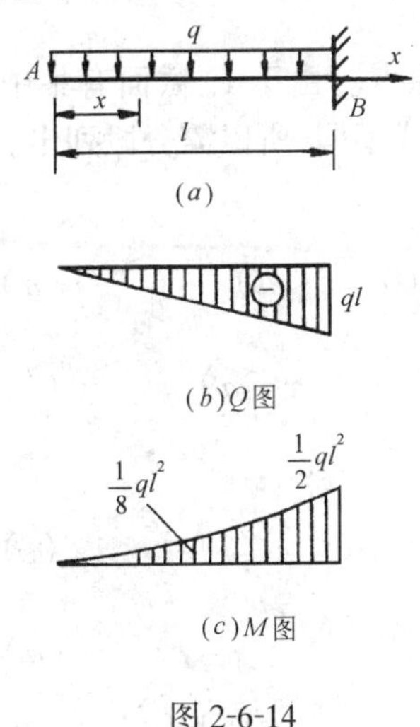

图 2-6-14

绘制内力图有多种方法，本节介绍根据内力方程式作图的方法。作法是，以梁轴线为 x 轴，变量 x 表示梁任意横截面的位置，用截面法(或反正法)分别列出梁横截面的剪力、弯矩随 x 变化的函数式，即

$$Q = Q(x) \qquad (a)$$

和

$$M = M(x) \qquad (b)$$

然后根据函数式画内力图。式(a)、(b)分别称为**剪力方程**和**弯矩方程**。

下面通过例题具体说明。

【例 6-5】 悬臂梁受均布荷载 q 作用，如图 2-6-14(a)所示。试绘此梁的剪力图和弯矩图。

【解】 (1) 列剪力方程和弯矩方程　以梁轴线为 x 轴，左端 A 点为坐标原点。在距原点 x 处假想将梁截开，取左段

为研究对象,用反为正规律写出 x 处截面的剪力、弯矩表达式:

$$Q = Q(x) = -qx \qquad (0 \leqslant x \leqslant l) \qquad (a)$$

$$M = M(x) = -\frac{1}{2}qx^2 \qquad (0 \leqslant x \leqslant l) \qquad (b)$$

(2) 画剪力图和弯矩图

画出梁的基线。由式(a)知,$Q(x)$是 x 的一次函数,剪力图是一条斜直线,确定任意两截面的剪力值为控制点,如

$$当 x = 0 时 \qquad Q = 0$$

$$x = l 时 \qquad Q = -ql$$

连接控制点的直线即为剪力图,见图 2-6-14(b)。

由式(b)知,$M(x)$是 x 的二次函数,弯矩图为二次抛物线,确定三个控制点,如

$$当 x = 0 时 \qquad M = 0$$

$$x = \frac{l}{2} 时 \qquad M = -\frac{1}{8}ql^2$$

$$x = l 时 \qquad M = -\frac{1}{2}ql^2$$

在基线上侧(梁受拉一侧)描出上述三个点的纵坐标,用一条光滑的曲线连接,即得弯矩图(图 2-6-14c)。

剪力图与弯矩图应与梁的计算简图对齐,并标明图名(Q 图或 M 图)以及各控制点的值,Q 图还要注明正、负号。在内力图上坐标轴可省略不画。

【例 6-6】 图 2-6-15(a)所示,简支梁受集中力 P 作用,试画出梁的 Q 图、M 图。

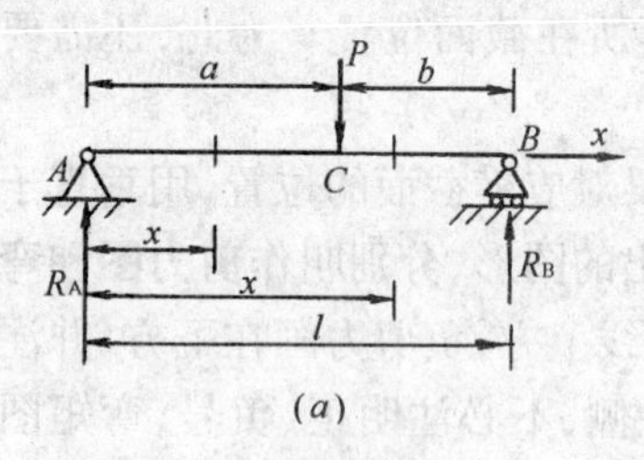

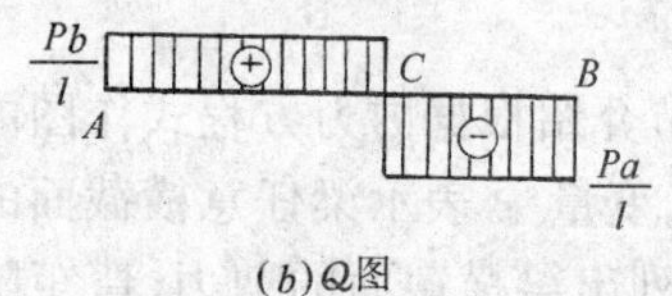

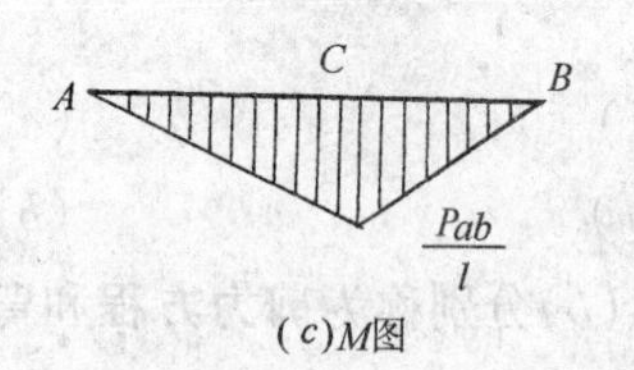

图 2-6-15

【解】 (1) 求支座反力,由观察法知

$$R_A = \frac{1}{l}Pb(\uparrow)$$

$$R_B = \frac{1}{l}Pa(\uparrow)$$

(2) 列剪力方程和弯矩方程

以梁轴线为 x 轴,A 为坐标原点。由于 C 截面有集中力,使得 AC 及 CB 段的内力方程式不同,所以需分段列出。

AC 段

$$Q = R_A = \frac{1}{l}Pb \qquad (0 \leqslant x < a) \qquad (a)$$

$$M = R_A \cdot x = \frac{1}{l}Pbx \qquad (0 \leqslant x \leqslant a) \qquad (b)$$

CB 段

$$Q = -R_B = -\frac{1}{l}Pa \qquad (a < x \leqslant l) \qquad (c)$$

$$M = R_B(l - x) = \frac{1}{l}Pa(l - x) \qquad (a \leqslant x \leqslant l) \qquad (d)$$

(3) 画 Q 图及 M 图

先根据内力方程式判断内力图在各段的形状,再求出所需要的控制点之值,然后描点连

线。

Q 图：由式(a)知，AC 段 Q 为常量，其值为$\frac{Pb}{l}$，因此剪力图是一条在基线上方的水平线。

由式(c)知，CB 段 Q 为 $-\frac{Pa}{l}$，剪力图也是一条水平线，但在基线下方，按此画出的 Q 图见图 2-6-15(b)。

M 图：由式(b)知，AC 段 M 是 x 的一次函数，为一条斜直线，需求出两个截面的弯矩值，如

$$x=0 \text{ 时} \qquad M=0$$

$$x=a \text{ 时} \qquad M=\frac{Pab}{l}$$

在基线下方(梁受拉一侧)描出这两个控制点并连线，即得 AC 段弯矩图。用同样的作法可画出 CB 段弯矩图。全梁的 M 图见图 2-6-15(c)。

由图 2-6-15(b)可知，简支梁在集中力作用下，当 $a>b$ 时，CB 段上剪力绝对值为全梁最大值，其值为$|Q|_{max}=\frac{Pa}{l}$，当 $a\leqslant b$ 时，$|Q|_{max}=\frac{Pb}{l}$，发生在 AC 段上；在集中力作用处，C 点稍偏左的截面上 $Q_{C左}=\frac{Pb}{l}$，稍偏右的截面上 $Q_{C右}=-\frac{Pa}{l}$，C 截面上剪力图有突变，突变量为$\frac{Pb}{l}-\left(-\frac{Pa}{l}\right)=P$，即集中力的大小。

由图 2-6-15(c)可知，梁在集中力作用下，弯矩图为斜直线，弯矩的最大值发生在集中力作用截面，其值为 $M_{max}=\frac{Pab}{l}$；当 P 在梁的跨中($a=b=\frac{l}{2}$)时，$M_{max}=\frac{Pl}{4}$；集中力作用处弯矩图的斜率发生转折。

【例 6-7】 简支梁受荷载作用如图 2-6-16(a)所示，试绘制梁的 Q 图和 M 图。

【解】 (1) 求支座反力。由观察可知

$$R_A=-\frac{10}{4}=-2.5\text{kN}(\downarrow)$$

$$R_B=-R_A=2.5\text{kN}(\uparrow)$$

(2) 列内力方程

x 轴与梁轴重合，A 为坐标原点。当 x 分别在 AC、CB 段时，截面同一侧的外力不同，需分两段列内力方程。AC 段取截面以左部分研究，

由反正法有

AC 段：$Q=R_A=-2.5\text{kN}$ $\qquad(0\leqslant x\leqslant 2)$

$M=R_A\cdot x=-2.5x\text{kN}\cdot\text{m}$ $\qquad(0\leqslant x\leqslant 2)$

CB 段取截面右侧为研究对象，按反为正规律有

$Q=-R_B=-2.5\text{kN}$ $\qquad(2\leqslant x\leqslant 4)$

$M=R_B(4-x)=2.5(4-x)$ $\qquad(2\leqslant x\leqslant 4)$

(3) 画内力图

Q 图：各区段剪力均为常数(-2.5kN)，Q 图为与基

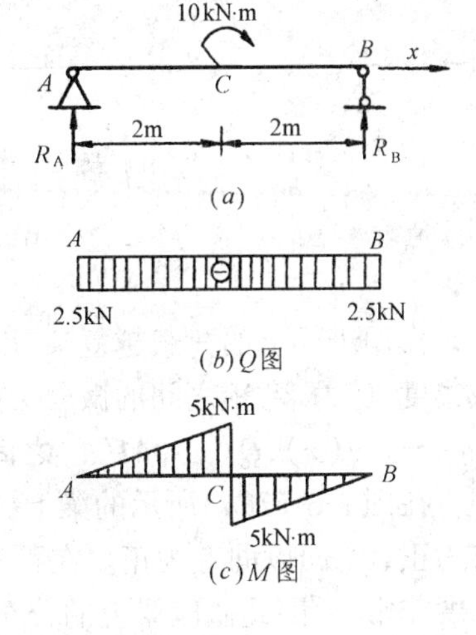

图 2-6-16

线平行的线段且在基线下方，见图 2-6-16(b)。由图可知，集中力偶作用处，剪力图无变化。

M 图：两个区段的弯矩方程都是 x 的一次函数，故 M 图均为斜直线，求出各区段控制截面的弯矩值，并按比例标在使梁受拉的一侧，然后，用直线依次相连，即得全梁的弯矩图(图 2-6-16c)。由图可知，集中力偶作用处(C 点)弯矩图有突变，在 C 点偏左截面上弯矩 $M_{C左}=-5\text{kN}\cdot\text{m}$，在 C 点偏右截面上 $M_{C右}=5\text{kN}\cdot\text{m}$，$C$ 截面处弯矩突变量为 $-5-5=-10\text{kN}\cdot\text{m}$，即等于集中力偶矩。

根据内力方程式作图，是绘制内力图的基本方法。表 2-6-1 列出了简单梁在常见单一荷载作用下的内力图，读者可练习列出内力方程并熟记这些图形，对今后的学习十分必要。

静定梁在单一荷载作用下的 Q 图、M 图 **表 2-6-1**

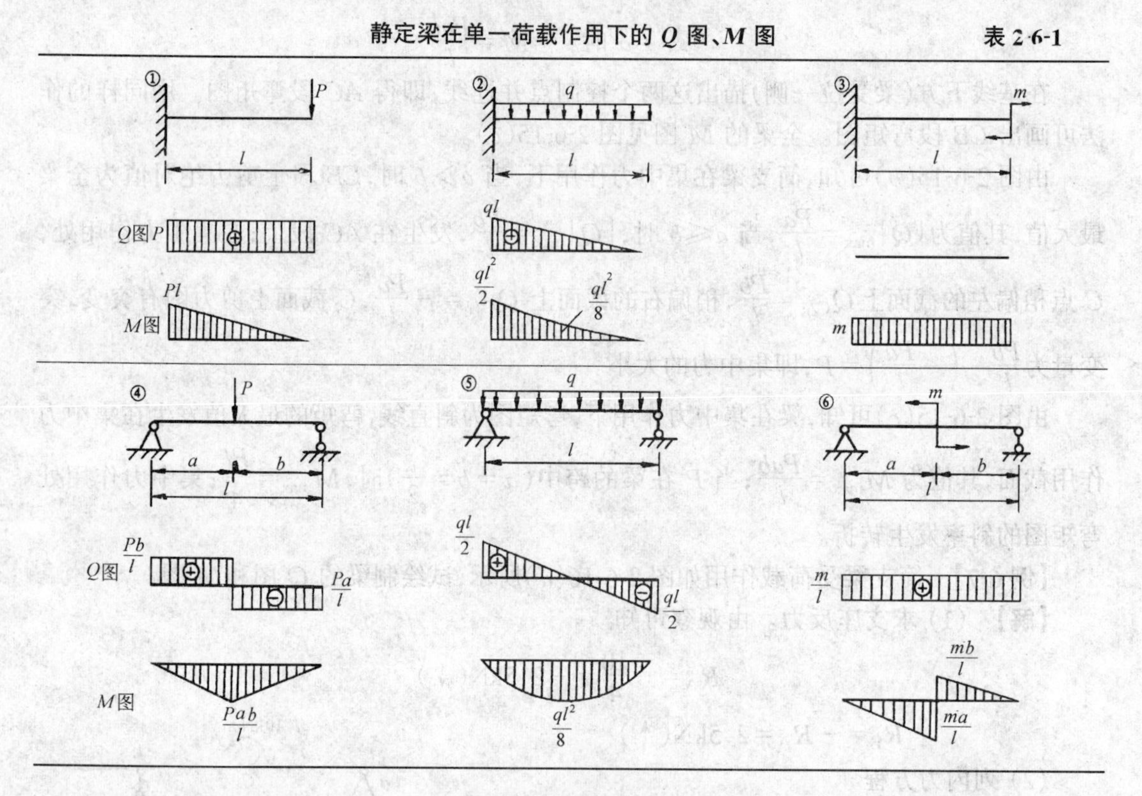

第四节 利用荷载集度、剪力、弯矩之间的微分关系绘制内力图

作用于梁上的荷载越复杂，用列内力方程式绘 Q 图、M 图就越麻烦。本节介绍利用荷载集度、剪力、弯矩之间的微分关系绘内力图的方法，又称简捷法。

一、$q(x)$、$Q(x)$、$M(x)$之间的微分关系

在图 2-6-17(a)所示的梁上，作用有任意分布的荷载 $q(x)$，取 A 为坐标原点，x 轴以向右为正，$q(x)$以向上为正。在距左端 x 处取相距 $\mathrm{d}x$ 的微段研究(图 2-6-17b)，由于 $\mathrm{d}x$ 的长度非常小，因此微段梁上的分布荷载可认为是均匀分布的。设微段左端截面 m—m 上的剪力为 $Q(x)$、弯矩为 $M(x)$，右端截面 n—n 上剪力为 $Q(x)+\mathrm{d}Q(x)$、弯矩为 $M(x)+$

$dM(x)$，这里 $dQ(x)$、$dM(x)$ 分别代表经过微段 dx 后引起的截面上剪力和弯矩的增量。微段梁在分布荷载以及左、右两端截面上的剪力、弯矩作用下保持平衡，则由

$$\Sigma Y=0 \quad Q(x)+q(x)dx-[Q(x)+dQ(x)]=0$$

有

$$\frac{dQ(x)}{dx}=q(x) \tag{2-6-1}$$

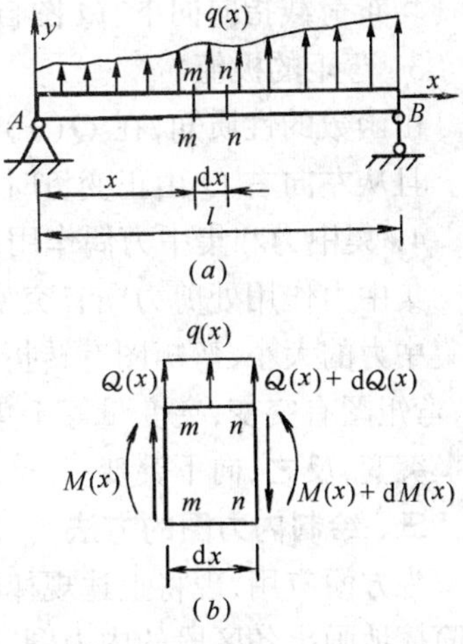

式(2-6-1)表明梁上任一横截面上的剪力对 x 的一阶导数，等于作用在该截面处的分布荷载集度。其几何意义是剪力图上某点的切线斜率等于相应截面处的分布荷载集度。

再对 $n—n$ 截面形心 O 取矩，由 $\Sigma M_O=0$ 有

$$-M(x)-Q(x)dx-q(x)dx\frac{dx}{2}+[M(x)+dM(x)]=0$$

图 2-6-17

式中 $q(x)\cdot\frac{dx^2}{2}$ 为二阶微量，与其他项相比可以略去，于是可得

$$\frac{dM(x)}{dx}=Q(x) \tag{2-6-2}$$

式(2-6-2)表明梁上任一截面的弯矩对 x 的一阶导数等于该截面上的剪力。其几何意义是弯矩图上某点的切线斜率等于相应截面上的剪力。

将式(2-6-2)两边求导，并将式(2-6-1)代入后得

$$\frac{d^2M(x)}{dx^2}=q(x) \tag{2-6-3}$$

式(2-6-3)表明梁上任一截面上的弯矩对 x 的二阶导数等于该截面处的分布荷载集度。其几何意义是弯矩图上某点的曲率等于相应截面处的分布荷载集度，因而弯矩图的凹凸方向与分布荷载的指向一致。

二、绘制内力图的规律

根据上述微分关系和上一节中的例题，可以总结出下述规律：

1. 无分布荷载作用的梁段

此时，$q(x)=0$，由式(2-6-1)可知，$Q(x)=$ 常数，剪力图是一条与基线平行的直线，又由式(2-6-2)知，$M(x)$ 图形上各点的斜率为常数，即 M 图是一条直线，此直线可能有三种情况：

$Q(x)>0$　　Q 图在基线上方，从左到右 M 图为一条下斜直线(＼)；

$Q(x)<0$　　Q 图在基线下方，从左到右 M 图为一条上斜直线(／)；

$Q(x)=0$　　Q 图与基线重合，M 图为一条水平直线(—)。

2. 均布荷载作用的梁段

此时，$q(x)=$ 常数，由式(2-6-1)知，$Q(x)$ 图形上各点的斜率为常数，剪力图是一条斜直线，由式(2-6-3)知，$M(x)$ 是 x 的二次函数，弯矩图是一条二次抛物线。这时可能出现两种情况：

均布荷载指向向上，Q 图从左到右为向上斜的直线(／)，M 图为一条向上凸的抛物线(⌒)。

均布荷载指向向下，Q 图自左到右为向下斜的直线（\），M 图为向下凸的抛物线（⌣）。

3．弯矩的极值

由函数的性质知，在 $Q(x)=0$ 处，$M(x)$ 曲线的切线斜率为零，因此弯矩图在该处有极值。且从左向右 Q 由正变负时，M 有极大值，反之，有极小值。

4．集中力和集中力偶作用处

集中力作用处剪力图有突变，从左到右剪力图的突变方向与集中力指向一致，突变量等于集中力的大小，弯矩图有转折，转折尖角与集中力指向相同；集中力偶作用处，剪力图无变化，弯矩图有突变，突变量等于集中力偶的大小，若集中力偶为逆时针转向，弯矩图从左到右向上突变，反之，向下突变。

三、绘制内力图的方法

为方便应用，现将上述规律列于表 2-6-2，熟练掌握这些规律，不用列梁的内力方程，就可简捷地画出各区段的内力图。作法是：从集中力、集中力偶作用处以及均布荷载集度变化处将梁分段；再用截面法或反正法求出各区段端点的内力值；最后按上述规律画出各区段内力图。此外，也可以利用上述规律校核已绘出的内力图是否正确。

梁的荷载与剪力图、弯矩图之间的关系 　　表 2-6-2

	梁上荷载情况	剪 力 图	弯 矩 图
1	无分布荷载 ($q=0$)	Q 图为水平直线 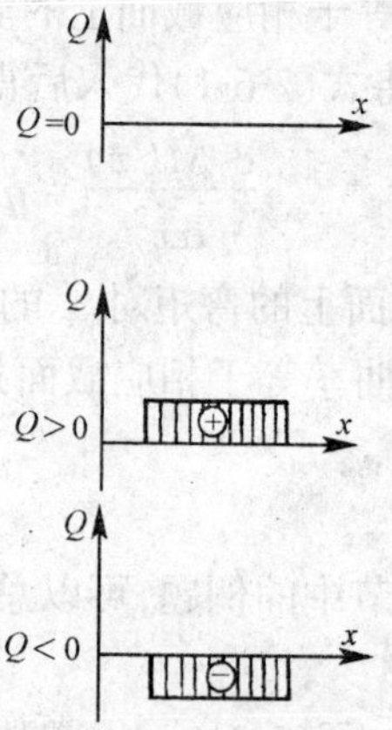 $Q=0$ $Q>0$ (⊕) $Q<0$ (⊖)	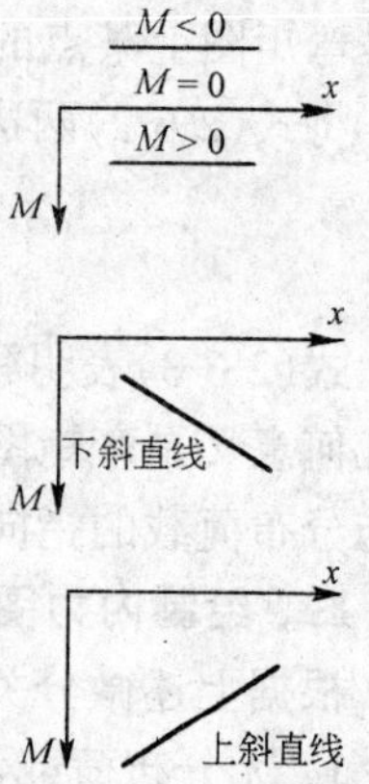 $M<0$；$M=0$；$M>0$ 下斜直线 上斜直线
2	均布荷载向上作用 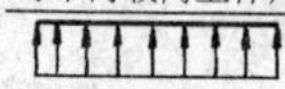 $q>0$	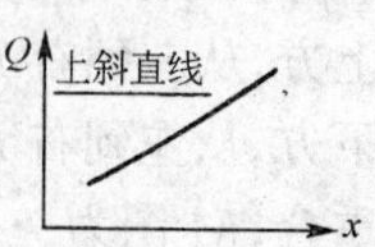 上斜直线	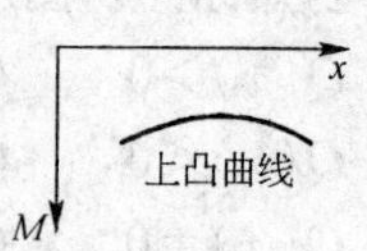 上凸曲线
3	均布荷载向下作用 $q<0$	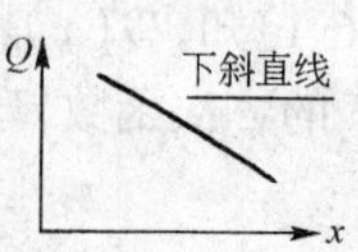 下斜直线	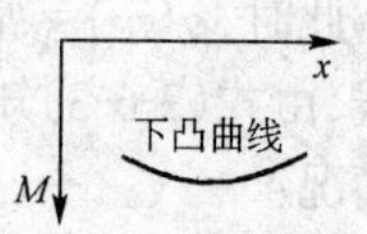 下凸曲线

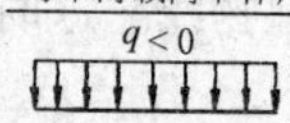

续表

	梁上荷载情况	剪力图	弯矩图
4	集中力作用 P C	C截面有突变 C P	C截面有转折 C
5	集中力偶作用 m C	C 截面无变化	C截面有突变 C m
6		$Q=0$ 截面	M 有极值

【例 6-8】 试作图 2-6-18(a)所示外伸梁的 Q 图、M 图。

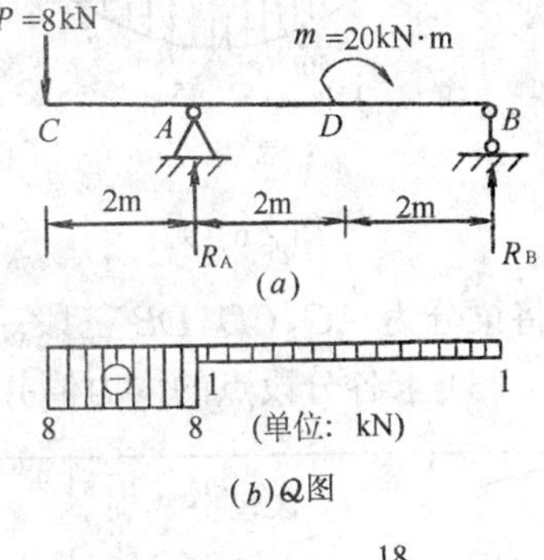

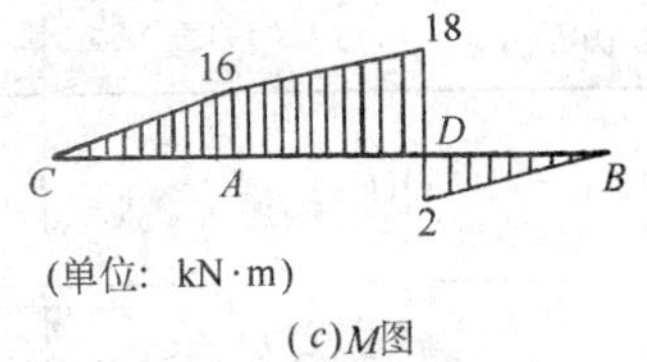

(c)M图

图 2-6-18

【解】 (1) 求支座反力

$$\Sigma M_B=0$$

$$R_A=\frac{1}{4}(8\times6-20)=7\text{kN}(\uparrow)$$

$$\Sigma Y=0$$

$$R_B=P-R_A=8-7=1\text{kN}(\uparrow)$$

(2) 分段

将全梁由 A、D 处分为 CA、AD、DB 三段。

(3) 用截面法或反正法计算各区段分界面的内力值列于下表

(4) 画 Q 图

CA 段　$q=0$，$Q=-8$kN，自左至右 Q 图为一条与基线平行的线段。

区段分界面 / 内力	C	A	D	B
剪力(kN)	$Q_{C右}=-8$	$Q_{A左}=-8$ $Q_{A右}=-1$	$Q_D=-1$	$Q_{B左}=-1$
弯矩(kN·m)	$M_C=0$	$M_A=-16$	$M_{D左}=-18$ $M_{D右}=2$	$M_B=0$

AD 段　$q=0$，连接 $Q_{A右}$、Q_D 的水平直线即为 AD 段 Q 图。此外，A 点有向上的 R_A 作用，Q 图上有突变，突变量为 R_A(7kN)。

DB 段　$q=0$，Q 图为连接 Q_D 与 $Q_{B左}$ 的水平直线。

全梁的 Q 图如图 2-6-18(b)所示。

(5) 画 M 图

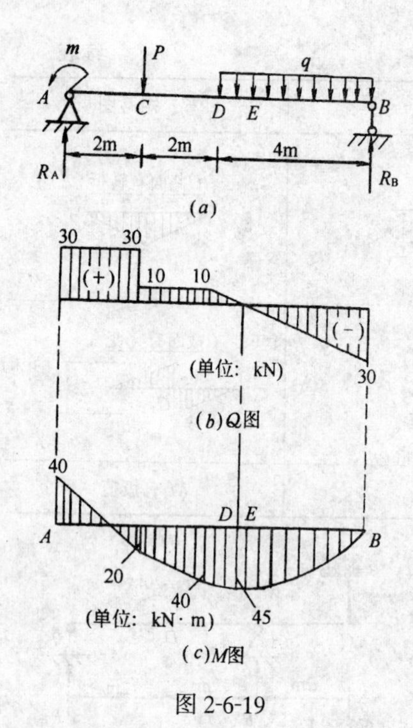

图 2-6-19

CA 段　$q=0$，M 图为连接 $M_C=0$ 及 $M_A=-16\text{kN·m}$的直线。

AD 段　$q=0$，M 图为连接M_A 及 $M_{D左}$的直线。

DB 段　$q=0$，M 图为连接$M_{D右}$、M_B 的直线。此外，由于 D 点作用有顺针转的集中力偶 m，故 D 截面从左到右弯矩向下突变，突变量为 20 kN·m。

整个外伸梁的弯矩图示于图 2-6-18(c)。

【例 6-9】 利用 $q(x)$、$Q(x)$、$M(x)$之间的微分关系绘制图 2-6-19(a)所示简支梁的剪力图、弯矩图。已知 $m=40\text{kN·m}$，$P=20\text{kN}$，$q=10\text{kN/m}$。

【解】 (1) 求支座反力

$\Sigma M_B=0$

$$R_A=\frac{1}{8}\left(40+P\times6+q\times\frac{4^2}{2}\right)=30\text{kN}(\uparrow)$$

$\Sigma Y=0$

$$R_B=P+q\times4-R_A=30\text{kN}(\uparrow)$$

(2) 分段　从集中力作用处和均布荷载集度改变处将梁分为 AC、CD、DB 三段。

(3) 求各分段点的内力值并列于下表

内力 ＼ 区段分界面	A	C	D	B
Q(kN)	$Q_{A右}=30$	$Q_{C左}=30$ $Q_{C右}=10$	$Q_D=10$	$Q_{B左}=-30$
M(kN·m)	$M_{A右}=-40$	$M_C=20$	$M_D=40$	$M_B=0$

(4) 画 Q 图

AC 段　$q=0$，Q 图为水平线，各点 $Q=Q_{A右}=30\text{kN}$；A 截面集中力偶对 Q 图无影响；C 截面有集中力P 作用，Q 图有突变。

CD 段　$q=0$，Q 图为水平线，各点 $Q=Q_{C右}=10\text{kN}$。

DB 段　$q=10\text{kN/m}$(向下)，Q 图从左至右为下斜直线，$Q_D=10\text{kN}$，$Q_{B左}=-30\text{kN}$。

根据以上分析，画出梁的 Q 图，见图 2-6-19(b)。

(5) 画 M 图

A 点有逆时针转向的集中力偶，弯矩图向上突变，$M_{A右}=-40\text{kN·m}$。又 AC 段上 $q=0$，$Q>0$，故 M 图从左向右为连接 $M_{A右}$及 M_C 的下斜直线。

CD 段　$q=0$，$Q>0$，M 图自左至右为连接M_C 与 M_D 的下斜直线。

DB 段　q 为常数，指向下，故 M 图为下凸曲线。又区段上 Q 值由正变负，在 $Q=0$ 的截面上弯矩有极大值。设区段上距 D 点 x 处的E 截面剪力为零，取 DE 段为研究对象，则

$Q_E = Q_D - q \cdot x = 10 - 10x = 0$,得 $x = 1m$,于是 $M_E = M_D + Q_D \cdot x - qx^2/2 = 45kN \cdot m$,用光滑曲线连接 M_D、M_E、M_B 纵坐标顶点可得 DB 段 M 图。

整个梁的弯矩图示于图 2-6-19(c)。

对于梁在荷载作用下的剪力图,还可以用下面介绍的力矢移动法迅速绘出。如图 2-6-20 所示,若将矢量表示的力 P 沿 AB 线段进行平移,平移时箭尾始终在 AB 线上,显然在 AC 段,箭头移动的轨迹 ac 与 AB 平行,且平移力矢绕前进方向的任一点(如 C 点)有顺针转动的趋势。到 C 点,力 P 与向下作用的力 $3P$ 代数相加,得指向向下、大小为 $2P$ 的力。若继续将力矢平移,箭头移动的轨迹仍与 AB 平行,但平移力矢绕前进方向任一点(如 B)有逆时针转动趋势。应用上述力矢平移的作法,可以由梁的外力很快绘出剪力图,作法如下:

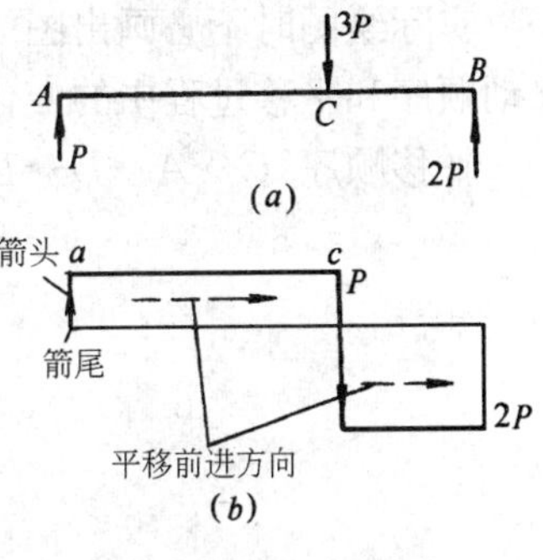

图 2-6-20

求出支座反力,从梁的左端点起,将力矢沿基线平移。平移时,箭尾始终在基线上,若遇到集中力,则代数相加后继续平移;若遇到分布力作用区段,则边平移边代数相加;若遇到集中力偶,平移力矢无变化。如此平移到基线另一端,在平移力矢箭头移动的轨迹图上注明正负号,即得 Q 图。规定平移力矢绕移动的前进方向上任一点有顺时针转动趋势者为正,反之,为负。这就是**绘制 Q 图的力矢移动法**。

【例 6-10】 试用力矢移动法绘制图 2-6-21(a)所示外伸梁的 Q 图。已知 $P = 8kN$,$m = -16kN \cdot m$,$q = 2kN/m$。

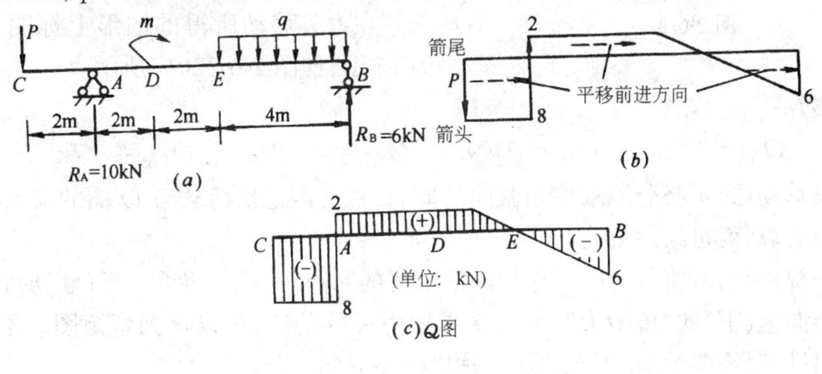

图 2-6-21

【解】 (1) 求支座反力

$$R_A = \frac{1}{8}\left(P \times 10 - 16 + q \times \frac{4^2}{2}\right) = 10kN(\uparrow)$$

$$R_B = P + q \times 4 - R_A = 8 + 2 \times 4 - 10 = 6kN(\uparrow)$$

(2) 从左端起,将力 $P = 8kN$ 在基线上平移,到 A 点遇到 $R_A = 10kN$,代数相加后,得指向上的 2kN,继续平移到 D 点,遇到集中力偶,平移力矢无变化,再移到 E 点,遇到指向下的均布力,由均布力集度 $q = 2kN/m$ 知,每前进一米,平移力矢减少 2kN,平移到 B 点为向下的 6kN,再与 $R_B = 6kN$ 代数相加。力矢平移过程如图 2-6-21(b)所示。再按力矢平移时绕前进方向上的转动方向标上正负号(例如 CA 段,力矢平移时绕前进方向为逆时针转动,图上标负号),即得 Q 图,见图 2-6-21(c)。事实上,对于梁只要按从左向右的方向进行力矢平移，则基线上方的剪力图自然为正，下方一定为负。

(3) 校核　由剪力方程 $Q=\Sigma P_{左}$ 或 $Q=\Sigma P_{右}$，对 Q 图校核。如 $Q_D=\Sigma P_{左}=10-8=2kN(\uparrow)$

实际绘图时不必画出图 2-6-21(b)，也不必写出力矢平移过程。初学者可以只标出力矢移动顺序和平移过程中的变化结果，以便校核。如本例可写

平移顺序：$C\rightarrow A\rightarrow D\rightarrow E\rightarrow B$。由平移知，

$$Q_{C右}=-8kN$$

$$Q_{A右}=2kN$$

$$Q_E=2kN$$

$$Q_{B左}=-6kN$$

【例 6-11】　试用力矢移动法绘制图 2-6-22(a)所示梁的 Q 图。

【解】　(1) 求支座反力

$$R_A=\frac{1}{4}(2\times6\times3+4\times2+4-6\times2)=9kN(\uparrow)$$

$$R_B=2\times6+4+6-9=13kN(\uparrow)$$

(2) 绘 Q 图　按力矢平移法则进行平移，平移顺序：

$C\rightarrow A\rightarrow D\rightarrow B\rightarrow E$

在力矢移动所得的图形上标明正负号，即为 Q 图，如图 2-6-22(b)所示。

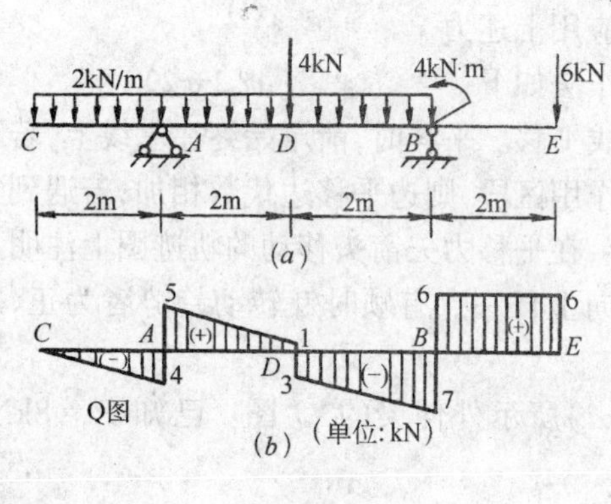

图 2-6-22

由平移知：

$$Q_{A右}=5kN \qquad Q_{D左}=1kN \qquad Q_{D右}=-3kN \qquad Q_{B左}=-7kN$$

用力矢移动法，不必分段求控制截面的剪力，也无需记忆荷载与 Q 图的关系，只需将力矢边平移边心算，就可绘出 Q 图。

值得一提的是，若将剪力图视作指向梁轴线的"分布荷载"，将梁上逆(顺)时针转向的力偶矩视作指向上(下)的"集中力"，则再次应用力矢移动法，可以得到弯矩图。不过只有 Q 图很简单，且同时需要绘制 Q、M 图时，这样作才方便。

第五节　叠加法绘弯矩图

同一根悬臂梁在荷载 P、q 共同作用和 P、q 分别单独作用的情况如图 2-6-23(a)、(b)、(c)所示。现在对每一种情况下的支座反力和内力计算如下：

(1) 在 P、q 共同作用下(图 2-6-23a)

$$R_B=P+ql$$

$$Q=-P-q\cdot x \qquad (0\leqslant x\leqslant l)$$

$$M=-P\cdot x-\frac{1}{2}qx^2 \qquad (0\leqslant x\leqslant l)$$

(2) 在 P 单独作用下(图 2-6-23b)

$$R_{BP}=P$$
$$Q_P=-P \qquad (0\leqslant x\leqslant l)$$
$$M_P=-P\cdot x \qquad (0\leqslant x\leqslant l)$$

(3) 在 q 单独作用下(图 2-6-23c)

$$R_{Bq}=ql$$
$$Q_q=-qx \qquad (0\leqslant x\leqslant l)$$
$$M_q=-\frac{1}{2}qx^2 \qquad (0\leqslant x\leqslant l)$$

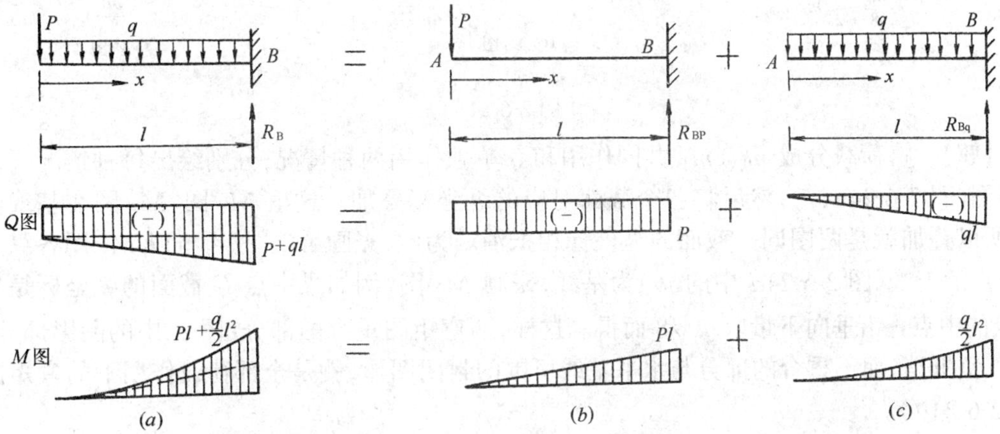

图 2-6-23

考查上述各种情况可知,支座反力、内力均与荷载成线性关系,即在反力、内力表达式中不含荷载一次方以上的项,也无荷载的零次项。因此,梁在 P、q 共同作用时产生的反力或内力等于P 与 q 分别单独作用时产生的反力或内力的代数和,即

$$R_B=R_{BP}+R_{Bq}$$
$$Q=Q_p+Q_q$$
$$M=M_p+M_q$$

这种关系可以推广到更一般的情况,即结构在几个荷载共同作用下所引起的某一量值(反力、内力、应力、变形)等于各个荷载单独作用时所引起的该量值的代数和,这就是**叠加原理**。叠加原理在力学计算中应用很广。

应用叠加原理的条件是所要计算的量值必须与荷载成线性关系。对于几个荷载作用下的静定梁或其他静定结构,只要满足小变形条件,就可以应用叠加原理。

当梁上作用有几个荷载时,利用叠加原理作内力图,可以使计算简化。作法是,将梁上的荷载分成几组容易画出内力图的简单荷载;分别画出各简单荷载单独作用下的内力图;然后将各个截面对应的纵坐标代数相加,就得到梁在几个荷载作用下的内力图。这就是绘制内力图的叠加法。由于梁的剪力图容易绘制,通常不必应用叠加法。本节只讨论应用叠加法绘制弯矩图,现通过例题具体说明。

【例 6-12】 试用叠加法绘制图 2-6-24(a)所示简支梁的弯矩图。已知

$$m_A=\frac{ql^2}{24}, m_B=-\frac{ql^2}{16}$$

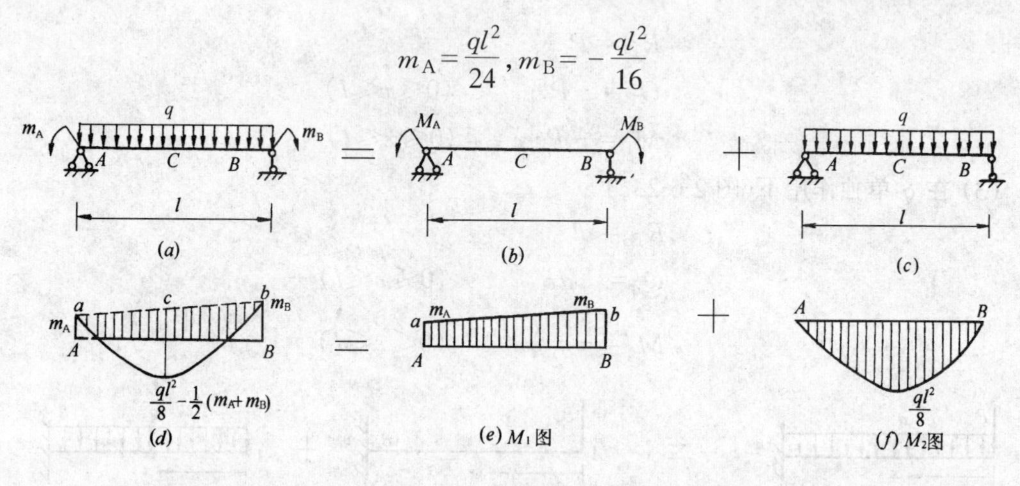

图 2-6-24

【解】 将荷载分成 m_A、m_B 共同作用和 q 单独作用两种情况；分别绘出每种情况下的弯矩图(图 2-6-24e、f)；然后将各个截面对应的纵坐标叠加。这里 M_1 图、M_2 图在基线两侧，所以叠加就是两图同一截面的纵坐标相抵消。为此，先画 M_1 图，再暂以 M_1 图各纵坐标顶点的连线(图 2-6-24d 中的 ab)为基线，来画 M_2 图，例如梁中点 C 截面的纵坐标是从 ab 线的中点 c 铅垂向下量取 $ql^2/8$ 而得。这样，两弯矩图重合的部分(图 d 中的阴影部分)便正、负抵消，而不重合的部分与水平基线所围的封闭图形，就是全部荷载作用下的弯矩图(图 2-6-24d)。

若熟悉各简单荷载作用下的弯矩图(图 2-6-24e、f)，叠加时，可不单独画出，而直接在图 d 叠加。

【例 6-13】 简支梁受荷载情况如图 2-6-25(a)所示，试用叠加法画出弯矩图。已知 $m=\frac{Pl}{2}$。

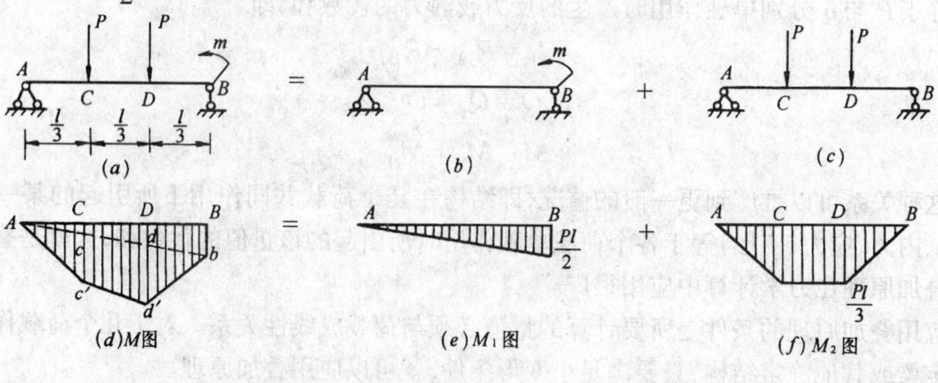

图 2-6-25

【解】 将荷载分为两组：集中力偶 m 为一组，两个集中力 P 为一组。分别绘出每组荷载作用下的弯矩图(图 2-6-25e、f)。M_1 图与 M_2 图在基线同一侧，所以叠加就是两个弯矩图同一截面的纵坐标相加长。叠加时，先画 M_1 图，如图 2-6-25(d)中水平基线与虚线 Ab 所围图形；再暂以 Ab 为基线，画 M_2 图。M_2 图由三个直线段组成，因此在 Ab 线上找到与 A、C、D、B 对应的点 A、c、d、b，并依次铅垂向下量取 0、$Pl/3$、$Pl/3$、0 得 A、c'、d'、b，再连成折线，它与水平基线所围的图形就是全部荷载作用下的弯矩图(图 2-6-25*d*)。

同样，若对 M_1 图及 M_2 图的图形熟悉，图 2-6-25(*e*)、(*f*)可不画出，而直接进行叠加。

通过上述两例可总结出以下几点

(1) 所谓叠加，就是将同一截面上的弯矩值代数相加，反映在弯矩图上，也就是将各简单荷载作用下的弯矩图在对应点处垂直于杆轴的纵坐标线段相加(同号时)或抵消(异号时)。

(2) 叠加时，应先画直线图形，再叠加折线图形或曲线图形。

(3) 水平线与斜直线叠加后为斜直线；直线与曲线叠加后为曲线。

值得指出的是：用叠加法绘弯矩图，有时不能直接找到最大弯矩值，如例 6-12 梁中点 C 截面的弯矩，便不是最大值。当需要求出 M_{max} 时，应先确定 $Q=0$ 的截面位置，求出该截面的弯矩值(即极值)，再从各极值中找出最大值。

上述叠加法，可推广到梁任一区段弯矩图的绘制，这就是**区段叠加法**。现以图 2-6-26(*a*)所示简支梁的 AB 段为例，说明如下

设图 2-6-26(*a*)中，截面 A 和 B 的弯矩 M_A、M_B 已经求出，现取 AB 段梁为研究对象，受力图如图 2-6-26(*b*)所示，于是，由平衡条件可求出截面 A、B 的剪力

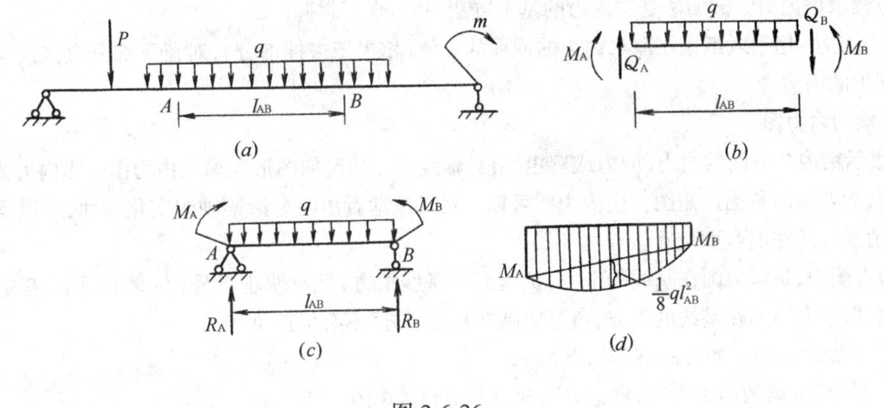

图 2-6-26

$$Q_A=\frac{1}{l_{AB}}\left(\frac{ql_{AB}^2}{2}-M_A+M_B\right)$$

$$Q_B=-\frac{1}{l_{AB}}\left(\frac{ql_{AB}^2}{2}+M_A-M_B\right)$$

再画出与 AB 段梁受力及杆长完全相同的简支梁(图 2-6-26*c*)，同样可求出

$$R_A=\frac{1}{l_{AB}}\left(\frac{ql_{AB}^2}{2}-M_A+M_B\right)$$

$$R_B=\frac{1}{l_{AB}}\left(\frac{ql_{AB}^2}{2}+M_A-M_B\right)$$

比较 Q_A、Q_B 与 R_A、R_B 的表达式，可知 $R_A=Q_A$，$R_B=-Q_B$，说明简支梁 AB 的支座反力与 AB 段梁对应截面的剪力大小和方向完全相同。由于简支梁 AB 与 AB 段梁的长度、外力均完全相同，故二者的弯矩图也必然相同。因此可以象用叠加法绘简支梁 AB 的弯矩图那样，绘制 AB 段梁的弯矩图(图 2-6-26*d*)。

由此可以得出结论：梁任意区段的弯矩图，可以由与该区段等长的简支梁在区段两端截

面弯矩和区段荷载作用下的弯矩图叠加而得。

小　结

平面弯曲是杆件的基本变形之一,本章和以下两章讨论平面弯曲时梁的内力、应力、变形计算以及强度、刚度条件。

本章讨论了梁的内力计算和内力图的绘制方法,这些内容在以后经常用到,应真正熟练掌握。

一、梁的内力

1. 内力的大小

梁平面弯曲时,横截面上的内力通常有剪力 Q 和弯矩 M。

截面上的剪力等于截面一侧梁上所有外力沿截面方向投影的代数和。

截面上的弯矩等于截面一侧梁上所有外力对截面形心力矩的代数和。

2. 内力的正负号

截面上的剪力使所考虑的梁段有顺时针转动趋势时为正;反之,为负。

截面上的弯矩使所考虑的梁段产生向下凸的变形时为正;反之,为负。

3. 内力的计算

(1) 截面法:在欲求内力的截面将梁假想地截开为两部分,去掉一部分,画出留下部分的受力图,由静力平衡方程求出内力。截面法是求内力的基本方法,必须真正掌握。

(2) 反正法:用手或纸遮住欲求内力的截面的一侧(相当于去掉部分),对留下部分直接按反为正规律写出截面上的内力。

二、梁的内力图

1. 表示梁内各截面的内力(剪力或弯矩)沿梁轴线变化情况的图形叫梁的内力图。当内力为剪力时称为剪力图,为弯矩时称为弯矩图。由内力图可以一目了然地看出内力沿梁轴的变化规律,知道梁内最大剪力、弯矩值及其所在的截面位置。

在剪力图中,正剪力画在基线的上方,负值画在基线下方,并注明正负号;在弯矩图中,弯矩画在梁的受拉一侧,即正弯矩画在基线的下方,负弯矩画在基线上方,不必标正负号。

2. 绘制梁的内力图的方法有

(1) 分段建立梁的内力方程,根据方程画剪力图和弯矩图。

(2) 运用 M、Q、q 之间的微分关系画剪力图和弯矩图。

(3) 用力矢移动法画剪力图,用叠加法画弯矩图。

以上方法中,根据内力方程绘图是基本方法,必须切实掌握。在此基础上,还应掌握荷载与内力图之间的一些基本规律及绘弯矩图的叠加法,作到准确迅速地绘出内力图。

3. 绘制内力图应注意以下几点

(1) 正确判断正负号。

(2) 熟练掌握集中力作用处、集中力偶作用处 Q 图、M 图的变化特点。

(3) 重视校核。对已绘出的 Q 图、M 图要能够运用 M、Q、q 之间的关系或求任一截面的内力值进行校核。

思 考 题

2-6-1　什么是平面弯曲?试列出梁平面弯曲的几个例子。

2-6-2　剪力和弯矩的正负号是怎样规定的?它与静力学中关于力的投影和力矩的正负规定有何区别?

2-6-3　在集中力、集中力偶作用处截面的剪力 Q 和弯矩 M 各有什么特点?

2-6-4 绘制图 2-6-27 所示梁的 Q 图和 M 图时，哪个内力需要分开计算 B 截面的左侧、右侧的值？哪个内力在 C 截面的值需要按 C 左、C 右计算？

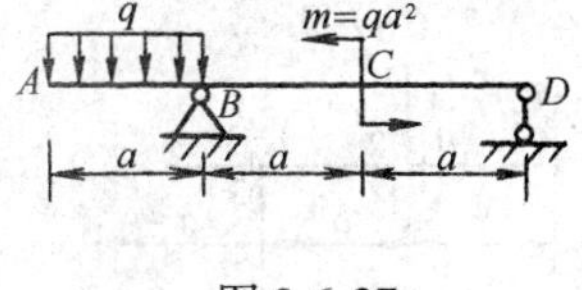

图 2-6-27

2-6-5 绘制剪力图、弯矩图各有哪几种方法，试简述每种方法的绘图要点？

2-6-6 如何确定弯矩的极值？弯矩图上的极值是否就是梁内的最大弯矩？

2-6-7 判断图 2-6-28 中各梁的 Q、M 图的正误。若有错误，请改正之。

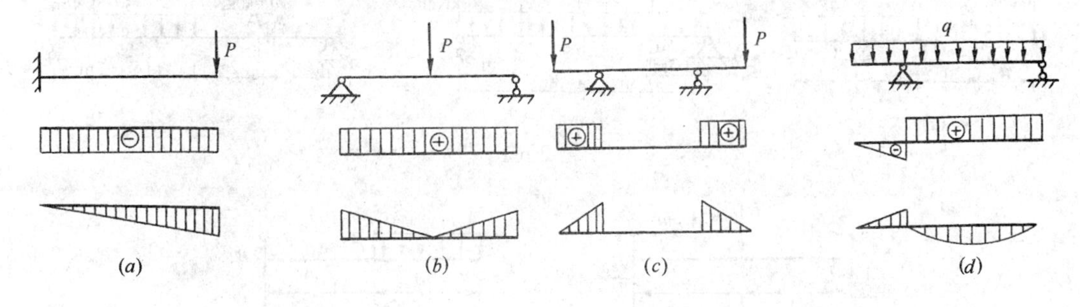

图 2-6-28

2-6-8 指出图 2-6-29 所示弯矩图叠加的错误，并改正。

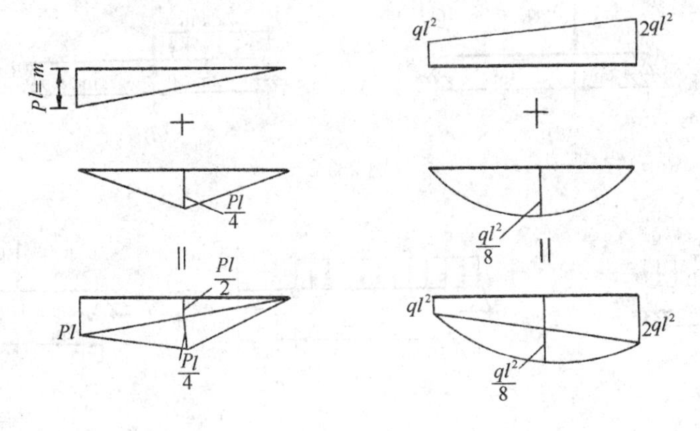

图 2-6-29

习 题

2-6-1 求图示各梁中指定截面的剪力和弯矩。

2-6-2 用列内力方程式的方法作图示各梁的内力图。

2-6-3 用简捷法作图示各梁的内力图。

2-6-4 用力矢移动法作题 2-6-1 各梁的剪力图。

2-6-5 作图示斜梁的剪力图和弯矩图。

2-6-6 试用叠加法画图示各梁的弯矩图。

2-6-7 起吊一根自重为 $W=ql$ 的等截面钢筋混凝土梁如题图所示。欲使吊装时梁中点处和吊点处的弯矩绝对值相等，求吊点的位置。

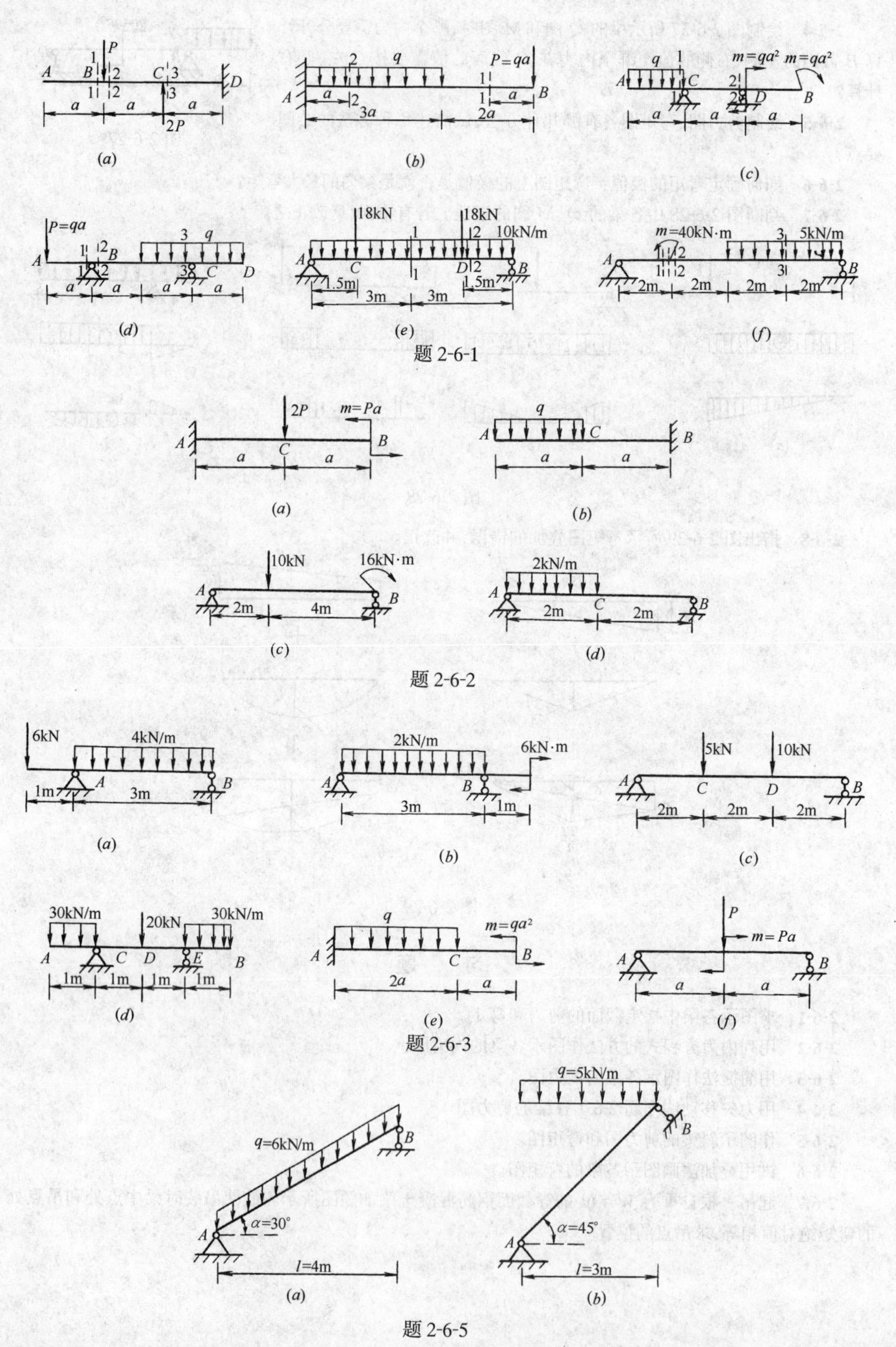

题 2-6-1

题 2-6-2

题 2-6-3

题 2-6-5

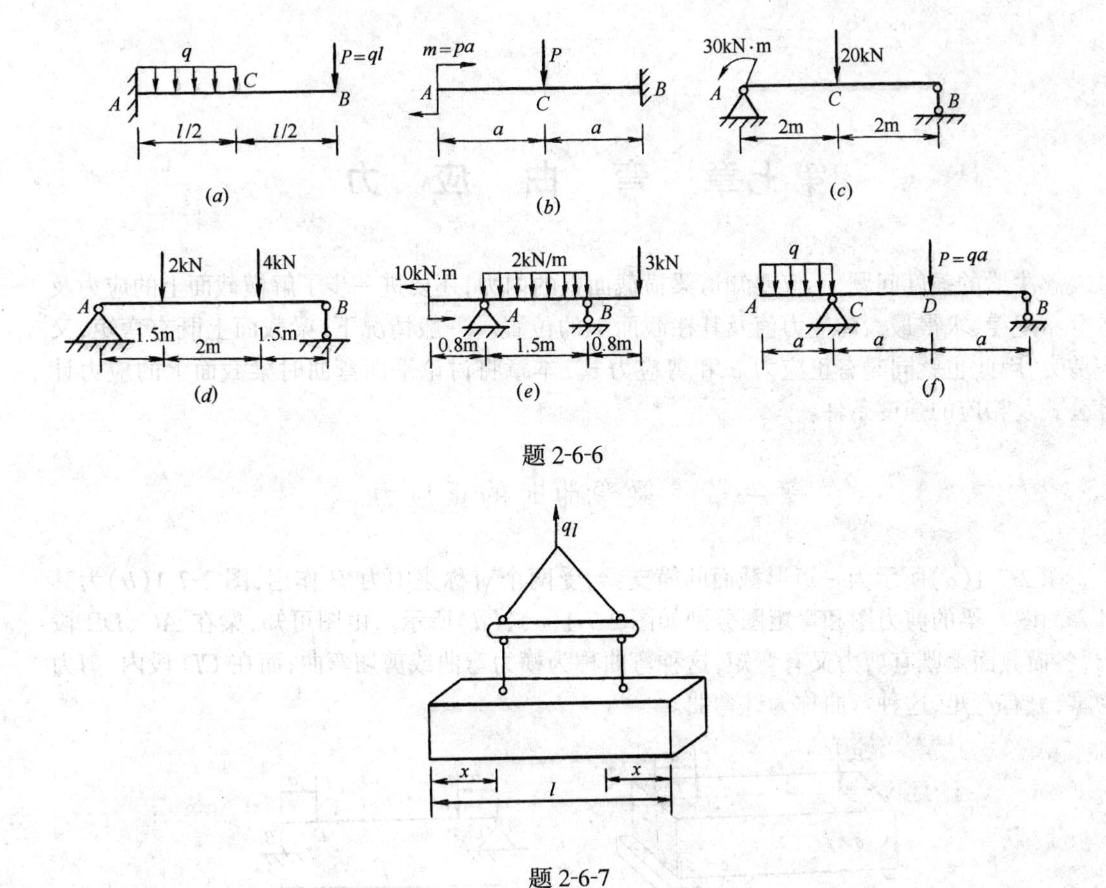

q
P=ql
A
C
B
l/2
l/2
(a)
m=pa
P
A
C
B
a
a
(b)
30kN·m
20kN
A
C
B
2m
2m
(c)
2kN
4kN
A
B
1.5m
2m
1.5m
(d)
10kN.m
2kN/m
3kN
A
B
0.8m
1.5m
0.8m
(e)
q
P=qa
A
C
D
B
a
a
a
(f)
ql
x
x
l

题 2-6-6

题 2-6-7

第七章　弯　曲　应　力

解决梁的强度问题,不仅要知道梁横截面上的内力,还要进一步了解横截面上的应力及其分布规律,求得最大的应力值及其在截面上的位置。一般情况下,梁截面上既有弯矩,又有剪力,因此也就同时有正应力 σ 和剪应力 τ。本章将讨论平面弯曲时梁截面上的应力计算公式及相应的强度条件。

第一节　梁弯曲时的正应力

图 2-7-1(a)所示为一矩形截面的简支梁,受两个对称集中力 P 作用,图 2-7-1(b)为其计算简图。梁的剪力图和弯矩图分别如图 2-7-1(c)、(d)所示。由图可知,梁在 AC、DB 段内,各横截面上既有剪力又有弯矩,这种弯曲称为横力弯曲或剪切弯曲;而在 CD 段内,剪力为零,只有弯矩,这种弯曲称为纯弯曲。

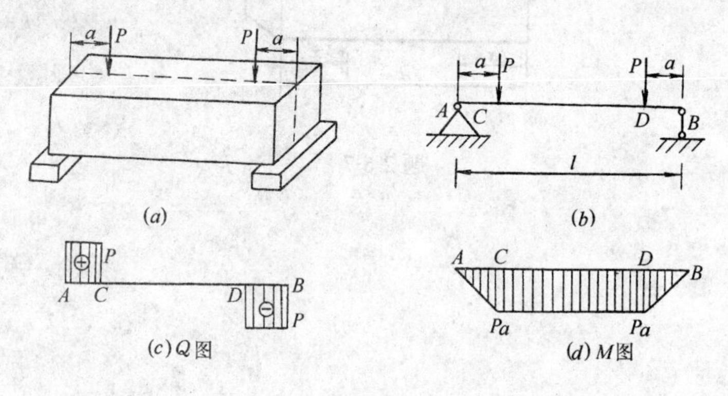

图 2-7-1

显然梁纯弯曲时,因为剪力等于零,所以横截面上不可能有与剪力相应的应力——剪应力存在,而只有正应力。

研究梁横截面上的正应力,与轴向拉压和圆轴扭转时应力公式的推导类似,也需要先通过实验,观察梁的弯曲变形,然后作出假设,最后根据物理关系和静力平衡条件推导出既简单又合理的计算公式,这是本学科建立应力计算公式的基本方法。

一、变形几何关系

取图 2-7-1(a)所示直梁受纯弯曲的 CD 段为研究对象。变形之前,先在梁的表面画一些与梁轴线垂直的横向线以及与梁轴平行的纵向线,形成许多小方格(图 2-7-2a)。然后加载,使直梁在弯矩 M 作用下产生纯弯曲变形(图 2-7-2b),这时将观察到如下现象:(1) 在弯矩作用下,所有纵向线变成了相互平行的曲线,其中梁上部的纵向线缩短了,下部的伸长了;(2) 各横向线相互倾斜了一个角度,但仍保持为直线,且与变形后的纵向线垂直。根据上述现象,由表及里地推测梁的内部变形,可作出如下假设:横截面只是绕横截面上某个轴旋转了一个角度,变形后仍保持为平面,而且与变形后的梁轴线垂直。这就是梁在弯曲时的平面假设。设想梁由许多纵向纤维所组成,根据平面假设,可以推知,梁的各纵向纤维只受到轴向拉伸和压缩,均处于单向受力状态。

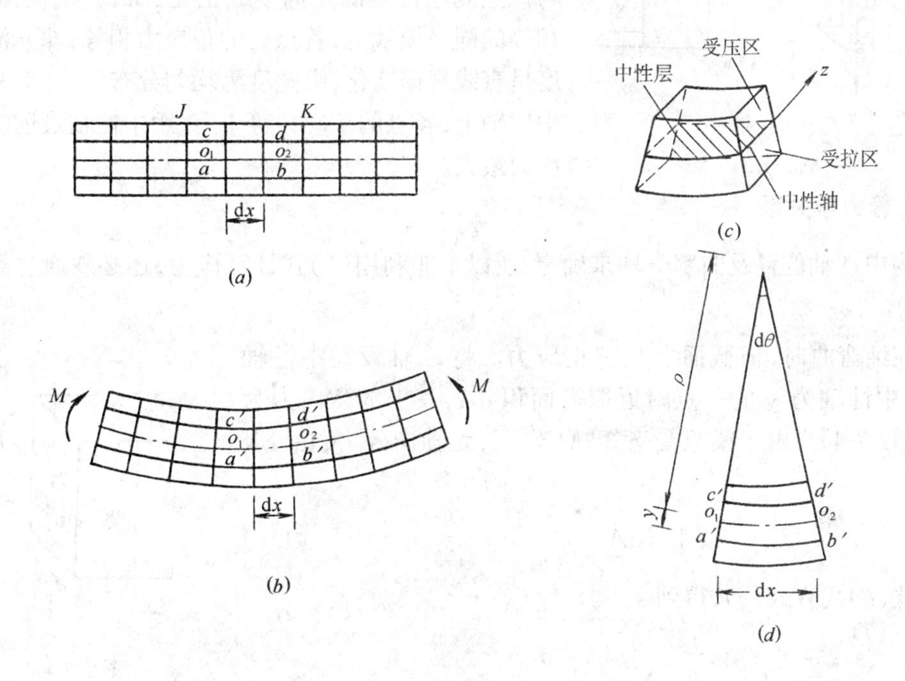

图 2-7-2

梁变形后上部纵向纤维缩短,下部纵向纤维伸长。由变形的连续性可知,在它们中间,必然有一层纤维既不伸长也不缩短,这一层纤维称为中性层。横截面与中性层的交线,称为中性轴(图 2-7-2c)。中性轴将横截面分成受压区和受拉区。

图 2-7-2(d)是梁变形后沿纵向取出的微段,长度为 dx,设$\overset{\frown}{o_1o_2}$为中性层,其曲率半径为 ρ,$a'b'$到中性层的距离为 y,比较图(a)与图(d)可知,变形前为$\overline{ab}=\overset{\frown}{o_1o_2}=dx=\rho\cdot d\theta$ 的纵向线变形后为$\overset{\frown}{a'b'}$,其绝对伸长为

$$\Delta=\overset{\frown}{a'b'}-\overline{ab}=(\rho+y)d\theta-\rho d\theta=yd\theta$$

故$\overline{ab}$的线应变为

$$\varepsilon=\frac{\Delta}{\overline{ab}}=\frac{yd\theta}{\rho d\theta}=\frac{y}{\rho} \qquad (a)$$

对于确定的横截面,ρ 是常量,所以(a)式表明梁内各纵向纤维的线应变与它到中性层的距离成正比。

二、物理关系

由于假设纵向纤维只受单向拉伸或压缩,所以在弹性范围内,材料的应力应变关系符合虎克定律,即

$$\sigma=E\varepsilon$$

将式(a)代入上式得

$$\sigma=E\varepsilon=E\cdot y/\rho \qquad (b)$$

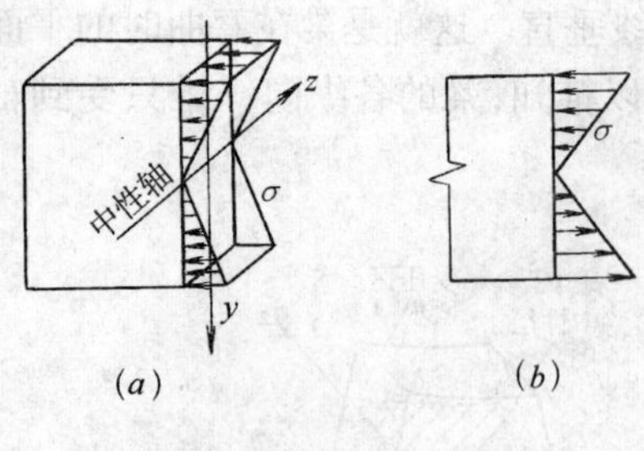

图 2-7-3

式中 E 为材料的弹性模量，对指定的横截面，$\frac{E}{\rho}$ 为常数。公式(b)说明，横截面上任一点的正应力 σ 与该点到中性轴的距离 y 成正比，而在与中性轴距离相等的同一横线上，各点处的正应力相等，即 σ 沿梁高度呈直线规律变化，沿宽度为均匀分布(图 2-7-3)。在中性轴上，各点的正应力等于零，距中性轴最远的点正应力最大。

三、静力学关系

因为中性轴位置及曲率$\frac{1}{\rho}$均未确定，所以不能利用(b)式计算应力，还必须通过静力学来解决。

梁在纯弯曲时，横截面上只有正应力。将 z 轴设在中性轴上，在距中性轴为 y 的一点附近取微面积 $\mathrm{d}A$，其上的微内力为 $\sigma\cdot\mathrm{d}A$(图2-7-4)。由于梁只受弯矩 M 作用，无轴向外力，由 $\Sigma X=0$ 得

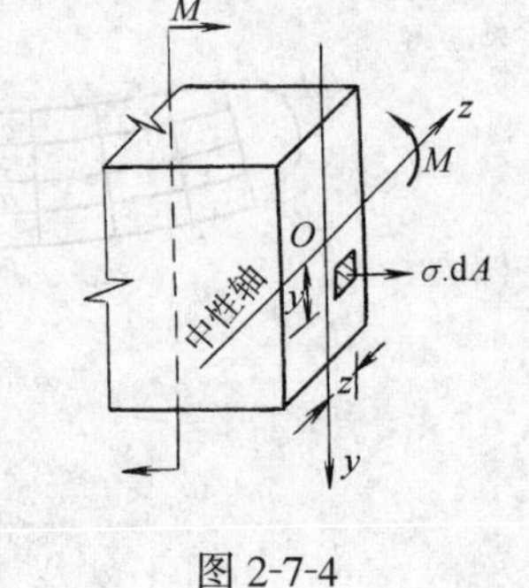

图 2-7-4

$$\int_{A}\sigma \mathrm{d}A=0 \qquad (c)$$

将式(b)代入式(c)，得到

$$\frac{E}{\rho}\int_{A} y\mathrm{d}A=0$$

因为梁弯曲时$\frac{E}{\rho}$不会为零，故必有

$$\int_{A} y\mathrm{d}A=0$$

上式表明横截面对中性轴的静矩为零，由此可以判定中性轴就是横截面的形心轴。

横截面上作用的弯矩 M 应由正应力σ引起的微力矩$\sigma\cdot\mathrm{d}A\cdot y$ 在整个截面上的积分合成，即

$$M=\int_{A}\sigma\cdot y\mathrm{d}A \qquad (d)$$

将式(b)代入式(d)得：

$$M=\frac{E}{\rho}\int_{A} y^{2}\mathrm{d}A=\frac{E}{\rho}I_{z} \qquad (e)$$

式中　$I_{z}=\int_{A} y^{2}\mathrm{d}A$ 为截面对中性轴 z 的惯性矩。由式(e)可得

$$\frac{1}{\rho}=\frac{M}{EI_{z}} \qquad (2\text{-}7\text{-}1)$$

式中曲率$\frac{1}{\rho}$反映梁的弯曲程度，它与 EI_{z} 成反比。在 M 不变的情况下，EI_{z} 越大，$\frac{1}{\rho}$就越小，梁的弯曲程度就越小。所以 EI_{z} 称为梁的抗弯刚度，反映出梁抵抗弯曲变形的能力。

将式(2-7-1)代入式(b)得到

$$\sigma=\frac{E}{\rho}y=\frac{M}{EI_{z}}\cdot Ey=\frac{M}{I_{z}}y \qquad (2\text{-}7\text{-}2)$$

式(2-7-2)就是梁横截面上任一点的正应力计算公式。该式说明，横截面上任一点的正应力 σ 与弯矩 M 和该点到中性轴的距离 y 成正比，与截面对中性轴的惯性矩成反比。

使用公式(2-7-2)时，M、y 一律用绝对值，正应力的拉压性质通常根据梁的变形直接判断。若所求应力的点在受拉区，σ 为正，为拉应力；在受压区，σ 为负，为压应力。

从式(2-7-2)可知，中性轴上 $y=0$，则 $\sigma=0$；离中性轴最远处(梁顶或梁底) $y=y_{max}$，σ 达到最大值，即

$$\sigma_{max}=\frac{M}{I_z}y_{max} \tag{2-7-3}$$

式(2-7-2)虽然是矩形截面梁在纯弯曲情况下导出的，但理论分析和实验证明，只要梁的跨度 l 与横截面高度 h 之比(l/h)大于5，对非纯弯曲梁以及截面为圆形、工字形、T形等具有纵向对称轴的梁的平面弯曲问题，式(2-7-2)也是适用的。

【例 7-1】 如图 2-7-5 所示，矩形截面简支梁，$b\times h=120\text{mm}\times180\text{mm}$，$l=4\text{m}$，受均布荷载 $q=4\text{kN/m}$ 作用，试计算

(1) C 截面上 a、b、c 三点处的正应力。

(2) 梁的最大正应力 σ_{max} 及其位置。

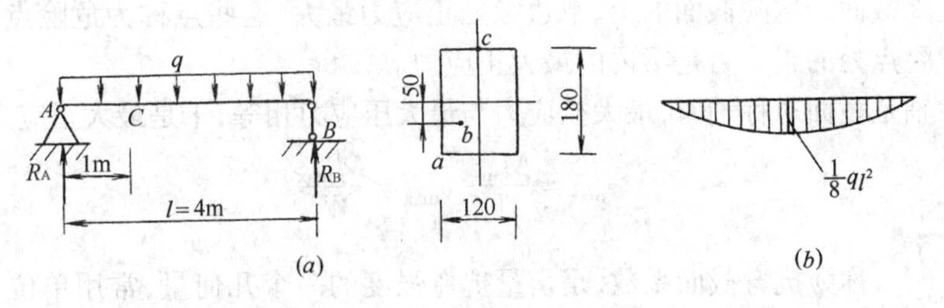

图 2-7-5

【解】 (1) 求 C 截面指定点的正应力

由于对称，可得 $R_A=R_B=\frac{ql}{2}=\frac{4\times4}{2}=8\text{kN}$ (↑)

绘出弯矩图如图 2-7-5(b)所示。截面 C 的弯矩为

$$M_c=R_A\times1-\frac{q}{2}\times1^2=6\text{kN·m}$$

截面惯性矩为

$$I_z=\frac{bh^3}{12}=\frac{120}{12}\times180^3=58.3\times10^6\text{mm}^4$$

a、b、c 各点至中性轴的距离分别为

$$y_a=y_c=h/2=90\text{mm},\qquad y_b=50\text{mm}$$

由式(2-7-2)有

$$\sigma_a=\frac{M_cy_a}{I_z}=\frac{6\times10^6}{58.3\times10^6}\times90=9.26\text{MPa}\qquad(\text{拉应力})$$

$$\sigma_b=\frac{M_cy_b}{I_z}=\frac{6\times10^6}{58.3\times10^6}\times50=5.15\text{MPa}\qquad(\text{拉应力})$$

$$\sigma_c=\frac{M_cy_c}{I_z}=-\frac{6\times10^6}{58.3\times10^6}\times90=-9.26\text{MPa}\qquad(\text{压应力})$$

各点正应力的正负号是由梁的变形直接判定的。其中 a、b 点在受拉区,故 σ_a、σ_b 为拉应力;c 点在受压区,故 σ_c 为负,是压应力。

(2) 求 σ_{max}及其位置

由图 2-7-5(b)知,跨中截面弯矩最大,其值为

$$M_{max}=\frac{ql^2}{8}=8\text{kN}\cdot\text{m}$$

在 M_{max}作用截面上,梁的上边缘有最大压应力,下边缘有最大拉应力,它们在数值上相等,其值为

$$\sigma_{max}=\frac{M_{max}}{I_z}y_{max}=\frac{8\times10^6}{58.3\times10^6}\times90=12.35\text{MPa}$$

第二节　梁的正应力强度计算

一、最大正应力

梁在平面弯曲时,各截面的弯矩一般随截面位置不同而变化。对于等直梁,弯矩最大的截面称为危险截面。危险截面的上、下边缘处正应力最大,这些点称为危险点。可见,危险截面上的危险点处的正应力是梁内的最大正应力。

当中性轴是截面对称轴时,最大拉应力与最大压应力相等,于是最大正应力 σ_{max}为

$$\sigma_{max}=\frac{M_{max}}{I_z}y_{max}=\frac{M_{max}}{W_z}\tag{2-7-4}$$

式中 $W_z=\frac{I_z}{y_{max}}$,称为抗弯截面系数,是衡量抗弯强度的一个几何量,常用单位是米^3(m^3)或毫米^3(mm^3)。其中

对高为 h、宽为 b 的矩形截面 $W_z=\frac{bh^2}{6}$

对直径为 D 的圆形截面 $W_z=\frac{\pi D^3}{32}$

各种型钢的抗弯截面系数可从附录中查寻。

当中性轴不是截面对称轴时,如图2-7-6所示的 T 形截面梁,由于上、下边缘到中性轴的距离不等,因此最大拉应力 σ_{max}^{+}与最大压应力 σ_{max}^{-}的值也不相等。以 y_1、y_2 分别表示受拉边缘和受压边缘到中性轴的距离,则抗弯截面系数为

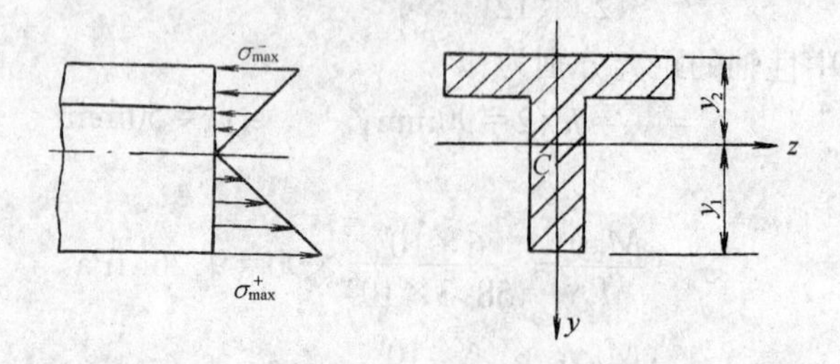

图 2-7-6

$$W_{z1}=\frac{I_z}{y_1},W_{z2}=\frac{I_z}{y_2}$$

于是最大拉压应力分别为

$$\begin{cases}\sigma_{max}^{+}=\dfrac{M}{W_{z1}}\\ \sigma_{max}^{-}=\dfrac{M}{W_{z2}}\end{cases} \tag{2-7-5}$$

二、梁弯曲时的强度条件

为了保证梁有足够的强度,就必须使梁内最大正应力不超过材料的许用应力[σ],这就是梁弯曲时的强度条件。根据梁材料的抗拉、抗压强度是否相同,强度条件可分别表达为

(1) 对抗拉、抗压强度相同的塑性材料

$$\sigma_{max}=\frac{M_{max}}{W_z}\leqslant[\sigma] \tag{2-7-6}$$

(2) 对抗拉、抗压强度不同的脆性材料

$$\begin{cases}\sigma_{max}^{+}=\dfrac{M_{max}}{W_z}\leqslant[\sigma_+]\\ \sigma_{max}^{-}=\dfrac{M_{max}}{W_z}\leqslant[\sigma_-]\end{cases} \tag{2-7-7}$$

与拉压、剪切、扭转的强度条件一样,利用抗弯强度条件可解决梁的强度校核、设计截面尺寸和确定许可荷载等三类问题。下面分别举例说明。

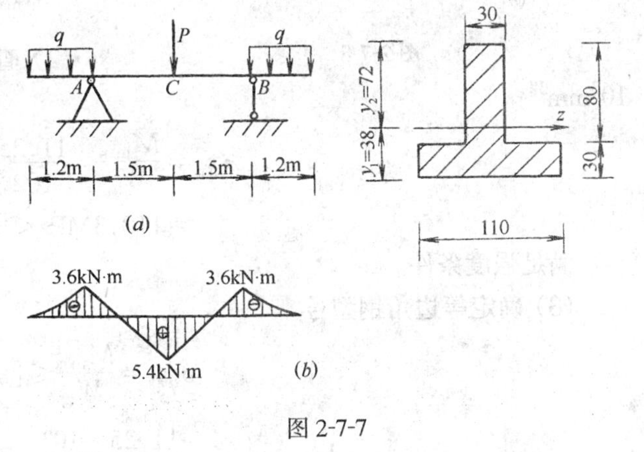

图 2-7-7

【例 7-2】 倒 T 型外伸梁如图 2-7-7(*a*)所示,已知荷载 $P=12\text{kN}$, $q=5\text{kN/m}$,材料许用拉、压应力分别是$[\sigma_+]=46\text{MPa}$, $[\sigma_-]=175\text{MPa}$,截面惯性矩 $I_z=573\times10^4\text{mm}^4$,试校核正应力强度条件。

【解】 (1) 绘出 *M* 图,见图 2-7-7(*b*)。

由图知

$$M_{max}^{+}=5.4\text{kN·m},\quad M_{max}^{-}=3.6\text{kN·m}$$

(2) 求最大正应力

由于中性轴不是对称轴,故需要分别求出弯矩为极值的截面上的最大拉、压应力,再从中选出全梁的最大拉应力和最大压应力进行强度校核。

截面 *C*:

$$\sigma_{max}^{+}=\frac{M_{max}^{+}}{I_z}y_1=\frac{5.4\times10^6}{573\times10^4}\times38=35.02\text{MPa}$$

$$\sigma_{max}^{-}=\frac{M_{max}^{-}}{I_z}y_2=-\frac{5.4\times10^6}{573\times10^4}\times72=-67.86\text{MPa}$$

截面 A(或 B)

$$\sigma_{\max}^{+}=\frac{M_{\max}^{+}}{I_z}y_2=\frac{3.6\times10^6}{573\times10^4}\times72=45.24\text{MPa}$$

$$\sigma_{\max}^{-}=\frac{M_{\max}^{-}}{I_z}y_1=-\frac{3.6\times10^6}{573\times10^4}\times38=-23.87\text{MPa}$$

由上面的计算可知,梁内各截面中,$\sigma_{\max}^{+}=45.24\text{MPa}$ 发生在 A、B 截面上边缘处,$\sigma_{\max}^{-}=67.86\text{MPa}$ 发生在 C 截面上边缘处。

(3) 强度校核

根据式(2-7-7)有: $\sigma_{\max}^{+}=45.24\text{MPa}<[\sigma_{+}]=46\text{MPa}$

$\sigma_{\max}^{-}=67.86\text{MPa}<[\sigma_{-}]=175\text{MPa}$

满足强度要求。

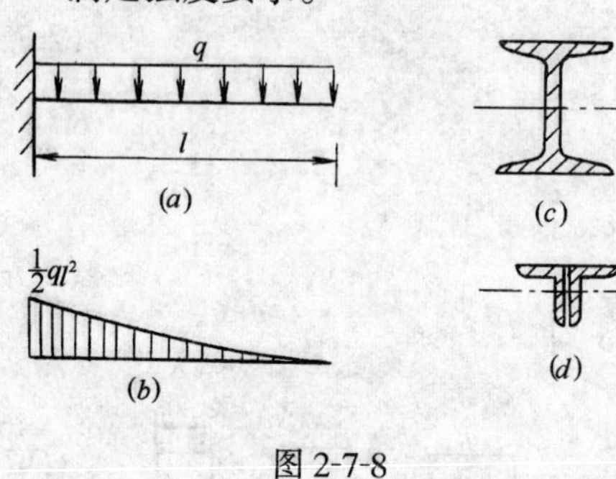

图 2-7-8

【例 7-3】 图 2-7-8(a)所示悬臂梁,长 $l=1.5\text{m}$,由 $I14$ 工字钢制成,$[\sigma]=160\text{MPa}$,$q=10\text{kN/m}$,试校核其正应力强度。若改用相同材料的两根等边角钢,确定角钢型号。

【解】 (1) 作出弯矩图如图 2-7-8(b)所示

$$M_{\max}=\frac{ql^2}{2}=\frac{10\times1.5^2}{2}=11.25\text{kN}\cdot\text{m}$$

(2) 查型钢表得 I14 工字钢得: $W_z=102\times10^3\text{mm}^3$

$$\sigma_{\max}=\frac{M_{\max}}{W_z}=\frac{11.25\times10^6}{102\times10^3}=110.3\text{MPa}<[\sigma]$$

满足强度条件。

(3) 确定等边角钢型号

$$\sigma_{\max}=\frac{M_{\max}}{W_z}\leqslant[\sigma]$$

$$W_z\geqslant\frac{M_{\max}}{[\sigma]}=\frac{11.25\times10^6}{160}=70.3\times10^3\text{mm}^3$$

由于是两根角钢组成(图 2-7-8d),故每根角钢必须满足

$$W_z\geqslant\frac{70.3\times10^3}{2}=35.15\times10^3\text{mm}^3$$

查型钢表,选用∟10(∟100×16),$W_z=37.82\times10^3\text{mm}^3$

【例 7-4】 简支木梁的计算简图如图 2-7-9 所示。已知木梁跨度 $l=5\text{m}$,材料的许用应力$[\sigma]=10\text{MPa}$,试求

(1) 当荷载 $q=4\text{kN/m}$,梁高宽比为 $h/b=1.5$ 的矩形截面时,所需的截面尺寸 h、b;

(2) 采用直径 $D=180\text{mm}$ 实心圆截面时的许可线荷载$[q]$。

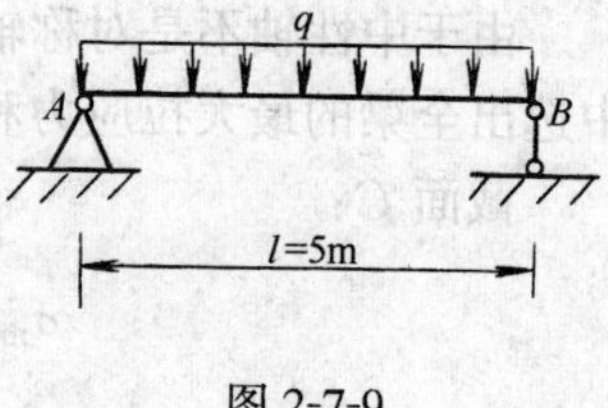

图 2-7-9

【解】 (1) 设计木梁的截面尺寸

最大弯矩发生在跨中截面

$$M_{max}=\frac{q}{8}l^2=\frac{4}{8}\times5^2=12.5\text{kN·m}$$

根据强度条件有：

$$W_z\geqslant\frac{M_{max}}{[\sigma]}$$

当采用矩形截面，且 $h/b=1.5$ 时，

$$W_z=\frac{bh^2}{6}=\frac{1.5^2}{6}b^3$$

于是有$\frac{1.5^2}{6}b^3\geqslant\frac{M_{max}}{[\sigma]}=\frac{12.5\times10^6}{10}$

$$b\geqslant\sqrt[3]{\frac{6\times12.5\times10^6}{1.5^2\times10}}=149\text{mm}$$

采用 $b=150\text{mm}$、$h=1.5\times150=225\text{mm}$ 矩形截面。

(2) 求许可线荷载[q]

采用 $D=180\text{mm}$ 实心圆截面时

$$W_z=\frac{\pi}{32}\times180^3=5.725\times10^5\text{mm}^3$$

由式(2-7-6)得 $M_{max}\leqslant W_z[\sigma]=5.725\times10^5\times10=5.72\text{kN·m}$

于是有

$$\frac{ql^2}{8}\leqslant5.72$$

$$q\leqslant\frac{5.72\times8}{5^2}=1.83\text{kN/m}$$

所以[q]$=1.83\text{kN/m}$

第三节 提高梁抗弯强度的措施

梁的最优设计目标，应该是在保证梁有足够的强度，并能安全工作的前提下，尽量做到节省材料、减轻自重，达到既安全又经济的要求。

一般情况下，梁的抗弯强度主要取决于正应力，即要求梁的正应力满足强度条件 $\sigma_{max}=\frac{M_{max}}{W_z}\leqslant[\sigma]$。由此条件可知，梁横截面上的最大正应力与 M_{max}成正比，与 W_z 成反比。对某种材料的梁，[σ]是确定的。因此要提高梁的抗弯强度，主要应从提高抗弯截面系数和降低最大弯矩两方面考虑。根据上述分析，工程中通常采取如下措施。

一、选择合理的截面形状

1. 选择抗弯截面系数和截面面积比值(W_z/A)较大的截面形状，也就是用较小的截面面积能获得较大的抗弯截面系数的截面，这样的截面形状合理。表 2-7-1 列出了常见的圆形、矩形、工字形截面具有相同的抗弯截面系数时的截面积 A(用料)和 W_z/A 值。

几种常见截面的 W_z/A 值　　表 2-7-1

截面形状	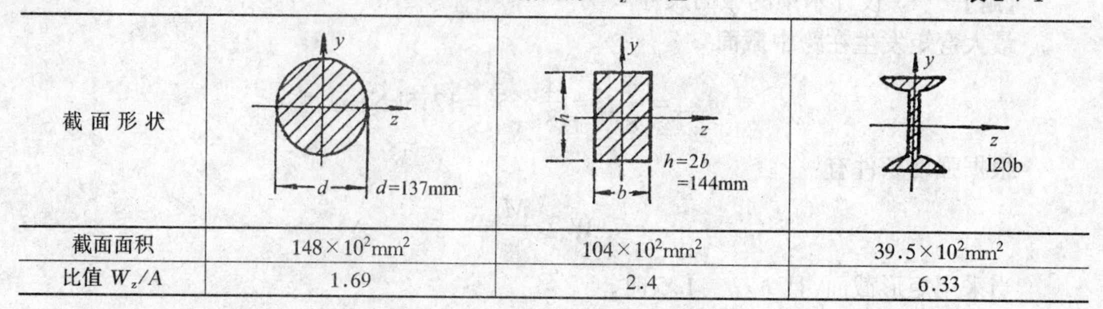		
截面面积	$148\times10^2\text{mm}^2$	$104\times10^2\text{mm}^2$	$39.5\times10^2\text{mm}^2$
比值 W_z/A	1.69	2.4	6.33

从表中可以看出，工字形截面、矩形截面、圆形截面一个比一个合理。

用截面上正应力分布规律也可以说明截面形状的合理性。梁弯曲时，σ 沿截面高度按线性规律分布。中性轴附近 σ 很小，材料没有被充分利用，若把这部分材料尽量布置在距中性轴较远处，W_z 就变大，截面就显得合理。这就是工程中常采用工字形、圆环形、箱形截面的原因。建筑工程中常用空心楼板也是这个道理。

2．选择使最大拉、压应力同时达到其许用应力的截面形状。

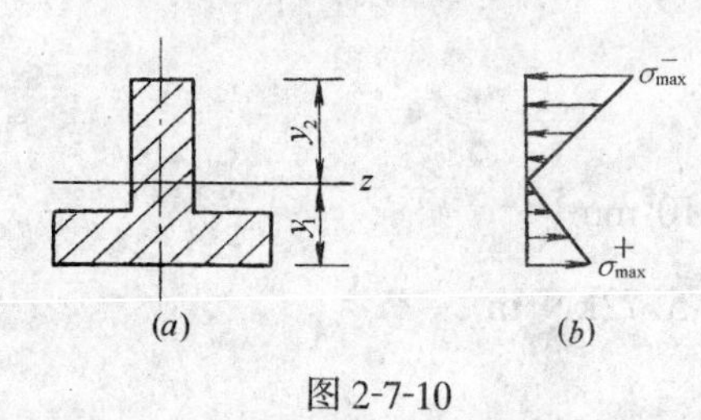

图 2-7-10

对抗拉和抗压强度相等的塑性材料，采用中性轴为对称轴的截面比较合理。这样可以使截面的上、下边缘的最大拉、压应力相等，同时达到许用应力。而对于抗拉强度比抗压强度小得多的脆性材料，宜采用中性轴不是对称轴的截面，如图 2-7-10 所示的倒 T 型截面。把离中性轴较近的一边置于受压一侧，使截面上的最大拉压应力满足$\dfrac{\overset{-}{\sigma}_{max}}{\overset{+}{\sigma}_{max}}=\dfrac{y_2}{y_1}=\dfrac{[\sigma_-]}{[\sigma_+]}$，这样可同时达到各自的许用应力，材料的性能得以充分发挥。

二、合理配置荷载和支座位置以降低 M_{max} 值

在条件允许的情况下，适当调整支座位置，可以减少梁的最大弯矩。如图 2-7-11(a)所示均布荷载作用下的简支梁，其最大弯矩 $M_{max}=\dfrac{ql^2}{8}$，若将两端支承各向里移 $0.2l$(图 2-7-11c)，成为两端外伸的梁，则最大弯矩减小为 $M_{max}=\dfrac{ql^2}{40}$，只是前者的1/5倍。

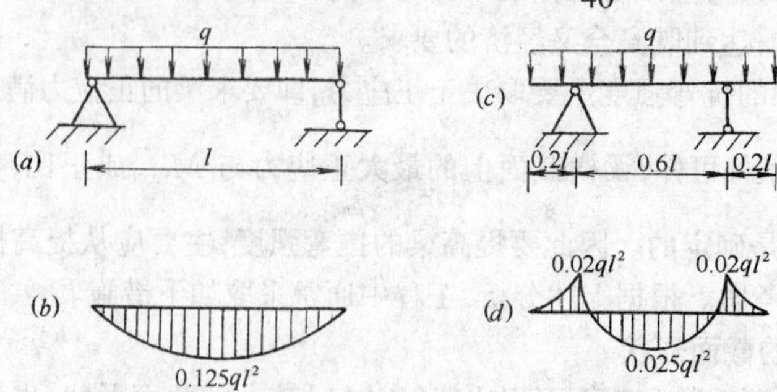

图 2-7-11

其次，合理布置荷载也可以降低 M_{max}的值。在可能的条件下，将集中荷载分散布置。例如，集中力 P 作用于简支梁的中点时，其 $M_{max}=Pl/4$(图 2-7-12a)。若用一根副梁将力 P 分散为两个靠近支座的集中力，也可以减少梁的最大弯矩。在图 2-7-12(b)中，最大弯矩值只是原来的 1/2 倍。若将集中力转化为集度 $q=P/l$ 的均布荷载(图 2-7-12c)，最大弯矩也比原来减少一半。

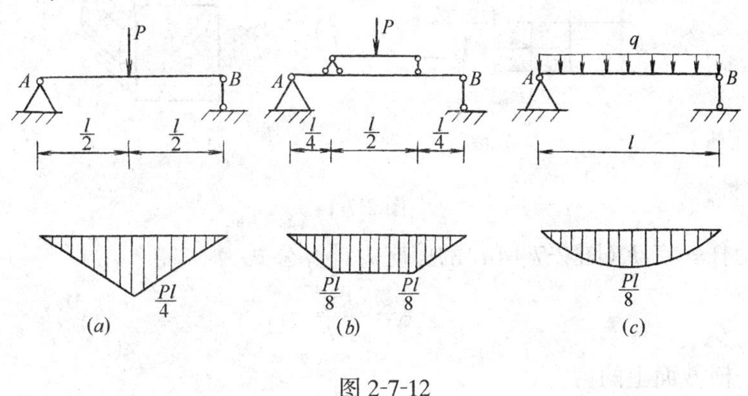

图 2-7-12

此外，在允许的条件下，还可以采用增加支座的方法降低 M_{max}的值。

最大弯矩降低了，就可以减小梁的截面尺寸。或者在不改变截面的情况下，提高梁的承载能力。

三、采用变截面梁

以上分析都是以危险截面上的最大正应力考虑的。由于梁弯曲时各截面上的弯矩一般不相等，对等截面梁而言，非危险截面上的最大正应力都小于危险截面上的最大正应力。显然，这些截面上的材料没得到充分利用。若按各截面的弯矩确定截面尺寸，即梁的截面尺寸随截面的位置而变化，这样的梁称为变截面梁。如果变截面梁各截面上的最大正应力都相等，即 $\sigma_{max}=M_{max}/W_z=$常数，且都等于或略小于许用应力[$\sigma$]，就能最充分地利用材料，这种梁称为等强度梁。从强度观点看，等强度梁是合理的。但完全按截面弯矩作梁比较困难，因此工程上常采用截面形状简单，但又能接近等强度梁的变截面梁，如图 2-7-13 所示的阶梯轴、阳台雨篷挑梁以及桥梁中的鱼腹梁，都是变截面梁的实例。

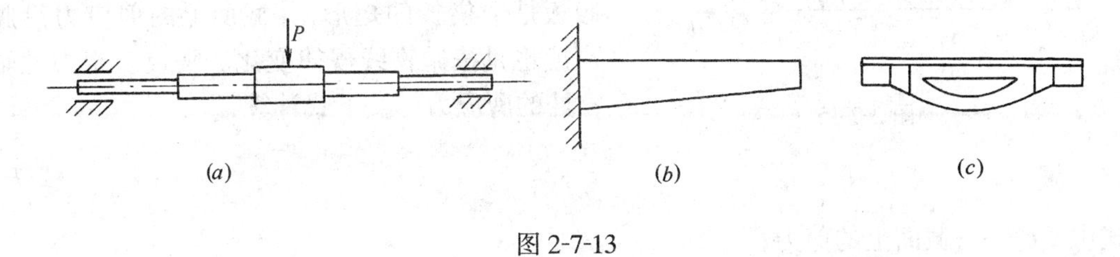

图 2-7-13

第四节　梁横截面上的剪应力及剪应力强度条件

横力弯曲时，梁的内力除了弯矩还有剪力，相应地横截面上就有正应力和剪应力。剪应力在横截面上的分布情况比较复杂，本节只介绍几种常见截面剪应力的分布规律及其最大值的计算公式。

一、矩形截面梁

剪力 Q 为梁横截面上各点剪应力的总和。各点的剪应力方向都与剪力平行，沿高度按抛物线分布，沿截面宽度均匀分布，其分布规律如图 2-7-14 所示。

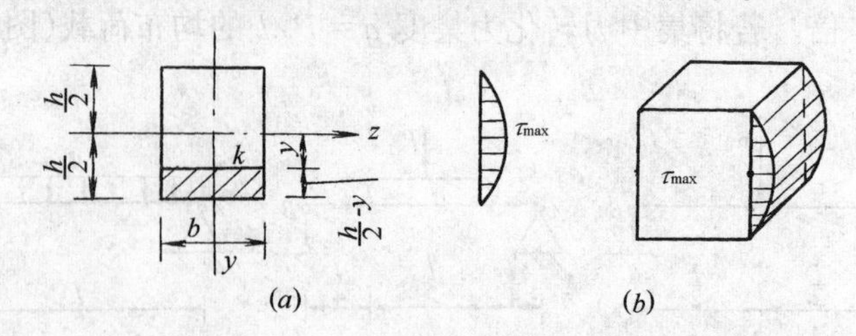

图 2-7-14

横截面上任一点 K(图 2-7-14a)的剪应力计算公式为

$$\tau=\frac{QS_z^*}{I_z b} \tag{2-7-8}$$

式中　Q——横截面上的剪力；

S_z^*——横截面上 K 点所在的横线至边缘部分的面积对中性轴的静矩；设 K 距中性轴为 y，则 $S_z^*=\frac{b}{2}\left(\frac{h^2}{4}-y^2\right)$

I_z——横截面对中性轴的惯性矩；

b——横截面在所求剪应力处(K 点)的宽度。

在梁顶、梁底处各点 $\tau=0$；中性轴上 τ 最大，其值为：

$$\tau_{\max}=\frac{3}{2}\frac{Q}{A} \tag{2-7-9}$$

式中 Q/A 是横截面上的平均剪应力，该式说明最大剪应力为平均剪应力的 1.5 倍。

二、工字形截面梁

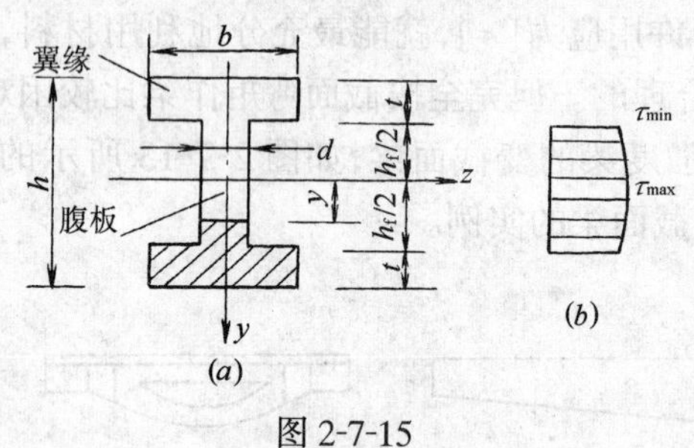

图 2-7-15

工字形截面梁由腹板和翼缘组成(图 2-7-15)。腹板上的剪应力比翼缘上大得多。在剪应力强度计算中翼缘上剪应力的影响很小，一般不必计算。腹板是个狭长的矩形，其截面上的剪应力沿腹板高度也是按抛物线规律变化。腹板上距中性轴为 y 处的剪应力可按下式计算，即

$$\tau=\frac{QS_z^*}{I_z d} \tag{2-7-10}$$

式中　Q——截面上的剪力；

d——腹板宽度；

S_z^*——距中性轴为 y 处的水平线以下(或以上)至边缘部分(包括翼缘)的面积对中性轴的静矩；

I_z——工字形截面对中性轴的惯性矩。

根据计算，剪力的绝大部分(95%～97%)由腹板来承担，且翼缘与腹板交接处的最小剪应力 $\tau_{\min}$与中性轴上的最大剪应力相差不大，即腹板上剪应力近似于均匀分布。因此，可用

下式近似计算腹板上的最大剪应力。

$$\tau_{\max}=\frac{Q}{h_{\mathrm{f}}d} \tag{2-7-11}$$

式中 h_{f}——腹板高度；

d——腹板宽度。

三、圆形截面梁

圆形截面的剪应力分布如图 2-7-16 所示。在距中性轴为 y 处的弦线 ab 上，各点的剪应力均通过 a、b 两点切线的交点 d。在中性轴上各点剪应力大小相等，方向与 Q 相同，其值最大，它等于平均剪应力的 4/3 倍，即

$$\tau_{\max}=\frac{4}{3}\frac{Q}{A} \tag{2-7-12}$$

式中 A 为圆截面面积

四、薄壁圆环形截面梁

图 2-7-17 为薄壁圆环形截面。其壁厚 t 远小于平均半径 R_0，其横截面上的剪应力方向是沿圆环的切线方向，沿壁厚均匀分布。最大剪应力在中性轴上，其值为平均剪应力的 2 倍，即

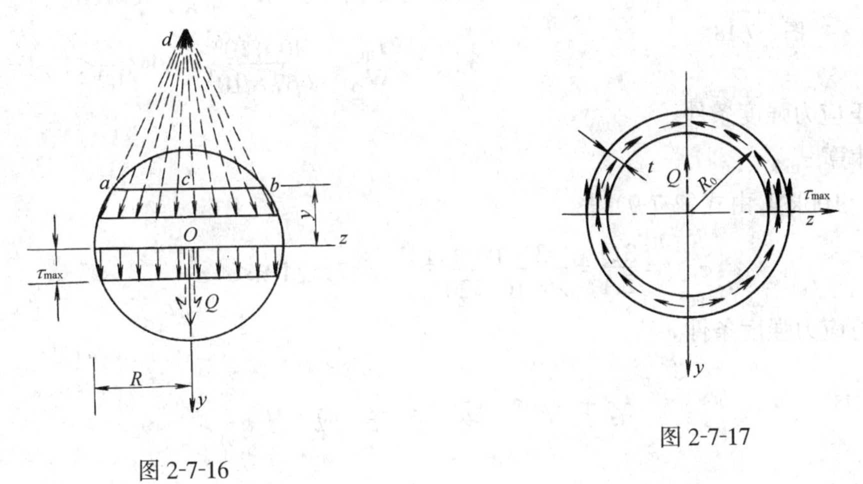

图 2-7-16

图 2-7-17

$$\tau_{\max}=2\frac{Q}{A} \tag{2-7-13}$$

综上所述可知，横截面中性轴上的剪应力最大，其值可以表示为

$$\tau_{\max}=\alpha\frac{Q}{A} \tag{2-7-14}$$

式中 α 为考虑截面形状的系数。矩形截面 $\alpha=1.5$；圆形截面 $\alpha=4/3$；环形截面 $\alpha=2$；工字形截面 $\alpha=1$。对工字形截面，A 只是腹板的面积。

五、梁的剪应力强度条件

就整个梁而言，梁的最大剪应力发生在剪力最大截面的中性轴上。为保证梁安全工作，最大剪应力不应超过材料的许用剪应力，即

$$\tau_{\max}=\alpha\frac{Q_{\max}}{A}\leqslant[\tau] \tag{2-7-15}$$

这就是梁的剪应力强度条件。

梁的强度计算，就是要求正应力强度条件和剪应力强度条件同时满足。对于跨高比大的梁，梁的强度由正应力控制，无需再进行剪应力强度校核。只是在下列情况下，才进行剪应力强度验算，例如：跨高比小；剪力较大；厚高比小于型钢相应比值的自制工字形梁；木梁等。

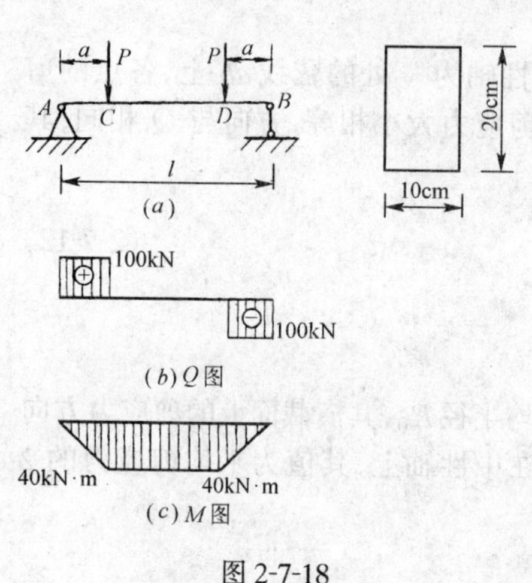

图 2-7-18

【例 7-5】 矩形截面简支梁跨度 $l=2\text{m}$，$a=0.4\text{m}$，受 $P=100\text{kN}$ 作用。梁由木材制成，截面尺寸如图 2-7-18(a)所示，材料许用应力为 $[\sigma]=80\text{MPa}$，$[\tau]=10\text{MPa}$。试作梁的强度计算。

【解】 (1) 求支座反力，利用对称性得

$$R_A=R_B=P=100\text{kN}$$

绘出剪力图和弯矩图见图 2-7-18(b)、(c)。

(2) 计算 σ_{max}

C、D 截面为危险截面，最大弯矩 $M_{max}=40\text{kN·m}$，抗弯截面系数 $W_z=\frac{bh^2}{6}=667\text{cm}^3$

$$\sigma_{max}=\frac{M_{max}}{W_z}=\frac{40\times10^6}{667\times10^3}=60\text{MPa}<[\sigma]=80\text{MPa}$$

满足正应力强度条件。

(3) 计算 τ_{max}

$Q_{max}=100\text{kN}$，由式(2-7-9)得

$$\tau_{max}=\frac{3Q}{2A}=\frac{3\times100\times10^3}{2\times10\times20\times10^2}=7.5\text{MPa}<[\tau]$$

满足剪应力强度条件。

第五节　梁的主应力

前面讨论了梁横截面上的应力情况，找出危险截面上的最大应力，建立了横截面上正应力和剪应力的强度条件

$$\sigma_{max}\leqslant[\sigma]\qquad\qquad\tau_{max}\leqslant[\tau]$$

但是，工程中的梁，例如图 2-7-19 所示的钢筋混凝土梁，在荷载作用下，除了跨中产生竖向裂缝外，支座附近还可能发生斜向裂缝。这说明，最大应力未必处处都发生在横截面上，在某些斜截面上也存在导致梁破坏的应力。为了确定梁受力后究竟哪个截面、哪一点的上应力最大，以便进一步判断梁的强度，就必须研究梁内任意点在各个斜截面上的应力变化情况，即一点的应力状态。本节仅对等直梁平面弯曲时一点的应力分析及主应力强度条件作简单介绍。

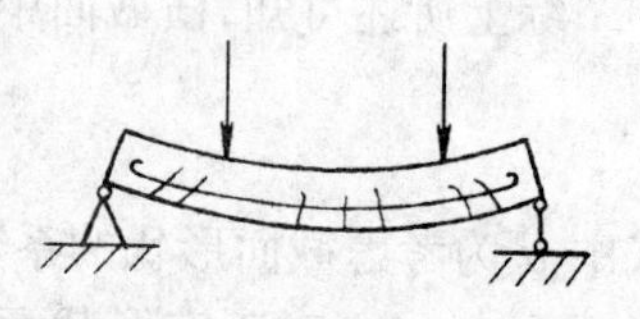

图 2-7-19

一、梁内一点斜截面上的应力

为了研究梁内任意一点 A(图 2-7-20a)的应力状态，可以围绕 A 点截取一个极其微小

的正六面体(图 2-7-20b),称为单元体。单元体的左、右面为横截面,上、下面与中性层平行,前、后面平行于纵向对称平面,单元体的边长为无限小,可以认为各平面上的应力均匀分布,且任意一对平行面上的应力,其大小和性质完全相同。左、右面上的应力 σ 和 τ 可由公式(2-7-2)和(2-7-8)求出;对于上、下面,由梁弯曲变形的假设可知无正应力,但根据剪应力互等定理可知,剪应力大小为 τ;前、后面无应力。所以梁单元体的应力可用平面表示(图 2-7-20c)。

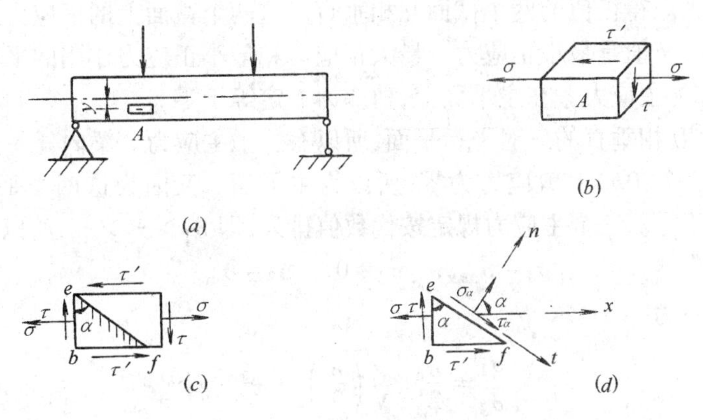

图 2-7-20

欲求 A 点任意斜截面 ef 上的应力,可假想沿 ef 将单元体截开,取 ebf 为脱离体(图(2-7-20d)。单元体上任意斜截面 ef 的方位角用其外法线 n 与 x 轴的夹角 α 表示,截面上的应力用 σ_α、τ_α 表示,规定 α 自 x 轴到 n 以逆时针转向为正。σ_α 以拉应力为正;τ_α 以绕脱离体顺时针转为正。根据平衡条件,列出脱离体各力沿 n、t 方向的投影方程(推导从略),可求得

$$\sigma_\alpha=\frac{\sigma}{2}+\frac{\sigma}{2}\cos2\alpha-\tau\sin2\alpha \tag{2-7-16a}$$

$$\tau_\alpha=\frac{\sigma}{2}\sin2\alpha+\tau\cos2\alpha \tag{2-7-16b}$$

式(2-7-16)是梁内一点任一斜截面上应力的计算公式。

二、梁的主应力及最大剪应力

1. 主应力及其作用平面

由式(2-7-16a)知,σ_α 是 α 的函数。随着 α 的连续变化,σ_α 必有最大值和最小值。应用微分学中求极值的方法可得

$$\frac{\mathrm{d}\sigma_\alpha}{\mathrm{d}\alpha}=-2\left[\frac{\sigma}{2}\sin2\alpha+\tau\cos2\alpha\right]=0$$

即

$$\mathrm{tg}2\alpha=-\frac{2\tau}{\sigma} \tag{2-7-17}$$

满足式(2-7-17)的解有 $\alpha=\alpha_o$ 及 $\alpha_o+90°$,这里,α_o 代表正应力取得极值的截面与横截面的夹角。再应用三角函数关系,由式(2-7-17)可求得

$$\sin2\alpha_o=\frac{-2\tau}{\sqrt{\sigma^2+4\tau^2}}\qquad\cos2\alpha_o=\frac{\sigma}{\sqrt{\sigma^2+4\tau^2}} \tag{a}$$

$$\sin 2(\alpha_{\circ}+90^{\circ})=\frac{2\tau}{\sqrt{\sigma^2+4\tau^2}} \qquad \cos 2(\alpha_{\circ}+90^{\circ})=\frac{-\sigma}{\sqrt{\sigma^2+4\tau^2}} \tag{b}$$

将式(a)、式(b)代入式(2-7-16),经整理得

$$\frac{\sigma_{\max}}{\sigma_{\min}}=\frac{\sigma}{2}\pm\sqrt{\left(\frac{\sigma}{2}\right)^2+\tau^2} \tag{c}$$

及 $\tau_{\alpha_0}=0, \tau_{\alpha_0}+90^{\circ}=0$ (d)

这表明,正应力取得极值的两个截面互相垂直。这两个截面上的正应力,一个为正值是最大正应力,一个为负值是最小正应力。最大正应力和最小正应力作用的平面为主平面,主平面上的正应力称为主应力。在主平面上,剪应力一定等于零。

应力单元体有互相垂直的三对平行平面,所以有三个主应力。梁内任一点 A 的单元体前后两个平面(图 2-7-20b)上剪应力为零,所以为主平面。又因为这两个平面上正应力为零,所以主应力等于零。三个主应力规定按代数值排列,即 $\sigma_1>\sigma_2>\sigma_3$,所以有

$$\sigma_1=\sigma_{\max}, \quad \sigma_2=0, \quad \sigma_3=\sigma_{\min}$$

于是式(c)可写为

$$\frac{\sigma_1}{\sigma_3}=\frac{\sigma}{2}\pm\sqrt{\left(\frac{\sigma}{2}\right)^2+\tau^2} \tag{2-7-18}$$

由式(2-7-18)可知,无论 σ、τ 的正负如何,梁内一点的最大主应力 σ_1 总是正值,称为主拉应力;最小主应力 σ_3 总是负值,称为主压应力。由公式(2-7-17)、(2-7-18),可以求得主平面位置和主应力的大小。至于 σ_1(或 σ_3)与 x 轴的夹角,可由下面的简便方法判断:不论 σ 是正值还是负值,在图 2-7-21 所示坐标系中,σ_1 总是和 τ 与 τ' 的箭头汇交点在同一象限内。

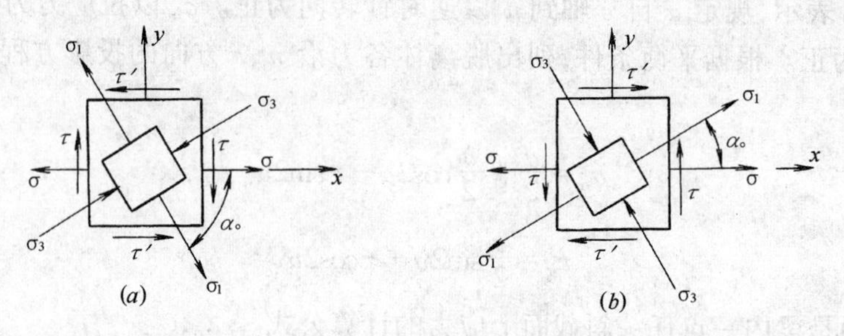

图 2-7-21

2. 最大剪应力

用求主应力的类似作法,可以得出最大剪应力作用面与主平面的夹角为 45°,大小为

$$\tau_{\max}=\sqrt{\left(\frac{\sigma}{2}\right)^2+\tau^2} \tag{2-7-19}$$

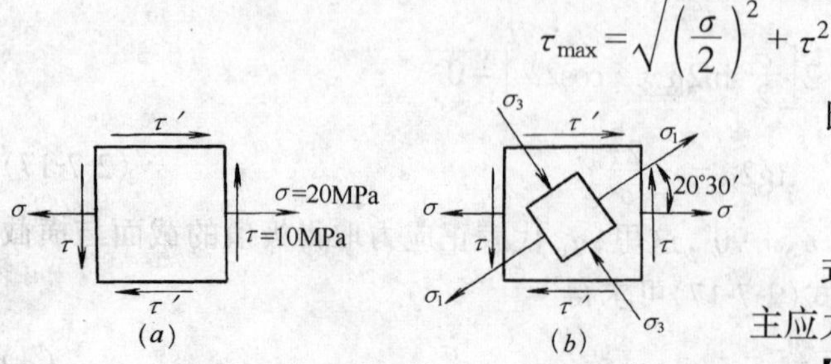

图 2-7-22

比较式(2-7-18)和式(2-7-19),有

$$\tau_{\max}=\frac{\sigma_1-\sigma_3}{2} \tag{2-7-20}$$

式(2-7-20)说明最大剪应力等于最大主应力与最小主应力之差的一半。

【例 7-6】 试求图 2-7-22(a)所示单

元体的主应力、最大剪应力及它们所在位置。

【解】 根据式(2-7-18)有

$$\sigma_1=\frac{\sigma}{2}+\sqrt{\left(\frac{\sigma}{2}\right)^2+\tau^2}=\frac{20}{2}+\sqrt{\left(\frac{20}{2}\right)^2+(-10)^2}=24.2\text{MPa}$$

$$\sigma_3=\frac{\sigma}{2}-\sqrt{\left(\frac{\sigma}{2}\right)^2+\tau^2}=\frac{20}{2}-\sqrt{\left(\frac{20}{2}\right)^2+(-10)^2}=-4.2\text{MPa}$$

根据式(2-7-17)计算主平面位置,即

$$\text{tg}2\alpha_o=-\frac{2\tau}{\sigma}=-\frac{2(-10)}{20}=1$$

$$\alpha_o=22°30' \qquad \alpha_o+90°=112°30'$$

σ、τ 和 σ_1、σ_3 之间的相互关系如图 2-7-22(b)所示,其中 σ_1 在 τ 与 τ' 的箭头汇交点所在的一、三象限。

根据式(2-7-20)有

$$\tau_{max}=\frac{\sigma_1-\sigma_3}{2}=\frac{24.2-(-4.2)}{2}=14.2\text{MPa}$$

最大剪应力作用面与主平面的夹角为 45°。

三、主应力迹线

所谓主应力迹线是指具有下述性质的曲线,即曲线上每一点的切线方向均与该点处的主拉应力(或主压应力)方向重合的光滑曲线。主应力迹线可按如下步骤绘制:在梁的任一横截面上任取一点,根据前述方法定出该点的主拉应力 σ_1 的方向。将这一方向线延长,使之与相邻的横截面交于一点,然后再作出此点的主拉应力 σ_1 的方向,如此继续作下去,将这些点用光滑的曲线连接起来,就是主拉应力曲线。显然,所取的相邻横截面越靠近,所得的迹线越真实。按同样的作法,可绘出梁的主压应力迹线。

图 2-7-23(a)所示为均布荷载作用下的简支梁,在纵向平面内绘出的两组主应力迹线。一组实线表示主拉应力迹线,另一组虚线表示主压应力迹线。由图中可以看出:两组主应力迹线交点处的切线均相互垂直。

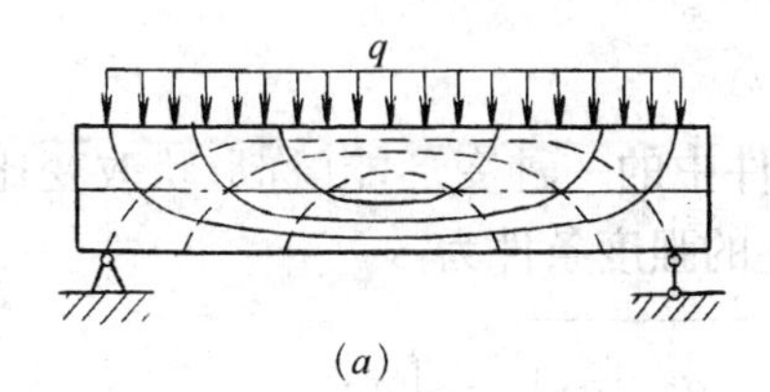

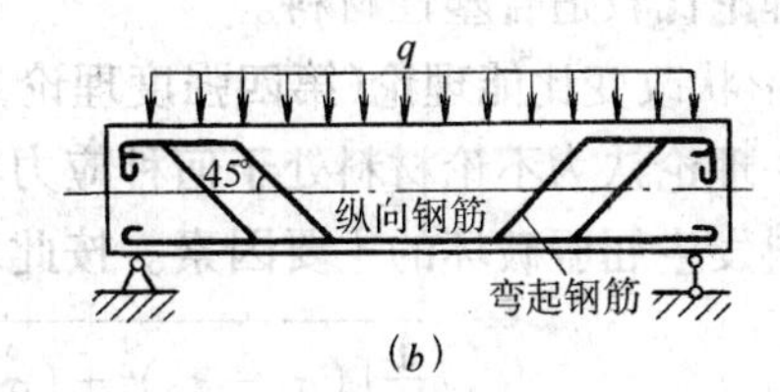

图 2-7-23

主拉应力的存在,常导致钢筋混凝土梁在支座附近发生斜裂缝。因此梁内的钢筋应大致与主拉应力迹线相符(图 2-7-23b)。这样,可以使钢筋负担起各点的最大拉应力。

四、主应力强度条件

(一) 强度理论简介

在受力物体内的任一点,可截出每个面都是主平面的单元体。当单元体有一个主应力不为零,另两个主应力为零时,称为单向应力状态,如轴向拉压时的杆件;当单元体上只有一个主应力为零时,称为二向应力状态,如平面弯曲时的梁;当单元体上三个主应力都不为零时称为三向应力状态。单向应力状态又称为简单应力状态,二向和三向应力状态则称为复杂应力状态。

杆件轴向拉压时,各点均处于单向应力状态,材料的强度条件是直接建立在相同受力情况的试验基础上的。但是对于复杂应力状态,由于主应力的组合有多种可能,要采用试验的方法建立强度条件是难以达到的。长期以来,人们为了建立复杂应力状态下的强度条件,提出了各种假说,这些假说通常称为强度理论。目前工程设计上应用较广泛的几种强度理论是

1. 最大拉应力理论(第一强度理论)

这一理论认为无论材料处于什么应力状态,只要其最大拉应力 σ_1 达到材料单向拉伸时的极限值,材料就发生断裂破坏。因此强度条件为

$$\sigma_1 \leqslant [\sigma] \qquad (a)$$

其中$[\sigma]$是轴向拉伸时的许用应力。实践证明此理论对脆性材料的断裂破坏较为符合,对塑性材料以及三向压缩等没有拉伸的应力状态不适用。

2. 最大拉应变理论(第二强度理论)

这一理论认为无论材料处在何种应力状态,只要危险点处的最大拉应变达到某一极限值,材料就会发生脆性断裂。按此理论建立的强度条件是

$$\sigma_1 - \nu(\sigma_2 + \sigma_3) \leqslant [\sigma] \qquad (b)$$

这一理论与脆性材料受轴向压缩或一拉、一压的二向应力状态下的断裂破坏较符合。

3. 最大剪应力理论(第三强度理论)

这一理论认为无论材料处于什么应力状态,只要其最大剪应力 τ_{max} 达到材料在单向拉伸下发生塑性流动破坏时所对应的最大剪应力,材料就会发生屈服破坏。按这一理论建立的强度条件是

$$\sigma_1 - \sigma_3 \leqslant [\sigma] \qquad (c)$$

此理论比较适合塑性材料。

4. 形状改变比能理论(第四强度理论)

这一理论认为不论材料处于何种应力状态,构件中的一种变形能(称形状改变比能)是引起材料发生屈服破坏的主要因素。按此理论建立的强度条件为

$$\sqrt{\frac{1}{2}[(\sigma_1 - \sigma_2)^2 + (\sigma_2 - \sigma_3)^2 + (\sigma_3 - \sigma_1)^2]} \leqslant [\sigma] \qquad (d)$$

实践证明,第四强度理论比第三强度理论更符合塑性材料的破坏。但第三强度理论使用简便,因此对塑性材料制成的梁,设计时第三、第四强度理论都应用较广。

(二) 梁的主应力强度条件

梁平面弯曲时,$\sigma_2 = 0$,此时第三、第四强度理论的强度条件(c)、(d)式可分别表达为

第三强度理论 $\sqrt{\sigma^2 + 4\tau^2} \leqslant [\sigma]$ (2-7-21)

第四强度理论 $\sqrt{\sigma^2+3\tau^2}\leqslant[\sigma]$ (2-7-22)

式中 σ、τ 分别为同一危险截面上的危险点的正应力和剪应力;$[\sigma]$为材料轴向拉伸时的许用应力。

一般情况下,梁的正应力强度条件起主导作用,因此按本章第二节进行强度校核即可。必要时,对最大剪力所在截面的中性轴可作剪应力强度校核。只有当梁截面为工字形或槽形这一类形状,且在弯矩和剪力同时比较大的截面上,其正应力 σ 和剪应力 τ 也同时比较大的点,例如工字形梁腹板和翼缘的交界处,才作主应力强度校核。至于矩形、圆形这一类截面的梁,无需作主应力强度校核。

【例 7-7】 图 2-7-24(a)所示简支梁,由 I25b 工字钢制成。荷载 $P=180\text{kN}$, $q=25\text{kN/m}$,材料$[\sigma]=170\text{MPa}$,$[\tau]=100\text{MPa}$。试对梁作正应力、剪应力和主应力强度校核(采用第三和第四强度理论)。

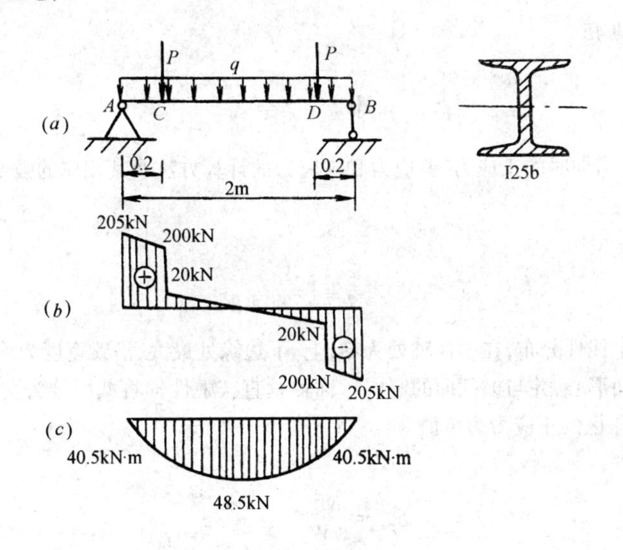

图 2-7-24

【解】 (1) 作出 Q、M 图如图 2-7-24(b)、(c)所示。

由 Q、M 图可以看出,支座处剪力最大,需校核剪应力强度;跨中弯矩最大,需作正应力强度校核;在 $C_{左}$ 或 $D_{右}$ 两个截面上,弯矩和剪力都很接近最大值,需作主应力强度校核。

由型钢表查 I25b 工字钢有

$$I_z=5283.96\times10^4\text{mm}^4, W_z=422.72\times10^3\text{mm}^3, \frac{I_z}{S_z^*}=21.27\times10\text{mm}, d=10\text{mm}$$

(2) 正应力强度校核(跨中截面的上、下边缘上)

$$\sigma_{\max}=\frac{M_{\max}}{W_z}=\frac{48.5\times10^6}{422.72\times10^3}=114.4\text{MPa}<[\sigma]$$

(3) 剪应力强度校核(截面 $A_{右}$ 的中性轴上)

$$\tau_{\max}=\frac{Q_{\max}}{I_z/S_z\cdot d}=\frac{205\times10^3}{21.27\times10\times10}=96.4\text{MPa}<[\tau]$$

(4) 主应力强度校核($C_{左}$ 或$D_{右}$ 截面中腹板和翼缘的交界处) 在 $C_{左}$、$D_{右}$ 截面上,腹板与翼缘交界点正应力和剪应力都相当大

$$\sigma = \frac{M}{I_z} y = \frac{40.5 \times 10^6}{5283.96 \times 10^4} \times 112 = 85.8\text{MPa}$$

$$\tau = \frac{QS_z^*}{I_z d} = \frac{200 \times 10^3 \times (118 \times 13 \times 118.5)}{5283.96 \times 10^4 \times 10} = 68.8\text{MPa}$$

采用第四强度理论,由式(2-7-22)有

$$\sqrt{\sigma^2 + 3\tau^2} = \sqrt{85.8^2 + 3 \times 68.8^2} = 146.8\text{MPa} < [\sigma]$$

采用第三强度理论校核,由式(2-7-21)有

$$\sqrt{\sigma^2 + 4\tau^2} = \sqrt{85.8^2 + 4 \times 68.8^2} = 162.2\text{MPa} < [\sigma]$$

各强度条件均满足。

小　结

本章讨论了梁平面弯曲时的正应力、剪应力和主应力的计算方法及其相应的强度条件。

一、正应力

1. 计算公式

$$\sigma = \frac{M}{I_z} y$$

2. 正应力沿梁高呈线性分布,在中性轴处为零,上、下边缘处最大,沿梁宽度为均匀分布。

3. 中性轴通过截面形心,并与横截面的竖向对称轴垂直。中性轴将截面分为受拉区和受压区。受拉区的正应力为正值,受压区的正应力为负值。

4. 正应力强度条件

$$\sigma_{\max} = \frac{M_{\max}}{W_z} \leqslant [\sigma]$$

强度条件可用来校核强度、选择截面尺寸和确定许可荷载。

二、剪应力

1. 计算公式

$$\tau = \frac{QS_z^*}{I_z b}$$

2. 剪应力沿截面高度呈二次抛物线变化,沿宽度均匀变化。中性轴处剪应力最大,其值为

$$\tau_{\max} = \alpha \cdot \frac{Q}{A}$$

对矩形截面 $\alpha = 3/2$;圆形截面 $\alpha = 4/3$;工字形截面 $\alpha = 1$;薄壁圆环形截面 $\alpha = 2$。

3. 剪应力强度条件

$$\tau_{\max} = \alpha \cdot \frac{Q_{\max}}{A} \leqslant [\tau]$$

三、主应力

1. 一点的应力状态是指受力构件内任一点在各个斜截面上的应力变化情况。基本分析方法是围绕该点截取单元体进行研究。一点的任意斜截面上的应力公式为

$$\sigma_\alpha = \frac{\sigma}{2} + \frac{\sigma}{2}\cos 2\alpha - \tau \sin 2\alpha$$

$$\tau_\alpha = \frac{\sigma}{2}\sin 2\alpha + \tau\cos 2\alpha$$

2．单元体中剪应力为零的平面称为主平面。主平面上的正应力称为主应力。主应力是单元体中正应力的极值。梁内一点主应力的计算公式为

$$\left.\begin{matrix}\sigma_1\\ \sigma_3\end{matrix}\right\} = \frac{\sigma}{2} \pm \sqrt{\left(\frac{\sigma}{2}\right)^2 + \tau^2} \qquad \mathrm{tg}2\alpha_0 = -\frac{2\tau}{\sigma}$$

σ_1 和单元体上 τ 与 τ' 箭头的汇交点位于同一象限内。

3．单元体的最大剪应力为

$$\tau_{max} = \sqrt{\left(\frac{\sigma}{2}\right)^2 + \tau^2} = \frac{\sigma_1 - \sigma_3}{2}$$

τ_{max}所在平面与主平面的夹角为45°。

4．主应力强度条件

对于塑性材料制成的梁用第三或第四强度理论校核。

第三强度理论　　$\sqrt{\sigma^2 + 4\tau^2} \leqslant [\sigma]$

第四强度理论　　$\sqrt{\sigma^2 + 3\tau^2} \leqslant [\sigma]$

四、梁强度计算的步骤

1．画出 Q、M 图，找出 M_{max}、Q_{max}及其截面位置。

2．按 $\sigma_{max} = \frac{M_{max}}{W_z} \leqslant [\sigma]$校核。

对于中性轴不是对称轴或材料的抗拉、抗压强度不同时，要针对各种情况分别校核。

对任一根梁，都必须进行正应力强度计算。

3．对于剪力较大；跨高比小；厚高比小于型钢相应比值的自制工字形梁等情况，尚应按 $\tau_{max} = \alpha \cdot \frac{Q_{max}}{A} \leqslant [\tau]$校核。

4．对于工字形或槽形截面梁，Q、M 同时较大的截面，且 σ、τ 同时较大的点，尚应按主应力强度条件校核。

五、提高梁抗弯曲强度的措施是根据正应力强度条件从提高 W_z 和降低 M_{max}两方面分析的。梁的合理截面是截面面积较小而又获得较大的抗弯截面系数的截面。

思　考　题

2-7-1　何谓中性轴？对受弯等直梁，其中性轴如何确定？与形心轴有何关系？

2-7-2　梁横截面上正应力沿截面的高度和宽度分布规律如何？

2-7-3　应用公式(2-7-2)计算横截面上的正应力时，如何确定正、负号？

2-7-4　从力学观点考虑，应采取哪些措施提高梁的抗弯强度？

2-7-5　如果矩形截面梁其他条件不变，只是截面高度 h 或宽度 b 分别增加一倍，梁的承载能力各增加多少？

2-7-6　梁横截面上的剪应力沿高度如何分布？最大剪应力计算公式(2-7-14)中各符号含义是什么？

2-7-7　对中性轴不是截面对称轴，材料的抗拉、抗压强度也不相同的梁，强度条件如何表示？

2-7-8　单元体上最大正应力作用面上有没有剪应力？最大剪应力作用面上有没有正应力？

2-7-9　指出图2-7-25所示各单元体中最大主应力 σ_1 在坐标中所在的象限。

2-7-10　梁受力如图2-7-26所示，试定性绘出 A、B、C、D、E 五个应力单元体上的应力。

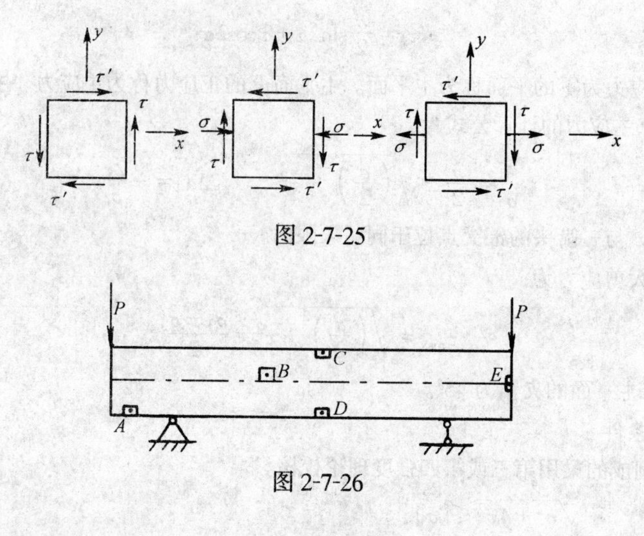

图 2-7-25

图 2-7-26

习 题

2-7-1 矩形截面悬臂梁，受荷载如题图所示。试求截面Ⅰ—Ⅰ和固定端截面上 A、B、C、D 四点处的正应力。

2-7-2 简支梁受力如题图所示。梁的横截面为圆形，直径 $d=40\text{mm}$。求截面Ⅰ—Ⅰ上 A、B 两点处正应力。

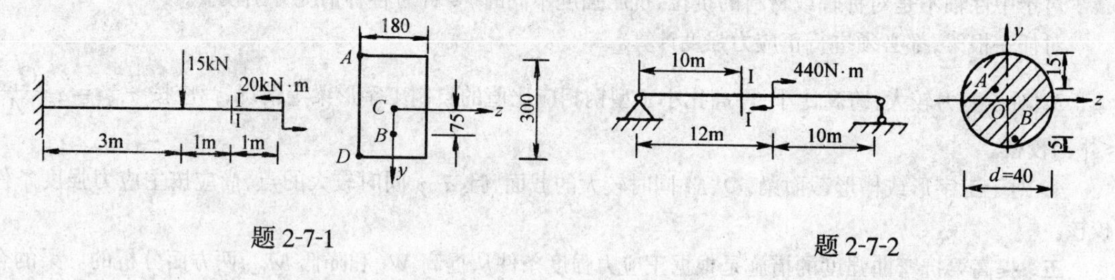

题 2-7-1　　　　题 2-7-2

2-7-3 矩形截面梁，横截面上的最大弯矩为 M。试问当梁高 h 与梁宽 b 的关系为 $h=2b$ 及 $h=b/2$ 两种情况时，梁的抗弯刚度之比及最大正应力之比各为多少？

2-7-4 铸铁梁的荷载及横截面尺寸如图示。若 $I_z=7.63\times10^{-6}\text{m}^4$，许用拉应力 $[\sigma_+]=30\text{MPa}$，许用压应力 $[\sigma_-]=60\text{MPa}$，试按正应力强度条件校核梁的强度。若荷载不变，只是将梁倒置，即成为⊥型，这样是否合理？为什么？

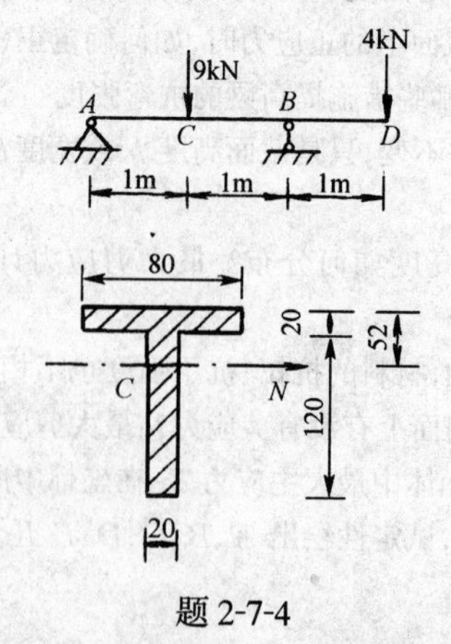

题 2-7-4

2-7-5 外伸梁如图所示。梁为[16a 槽钢。试求梁的最大拉应力和最大压应力,并指出其所在截面和在截面上的位置。

2-7-6 I20a 工字钢梁的支承及受力如图所示。若材料的许用应力$[\sigma]=160$MPa。试求许可荷载$[P]$。

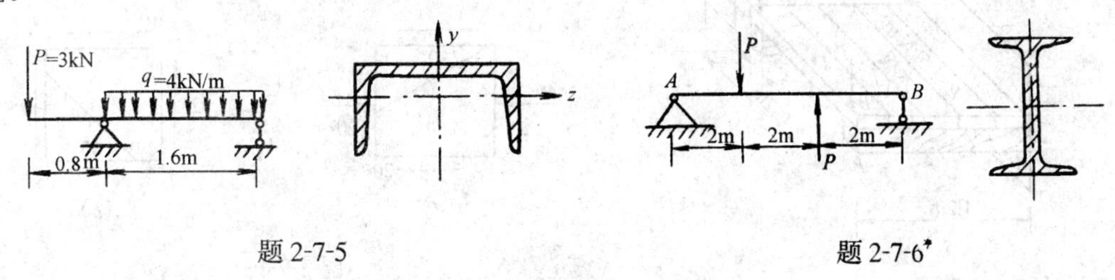

题 2-7-5　　　　题 2-7-6*

2-7-7 由两根槽钢组成的外伸梁,受力如图示。已知 $P=20$kN,材料的许用应力$[\sigma]=170$MPa。试选择槽钢的型号。

2-7-8 一圆形截面木梁受力如图示。$[\sigma]=10$MPa,试选择截面直径 d。

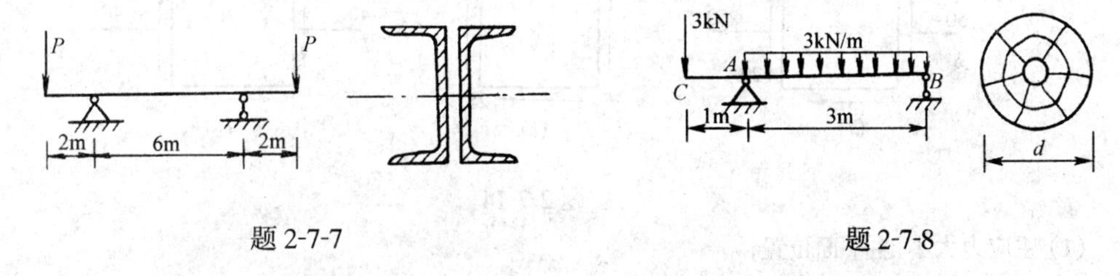

题 2-7-7　　　　题 2-7-8

2-7-9 外伸梁由 I28a 工字钢制成。梁的跨长 $l=6$m,全梁上作用均布荷载,如图示。当支座 A、B 及跨中截面 C 的最大正应力均为$\sigma=170$MPa 时,问外伸段长度 a 及荷载q 各等于多少?

2-7-10 矩形截面简支梁,由松木制成,如图所示,已知 $q=1.6$kN/m,$P=1$kN,木材的许用正应力$[\sigma]=10$MPa,许用剪应力$[\tau]=2$MPa。试校核梁的正应力强度和剪应力强度。

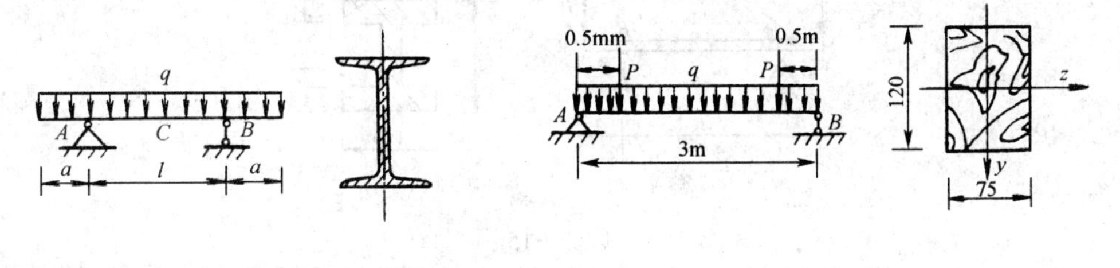

题 2-7-9　　　　题 2-7-10

2-7-11 一悬臂梁,在自由端受集中力 P 作用,横截面为 150mm×100mm,设材料的许用剪应力$[\tau]=2$MPa,试求许可荷载$[P]$。

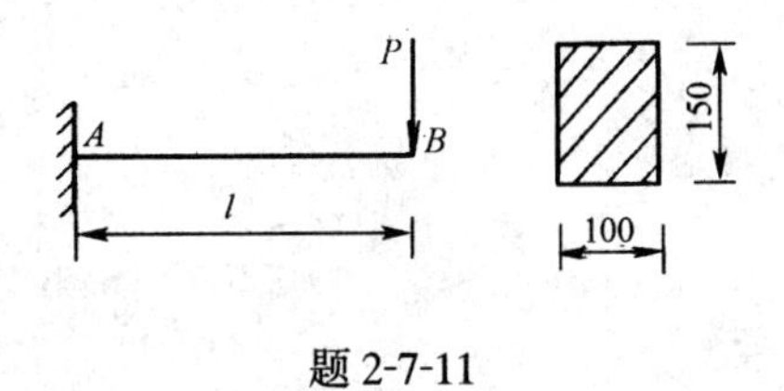

题 2-7-11

2-7-12 图示小阳台由木板和木梁组成,台面受均布面荷载 $p=1.5\text{kN/m}^2$ 作用,在 B、D 角上各受到由柱传来的压力 $P=3$kN作用。阳台上的荷载全部由两根固定于墙内的悬臂梁 AB 和 CD 承担。设木材许用应力$[\sigma]=10$MPa。

(1) 画出 AB 梁的受力简图。

(2) 设木梁 AB 的截面为矩形($b/h=1/2$),试选定其尺寸。

(3) 试求木板所需的厚度 t(可当作简支梁计算)。

2-7-13 在图示应力状态中,试求指定斜截面上的应力(应力单位 MPa)。

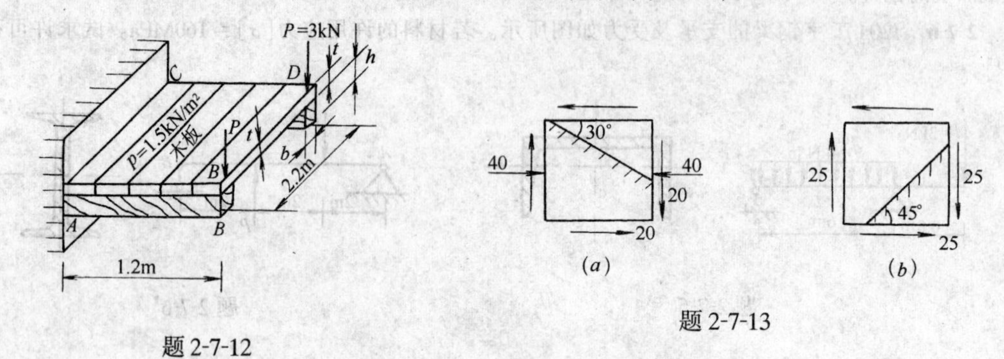

题 2-7-12

题 2-7-13

2-7-14 已知应力状态如图所示,图中应力单位为 MPa。试求

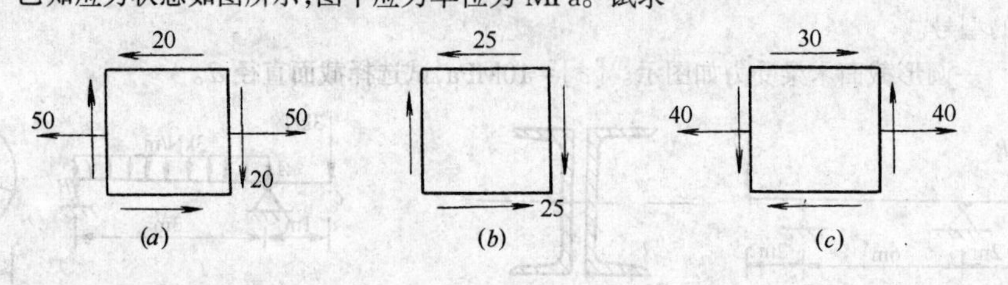

题 2-7-14

(1) 主应力大小,主平面位置;

(2) 在单元体上绘出主平面位置及主应力方向;

(3) 最大剪应力的值。

2-7-15 试按正应力、剪应力和主应力强度校核图示组合截面钢梁。已知 $[\sigma]=120$MPa, $[\tau]=80$MPa, $a=0.6$m, $l=2$m, $P=100$kN。

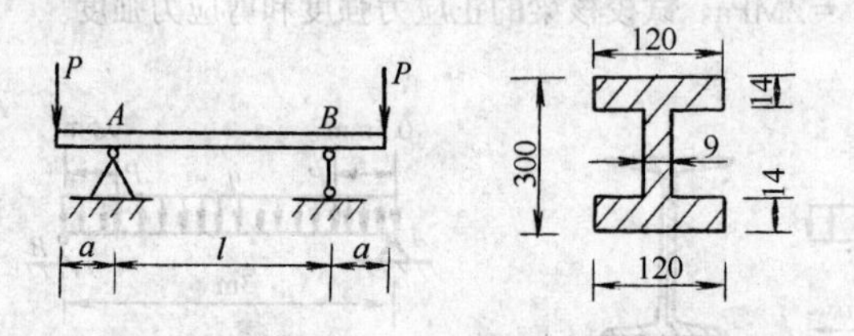

题 2-7-15

第八章　弯　曲　变　形

在工程实际中，有许多受弯构件不仅要求它们具有足够的强度，而且要有足够的刚度，即要求梁在外力作用下的弯曲变形不能过大。例如，楼面梁变形太大，会使下面的抹灰层开裂或脱落；厂房中的吊车梁变形太大，会使吊车行驶时发生剧烈的振动等等。因此，需要研究梁的变形问题。

本章仅讨论等截面直梁的平面弯曲变形。

第一节　弯曲变形的概念

一、几个术语

现在以悬臂梁为例，说明平面弯曲时变形的一些概念。建立如图 2-8-1 所示的坐标系 Axy，坐标原点在梁的左端 A 点，x 轴与变形前梁的轴线 AB 重合，方向以向右为正，y 轴向下为正。于是梁轴线的点（横截面的形心）与坐标 x 一一对应。

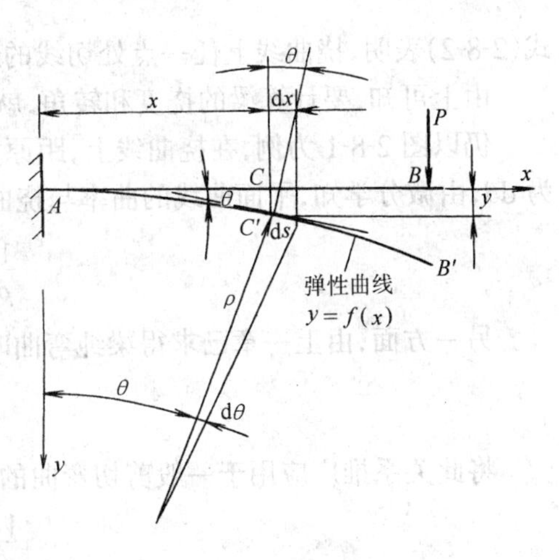

图 2-8-1

1. 挠曲线　梁在外力作用下产生平面弯曲，它的轴线由原来的直线变成了一条光滑的平面曲线（图 2-8-1），这条曲线称为挠曲线。在梁的应力不超过弹性极限情况下，梁的变形是弹性变形，所以挠曲线也称为弹性曲线。这样，梁变形后横截面的形心位置可用弹性曲线上的点来表示。

2. 挠度　在图 2-8-1 中，距离坐标原点 A 为 x 处的任一横截面，变形后其形心由 C 移至 C'。由于梁在平面弯曲时，横截面变形后仍保持平面且垂直于弹性曲线，因此 cc' 就表示该横截面的平移。在小变形条件下，梁轴线上任一点沿 x 方向的位移可以忽略不计。因此，可以认为 cc' 垂直于 x 轴。即该横截面只有沿 y 轴方向的位移，称为梁在该截面处的挠度，用 y 表示，单位为米(m)或毫米(mm)。位移方向与 y 轴正方向一致时，挠度为正，反之为负。

3. 转角　由平面假设知，梁弯曲时，横截面 C 除产生挠度外，还将产生绕自身中性轴的转动，其转动的角度称为梁在该截面处的转角，用 θ 表示，单位为弧度(rad)，以顺时针转向为正，逆时针转向为负。因为变形前后横截面都垂直于梁的轴线，所以可以用 x 轴与弹性曲线上 C' 点的切线的夹角表示 C 截面的转角。

综上所述，梁弯曲变形后，任一横截面的位移只有挠度和转角，其挠度等于梁轴上与截面对应点的竖向位移;其转角等于挠曲线上与截面对应点处的切线与 x 轴的夹角。

挠度和转角是度量梁变形的两个基本量。工程上所谓求梁的变形,就是求 y 和 θ。

二、挠曲线近似微分方程

由图 2-8-1 可以看出,梁的挠度 y 随横截面的位置而变化,因此可知挠度是横坐标 x 的函数,即

$$y=f(x) \tag{2-8-1}$$

式(2-8-1)称为梁的挠曲线方程,它表示挠度沿梁长度的变化规律。

由于挠曲线上任一点的切线与 x 轴的夹角就等于该点所对应横截面的转角,所以此切线的斜率可写为

$$\operatorname{tg}\theta=\frac{\mathrm{d}y}{\mathrm{d}x}=f'(x)$$

工程中,转角 θ 极小,不超过 1°,所以可近似取 $\operatorname{tg}\theta=\theta$,于是可得

$$\theta=\frac{\mathrm{d}y}{\mathrm{d}x}=f'(x) \tag{2-8-2}$$

式(2-8-2)表明,挠曲线上任一点处切线的斜率等于该点处横截面的转角。

由上可知,要计算梁的挠度和转角,就必须求得挠曲线方程的具体表达式。

仍以图 2-8-1 为例,在挠曲线上,距原点为 x 处取一微段 $\mathrm{d}s$,设微段曲率半径为 ρ,夹角为 $\mathrm{d}\theta$,由微分学知,平面曲线的曲率与挠曲线方程之间存在如下关系

$$\frac{1}{\rho}=\pm\frac{\mathrm{d}^2y}{\mathrm{d}x^2} \tag{a}$$

另一方面,由上一章已求得梁纯弯曲时的曲率公式(2-7-1)有

$$\frac{1}{\rho}=\frac{M}{EI}$$

将此关系推广应用于一般剪切弯曲的梁可写成

$$\frac{1}{\rho}=\frac{M(x)}{EI} \tag{b}$$

由式(a)和(b)可得

$$\frac{\mathrm{d}^2y}{\mathrm{d}x^2}=\pm\frac{M(x)}{EI} \tag{c}$$

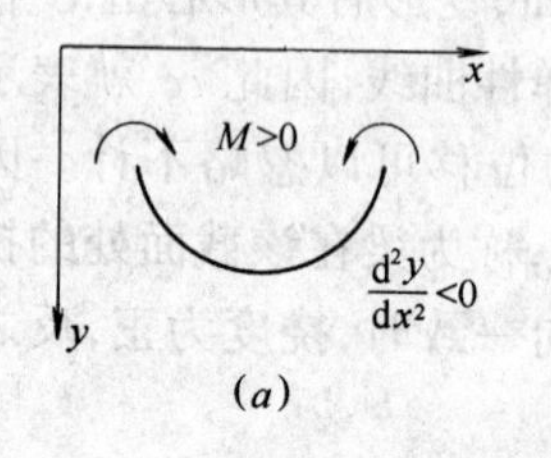

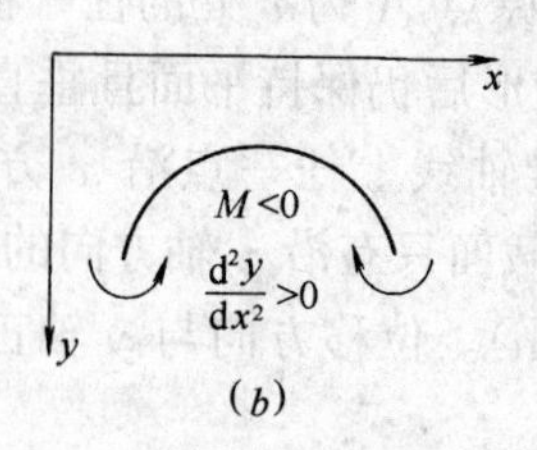

图 2-8-2

式中等号右边的正负号,与坐标轴的选取和弯矩的正负号规定有关。由数学分析知,若曲线的凸向与 y 轴正向一致(图 2-8-2a)时,$\mathrm{d}^2y/\mathrm{d}x^2$ 为负值;反之,为正值(图 2-8-2b)。而使梁产生向下凸的变形时,M 为正值,反之为负。这说明,对图 2-8-2 所示的坐标系,$\mathrm{d}^2y/\mathrm{d}x^2$ 与 $M(x)$的正负号总是相反,所以式(c)等号右边应保留负号,即

$$\frac{\mathrm{d}^2y}{\mathrm{d}x^2}=-\frac{M(x)}{EI} \tag{2-8-3}$$

式(2-8-3)称为梁的挠曲线近似微分方程。它建立了内力与变形之间的关系,是计算梁弯曲变形的基本公式。

第二节　积分法求梁的变形

对于等截面直梁,EI 为常数,式(2-8-3)可改写为

$$EI\frac{d^2y}{dx^2}=-M(x)$$

积分一次可得转角方程

$$EI\theta=-\int M(x)dx+C \tag{2-8-4}$$

再积分一次得挠度方程

$$EIy=-\int\left[\int M(x)dx\right]dx+Cx+D \tag{2-8-5}$$

上两式中的 C、D 为积分常数,可通过梁支座处的已知变形条件确定。这种条件称为边界条件。例如,对简支梁,两个铰支座处挠度为零;对悬臂梁,在固定端处的挠度和转角均为零。于是两个边界条件可以确定两个积分常数。当梁上 $M(x)$需分段列出时,方程(2-8-4)、(2-8-5)也要分段积分,因而每一区段都有两个积分常数,这时除支座处的两个边界条件外,还要利用区段与区段的分界面处转角和挠度必然相等的条件(即变形连续条件)确定各积分常数。下面举例说明用积分法求梁变形的具体运算。

【例 8-1】 等截面悬臂梁受荷情况如图 2-8-3 所示,EI 为常数,试求

(1) 梁中点 C 截面的转角和挠度;

(2) 最大挠度和转角。

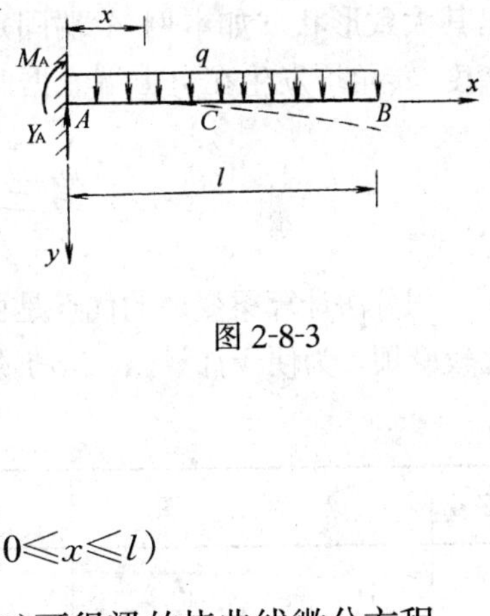

图 2-8-3

【解】 (1) 列弯矩方程

选取坐标系如图所示,A 端的支反力为

$$M_A=\frac{-ql^2}{2};\ Y_A=ql(\uparrow)$$

梁的弯矩方程 $M(x)$为

$$M(x)=\frac{-ql^2}{2}+qlx-\frac{1}{2}qx^2\qquad(0\leqslant x\leqslant l)$$

(2) 求挠度、转角方程。将 $M(x)$表达式代入式(2-8-3)可得梁的挠曲线微分方程

$$EI\frac{d^2y}{dx^2}=-M(x)=\frac{1}{2}ql^2-qlx+\frac{1}{2}qx^2 \tag{a}$$

积分一次得转角方程

$$EI\theta=\frac{1}{2}ql^2x-\frac{1}{2}qlx^2+\frac{q}{6}x^3+C \tag{b}$$

再积分一次,得挠度方程

$$EIy=\frac{1}{4}ql^2x^2-\frac{1}{6}qlx^3+\frac{q}{24}x^4+Cx+D \tag{c}$$

(3) 确定积分常数

由固定端 A 处的位移条件 $x=0$ 时，$\theta=0$，代入式(b)得：$C=0$；$x=0$ 时，$y=0$，代入式(c)得 $D=0$

于是有

$$EI\theta=\frac{ql^2}{2}x-\frac{ql}{2}x^2+\frac{q}{6}x^3 \qquad (d)$$

$$EIy=\frac{ql^2}{4}x^2-\frac{ql}{6}x^3+\frac{q}{24}x^4 \qquad (e)$$

(4) 求 C 截面的转角、挠度

将 $x=\frac{l}{2}$ 代入式(d)、(e)得

$$\theta_c=\frac{7ql^3}{48EI}(\downarrow);\ y_c=\frac{17ql^4}{384EI}(\downarrow)$$

(5) 求 θ_{max} 及 y_{max}

将 $x=l$ 代入式(d)、(e)得

$$\theta_{max}=\theta_B=\frac{ql^3}{6EI} \qquad (\circlearrowright)$$

$$y_{max}=y_B=\frac{ql^4}{8EI} \qquad (\downarrow)$$

给 x 以不同的值，可由式(e)绘出梁的挠曲线。通常根据梁的荷载及支承情况也可绘出其大致形状。如本例 A 端固定，无转角和位移。在均布荷载作用下梁上部受拉，其最大挠度、转角均发生在自由端。据此绘出挠曲线的大致形状如图 2-8-3 中的虚线所示。

第三节 叠加法求梁的变形

积分法计算梁变形的优点是可以求出任一截面的变形，能精确地绘出挠曲线，但应用起来比较麻烦。为便于计算，表 2-8-1 列出了简单梁在单一荷载作用下挠度和转角的积分结果。

梁在单一荷载作用下的变形 **表 2-8-1**

序号	梁的简图	挠曲线方程	梁端转角	最大挠度
1	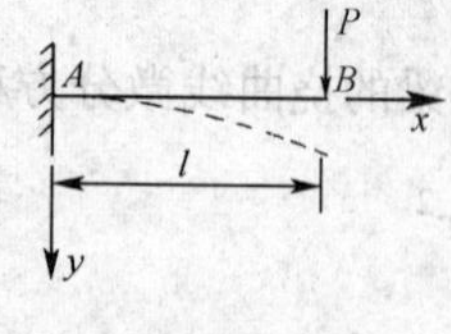 P A B x l y	$y=\frac{Px^2}{6EI}(3l-x)$	$\theta_B=\frac{Pl^2}{2EI}$	$y_B=\frac{Pl^3}{3EI}$
2	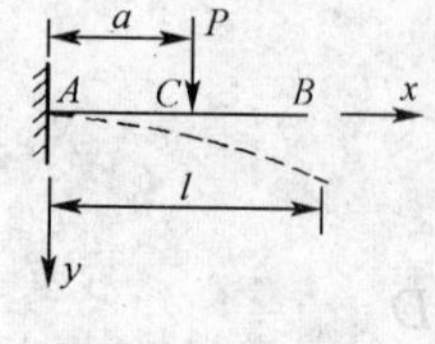 a P A C B x l y	$y=\frac{Px^2}{6EI}(3a-x)$ $(0\leqslant x\leqslant a)$ $y=\frac{Pa^2}{6EI}(3x-a)$ $(a\leqslant x\leqslant l)$	$\theta_B=\frac{Pa^2}{2EI}$	$y_B=\frac{Pa^2}{6EI}(3l-a)$

续表

序号	梁的简图	挠曲线方程	梁端转角	最大挠度
3	q, A, B, x, l, y	$y=\frac{qx^2}{24EI}(x^2-4lx+6l^2)$	$\theta_B=\frac{ql^3}{6EI}$	$y_B=\frac{ql^4}{8EI}$
4	m, A, B, x, l, y	$y=\frac{mx^2}{2EI}$	$\theta_B=\frac{ml}{EI}$	$y_B=\frac{ml^2}{2EI}$
5	P, A, C, B, $\frac{l}{2}$, $\frac{l}{2}$	$y=\frac{Px}{48EI}(3l^2-4x^2)$ $(0\leqslant x\leqslant\frac{l}{2})$	$\theta_A=-\theta_B=\frac{Pl^2}{16EI}$	$y_c=\frac{Pl^3}{48EI}$
6	a, P, b, x, l, y	$y=\frac{Pbx}{6lEI}(l^2-x^2-b^2)$ $(0\leqslant x\leqslant a)$ $y=\frac{Pa(l-x)}{6lEI}(2lx-x^2-a^2)$ $(a\leqslant x\leqslant l)$	$\theta_A=\frac{Pab(l+b)}{6lEI}$ $\theta_B=\frac{Pab(l+a)}{6lEI}$	设 $a>b$ 在 $x=\sqrt{\frac{l^2-b^2}{3}}$ 处 $y_{max}=\frac{\sqrt{3}Pb}{27lEI}(l^2-b^2)^{3/2}$ 在 $x=\frac{l}{2}$ 处 $y_{l/2}=\frac{Pb}{48EI}(3l^2-4b^2)$
7	q, A, B, x, l, y	$y=\frac{qx}{24EI}(l^3-2lx^2+x^3)$	$\theta_A=-\theta_B=\frac{ql^3}{24EI}$	在 $x=\frac{l}{2}$ 处 $y_{max}=\frac{5ql^4}{384EI}$
8	m, A, B, x, l, y	$y=\frac{mx}{6lEI}(l-x)(2l-x)$	$\theta_A=\frac{ml}{3EI}$ $\theta_B=-\frac{ml}{6EI}$	在 $x=\left(1-\frac{1}{\sqrt{3}}\right)l$ 处 $y_{max}=\frac{ml^2}{9\sqrt{3}EI}$ 在 $x=\frac{l}{2}$ 处 $y_{l/2}=\frac{ml^2}{16EI}$
9	P, A, B, C, x, l, a, y	$y=-\frac{Pax}{6lEI}(l^2-x^2)$ $(0\leqslant x\leqslant l)$ $y=\frac{P(l-x)}{6EI}[(x-l)^2-3ax+al]$ $(l\leqslant x\leqslant(l+a))$	$\theta_A=-\frac{Pal}{6EI}$ $\theta_B=\frac{Pal}{3EI}$ $\theta_C=\frac{Pa(2l+3a)}{6EI}$	$y_C=\frac{Pa^2}{3EI}(l+a)$

续表

序号	梁的简图	挠曲线方程	梁端转角	最大挠度
10		$y=-\frac{qa^2x}{12lEI}(l^2-x^2)$ $(\theta_0\leqslant x\leqslant l)$ $y=\frac{q(x-l)}{24EI}[2a^2(3x-l)$ $+(x-l)^2(x-l-4a)]$ $\left(l\leqslant x\leqslant(l+a)\right)$	$\theta_A=-\frac{qa^2l}{12EI}$ $\theta_B=\frac{qa^2l}{6EI}$ $\theta_C=\frac{qa^2(l+a)}{6EI}$	$y_C=\frac{qa^3}{24EI}(4l+3a)$
11		$y=-\frac{mx}{6lEI}(l^2-x^2)$ $(0\leqslant x\leqslant l)$ $y=\frac{m}{6EI}(3x^2-4xl+l^2)$ $(l\leqslant x\leqslant(l+a))$	$\theta_A=-\frac{ml}{6EI}$ $\theta_B=\frac{ml}{3EI}$ $\theta_C=\frac{m}{3EI}(l+3a)$	$y_C=\frac{ma}{6EI}(2l+3a)$

在弹性范围内且为小变形情况下，梁的挠度和转角均与荷载成线性关系。因此，当梁上有几个竖向荷载同时作用时，可分别计算每个荷载单独作用下，梁某一截面的挠度（或转角），然后将它们代数相加，就是这些荷载共同作用下该截面的挠度（或转角），这就是计算梁变形的叠加法。而梁在某一荷载单独作用下的变形，可从表2-8-1查出。因此利用表2-8-1，通过叠加求梁的变形是比较方便的。

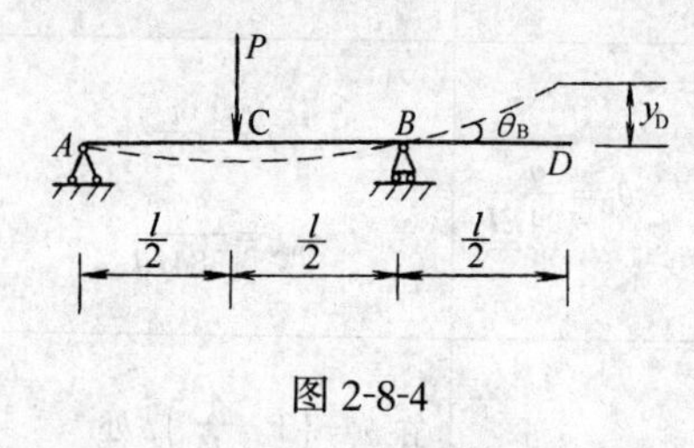

图 2-8-4

【例 8-2】 外伸梁在 C 点受荷载 P 作用如图 2-8-4 所示，已知 EI 为常数，试求截面 C、D 的挠度和转角。

【解】 力 P 作用在 AB 段中点，BD 段无荷载。故 AB 段受力变形与表 2-8-1 的 5 相同。由于 AB 段受力和变形均对称，故挠曲线在 C 点的切线为水平线，于是有 $\theta_C=0$。y_C 则由表查得

$$y_C=\frac{Pl^3}{48EI}\quad(\downarrow)$$

BD 段内梁的弯矩为零，由 $\frac{1}{\rho}=\frac{M}{EI}=0$ 知，$\rho=\infty$，故 BD 段变形后仍为直线。由此可知 D 截面的转角与 B 截面相同，由表 2-8-1 的 5 查得

$$\theta_D=\theta_B=-\frac{Pl^2}{16EI}(\uparrow)\qquad（逆时针转）$$

由于 y_B 为零，故有

$$y_D=\frac{l}{2}\mathrm{tg}\theta_B\doteq\frac{l}{2}\theta_B=-\frac{Pl^3}{32EI}(\uparrow)\qquad（挠度向上）$$

【例 8-3】 悬臂梁 AB 同时承受集中力 P 和集中力偶 m 作用（图 2-8-5a），已知 $m=Pl$，

EI 为常数。试用叠加法求 B 端的挠度和转角。

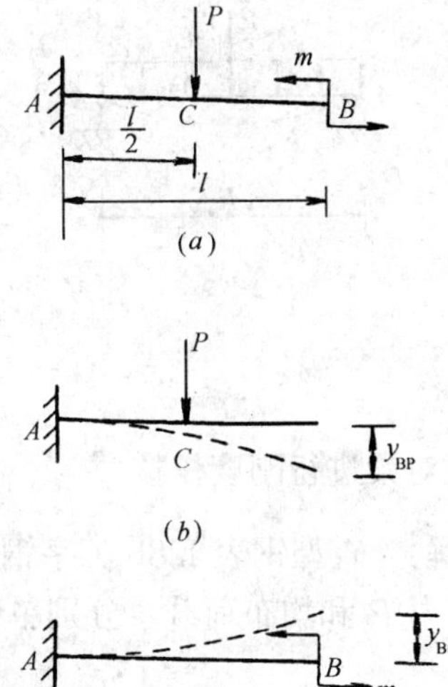

图 2-8-5

【解】 将荷载分为集中力 P 和集中力偶 m 两组。在集中力 P 单独作用下(图2-8-5b),由表2-8-1的2查得

$$\theta_{BP}=\frac{P\left(\frac{l}{2}\right)^2}{2EI}=\frac{Pl^2}{8EI}$$

$$y_{BP}=\frac{P\left(\frac{1}{2}\right)^2}{6EI}\left(3l-\frac{l}{2}\right)=\frac{5Pl^3}{48EI}$$

在集中力偶 m 单独作用下(图 2-8-5c),由表2-8-1的 4 查得

$$\theta_{Bm}=\frac{-ml}{EI}=\frac{-Pl^2}{EI}$$

$$y_{Bm}=\frac{-ml^2}{2EI}=-\frac{Pl^3}{2EI}$$

于是有 P、m 共同作用下的转角和挠度为

$$\theta_B=\theta_{Bp}+\theta_{Bm}=\frac{Pl^2}{8EI}-\frac{Pl^2}{EI}=\frac{-7Pl^2}{8EI}(\curvearrowright)$$

$$y_B=y_{Bp}+y_{Bm}=\frac{5Pl^3}{48EI}-\frac{Pl^3}{2EI}=\frac{-19Pl^3}{48EI}(\uparrow)$$

第四节 梁的刚度校核和提高弯曲刚度的措施

一、刚度校核

为了保证梁的正常工作,就要求梁具有一定的刚度。在土建工程中,梁的最大挠度记为 f,将 f 与梁跨 l 的比值 $\frac{f}{l}$ 称为梁的相对挠度。梁的刚度校核就是要使梁在荷载作用下的相对挠度 $\frac{f}{l}$,不得大于相对容许挠度 $\left[\frac{f}{l}\right]$。即

$$\frac{f}{l}\leqslant\left[\frac{f}{l}\right] \tag{2-8-6}$$

式(2-8-6)就是梁的刚度条件。根据梁的不同用途,相对容许挠度可从有关结构设计规范查出,一般钢筋混凝土梁的 $\left[\frac{f}{l}\right]=\frac{1}{200}\sim\frac{1}{300}$。

土建工程中的梁,一般都是先按强度条件选择梁的截面尺寸,然后再按刚度条件进行验算,梁的转角可不必校核。

【例 8-4】 图 2-8-6(a)所示简支梁,按强度要求已选定 I28b 工字钢。

已知 $q=0.48\text{kN/m}$, $P=23\text{kN}$, $E=210\text{GPa}$,梁长 $l=7.5\text{m}$,梁的相对容许挠度 $\left[\frac{f}{l}\right]=$

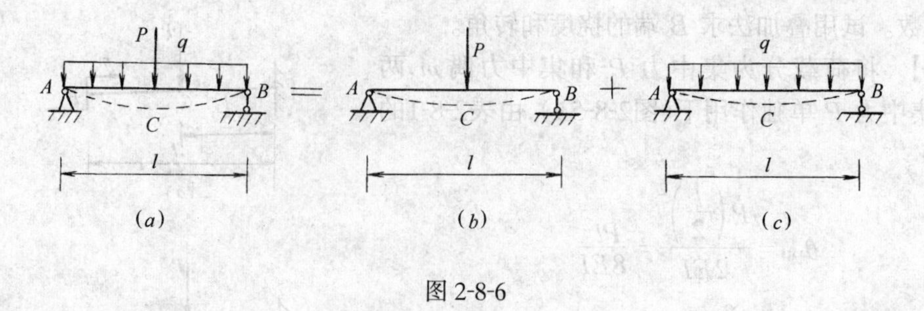

图 2-8-6

$\frac{1}{500}$,试对梁进行刚度校核。

【解】 查型钢表 I28b 工字钢,$I=7480\times10^4\text{mm}^4$。梁的最大挠度发生在跨中截面,可由集中力 P 和均布荷载 q 分别单独作用时引起的 C 截面挠度叠加而得。由表 2-8-1 的 5、7 查得:

$$y_{\mathrm{CP}}=\frac{Pl^3}{48EI}$$

$$y_{\mathrm{Cq}}=\frac{5ql^4}{384EI}$$

于是

$$\frac{f}{l}=\frac{1}{l}(y_{\mathrm{CP}}+y_{\mathrm{Cq}})=\left(\frac{P}{48}+\frac{5ql}{384}\right)\frac{l^2}{EI}$$

$$=\left(\frac{23\times10^3}{48}+\frac{5\times0.48\times10^3\times7.5}{384}\right)\times\frac{7.5^2\times10^6}{210\times10^3\times7480\times10^4}$$

$$=0.00188<\left[\frac{f}{l}\right]=\frac{1}{500}$$

满足刚度要求。

二、提高弯曲刚度的措施

提高梁的刚度,可以减小变形。从梁的变形公式可以看到,梁的最大挠度与抗弯刚度 EI、跨度 l、荷载及支承情况的关系可概括为

$$y_{\max}=\frac{\text{荷载}}{\text{系数}}\cdot\frac{l^n}{EI}$$

这里,当荷载为弯矩、集中力、均布线荷载时,n 依次为 2、3、4。因此,要提高梁的弯曲刚度,应从上述因素采取措施。

1. 增大梁的抗弯刚度

抗弯刚度是材料的弹性模量 E 和截面惯性矩 I 的乘积。而同一类材料(例如高强度钢和普通低碳钢)E 值相差不大。因此,增大梁的抗弯刚度,主要是设法增大截面惯性矩 I。由上一章第三节可知,在截面面积不变(不增加用料)的情况下,采用合理的截面形状,例如采用工字形、箱形、圆环形等截面形状,可提高惯性矩 I。

2. 减小梁的跨度

梁的挠度与梁跨度 l 的 n 次幂成正比,因此,减小梁的跨度是提高梁的刚度的有效措施。例如,将均布荷载作用下的简支梁(图 2-8-7*a*)改为外伸梁(图 2-8-7*b*)或在跨中增加一个支座(图 2-8-7*c*),都将使梁的最大挠度明显减少。

3. 改善加载方式

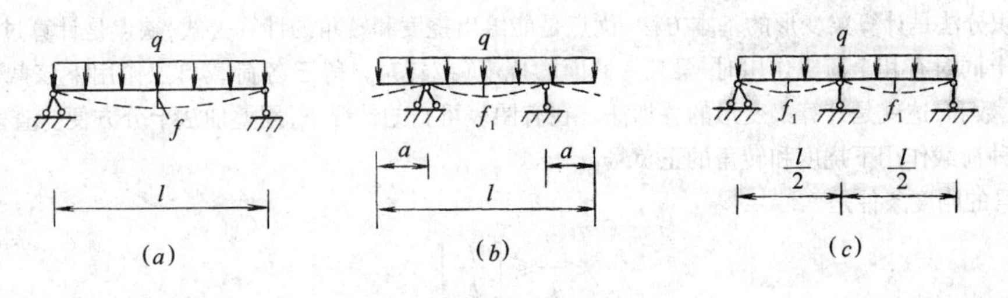

图 2-8-7

适当调整荷载的作用方式，可以降低弯矩，从而减少梁的变形。例如，集中力 P 作用在简支梁跨中时（图 2-8-8a），最大弯矩 $M_{max}=Pl/4$，若用集度为 $q=P/l$ 的均布荷载代换 P

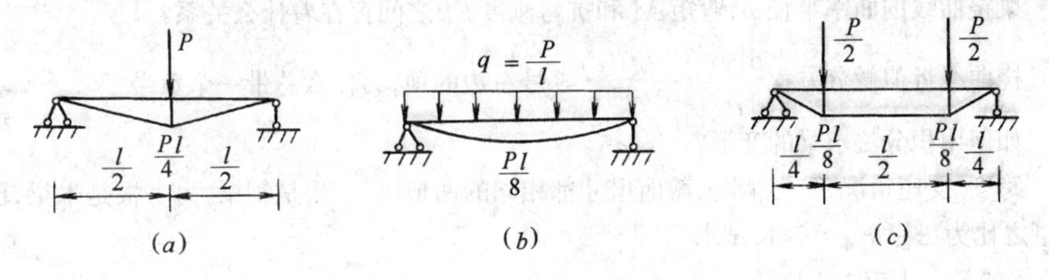

图 2-8-8

（图 2-8-8b），则最大弯矩减小为原来的一半，最大挠度仅为原来的 62.5%；若用两个大小为 $P/2$ 的集中力代替 P，在图 2-8-8(c)所示的情况下，最大弯矩也为原来的一半，最大挠度仅为原来的 68.8%。利用将集中荷载分散可以减少弯矩和变形的办法，某工厂用 5t 的起重机，吊起了超过 5t 的重物，其起吊装置简图如图 2-8-9 所示。此外，如果条件允许，将荷载靠近支座布置，也能降低弯矩减少梁的变形。

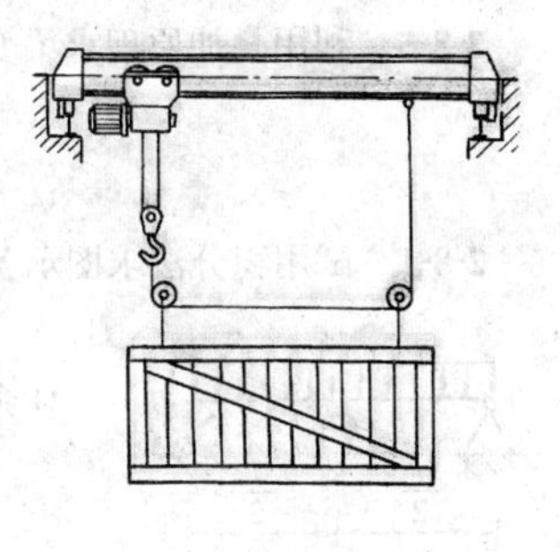

图 2-8-9

4．选择适当的结构形式

选择适当的结构形式，也可以减少挠度，提高梁的刚度。例如，其他条件不变时，简支梁的最大挠度将小于悬臂梁的最大挠度。又如将多跨简支梁变成多跨连续梁或在悬臂梁自由端增加支座变为超静定梁都能达到减小挠度、提高刚度的目的。

工程中采用哪种措施提高梁的刚度，要根据具体要求和条件确定。

小　结

本章内容主要有：梁变形的概念；弯曲变形计算；梁的刚度条件及提高刚度的措施。

一、梁的弯曲变形是用截面的挠度和转角度量的。挠度与转角的关系是

$$\theta=\frac{\mathrm{d}y}{\mathrm{d}x}$$

梁的挠曲线近似微分方程为

$$\frac{\mathrm{d}^2y}{\mathrm{d}x^2}=-\frac{M(x)}{EI}$$

该方程的适用条件是：平面弯曲且为弹性范围内的小变形。若以梁的左端为坐标原点，x 轴向右为正，y 轴向下为正，则在此坐标系下规定：转角以顺时针转向为正；挠度以向下为正。

二、积分法是计算梁变形的基本方法，优点是能给出挠度和转角的计算公式，缺点是计算过程繁琐。

当梁上同时有几个荷载作用时，梁某一截面的挠度（或转角），等于各荷载单独作用下该截面挠度（或转角）的代数和，这就是计算梁变形的叠加法。在有图表可查的情况下，用叠加法十分方便。查表 2-8-1 时要注意各种荷载作用下挠度和转角的正负号。

三、梁的刚度条件是

$$\frac{f}{l} \leqslant \left[\frac{f}{l}\right]$$

提高梁的弯曲刚度应从增大 EI，减小 l，改善加载方式，采用适当的结构形式诸方面采取措施。

思考题

2-8-1 梁挠曲线的曲率半径 ρ、弯矩 M 和抗弯刚度 EI 之间存在着什么关系？

2-8-2 挠曲线近似微分方程 $\frac{d^2y}{dx^2}=-\frac{M(x)}{EI}$ 等号右边的项，为什么总带一个负号？

2-8-3 如何用积分法求梁的变形？

2-8-4 跨度、支座情况、受力情况、截面尺寸都相同的两根梁；一根是钢梁，另一根是木梁，已知钢与木材弹性模量之比为 $E_{钢}:E_{木}=7:1$，试求

(1) 两梁的最大正应力之比；

(2) 两梁的最大挠度之比。

2-8-5 利用叠加原理求梁变形的条件是什么？怎样用叠加法求梁的挠度。

习题

2-8-1 试用积分法求图示各梁指定截面的挠度和转角。各梁 EI = 常数。

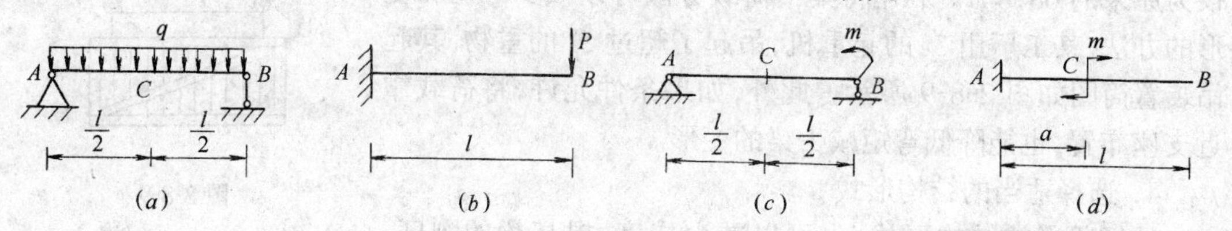

题 2-8-1

$(a)\theta_A、\theta_B、y_C$；$(b)\theta_B、y_B$；$(c)\theta_A、\theta_B、y_C$；$(d)\theta_B、y_B$

2-8-2 试用叠加法求图示各梁指定截面的挠度和转角。EI = 常数。

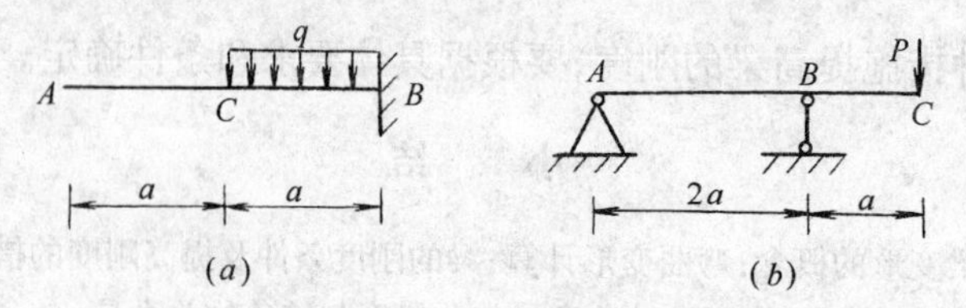

题 2-8-2

$(a)\theta_A、y_A$；$(b)\theta_C、y_C$

2-8-3 试按叠加法计算图示各梁指定的挠度和转角。各梁 EI = 常数。

2-8-4 悬臂梁 AB 受荷载如图所示。已知 $E=210\text{GPa}$，$[\sigma]=170\text{MPa}$，$\left[\frac{f}{l}\right]=\frac{1}{100}$，采用工字钢梁，试选择工字钢型号。

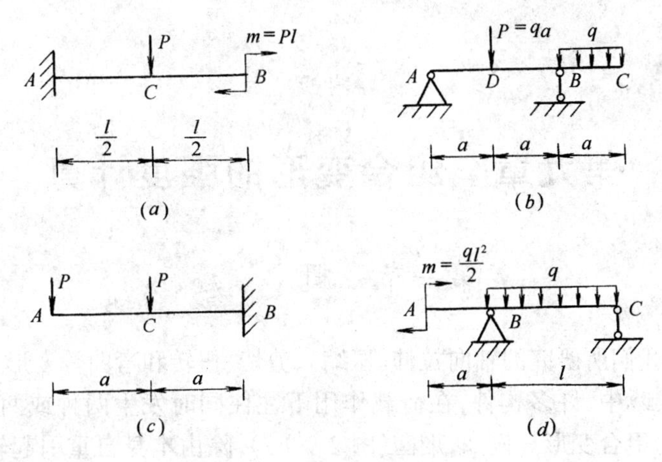

题 2-8-3

$(a)y_C$、θ_B;$(b)y_C$、θ_C;$(c)y_A$、θ_A;$(d)y_A$、θ_A

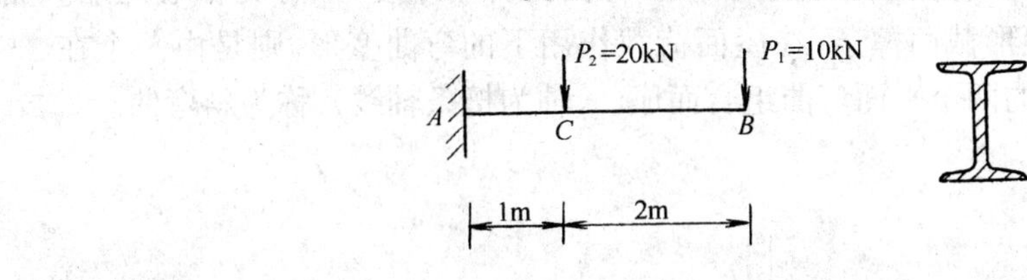

题 2-8-4

第九章　组合变形的强度计算

第一节　概　　述

到目前为止,我们所研究的轴向拉伸(压缩)、剪切、扭转和弯曲等变形,都是单一的基本变形。但在工程实际中,许多构件,在荷载作用下往往同时发生两种或两种以上的基本变形。这类变形称为组合变形。例如,烟囱(图 2-9-1a),除由本身自重引起轴向压缩外,还因受水平方向风力而引起弯曲变形。又如房屋中的立柱,当横梁传来的竖向荷载作用线与柱的轴线不重合时(图 2-9-1b),将使立柱发生压缩和弯曲两种基本变形,称为偏心压缩。图 2-9-1(c)所示木屋架上的矩形截面檩条,在屋面荷载作用下的弯曲变形,则是由一个在 xy 平面内,一个在 xz 平面内的两个平面弯曲组合而成(x 轴为檩条轴线),称为斜弯曲。

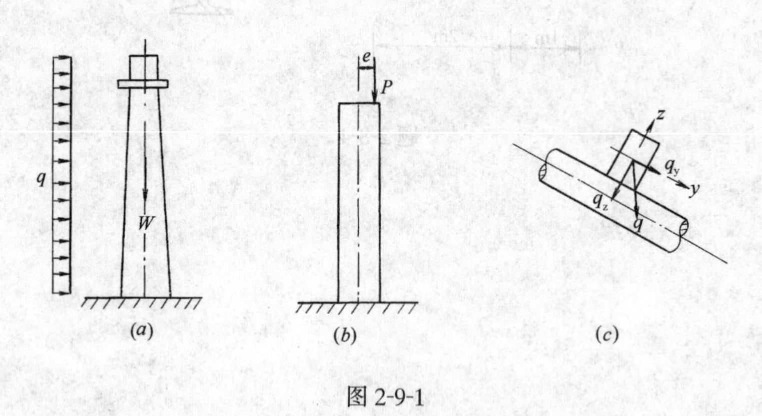

图 2-9-1

对组合变形构件作强度分析时,一般应用叠加原理。即将作用于构件的荷载进行分解或简化,使之转化成几个静力等效的荷载,每个静力等效荷载对应着一种基本变形。然后叠加横截面上同一点处各基本变形引起的应力,即为构件在原荷载作用下该点的应力,并以此进行强度计算。

本章只讨论土建工程中比较常见的两种组合变形的强度计算问题:(1) 斜弯曲;(2) 偏心压缩(拉伸)。

第二节　斜　弯　曲

在本篇第六章第一节曾经指出,当横向外力作用于梁的纵向对称平面内时,梁变形后的轴线也位于外力所在平面内,这种变形为平面弯曲。工程实际中有些梁,其承受的荷载虽然通过梁的轴线,但并不与梁的纵向对称面重合(而成某一角度),则梁在变形后的轴线就不再位于荷载作用平面内，这种弯曲称为斜弯曲[1]。

下面以图 2-9-2(a)所示矩形截面悬臂梁为例，说明斜弯曲问题的分析方法。

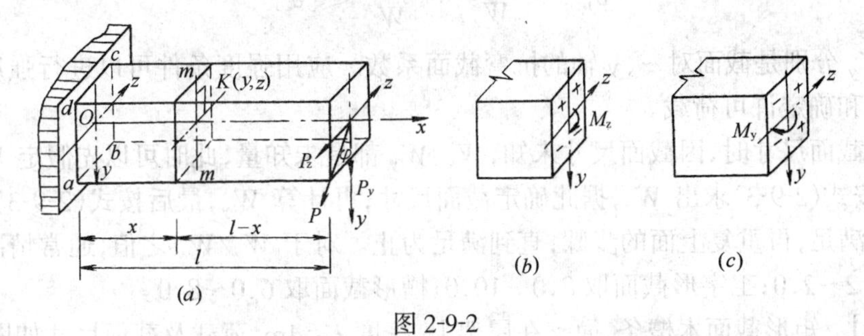

图 2-9-2

梁的自由端作用一集中力，作用线过截面形心，与铅垂对称轴夹角为 φ，欲求 $m—m$ 截面上 K 点的应力。为此，选取图示坐标系，将力 P 沿 y、z 轴分解，得到两个分力 P_y 与 P_z，大小为

$$P_y = P\cos\varphi \qquad P_z = P\sin\varphi$$

这样，力 P 对梁的作用就用 P_y、P_z 代替，斜弯曲就被分解为两个相互垂直的平面弯曲。

在距固定端为 x 的横截面 $m—m$ 上，P_y、P_z 各自独立作用引起的弯矩为

$$M_z = P_y(l-x) = P(l-x)\cos\varphi = M\cos\varphi$$

$$M_y = P_z(l-x) = P(l-x)\sin\varphi = M\sin\varphi$$

式中 $M = P(l-x)$，是力 P 引起的 $m—m$ 截面上的弯矩。

由式(2-7-2)知，在截面 $m—m$ 上任一点 $K(y、z)$，由 M_z(在 xoy 平面内)引起的正应力为

$$\sigma' = \frac{M_z}{I_z}y = \frac{M}{I_z}y\cos\varphi$$

由 M_y(在 xoz 平面内)引起的正应力为

$$\sigma'' = \frac{M_y}{I_y}z = \frac{M}{I_y}z\sin\varphi$$

按照叠加原理，将 σ' 和 σ'' 代数相加，即为力 P 引起 K 点的正应力

$$\sigma = \sigma' + \sigma'' = M(y\cos\varphi/I_z + z\sin\varphi/I_y) \tag{2-9-1}$$

其中 I_z、I_y 分别为横截面对 z、y 两个形心主轴的惯性矩。σ' 和 σ'' 的正、负号根据杆件的变形直接判断，拉应力取正号，压应力取负号。图中 K 点在两个平面弯曲中都是拉应力，均取正号。

进行强度计算时，先确定危险截面和危险点的位置。如图 2-9-2(a)所示悬臂梁，固定端截面上弯矩 M_z、M_y 都达到最大值，是危险截面。该截面上 M_z、M_y 所引起的正应力同时达到最大值的 c、a 点则是危险点。c 点有最大拉应力，a 点有最大压应力，它们的值都可以按下式求得

$$\sigma_{max} = \frac{M_{zmax}}{W_z} + \frac{M_{ymax}}{W_y} \tag{2-9-2}$$

[1] 斜弯曲中，梁变形后的轴线不再位于荷载作用平面内的讨论可参阅有关书籍。

如果材料的抗拉和抗压强度相等，则斜弯曲的强度条件为

$$\sigma_{\max}=\frac{M_{\text{zmax}}}{W_{\text{z}}}+\frac{M_{\text{ymax}}}{W_{\text{y}}}\leqslant[\sigma] \qquad (2\text{-}9\text{-}3)$$

式中 W_z、W_y 分别是截面对 z、y 轴的抗弯截面系数。应用强度条件可以进行强度校核、设计截面尺寸和确定许可荷载。

在设计截面尺寸时，因截面尺寸未知，W_z、W_y 都是未知量，此时可以先假定 W_z/W_y 的一个比值，按式(2-9-3)求出 W_z，据此确定截面尺寸，再计算 W_y，最后按式(2-9-3)校核。如强度条件不满足，再重复上面的步骤，直到满足为止。对于 W_z/W_y 之值，通常情况下，对矩形截面取 1.2～2.0；工字形截面取 8.0～10.0；槽形截面取 6.0～8.0。

【例 9-1】 矩形截面木檩条，简支在屋架上，跨度 $l=4$m，荷载及截面尺寸如图 2-9-3 所示，材料许用应力 $[\sigma]=10$MPa，试校核檩条强度。

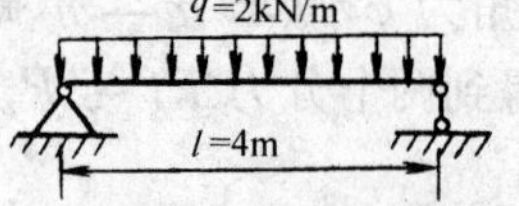

图 2-9-3

【解】 将均布荷载 q 沿对称轴 y、z 分解，得

$$q_y=q\cos\varphi=2\times\cos25^\circ=1.81\text{kN/m}$$

$$q_z=q\sin\varphi=2\times\sin25^\circ=0.85\text{kN/m}$$

在 q_y、q_z 分别作用下，木梁的跨中截面处

$$M_z=q_y l^2/8=1.81\times4^2/8=3.62\text{kN·m}$$

$$M_y=q_z l^2/8=0.85\times4^2/8=1.70\text{kN·m}$$

均达到最大值。显然跨中截面为危险截面。

抗弯截面系数 W_z、W_y 分别为

$$W_z=bh^2/6=120\times180^2/6=6.48\times10^5\text{mm}^3$$

$$W_y=hb^2/6=180\times120^2/6=4.32\times10^5\text{mm}^3$$

跨中截面离中性轴最远的 A 点有最大压应力，C 点有最大拉应力，它们的值大小相等，是危险点。由式(2-9-3)有

$$\begin{aligned}\sigma_{\max}&=\frac{M_{\text{zmax}}}{W_{\text{z}}}+\frac{M_{\text{ymax}}}{W_{\text{y}}}\\&=3.62\times10^6/6.48\times10^5+1.70\times10^6/4.32\times10^5\\&=9.52\text{MPa}<[\sigma]\end{aligned}$$

檩条满足强度要求。

【例 9-2】 图 2-9-4(a)所示简支梁跨长 $l=4$m，用工字钢制成。荷载 $P=32$kN 作用在梁的跨中，作用线与横截面铅垂对称轴的夹角 $\varphi=5^\circ$，且通过截面形心。已知钢的许用应力 $[\sigma]=170$MPa，试选择工字钢型号。

【解】 梁在荷载 P 作用下，跨中截面弯矩最大，它在 xOy、xOz 平面内的弯矩值分别为

$$M_{\text{zmax}}=Pl\cos\varphi/4=4\times32\cos5^\circ/4=31.88\text{kN·m}$$

$$M_{\text{ymax}}=Pl\sin\varphi/4=4\times32\sin5^\circ/4=2.79\text{kN·m}$$

设 $M_z/M_y=8$，由式(2-9-3)

$$\frac{M_{\text{zmax}}}{W_{\text{z}}}+\frac{M_{\text{ymax}}}{W_{\text{y}}}\leqslant[\sigma]$$

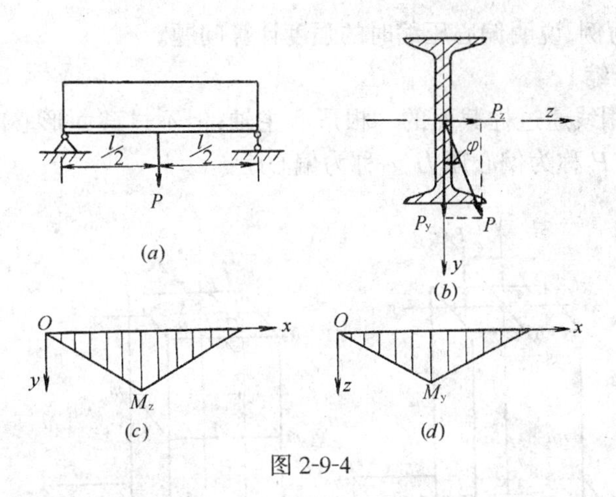

图 2-9-4

得 $$W_z \geqslant \frac{M_{zmax}+8M_{ymax}}{[\sigma]}$$

$$=\frac{(31.88+8\times2.79)\times10^6}{170}$$

$$=318.8\times10^3\text{mm}^3$$

查型钢表，选用工字钢 I22b，$W_z=325\times10^3\text{mm}^3$，$W_y=42.7\times10^3\text{mm}^3$

根据选定的截面进行强度校核

$$\sigma_{max}=\frac{M_{zmax}}{W_z}+\frac{M_{ymax}}{W_y}$$

$$=\frac{31.88\times10^6}{325\times10^3}+\frac{2.79\times10^6}{42.7\times10^3}$$

$$=163.4\text{MPa}<[\sigma]$$

满足强度条件要求，故选用工字钢 I22b。

第三节 偏心压缩或拉伸

作用于直杆的外力，当其作用线与杆件轴线平行，但不重合时，杆件就受到偏心压缩或偏心拉伸作用。图 2-9-5 所示的柱子和图 2-9-6 所示钻床的立柱分别是偏心压缩和偏心拉伸的工程实例。

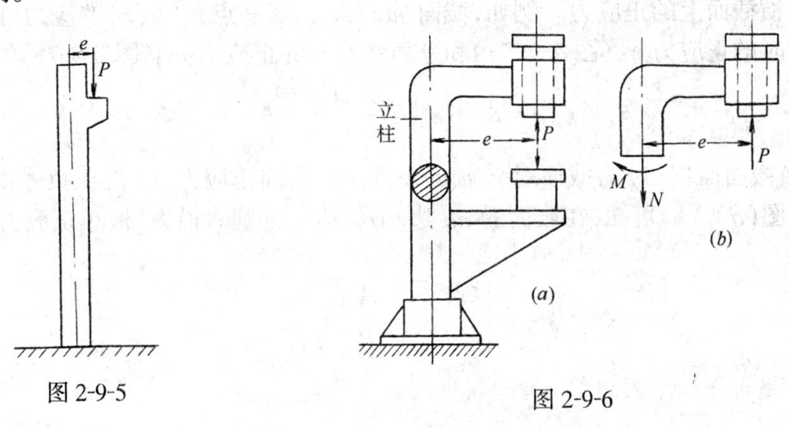

图 2-9-5

图 2-9-6

下面仅以柱子为例,说明偏心压缩时的强度计算问题。

一、单向偏心压缩

当压力 P 的作用线通过柱截面的一根形心主轴,但不过截面形心时,称为单向偏心受压(图 2-9-7a),其中 P 称为偏心压力,e 称为偏心距。

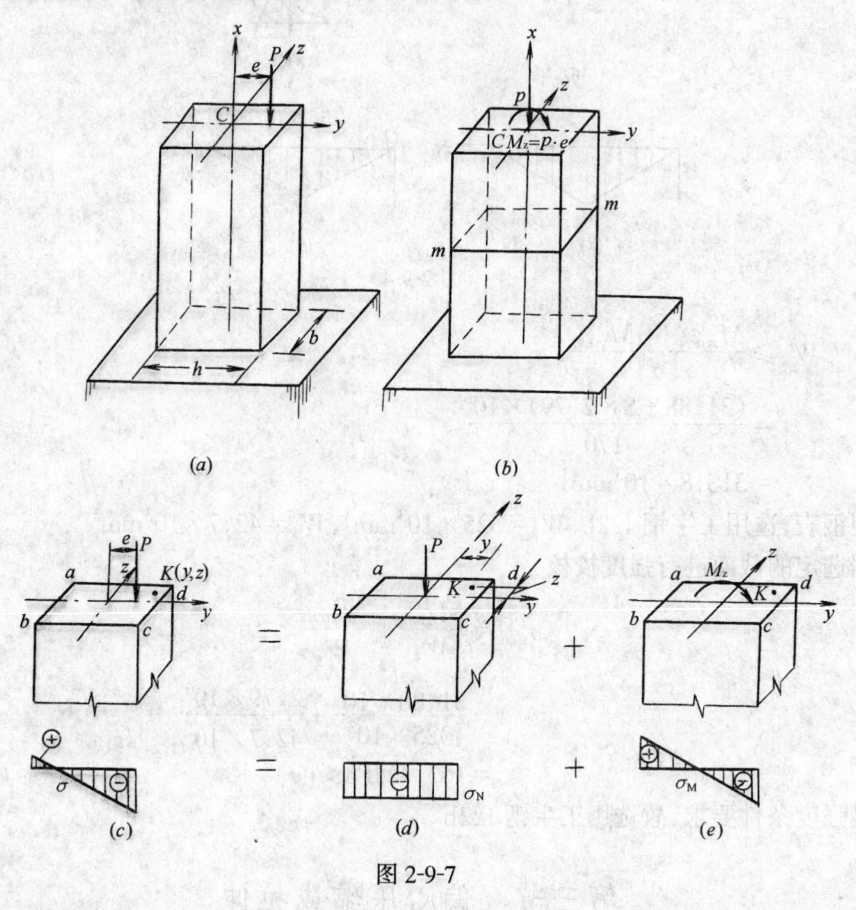

图 2-9-7

现欲求柱子任一截面 $m—m$ 上的应力。为此,可将偏心压力 P 向截面形心平移,得到一个轴向压力 P 和一个力偶矩为 $M_z=P\cdot e$ 的力偶(图 2-9-7b)。前者使柱子产生轴向压缩,后者使柱子产生平面弯曲。可见偏心压缩就是轴向压缩和平面弯曲的组合。这两种基本变形可认为彼此独立。分别求出每种基本变形时横截面上的正应力,然后叠加,即为柱子偏心压缩时横截面上的正应力。例如,截面 $m—m$ 上任一点 $K(y、z)$ 的应力(图 2-9-7c)就是轴向压缩时的正应力 σ_N(图 2-9-7d)和平面弯曲时的正应力 σ_M(图 2-9-7e)的叠加,即

$$\sigma=\sigma_N+\sigma_M=-\frac{P}{A}\pm\frac{M_z\cdot y}{I_z} \tag{2-9-4}$$

式中 A 为横截面面积;I_Z 为截面对 Z 轴的惯性矩。弯曲正应力 σ_M 的正负号由变形情况直接判断。由图(d)、(e)可知,在截面的 ab 边和 cd 边上分别有最大、最小正应力,其值为

$$\left\{\begin{aligned}\sigma_{max}&=-\frac{P}{A}+\frac{M_z}{W_z}\\ \sigma_{min}&=-\frac{P}{A}-\frac{M_z}{W_z}\end{aligned}\right. \tag{2-9-5}$$

当$\left|\frac{M_z}{W_z}\right|>\left|\frac{P}{A}\right|$时，$\sigma_{max}$为拉应力。此时，单向偏心压缩的强度条件为

$$\begin{cases}\sigma_{max}=-\frac{P}{A}+\frac{M_z}{W_z}\leqslant[\sigma_+] \\ \sigma_{min}=\left|-\frac{P}{A}-\frac{M_z}{W_z}\right|\leqslant[\sigma_-]\end{cases} \tag{2-9-6}$$

将$A=bh$，$W_z=bh^2/6$，$M_z=P\cdot e$代入公式(2-9-5)的第一式，有

$$\sigma_{max}=-\frac{P}{bh}+\frac{6P\cdot e}{bh^2}=-\frac{P}{bh}\left(1-\frac{e}{h/6}\right) \tag{2-9-7}$$

(1) 当$e>\frac{h}{6}$时，式(2-9-7)括号内为负值，此时$\sigma_{max}>0$截面上出现拉应力，中性轴将截面划分为受拉和受压两部分(图2-9-8*b*)。

(2) 当$e=h/6$时，上式括号内之值为零，此时$\sigma_{max}=0$，中性轴落在截面边缘上，整个截面受压(2-9-8*c*)。

(3) 当$e<h/6$时，式中括号内为正值，此时，$\sigma_{max}<0$，中性轴落在截面边缘之外，整个截面全部受压(图2-9-8*d*)。

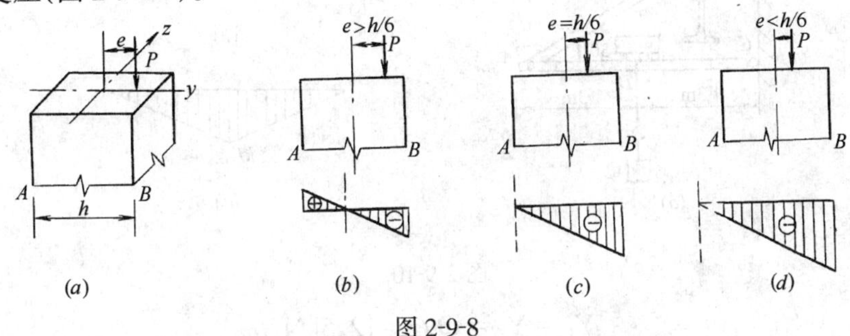

图2-9-8

通过上面的讨论可知，$e\leqslant h/6$时，整个截面不会出现拉应力。建筑工程中的柱，大多采用混凝土、砖、石等脆性材料，抗压强度大大高于抗拉强度，因此，在柱截面上最好不出现拉应力，这就要求偏心距e不能太大。

【例9-3】 图2-9-9所示为某厂房短柱，承受屋顶传来的压力$P_1=100$kN和吊车梁上传来的压力$P_2=30$kN。P_2的偏心距$e=20$cm，柱的横截面为矩形，宽度$b=18$cm，试问，欲使柱截面不出现拉应力，截面长度h应为多少？此时最大压应力σ_{max}^-为多少？

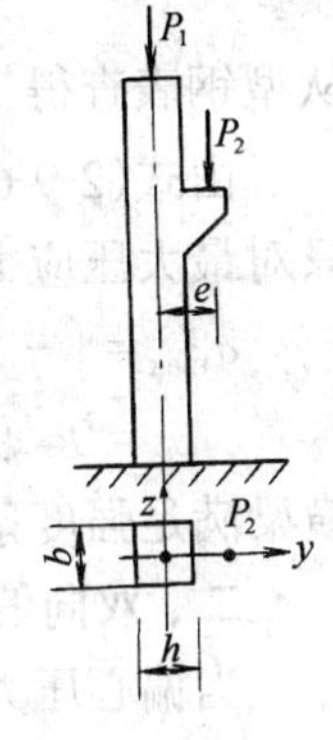

图2-9-9

【解】 将荷载P_2向截面形心简化后得到作用于柱上的一个轴向压力

$$P=P_1+P_2=130\text{kN}$$

和一个附加力偶

$$M_z=P_2\cdot e=30\times0.2=6\text{kN}\cdot\text{m}$$

欲使柱截面上不产生拉应力，应当满足

$$\sigma_{max}=-P/A+M_z/W_z\leqslant0$$

即
$$-130\times10^3/180\times h+\frac{6\times10^6}{180\times\frac{h^2}{6}}\leqslant0$$

得　　$h \geqslant 277\text{mm}$

取　　$h = 280\text{mm}$

这时,截面的最大压应力 $\sigma_{\max}^{-} = -\dfrac{P}{A} - \dfrac{M_z}{W_z}$

$$= -\frac{130\times10^3}{180\times280} - \frac{6\times10^6}{180\times280^2/6}$$

$$= -5.13\text{MPa}$$

【例 9-4】 图 2-9-10 为起重用悬臂式吊车,梁 AC 由工字钢 I18 制成,材料的许用应力 $[\sigma]=100\text{MPa}$。当吊起物重(包括小车重)$Q=25\text{kN}$,并作用于梁的中点 D 时,试校核梁 AC 的强度。

【解】 (1) 取横梁 AC 为研究对象,受力图见图 2-9-10(b)。A 处反力 S 为斜杆对横梁的作用力,可分解为 X_A 和 Y_A。由平衡条件可求得

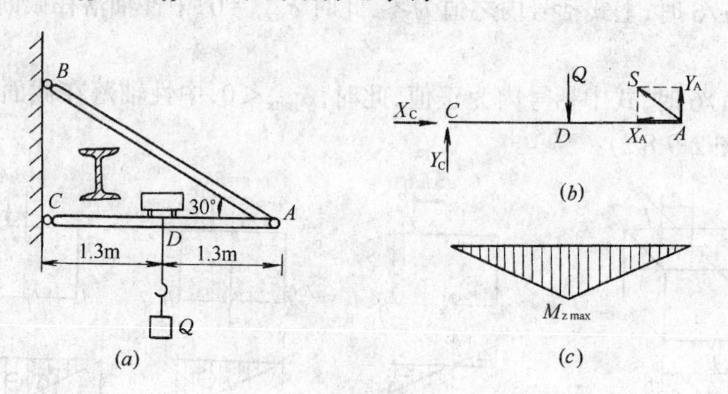

图 2-9-10

$$Y_C = Y_A = Q/2 = 12.5\text{kN}$$

$$X_C = X_A = Y_A/\text{tg}30^\circ = 12.5/0.577 = 21.65\text{kN}$$

梁的变形是轴向压缩和平面弯曲的组合变形。

(2) Q 作用于梁中点的 M 图如图 2-9-10(c)。最大值为

$$M_{z\max} = Ql/4 = 25\times2.6/4 = 16.25\text{kN}\cdot\text{m}$$

从型钢表查得工字钢 I18,$A = 30.6\times10^2\text{mm}^2$,$W_z = 185\times10^3\text{mm}^3$

由式(2-9-6)知,最大压应力 $\sigma_{\max}^{-}$ 绝对值最大,由于工字钢的抗拉与抗压性能相同,因此只对最大压应力作强度校核。由强度条件

$$\sigma_{\max}^{-} = |-X_A/A - M_{z\max}/W_z| = |-21.65\times10^3/30.6\times10^2 - 16.25\times10^6/185\times10^3|$$

$$= 94.9\text{MPa} < [\sigma]$$

横梁满足强度条件要求。

二、双向偏心压缩

当偏心压力 P 的作用线与柱的轴线平行,但不通过截面任一形心主轴时,称为双向偏心受压。

设图 2-9-11(a)所示柱轴线为 x 轴,y、z 为截面的形心主轴。压力 P 至 z、y 轴的偏心距分别为 e_y、e_z。为了进行强度计算,先将压力 P 向 z 轴 g 点简化,得一压力和一力偶。再将它们向截面形心 O 点简化,最后得到一个轴向压力 P 和两个力偶,其中作用于 xy 平面

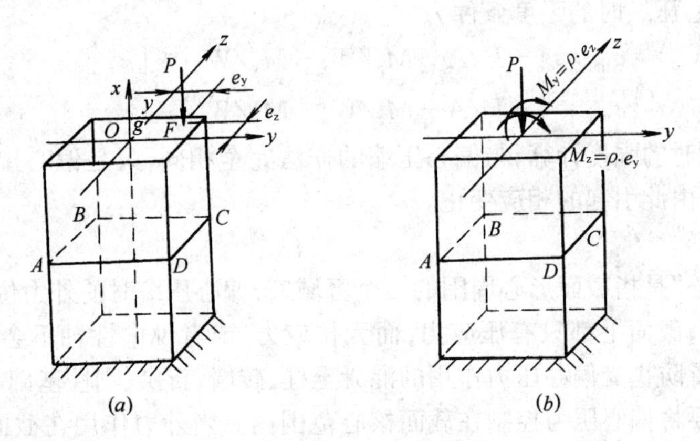

图 2-9-11

的力偶，其力偶矩为 $M_z = P \cdot e_y$；作用于 xz 平面的力偶，其力偶矩为 $M_y = P \cdot e_z$（图 2-9-11b）。可见，双向偏心压缩就是轴向压缩和两个平面弯曲的组合。因此，任意横截面上任一点 $i(y、z)$ 的应力（图 2-9-12a）可由以上三个基本变形引起的正应力叠加得到

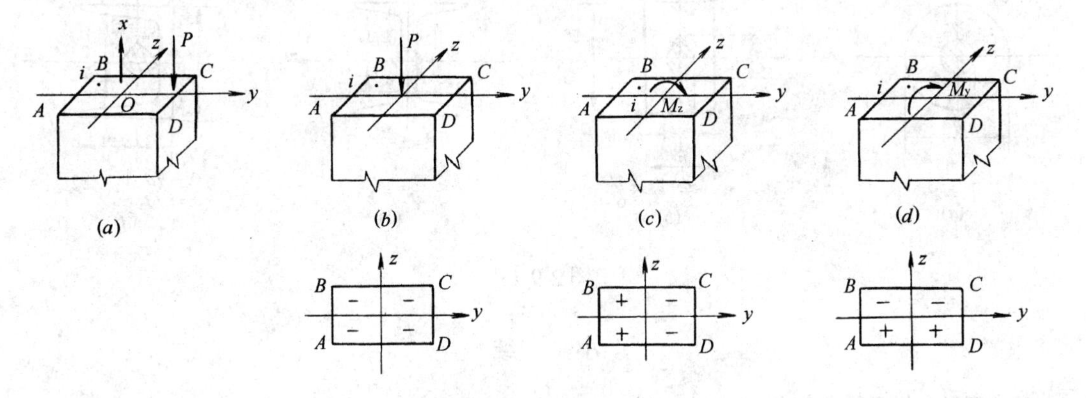

图 2-9-12

$$\sigma_i = -\frac{P}{A} \pm M_z \cdot \frac{y}{I_z} \pm M_y \cdot \frac{z}{I_y} \tag{2-9-8}$$

具体计算时，M_z、M_y、y 及 z 均按绝对值代入。M_z、M_y 引起的正应力的正负号，根据变形直接确定。由图 2-9-12 容易看出，最小正应力 σ_{min} 发生在 C 点，A 点则有最大正应力 σ_{max}，它们分别为

$$\begin{cases} \sigma_{min} = -P/A - M_z/W_z - M_y/W_y \\ \sigma_{max} = -P/A + M_z/W_z + M_y/W_y \end{cases} \tag{2-9-9}$$

与单向偏心受压时类似，当 $|M_z/W_z + M_y/W_y| > |P/A|$ 时，σ_{max} 为最大拉应力 σ^+_{max}，中性轴将横截面分为拉应力区和压应力区；

当 $|M_z/W_z + M_y/W_y| = |P/A|$ 时，$\sigma_{max} = 0$；

当 $|M_z/W_z + M_y/W_y| < |P/A|$ 时，整个截面均为压应力。不论哪种情况 σ_{min} 都为最大压应力 σ^-_{max}。

于是，双向偏心压缩时的强度条件为

$$\begin{cases}\sigma_{max}^{-}=|-P/A-M_z/W_z-M_y/W_y|\leqslant[\sigma_{-}]\\ \sigma_{max}^{+}=|-P/A+M_z/W_z+M_y/W_y|\leqslant[\sigma_{+}]\end{cases}\tag{2-9-10}$$

对于偏心拉伸时的强度计算，与偏心压缩的作法完全相同，只是偏心拉伸时，轴力为拉力，计算时应注意，由此引起的相应变化。

三、截面核心

所谓“截面核心”是指截面形心周围的一个区域，若偏心压缩时的外力位于这个区域内，无论外力大小如何，截面上都只有压应力，而无拉应力，或者说中性轴不会与横截面相交。在土建工程中，为了防止受偏心压力作用的混凝土柱、砖墙、石拱、刚性基础等主要承压构件被拉裂，设计时就要将偏心压力控制在截面核心范围内。当外力作用在截面核心的边界上时，与此时外力作用点对应的中性轴正好与截面的周边相切。截面核心的边界就是利用这一关系确定的，具体确定方法可参阅有关书籍。

图 2-9-13 给出了圆形、矩形、工字形和槽形截面杆件的截面核心。

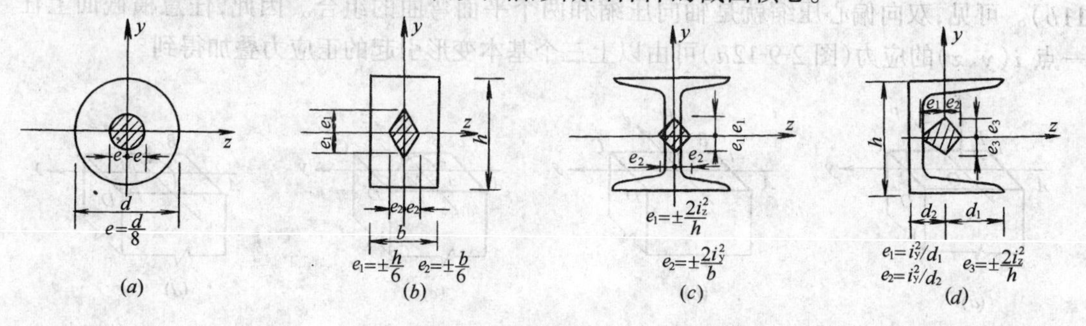

图 2-9-13

小　结

组合变形是指两种或两种以上基本变形的组合。组合变形的强度计算包括：

1. 荷载的分解或简化：将作用于杆件的横向力在作用点沿截面形心主轴分解；纵向力向截面形心简化，使每一种荷载都只对应一种基本变形。

2. 运用基本变形的应力表达式，分别计算同一截面同一点的应力，然后将它们代数相加，即为原荷载作用下该点的应力。

3. 确定危险截面（弯矩达到最大值的截面）和危险点（正应力最大的点）。算出危险截面上的最大拉应力和最大压应力，并作强度校核。

上述各项可以概括为荷载简化或分解——分别计算应力—叠加—强度校核。其中重要的一步是荷载简化或分解。

思 考 题

2-9-1　什么是组合变形？如何进行组合变形杆件的强度计算？

2-9-2　平面弯曲和斜弯曲有何区别？

2-9-3　试判别图 2-9-14 所示杆件固定端截面上 A、B、C、D 处各基本变形情况下应力的正、负号，确定危险点的位置。

2-9-4　怎样计算偏心压缩时截面上的最大应力？

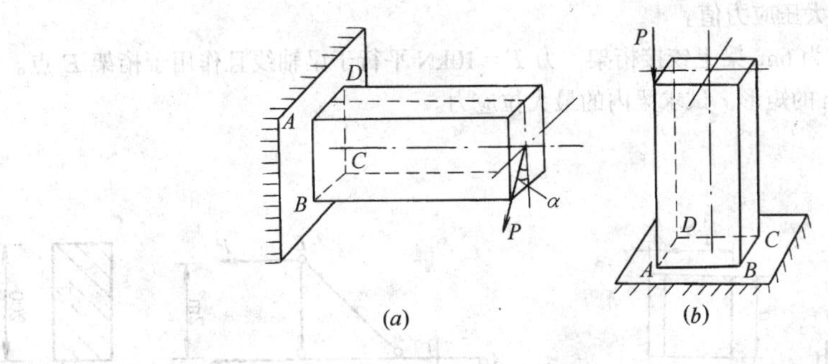

图 2-9-14

2-9-5 什么叫截面核心？为什么工程中将偏心压力控制在受压杆件的截面核心范围内？

习　　题

2-9-1 如图所示悬臂木梁。自由端平面内作用一集中力 P，此力通过截面形心，与对称轴 y 的夹角 $\varphi=30^{\circ}$。试求固定端截面上 a、b、c、d 四点的正应力。设 $l=4\text{m}$，$h=200\text{mm}$，$b=120\text{mm}$，$P=2.4\text{kN}$。

2-9-2 试按强度条件设计钢屋架上工字形檩条的截面尺寸。已知屋架间距（檩条跨度）$l=4\text{m}$，檩条上均布荷载集度 $q=3\text{kN/m}$，钢材的许用应力 $[\sigma]=160\text{MPa}$，$\varphi=30^{\circ}$

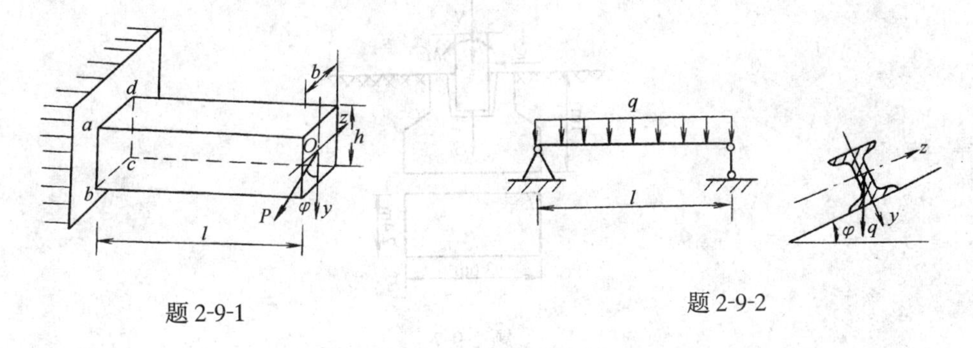

题 2-9-1　　　　题 2-9-2

2-9-3 由木材制成的矩形截面悬臂梁，在梁的水平对称面内受到力 $P_1=1.4\text{kN}$ 作用，在铅垂对称面内受到力 $P_2=1.0\text{kN}$ 作用，如图示。已知 $b=80\text{mm}$，$h=200\text{mm}$。试求梁横截面上最大正应力及其作用位置。

2-9-4 图示结构中，杆 AB 是一根 I18 工字钢，长度为 $l=2.6\text{m}$。试求当荷载 $P=25\text{kN}$ 作用在杆 AB 的中点 D 处时，该杆内的最大正应力值（工字钢的自重可略去不计）。

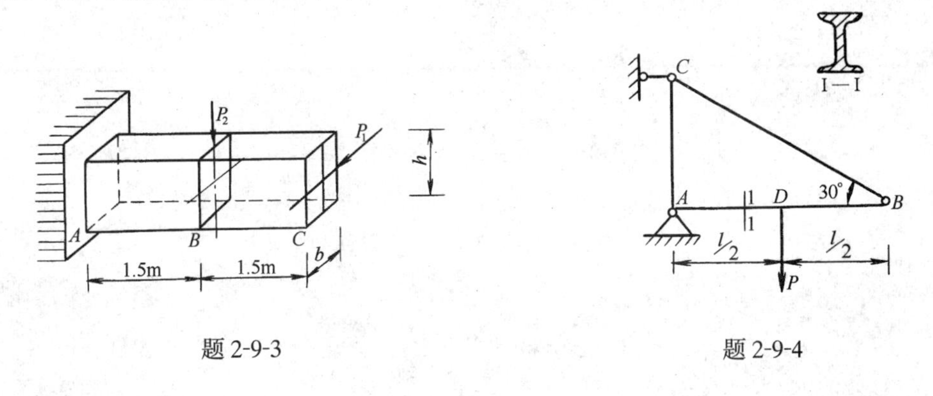

题 2-9-3　　　　题 2-9-4

2-9-5 柱截面为正方形，边长为 a，顶端受轴向压力 P 作用，在右侧中部挖一个槽，槽深 $\frac{a}{4}$，如图所示。求开槽前后柱内的最大压应力值。

2-9-6 梁 AB 的跨度为 6m，梁上铰接桁架。力 $F=10\text{kN}$ 平行于梁轴线且作用于桁架 E 点。若梁的横截面为 100mm×200mm 的矩形。试求梁内的最大拉应力。

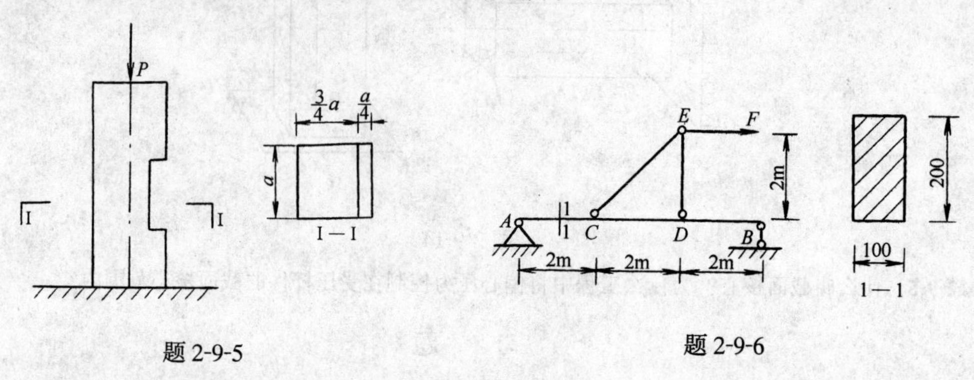

题 2-9-5　　　　题 2-9-6

2-9-7 图示为一柱下单独基础。在基础顶面受到柱传来的弯矩 $M=105\text{kN·m}$，轴力 $N=1020\text{kN}$，水平剪力 $Q=40\text{kN}$，基础自重及其上土重共为 $G=180\text{kN}$。试作基础底面的反力分布图（假设反力按直线规律分布）。

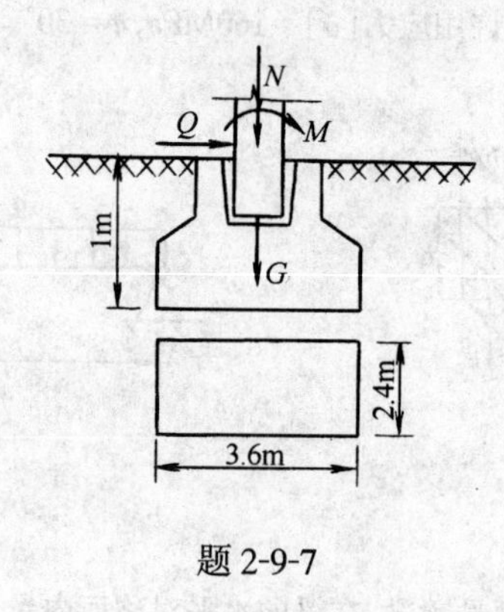

题 2-9-7

第十章　压　杆　稳　定

第一节　压杆稳定的概念

受压杆件的稳定问题不同于通常的轴向压缩，它有其特殊性。这可以通过下面的简单实验来说明。先取一根宽 30mm、厚 5mm、长 20mm 的矩形松木条（图 2-10-1*a*），对其施加轴向压力。假设材料的抗压强度极限为 $\sigma_b = 40\text{MPa}$，按照强度理论，此杆的极限承载能力为 $P_b = \sigma_b A = 40 \times 30 \times 5 = 6\text{kN}$。

对于短粗杆这结论是正确的。若再取一根截面、材料相同而长为 1m 的细长杆作实验（图 2-10-1*b*），当压力只加到 30N 时，直杆就发生了弯曲变形，随着压力的增加，弯曲变形迅速增大，最后导致折断。这表明对压杆来说，短杆与细长杆受压破坏的性质是迥然不同的。短杆是强度问题，而细长杆则是能否保持原有直线平衡状态的问题。压杆因丧失了直线形状的稳定性而丧失工作能力的现象，称为丧失稳定，简称"失稳"。压杆失稳时的压力比因为强度不足而破坏的压力小得多。因此，对细长压杆必须进行稳定性计算。

对一根两端铰支的等直杆，沿其轴线施加压力 P。当 P 小于某一极限值时（图2-10-2*a*），即使给予微小扰动使之弯曲，但随着扰动的撤除，压杆将回到直线平衡位置。这时压杆的直线形式平衡是稳定的平衡状态。当压力增加到某一极限值时，压杆稍受扰动发生微小弯曲，纵使撤去干扰，压杆也不会回到原来的直线位置，而在微弯状态下维持新的平衡（图 2-10-2*b*）。此时的直线平衡状态称为临界平衡状态。所谓临界平衡状态是指压杆在直线状态下的平衡由稳定的转变为不稳定的这一特定状态。

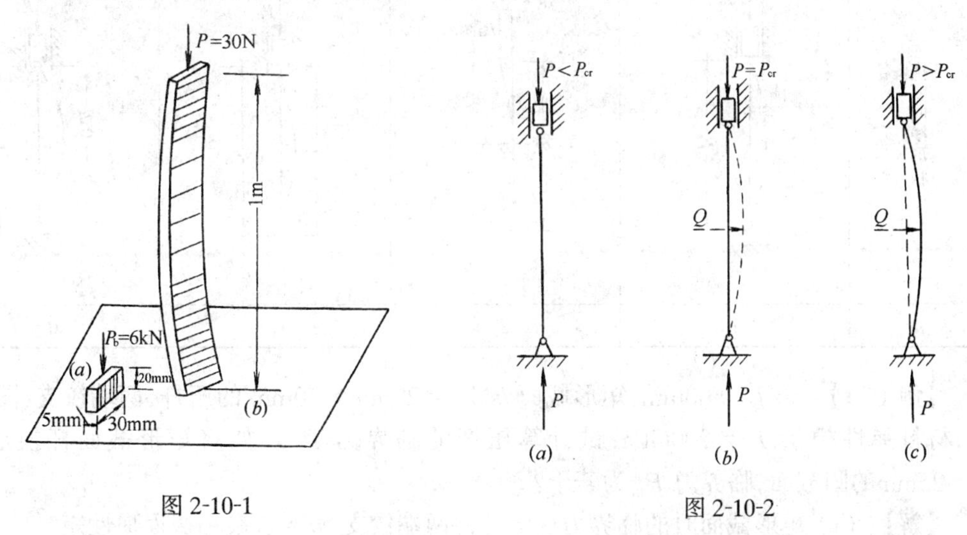

图 2-10-1　　　　图 2-10-2

压杆处于临界平衡状态时，作用于其上的轴向压力值称为临界压力（简称为临界力或临界荷载），通常用 P_{cr}表示。当压力 $P > P_{cr}$时，压杆稍受扰动发生微弯曲后，其弯曲变形会显著地增大,并一直达到破坏(图 2-10-2c),这时的直线形式平衡是不稳定的平衡状态。所以,当 $P<P_{cr}$时,压杆是稳定的;当 $P \geqslant P_{cr}$时,压杆是不稳定的。

在工程实际中,受压杆件是经常遇到的。为了保证受压杆件的正常工作,除了要有足够的强度外,还必须有足够的稳定性,这就必须使其最大工作压力不超过临界力。因此,确定受压杆件的临界力就成为我们研究压杆稳定性问题的关键。

第二节 细长压杆临界力的欧拉公式

一、临界力

理想等直压杆当受到沿轴线方向的压力 $P=P_{cr}$作用时,在干扰力作用下,杆件处于微小弯曲的平衡位置。当杆内应力不超过材料的比例极限时,根据弯曲变形理论,可以得到细长压杆临界力的计算公式为

$$P_{cr}=\frac{\pi^2 EI}{(\mu l)^2} \tag{2-10-1}$$

上式是俄国科学家欧拉(L. Euler)最早导出的,故又称为欧拉公式。

式中 E——材料的弹性模量;

I——杆件横截面的最小惯性矩;

μ——与杆端支承情况有关的长度系数,其值见表 2-10-1;

μl——折算长度。它与压杆的支承情况有关。

不同支承情况时的长度系数 **表 2-10-1**

杆端约束情况	两端铰支	一端固定 一端自由	两端固定	一端固定 一端铰支
挠度曲线形状	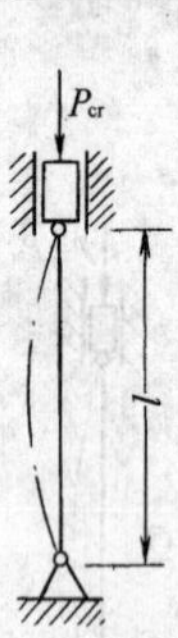 P_{cr}, l	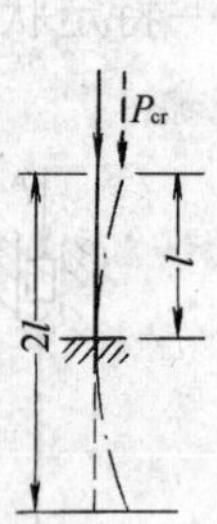 P_{cr}, l, $2l$	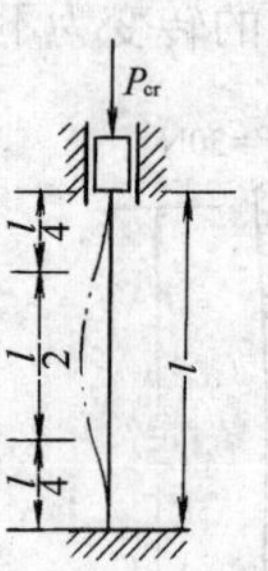 P_{cr}, $\frac{l}{4}$, $\frac{l}{2}$, $\frac{l}{4}$, l	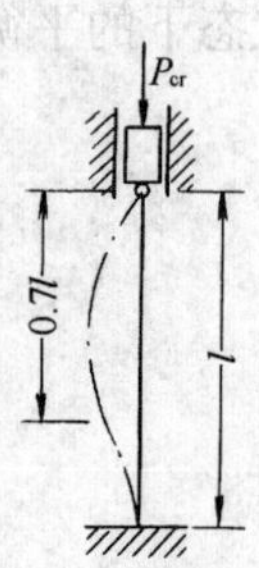 P_{cr}, $0.7l$, l
μ	1	2	0.5	0.7

【例 10-1】 长 $l=500$mm,矩形截面 $b\times h=20\text{mm}\times 40\text{mm}$ 的压杆,两端铰支(图 2-10-3),材料弹性模量 $E=200$GPa,试计算压杆的临界力 P_{cr}。如将矩形截面杆换成直径 $d=25$mm的圆截面,临界力 P_{cr}为若干?

【解】 (1) 矩形截面时的临界力 杆件两端铰支,$\mu=1$,最小截面惯性矩

$$I_{min}=hb^3/12=4\times 2^3/12=2.67\text{cm}^4$$
$$=2.67\times 10^{-8}\text{m}^4$$

由式(2-10-1)有临界力

$$P_{cr}=\pi^2EI_{min}/(\mu l)^2=\pi^2\times200\times10^6\times2.67\times10^{-8}/(1\times0.5)^2=210.6\text{kN}$$

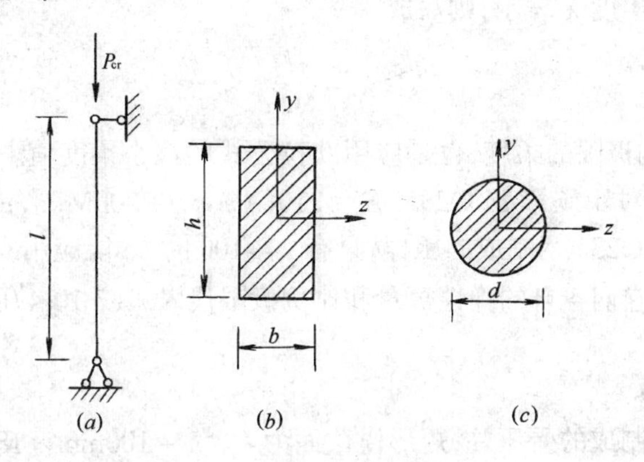

图 2-10-3

(2) 圆杆的临界力

$$\mu=1$$

截面惯性矩 $I=\dfrac{\pi d^4}{64}=\dfrac{\pi\times2.5^4}{64}=1.92\text{cm}^4=1.92\times10^{-8}\text{m}^4$

临界力 $P_{cr}=\dfrac{\pi^2EI}{(\mu l)^2}=\dfrac{\pi^2\times200\times10^6\times1.92\times10^{-8}}{(1\times0.5)^2}=151.4\text{kN}$

二、临界应力

为了讨论方便,我们引入临界应力的概念。临界应力是指在临界力 P_{cr}作用下,压杆横截面上的平均应力,用 σ_{cr}表示,即为

$$\sigma_{cr}=P_{cr}/A=\frac{\pi^2EI}{(\mu l)^2A}$$

以 $i=\sqrt{\dfrac{I}{A}}$代入上式,得

$$\sigma_{cr}=\frac{\pi^2E}{(\mu l)^2}\cdot i^2=\frac{\pi^2E}{(\mu l/i)^2}$$

引进符号

$$\lambda=\mu l/i \tag{2-10-2}$$

则临界应力可以写成

$$\sigma_{cr}=\frac{\pi^2E}{\lambda^2} \tag{2-10-3}$$

式(2-10-3)是欧拉公式的另一种表达形式。式中 λ 称为压杆的柔度系数或长细比,是一个无单位的量。它是杆件长度、截面形状和尺寸以及杆端约束等因素的综合反映。对于用一定材料制成的压杆,λ 愈大,压杆愈细长,临界应力 σ_{cr}就越小,压杆愈容易失稳。反之,λ 愈小,压杆越不容易失稳。所以在稳定问题的计算中。柔度 λ 是一个重要的物理量。

三、欧拉公式的适用范围

欧拉公式推导时是假定压杆材料服从虎克定律的。所以欧拉公式的适用条件是压杆在失稳变弯前的应力不得超过材料的比例极限,即

$$\sigma_{cr}=\frac{\pi^2E}{\lambda^2}\leqslant\sigma_p$$

把上式的条件用柔度 λ 表示，则写成

$$\lambda\geqslant\lambda_p=\sqrt{\frac{\pi^2E}{\sigma_p}} \tag{2-10-4}$$

式中 λ_p 为对应于比例极限的柔度，也是应用欧拉公式的最小柔度值。工程上，把 $\lambda\geqslant\lambda_p$ 的压杆称为大柔度杆。对于碳素钢 Q235，$E=210\text{GPa}$，$\sigma_p=200\text{MPa}$，由式(2-10-4)可算得 $\lambda_p\approx100$。它表明，用 Q235 钢制成的压杆，只有 $\lambda\geqslant100$ 时，才能应用欧拉公式。同样，对于铸铁、木材等材料，将它们各自的弹性模量和比例极限代入式(2-10-4)可求得

铸铁 $\lambda\geqslant\lambda_p=80$

木材 $\lambda\geqslant\lambda_p=110$

【例 10-2】 松木制成的受压柱，矩形横截面为 $b\times h=100\text{mm}\times180\text{mm}$，弹性模量 $E=10\text{GPa}$，$\lambda_p=110$，杆长 $l=7\text{m}$。在 xz 平面内失稳时(绕 y 轴转动)，杆端约束为两端固定(图 2-10-4a)，在 xy 平面内失稳时(绕 z 轴转动)，杆端约束为两端铰支(图 2-10-4b)。求木柱的临界应力和临界力。

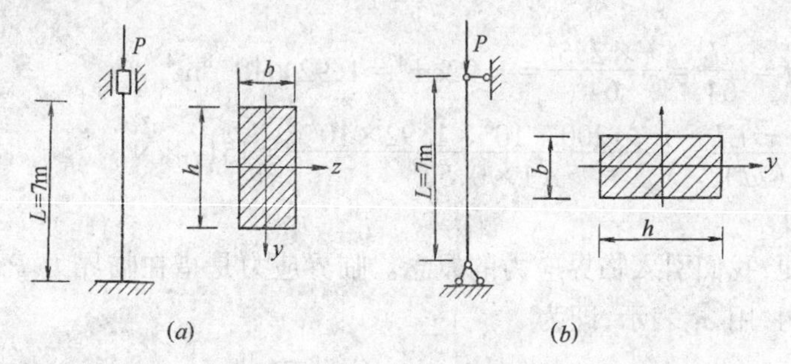

图 2-10-4

【解】 (1) 在 xz(最小刚度)平面内的临界应力和临界力

此时 $\mu_y=0.5$，横截面对 y 轴的惯性半径 $i_y=\sqrt{\dfrac{I_y}{A}}=\dfrac{b}{\sqrt{12}}=28.87\text{mm}$

在此平面内 $\lambda_y=\mu_y l/i_y=0.5\times7\times10^3/28.87=121.2>110$

符合欧拉公式的适用条件。临界应力为

$$\sigma_{cr}=\frac{\pi^2E}{\lambda_y^2}=\frac{\pi^2\times10\times10^3}{(121.2)^2}=6.72\text{MPa}$$

临界力为

$$P_{cr}=\sigma_{cr}A=6.72\times100\times180=121\text{kN}$$

(2) 在 xy(最大刚度)平面内的临界应力和临界力

此时 $\mu_z=1.0$，横截面对 z 轴的惯性半径 $i_z=\sqrt{\dfrac{I_z}{A}}=\dfrac{h}{\sqrt{12}}=\dfrac{180}{\sqrt{12}}=51.96\text{mm}$

此平面内的柔度 $\lambda_z=\dfrac{\mu_z l}{i_z}=\dfrac{1.0\times7\times10^3}{51.96}=134.7>110$

临界应力 $\sigma_{cr}=\pi^2E/\lambda_z^2=\pi^2\times10\times10^3/(134.7)^2=5.44\text{MPa}$

临界力为 $P_{cr}=\sigma_{cr}\cdot A=5.44\times100\times180=97.9$kN

计算结果表明，木柱在最大刚度（xy）平面内由于支承条件较弱，柔度 λ_z 较大，使其临界力较小而先失稳。本例说明，在不同平面内，当杆端支承条件不相同时，应分别情况计算 λ，并取较大者计算临界应力（或临界力）。因为压杆总是在 λ 较大的平面内先失稳。

第三节　超过比例极限时压杆的临界应力

当压杆的柔度 $\lambda<\lambda_p$ 时，临界应力 $\sigma_{cr}>\sigma_p$，此时欧拉公式已不适用。工程上把 $\lambda<\lambda_p$ 的压杆称为中长杆或中柔度杆。它属于超过比例极限的压杆稳定问题，是工程上应用最为广泛的杆件。对于此类受压杆件的计算，一般使用以实验为基础的经验公式。经验公式有直线公式和抛物线公式等。这里，只介绍我国钢结构设计规范中规定采用的抛物线经验公式

$$\sigma_{cr}=\sigma_s[1-\alpha(\lambda/\lambda_c)^2] \qquad \lambda\leqslant\lambda_c \tag{2-10-5}$$

式中　σ_s——材料的屈服极限；

α——系数。对碳素钢 Q215、Q235 以及 Q345（16 锰钢），$\alpha=0.43$；

λ_c——经验公式与欧拉公式的分界点 C 的柔度（图 2-10-5）。

对 Q235 钢，$\sigma_s=240$MPa，$E=210$GPa，$\lambda_c=123$

将上述值代入式（2-10-5），可得到 Q235 钢经验公式为

$$\sigma_{cr}=240-0.00682\lambda^2(\text{MPa}) \tag{2-10-6}$$

类似地，对 Q345 钢（16 锰钢），$\sigma_s=345$MPa，$E=210$GPa，$\lambda_c=103$。此时式（2-10-5）变为

$$\sigma_{cr}=345-0.0142\lambda^2(\text{MPa}) \tag{2-10-7}$$

由以上分析可知，对于 $\lambda\geqslant\lambda_p$ 的大柔度杆，用欧拉公式（2-10-3）计算临界应力；对于 $\lambda<\lambda_p$ 的中柔度杆，则用经验公式（2-10-5）计算临界应力。不论式（2-10-3）还是式（2-10-5），σ_{cr}都是 λ 的函数。如果把 σ_{cr}和 λ 的关系用曲线表示，就得到临界应力总图。图 2-10-5 是 Q235 钢的临界应力总图。

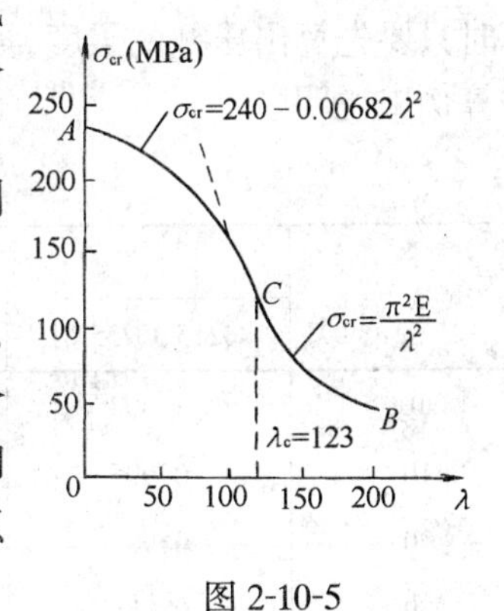

图 2-10-5

图中抛物线与欧拉双曲线的交点 C 的横坐标为 $\lambda_c=123$，它与按式（2-10-4）所算结果 λ_p 略有不同。这是因为在理论公式中并未考虑压力偏心、杆件初始弯曲等因素，它们都将影响实验数据。用依据实验结果得出的 λ_c 作为两条曲线的交点更为适宜。

顺便指出，柔度 λ 很小的短粗杆，当受到压力作用时，不可能像大、中柔度压杆那样由于弯曲变形而失稳。此类杆件的破坏属于强度问题。对它们而言，“临界应力”就是极限应力（屈服极限或强度极限）。

第四节　压杆的稳定计算——折减系数法

一、压杆的稳定条件

受压杆件工作时，如果满足下列条件，压杆是稳定的。

$$\sigma = P/A \leqslant \sigma_{cr}/n_{st} = [\sigma_{st}] \tag{2-10-8}$$

或
$$P \leqslant P_{cr}/n_{st} \tag{2-10-9}$$

式中 σ——压杆实际工作应力；

σ_{cr}——压杆的临界应力；

P——作用在压杆上的实际压力；

P_{cr}——压杆的临界力；

n_{st}——稳定安全系数，一般规定比强度安全系数要高。

$[\sigma_{st}]$——随压杆柔度 λ 而变化的稳定许用应力。

二、折减系数 φ

在压杆的设计中，常常将其稳定许用应力$[\sigma_{st}]$写成下面的表达形式：

$$[\sigma_{st}] = \varphi[\sigma] \tag{2-10-10}$$

式中 $[\sigma]$——材料的强度许用应力；

φ——折减系数。

$\varphi = \frac{[\sigma_{st}]}{[\sigma]} = \frac{\sigma_{cr}}{n_{st}[\sigma]}$，它已考虑了压杆的安全系数、临界应力随压杆柔度而改变的因素。φ 总是小于 1 的系数。表 2-10-2 给出了几种材料的折减系数 φ 的值。

三、稳定计算

将式(2-10-10)代入式(2-10-8)，便得到用折减系数 φ 表示的压杆稳定条件

$$\sigma = P/A \leqslant \varphi[\sigma] \tag{2-10-11}$$

上式表明，如将许用压应力$[\sigma]$乘以一个小于 1 的折减系数 φ 作为压杆的许用应力，可以确保压杆的安全。应用式(2-10-11)可进行稳定校核、确定许可荷载和选择截面尺寸。计算时只要先算出压杆的柔度，再由表 2-10-2 查得相应的 φ 值，最后代入公式即可。下面通过算例来说明。

压杆的折减系数 φ **表 2-10-2**

λ	φ 值				
	Q215、Q235 钢	Q345 钢(16 锰钢)	铸铁	木材	混凝土
0	1.000	1.000	1.00	1.00	1.00
10	0.995	0.993	0.97	0.971	
20	0.981	0.973	0.91	0.932	0.96
30	0.958	0.940	0.81	0.883	
40	0.927	0.895	0.69	0.822	0.83
50	0.888	0.840	0.57	0.757	
60	0.842	0.776	0.44	0.668	0.70
70	0.789	0.705	0.34	0.575	0.63
80	0.731	0.627	0.26	0.460	0.57
90	0.669	0.546	0.20	0.471	0.46
100	0.604	0.462	0.16	0.300	

续表

λ	φ 值				
	Q215、Q235 钢	16 锰钢	铸铁	木材	混凝土
110	0.536	0.384		0.248	
120	0.466	0.325		0.208	
130	0.401	0.279		0.178	
140	0.349	0.242		0.154	
150	0.306	0.213		0.133	
160	0.272	0.188		0.117	
170	0.243	0.168		0.102	
180	0.218	0.151		0.093	
190	0.197	0.136		0.083	
200	0.180	0.124		0.075	

【例 10-3】 图 2-10-6(a)为一螺旋千斤顶,其最大承载压力 $P=120$kN,丝杠长 $l=500$mm;丝杠直径 $d=52$mm,材料为 Q235 钢,$[\sigma]=80$MPa,试校核其稳定性。

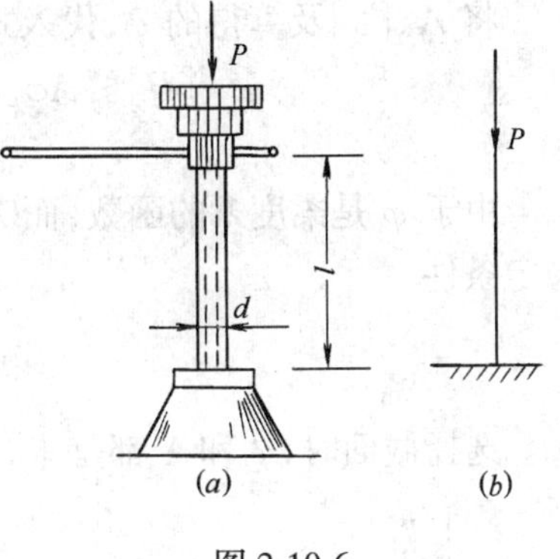

图 2-10-6

【解】 (1) 计算柔度 λ 丝杆可简化为下端固定上端自由的压杆(图 2-10-6b),长度系数 $\mu=2$,又

$$i=\sqrt{\frac{I}{A}}=\frac{d}{4}=\frac{52}{4}=13\text{mm}$$

故 $\lambda=\mu l/i=2\times500/13=76.9<100$ 属于中长杆。

(2) 查表 2-10-2

$$\lambda=70 \qquad \varphi=0.789$$
$$\lambda=80 \qquad \varphi=0.731$$

用插入法计算 $\lambda=76.9$ 时的 φ 值为

$$\varphi=0.789-\frac{76.9-70}{80-70}\times(0.789-0.731)=0.749$$

(3) 校核稳定性

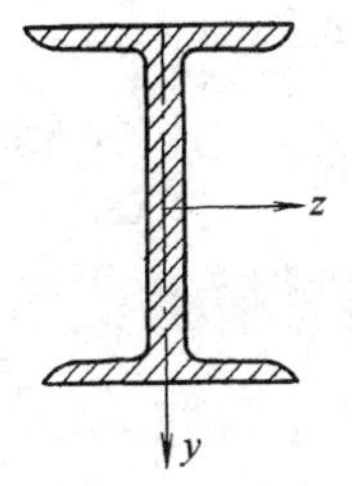

图 2-10-7

工作应力 $\sigma=P/A=\dfrac{P}{\pi d^2/4}=\dfrac{4\times120\times10^3}{\pi52^2}=56.5$MPa

$$\varphi[\sigma]=0.749\times80=59.9\text{MPa}$$

$\sigma<\varphi[\sigma]$,符合压杆稳定条件,千斤顶丝杆是稳定的。

【例 10-4】 由 I40a 工字钢制成的压杆,横截面如图 2-10-7。材料为 Q235 钢,$[\sigma]=160$MPa,杆长 $l=5.6$m。在 xz 平面内(y 为中性轴)失稳时,杆两端为固定约束;在 xy 平面内(z 为中性轴)失稳时,杆两端约束为铰支承,试计算此压杆的许可荷载$[P]$。

【解】 由型钢表查得 I40a 的 $A=86.1\times10^2\text{mm}^2$，$i_z=15.9\times10\text{mm}$，$i_y=2.77\times10\text{mm}$

(1) 计算压杆的柔度系数 λ_y、λ_z

在 xz 平面内 $\lambda_y=\dfrac{\mu_y l}{i_y}=\dfrac{0.5\times5.6\times10^3}{2.77\times10}=101$

在 xy 平面内 $\lambda_z=\dfrac{\mu_z l}{i_z}=\dfrac{1.0\times5.6\times10^3}{15.9\times10}=35.2$

$\lambda_y>\lambda_z$，故在 xz 平面内压杆容易失稳。应按 λ_y 确定压杆的折减系数 φ

(2) 确定折减系数 φ

查表 2-10-2

$$\lambda=100 \qquad \varphi=0.604$$
$$\lambda=110 \qquad \varphi=0.536$$

用内插法求得 $\lambda=101$ 时的 φ 值

$$\varphi=0.604-\frac{101-100}{110-100}\times(0.604-0.536)=0.597$$

(3) 确定许可荷载 $[P]$

将 A、$[\sigma]$ 及算得的 φ，代入式(2-10-11)即得压杆的许可荷载

$$[P]\leqslant A\varphi[\sigma]=86.1\times10^{-4}\times0.579\times160\times10^3$$
$$=797.6\text{kN}$$

由于 φ 是柔度 λ 的函数，而 λ 又是 i(惯性半径)的函数，i 又与截面积 A 有关。所以按稳定条件

$$\frac{P}{A}\leqslant\varphi[\sigma]$$

选择截面时，φ 和 A 都是未知的，此时可采用试算法。下面通过具体例子来说明。

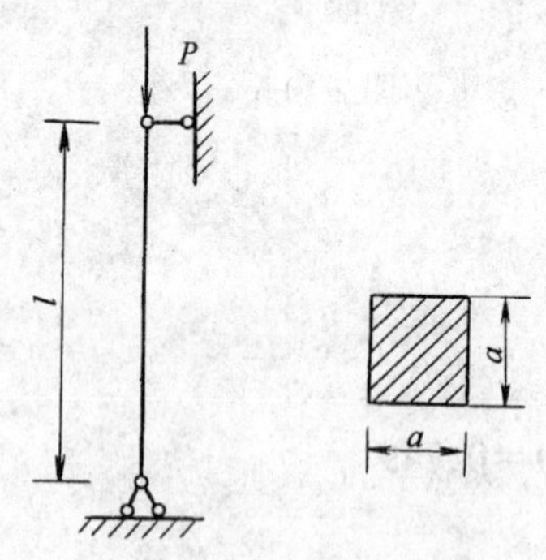

图 2-10-8

【例 10-5】 一正方形木柱，长 $l=3.5\text{m}$，承受 $P=45\text{kN}$ 的压力作用(图 2-10-8)。设木柱两端为铰接。木材的许用应力 $[\sigma]=10\text{MPa}$。试求此受压柱横截面的边长 a。

【解】 (1) 先设 $\varphi_1=0.5$，得

$$A_1=\frac{P}{\varphi_1[\sigma]}=\frac{45\times10^3}{0.5\times10}=9\times10^3\text{mm}^2$$

$$a_1=\sqrt{A_1}=\sqrt{9\times10^3}=94.9\text{mm}$$

取 $a_1=95\text{mm}$

在此边长下，$i_1=\dfrac{a_1}{\sqrt{12}}=\dfrac{95}{\sqrt{12}}=27.4\text{mm}$

$$\lambda_1=\frac{\mu l}{i_1}=\frac{1.0\times3.5\times10^3}{27.4}=127.7$$

由表 2-10-2 查得 $\lambda=120$ $\qquad\varphi=0.208$

$\lambda=130$ $\qquad\varphi=0.178$

用插入法计算 $\lambda=127.7$ 时的 φ_1'

$$\varphi_1'=0.178+\frac{130-127.7}{10}\times(0.208-0.178)=0.185$$

由于 φ_1' 与初设的 φ_1 相差较大,需作第二次试算(把 φ 值减少些)。

(2) 再设 $\varphi_2=0.3$,

$$A_2=\frac{P}{\varphi_2[\sigma]}=\frac{45\times10^3}{0.3\times10}=15\times10^3\text{mm}^2$$

$$a_2=\sqrt{A_2}=\sqrt{15\times10^3}=122.5\text{mm}$$

取 $a_2=125\text{mm}$

在此边长下,$i_2=\dfrac{a_2}{\sqrt{12}}=\dfrac{125}{\sqrt{12}}=36.1\text{mm}$

$$\lambda_2=\frac{\mu l}{i_2}=\frac{1.0\times3.5\times10^3}{36.1}=97$$

由表 2-10-2 用插入法求出 $\lambda_2=97$ 时,$\varphi_2'=0.321$,此值与所设 $\varphi_2=0.3$ 很接近,不必再选。

(3) 进行稳定校核

$$\sigma=\frac{P}{A}=\frac{45\times10^3}{125^2}=2.88\text{MPa}$$

$$\varphi[\sigma]=0.321\times10=3.21\text{MPa}$$

$\sigma<\varphi[\sigma]$,符合稳定条件,最后确定木柱边长 $a=125\text{mm}$。

第五节　提高压杆稳定性的措施

对压杆稳定性问题,关键在于确定临界力(或临界应力),由公式(2-10-1)及(2-10-3)可以看出,影响压杆稳定性的因素有:压杆的柔度和材料的机械性质。而柔度又是压杆的截面形状、杆件长度和杆端约束等因素的综合反映。因此,提高压杆稳定性的措施,也应从这几方面入手。

一、柔度方面

(1) 选择合理的截面形状

在截面面积不变的情况下,尽可能使截面的材料远离中性轴,取得较大的惯性矩 I,可以提高压杆的稳定性。例如采用空心截面就比实心截面合理(图 2-10-9)。同理,四根角钢分散放置在截面的四个角处比集中放置在形心附近合理(图 2-10-10)。

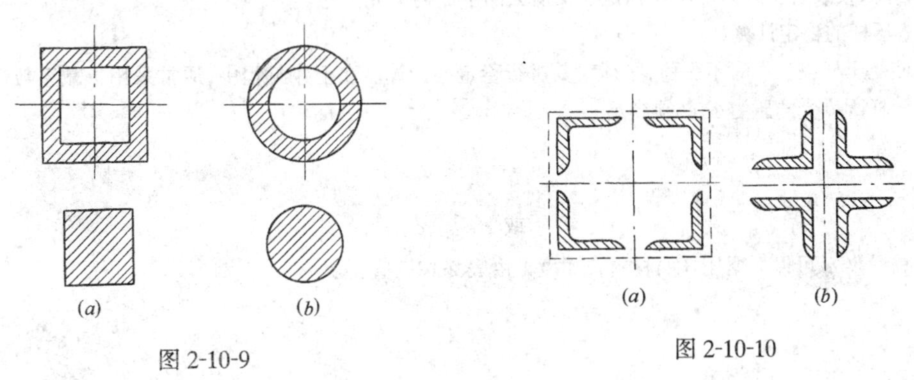

图 2-10-9　　图 2-10-10

如果压杆在各个弯曲平面内支承情况相同时,应使截面对任一形心主轴的惯性矩相等或接近相等,这样就可以使柔度 λ 在任一纵向平面内相等或接近,从而避免在最小刚度平面内先失稳。

对于在两个纵向平面内支承情况不同的压杆,采用两个方向的惯性矩或惯性半径不同的截面,与相应的支承配合,使它们在两个主惯性平面内的柔度 λ 接近相等。象图 2-10-7 所示的工字形截面压杆,在 xz 平面内(y 为中性轴)两端约束采用固定端,$\mu_y=0.5$。在 xy 平面内(z 为中性轴)两端约束采用铰支座,$\mu_z=1.0$。这样,有利于压杆在两个纵向平面内的稳定性趋向接近。

(2) 改善杆端约束条件

杆端约束越强,μ 值越小,临界力就越大。所以,应尽可能加强杆端约束的刚性,减少 μ 值,提高压杆的稳定性。

(3) 减小压杆的支承长度

在条件允许的情况下,尽可能减少压杆的长度,或者在压杆的中间增加支点,这样都可以提高压杆的稳定性。

二、合理选择材料

对于大柔度杆,其临界力与材料的弹性模量 E 有关。但一般钢材的 E 大致相等。所以采用高强度钢材或低碳钢并无多大的差别。对于中等柔度的压杆,根据经验公式可知 σ_{cr} 与材料强度有关。采有优质钢材在一定程度上可以提高临界应力。至于柔度很小的短杆,本来就是强度问题,优质钢材的强度高,其临界应力高也是显而易见的。

小　结

一、压杆平衡稳定的概念

受压直杆,当 $P<P_{cr}$时,压杆在直线形状下的平衡是稳定的。当 $P=P_{cr}$时,压杆在直线形状下的平衡就转变为不稳定的。压杆从稳定平衡过渡到不稳定平衡这一特定状态称为临界状态,它是不稳定平衡状态的开始。杆件因丧失其直线形状的稳定性而丧失工作能力的现象,简称为"失稳"。

二、临界力

压杆在临界平衡状态下,承受的压力 P_{cr}称为"临界压力",确定临界压力(或临界应力)的大小,是解决压杆稳定问题的关键。

1. 对于大柔度压杆(或称细长压杆)$\lambda\geqslant\lambda_p$,临界力或临界应力可由公式(2-10-1)或(2-10-3)确定;对于 $\lambda<\lambda_p$ 的中柔度杆,可以用抛物线型经验公式(2-10-5)确定。

2. 如果压杆在不同平面内失稳,而其支承约束条件又不相同时,则要分别计算在各个平面内失稳时的柔度 λ,并取较大者。因为受压杆总是在柔度大的平面内首先失稳。

三、压杆的稳定计算

要使受压杆在工作时不失稳,必须对其进行稳定性计算。在土建工程中,通常采用折减系数法。该方法要求压杆所承受的压力 P 必须满足

$$\sigma=\frac{P}{A}\leqslant\varphi[\sigma]$$

$$\text{或 } P\leqslant\varphi[\sigma]A$$

折减系数 φ 可以根据压杆的材料及柔度 λ 由表 2-10-2 查得。

思 考 题

2-10-1 对压杆的直线平衡状态，如何判定其是稳定的还是不稳定的？

2-10-2 如图 2-10-11 所示杆件，在计算其临界力 P_{cr}时，如考虑在平面 Oxy 内的失稳，应该用哪一根轴的惯性矩 I 和惯性半径 i 来计算？

2-10-3 试说明压杆稳定计算中，欧拉公式和经验公式的适用范围。

2-10-4 柔度系数 λ 与哪些因素有关？对同一材料制成的压杆，为了不失稳，λ 愈大愈好，还是愈小愈好？

2-10-5 用折减系数 φ 表示的压杆稳定条件是什么？如何按此条件确定压杆的截面尺寸？

2-10-6 提高压杆的稳定性，应采取哪些措施？

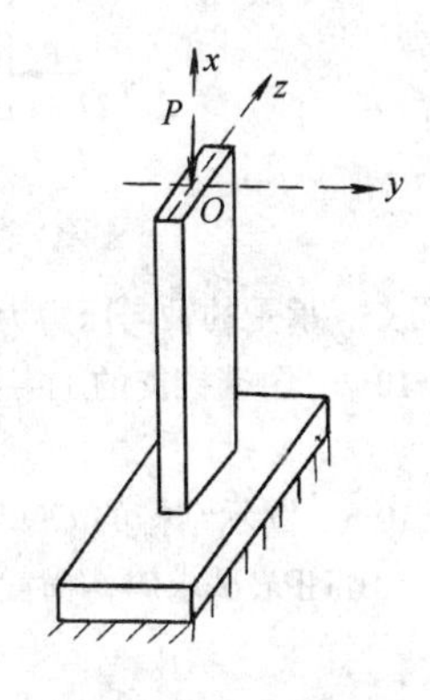

图 2-10-11

习 题

2-10-1 图示细长压杆，两端为铰链支承，材料的弹性模量 $E=200\text{GPa}$。试用欧拉公式计算其临界荷载。

(1) 圆形截面，$d=25\text{mm}$，$l=1.0\text{m}$；

(2) 矩形截面，$h=2b=40\text{mm}$，$l=1.0\text{m}$。

2-10-2 由 I20a 工字钢制成一端固定、一端自由的压杆，已知压杆长 $l=3.5\text{m}$，弹性模量 $E=200\text{GPa}$，试计算压杆的临界力和临界应力。

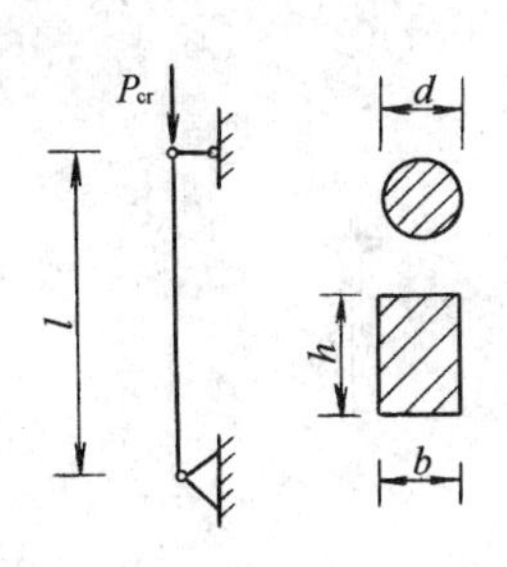

题 2-10-1

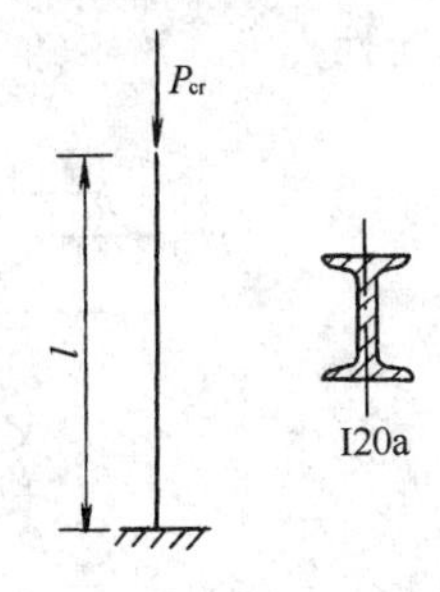

题 2-10-2

2-10-3 有一根 30mm×50mm 的矩形截面压杆，两端固定。试问，压杆多长时方可开始应用欧拉公式计算临界力。已知材料的弹性模量 $E=200\text{GPa}$，比例极限 $\sigma_p=200\text{MPa}$。

2-10-4 已知柱的上端为铰支，下端为固定，外径 $D=200\text{mm}$，内径 $d=100\text{mm}$，柱长 $l=9\text{m}$，材料为 Q235 钢，许用应力$[\sigma]=160\text{MPa}$。试求柱的许可荷载$[P]$。

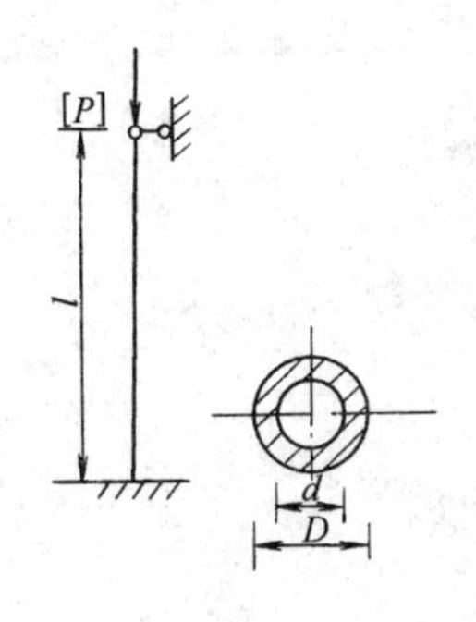

题 2-10-4

2-10-5 矩形截面压杆由 Q235 钢制成，$h=60\text{mm}$，$b=30\text{mm}$，杆长 $l=2\text{m}$，$E=2.1\times10^5\text{MPa}$，支承约束为题图所示，在正视图平面内为两端铰支、在俯视图平面内为两端弹性固定($\mu=0.8$)。试求压杆的许可荷载$[P]$。

2-10-6 压杆由两根∟ 140×12 的等边角钢组成，如图示。杆长 $l=3.0\text{m}$，

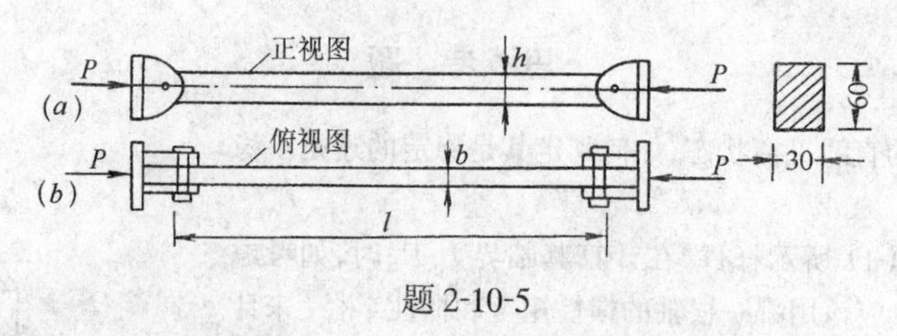

题 2-10-5

两端固支。承受的轴向压力为 $P=850\text{kN}$。试对压杆作稳定性校核。

2-10-7 两端铰支的工字钢受到轴向压力 $P=400\text{kN}$ 作用,杆长 $l=3\text{m}$,$[\sigma]=160\text{MPa}$,试选择工字钢型号。

2-10-8 图示结构的 CD 梁上作用有均布荷载 $q=40\text{kN/m}$,斜撑 AB 为正方形木杆,两端铰支,许用应力 $[\sigma]=10\text{MPa}$,试求斜撑横截面的边长 a。

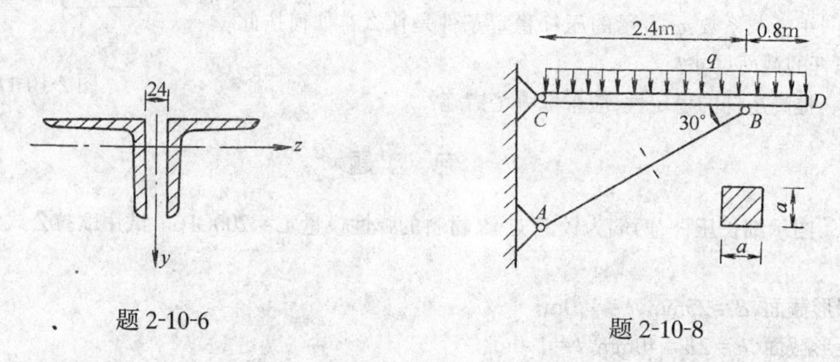

题 2-10-6

题 2-10-8

2-10-9 图示结构中钢梁 AC 及柱 BD 分别由 I22b 工字钢和圆木构成,均布荷载集度 $q=8\text{kN/m}$。梁的材料为 Q235 钢,$[\sigma]=160\text{MPa}$;柱的材料为杉木,直径 $d=160\text{mm}$,$[\sigma]=11\text{MPa}$,两端铰支。试校核梁的强度和立柱的稳定性。

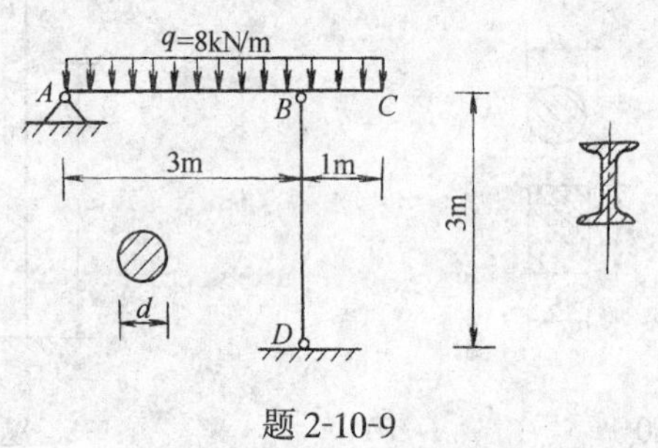

题 2-10-9

第十一章 动 荷 应 力

前面各章所研究的都是构件在静荷载作用下的计算。但在工程实际中,常常遇到有些荷载使构件引起显著的冲击或振动,产生不容忽视的加速度,这种荷载称为动荷载。例如急剧地把重物吊起或放落、打桩机对桩的冲击作用及高速旋转的飞轮等都是受动荷载作用的实例。构件在动荷载作用下引起的应力称为动荷应力。

严格说来,工程实际中的荷载都是随时间变化的,都具有或大或小的动力作用。但是如果荷载变化很缓慢,动力作用不是很明显,则可将荷载看成静荷载。这样作,可以使计算大大简化。而变化激烈,动力效应显著的荷载,就必须作为动荷载来处理。动荷载的特点是,随时间变化显著,使构件具有很大的加速度,产生不容忽视的惯性力。通常遇到的动荷载主要有

(1) 作加速运动或等速转动的构件;

(2) 冲击荷载,即在极短的时间内将荷载加在被冲击物上;

(3) 振动荷载,是指大小和方向都随时间作周期性变化的荷载。

本章主要讨论构件在前两种荷载作用下的动荷应力计算,并简单介绍交变应力和疲劳破坏的概念。

第一节 等加速直线运动构件的应力计算

本节介绍惯性力的概念及动静法,在此基础上,讨论等加速直线运动构件的应力计算。

一、惯性力的概念

人用水平力 F 推质量为 m 的小车沿光滑平直轨道以加速度 a 前进时(图 2-11-1),由牛顿第二定律知,推力 F 与加速度 a 的关系为

$$F = ma \tag{2-11-1}$$

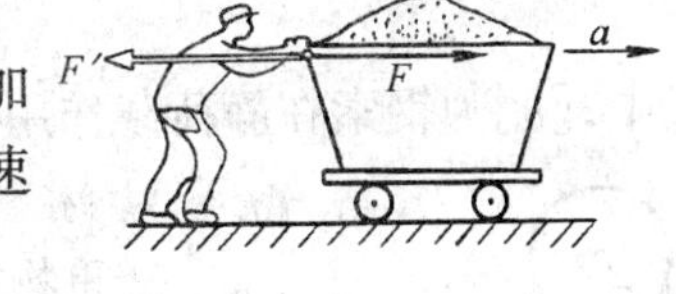

图 2-11-1

根据作用力与反作用力关系,推车的人必然受到小车的反作用力 F' 的作用,且 F' 与 F 大小相等,方向相反,作用在同一直线上,故有

$$F' = -ma \tag{2-11-2}$$

式中负号说明 F' 与加速度 a 的方向相反。

物体力图保持其原来运动状态的性质称为惯性。小车之所以给推车的人一个反作用力 F',是因为外力 F 使小车运动状态发生变化时,小车具有惯性的缘故。所以反力 F' 称为惯性力。

由上面的讨论可知:惯性力是作变速运动的物体对施力物体的反作用力,其大小等于运动物体的质量与加速度的乘积,方向与加速度的方向相反。

二、动静法 作用力 F 和惯性力 F' 是分别作用在两个不同的物体上的。所以在上面

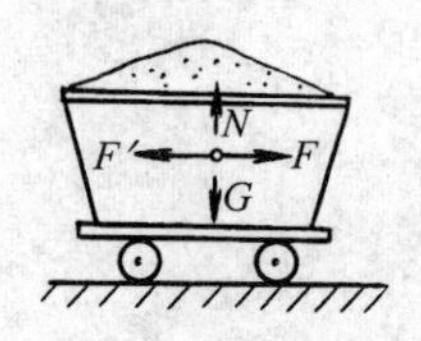

图 2-11-2

的例子中，小车是在推力 F 的作用下，作匀加速直线运动，并不处于平衡状态。如果假想地将惯性力 F' 移到小车上，小车将在 F、F' 以及重力 G、约束反力 N 作用下，形式上处于平衡状态(图 2-11-2)，也就是惯性力与作用于物体上的主动力和约束反力形式上构成一平衡力系，于是可以用静力平衡的办法进行受力分析。这种把动力问题转化为静力问题的计算方法，称为动静法。下面说明动静法的应用。

三、构件作等加速直线运动时的应力计算

设起重机钢索以加速度 a 提升一重量为 G 的物体(图 2-11-3a)。钢索的横截面面积为 A，其重量忽略不计，试求钢索的拉力和动应力。

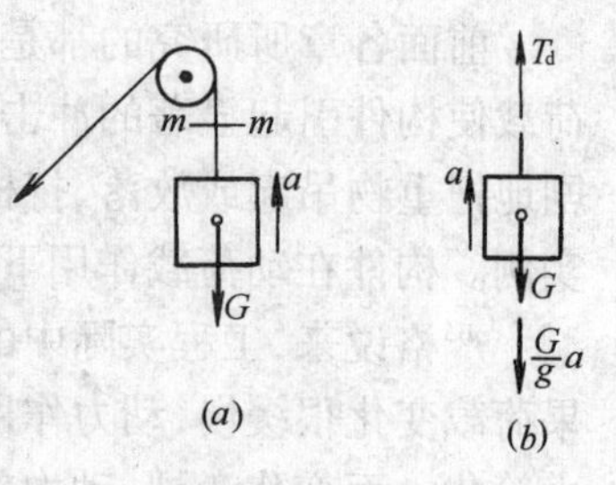

图 2-11-3

采用截面法，取重物 G 为研究对象(图 2-11-3b)，设钢索的拉力为 T_d，由于重物向上作匀加速运动，故惯性力 $F' = ma = \frac{G}{g}a$，方向向下。按照动静法，将惯性力移到重物上，则重物在钢索拉力 T_d、重力 G 和惯性力 F' 的作用下形式上处于平衡，列出静力平衡方程

$$\Sigma Y = 0 \qquad T_d - G - \frac{G}{g}a = 0$$

即

$$T_d = G + Ga/g = G(1 + a/g) = K_d G \tag{2-11-3}$$

式中

$$K_d = 1 + a/g$$

称为动荷系数。钢索中的动应力为

$$\sigma_d = T_d/A = K_d G/A = K_d \sigma_j \tag{2-11-4}$$

式中 $\sigma_j = G/A$ 是重力引起钢索的静应力。式(2-11-4)表明动应力等于静应力乘以动荷系数。

由此可见，计算动应力的关键就是确定动荷系数，求出动应力后，同静荷载作用时一样可进行强度计算。钢索的动应力强度条件为

$$\sigma_d = K_d \sigma_j \leqslant [\sigma] \tag{2-11-5}$$

式中，$[\sigma]$ 为钢索在静荷载作用下的许用应力。

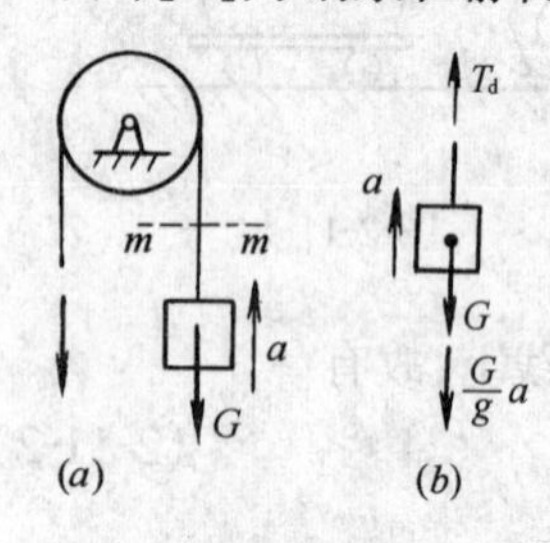

图 2-11-4

【例 11-1】 图 2-11-4(a)所示为重物通过滑轮被吊起，已知重物重 $G = 40\text{kN}$，最大加速度 $a = 5\text{m/s}^2$，钢索的许用拉应力 $[\sigma] = 80\text{MPa}$，不计滑轮和钢索的重量，试确定钢索的横截面面积 A。

【解】 将钢索假想地沿截面 m—m 截开，取下边部分为研究对象。应用动静法，假想将惯性力 $\frac{G}{g}a$ 施加于重物上，它和动拉力 T_d、重力 G 组成形式上的平衡力系(图 2-11-4b)。由 $\Sigma Y = 0$

$$T_d - G - Ga/g = 0$$

$$T_d = G(1 + a/g) = 40(1 + 5/9.8) = 60.4\text{kN}$$

因为 $\sigma_d = K_d \sigma_j = K_d G/A = T_d/A$，于是由强度条件 $\sigma_d = T_d/A \leqslant [\sigma]$ 可得

$$A \geqslant T_d/[\sigma] = 60.4 \times 10^3/80 = 755\text{mm}^2$$

取 $A = 760\text{mm}^2$

第二节 冲 击 应 力

当具有一定速度运动的物体(称为冲击物)撞击另一个静止的物体(称为被冲击物)时，在极短的时间内，冲击物的速度从某个值骤降到零，并将在被冲击物内产生很大的动应力(称为冲击应力)。例如重锤打桩，在桩内引起的动应力，就是冲击应力。

由于冲击物速度变化发生于一瞬间，其加速度很难确定，因此冲击时的动应力，不能采用动静法计算。在工程计算中，一般应用功能原理先计算冲击时产生的变形，再由变形计算应力。本节仅介绍物体从高度 h 处自由落下和吊装构件突然刹车时的冲击应力计算。

一、冲击物为自由落体时的应力

设重量为 G 的重物，自距离杆件顶端 h 处自由落下，沿杆件轴线冲击到长度为 l、横截面面积为 A 的杆件上(图 2-11-5a)。假定冲击物为刚体，被冲击杆件的质量忽略不计，略去冲击时的能量损失，则应用能量法可以得到在弹性受力范围内，杆件内的冲击应力为❶

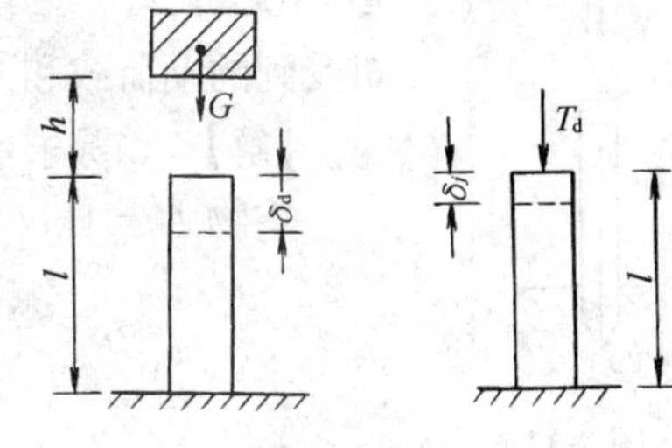

图 2-11-5

$$\sigma_d = K_d \sigma_j \tag{2-11-6}$$

式中 σ_j——静荷应力，其值为 $\sigma_j = G/A$；

K_d——冲击时的动荷系数。

计算表明，冲击时的动荷系数 K_d 与冲击物引起的构件静位移 δ_j 和自由落体的高度 h 有关，其表达式可写为

$$K_d = 1 + \sqrt{1 + \frac{2h}{\delta_j}} \tag{2-11-7}$$

式中 h——重物的降落高度；

δ_j——冲击物当作静荷载时，引起的构件静位移。当重物沿杆轴线作用到杆件顶上时，δ_j 即为轴向压缩时的纵向变形，即

$$\delta_j = \frac{Gl}{EA}$$

式中 G 为冲击物的重力；l、A、E 依次为构件(被冲击物)长度、横截面面积和弹性模量。

受自由落体冲击的构件，其强度条件可按下式计算

$$\sigma_d = K_d \sigma_j \leqslant [\sigma] \tag{2-11-8}$$

$[\sigma]$仍可取静荷载作用下的许用应力。

在这里，顺便讨论一下动荷系数 K_d。

1. 若 $h = 0$，这相当于突然施加到构件上的荷载，此时

$$K_d = 1 + \sqrt{1 + 0} = 2$$

所以

$$\sigma_d = 2\sigma_j$$

表明在突加荷载作用下，构件上的动应力是静荷应力的两倍。

❶ 用能量法推导冲击应力的过程可参阅有关书籍。

2. 由公式(2-11-7)知,K_d 随着比值 h/δ_j 的增加而变大,例如

当 $2h/\delta_j=10$ 时,$K_d=4.3$

当 $2h/\delta_j=100$ 时,$K_d=11.05$

因此应从改变 h 和 δ_j 两方面入手,调整动荷系数的大小,以满足工程需要。当利用冲击作用(例如重锤打桩)时,在满足构件的抗冲击能力的前提下,应增大 h;而当冲击荷载不利时,则可以增大 δ_j(如采用弹性模量低的材料,增加受冲击构件的长度,在冲击物与被冲击物之间加弹簧或橡皮垫等)和减小 h。

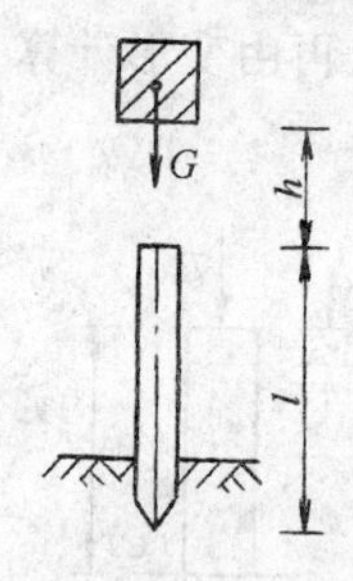

图 2-11-6

【例 11-2】 一圆形截面木桩长 $l=8\text{m}$,直径 $d=0.24\text{m}$,弹性模量 $E=10\text{GPa}$,有一重物 $G=1\text{kN}$ 从距离桩顶高度为 $h=0.4\text{m}$ 处自由落下,求桩受到的动荷载和冲击应力(图 2-11-6),假设冲击瞬时桩的下端不移动。

【解】 (1) 求静应力和静位移

重物 $G=1\text{kN}$ 引起的静应力为

$$\sigma_j=G/A=\frac{4G}{\pi d^2}=4\times10^3/(\pi\times240^2)=0.022\text{MPa}$$

静位移 $\delta_j=Gl/EA=\dfrac{\sigma_j l}{E}=0.022\times8\times10^3/(10\times10^3)=0.018\text{mm}$

(2) 求动荷载和冲击应力

动荷系数 $K_d=1+\sqrt{1+\dfrac{2h}{\delta_j}}=1+\sqrt{1+\dfrac{2\times400}{1.8\times10^{-2}}}=212$

所以动荷载 $P_d=K_dG=212\times1.0=212\text{kN}$

冲击应力 $\sigma_d=K_d\sigma_j=212\times0.022=4.6\text{MPa}$

【例 11-3】 简支梁由 I 22a 工字钢制成(图 2-11-7),跨长 $l=3\text{m}$,跨中受一自由落体物的冲击,求梁受到的最大动应力 $\sigma_{d\max}$。设冲击物重 $G=1000\text{N}$,高度 $h=0.1\text{m}$,$E=200\text{GPa}$。

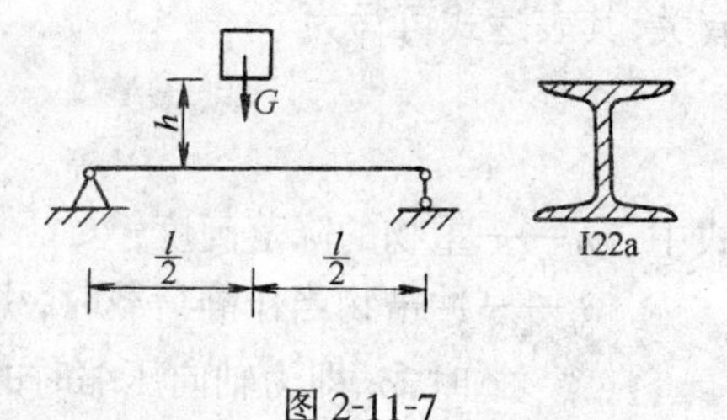

图 2-11-7

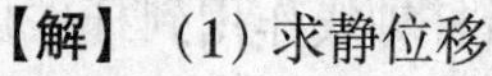

【解】 (1) 求静位移

当重量为 G 的物体作为静荷载作用在梁跨中点时,该处的静位移为

$$\delta_j=Gl^3/48EI_z=1.0\times10^3\times(3\times10^3)^3/(48\times200\times10^3\times3400\times10^4)=8.27\times10^{-2}\text{mm}$$

(2) 求动荷系数

$$K_d=1+\sqrt{1+\frac{2h}{\delta_j}}=1+\sqrt{1+\frac{2\times100}{8.27\times10^{-2}}}=50.2$$

(3) 求梁的最大静应力

$$\sigma_{j\max}=M_{\max}/W_z=\frac{1}{4}GL/W_z=1.0\times10^3\times3\times10^3/(4\times309\times10^3)=2.43\text{MPa}$$

(4) 求梁的最大动应力

将 $\sigma_{j\max}$ 乘以 K_d,即可得到梁的最大动应力为

$$\sigma_{d\max}=K_d\sigma_{j\max}=50.2\times2.43=122\text{MPa}$$

以上两例说明，构件受冲击时产生的动应力比静应力要大得多。

二、吊装构件时突然刹车引起的冲击应力

图 2-11-8 所示为起重机的吊索下端悬挂一重量为 G 的重物，并以等速度 v 下降。当吊索长度为 l 时，起重机突然刹车，此时重物下降的速度将从 v 突然变为零，吊索将受到冲击，这是又一种类型的冲击问题，这类问题同样可以应用能量原理求解，其动荷系数为(推导从略)

$$K_{\mathrm{d}}=1+\sqrt{\frac{v^2}{g\delta_j}} \tag{2-11-9}$$

式中　v——重物下降的速度；

g——重力加速度；

δ_j——重物引起吊索的静伸长，其值为 $\delta_j=Gl/EA$，这里 G、l、A、E 依次为重物的重力与吊索的长度、横截面面积、弹性模量。于是可得到刹车时吊索受到的冲击应力为

$$\sigma_{\mathrm{d}}=K_{\mathrm{d}}\sigma_j \tag{2-11-10}$$

吊索受到的冲击荷载是

$$T_{\mathrm{d}}=K_{\mathrm{d}}G \tag{2-11-11}$$

【例 11-4】 在图 2-11-8 中，若吊索吊装的重物重量为 $G=25\mathrm{kN}$，以 $v=1.5\mathrm{m/s}$ 的速度下降。当下降到吊索长度 $l=20\mathrm{m}$ 时突然刹车，求吊索的冲击应力。已知吊索 $A=414\mathrm{mm}^2$，$E=200\mathrm{GPa}$。

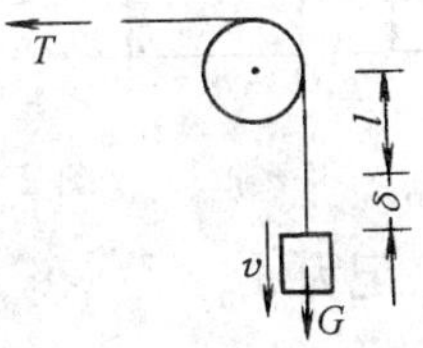

图 2-11-8

【解】 (1) 求吊索的静伸长

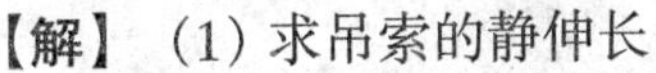

$\delta_j=Gl/EA=25\times10^3\times20\times10^3/(200\times10^3\times414)=6.04\mathrm{mm}$

(2) 求动荷系数

由式(2-11-9)有

$$K_{\mathrm{d}}=1+\sqrt{\frac{v^2}{g\delta_j}}=1+\sqrt{1.5^2/(9.8\times6.04\times10^{-3})}=7.17$$

(3) 求吊索的冲击应力

$$\sigma_{\mathrm{d}}=K_{\mathrm{d}}\sigma_j=K_{\mathrm{d}}G/A=7.17\times25\times10^3/414=433\mathrm{MPa}$$

从上面的分析可以看出，突然刹车时，吊索所受到的冲击应力是静应力的 7 倍多。因此，为了安全起见，在起吊构件的过程中要尽量避免突然刹车，否则吊索将可能被拉断。

第三节　交变应力和疲劳破坏的概念

一、交变应力及其循环特征

工程中有些构件工作时，受到的是随时间作周期性变化的荷载，这种荷载称为交变荷载。由交变荷载引起的应力称为交变应力。例如蒸汽机活塞杆(图 2-11-9)在汽缸中作往复运动时，受到的荷载则是交替进行的拉力和压力，因而杆件横截面内任一点的应力也是拉应力和压应力交替发生变化。又如火车轮轴，虽然受到由车厢传来的不变荷载作用，但由于车轴不断转

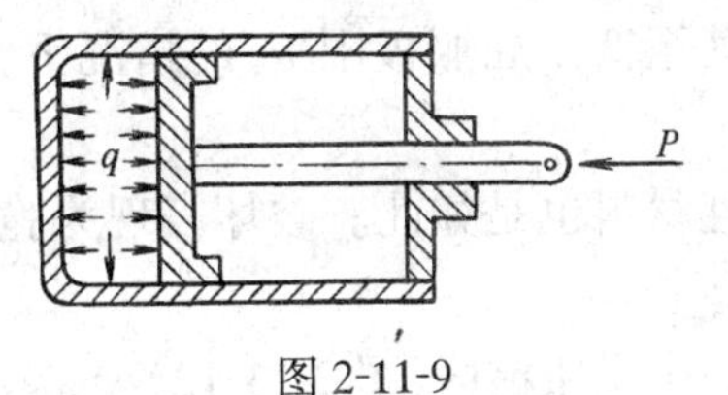

图 2-11-9

动，这就使得车轴横截面上任意点（轴心除外）的应力随时间作周期性变化（图 2-11-10*a*）。这种变化可以用图 2-11-10(*b*)所示的曲线表示出来。

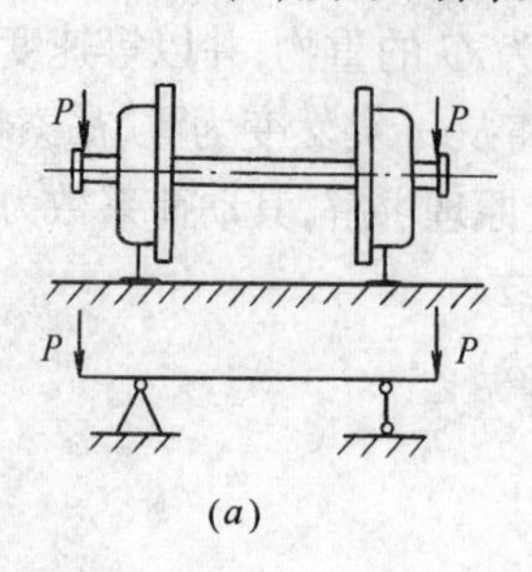

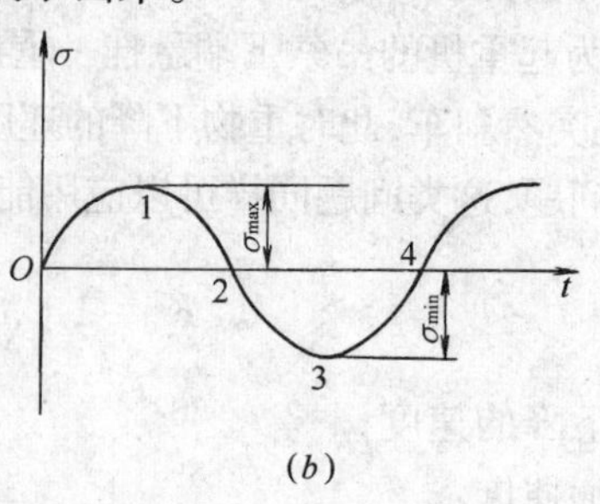

图 2-11-10

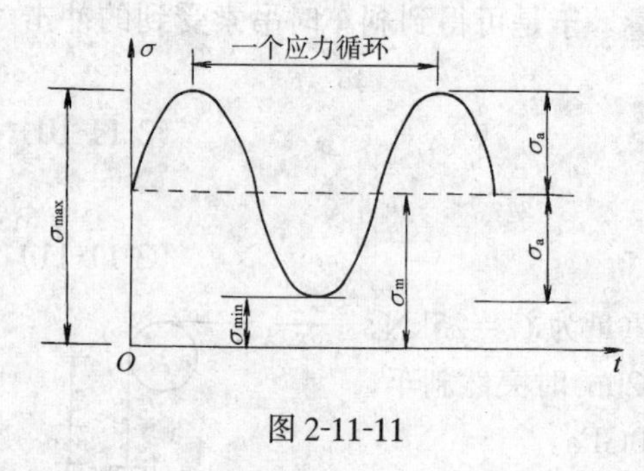

图 2-11-11

承受交变应力作用的构件，其上各点的应力都是不断变化着的。应力的变化规律可以用σ—*t* 曲线表示(图 2-11-11)。

应力每循环一次，称为一个应力循环。

一个应力循环中，最小应力与最大应力之比称作循环特征，记作 *r*

$$r=\sigma_{min}/\sigma_{max}$$

最大应力与最小应力的平均值称为平均循环应力，记为 σ_m。

$$\sigma_m=(\sigma_{max}+\sigma_{min})/2$$

最大应力和最小应力之差的一半，称作应力循环幅度，记作 σ_a

$$\sigma_a=(\sigma_{max}-\sigma_{min})/2$$

上述的几个参数能够很直观地描述出交变应力状态下构件中应力的变化规律。

如果应力循环中的最大应力 σ_{max} 和最小应力 σ_{min} 在数值上正好相等而符号相反，这种循环称为对称循环。这时，$r=\sigma_{min}/\sigma_{max}=-1$。如果在应力循环中最大和最小应力值不等，则称为非对称循环。这时，$r=\sigma_{min}/\sigma_{max}$。静荷载产生的应力，可以看做是交变应力的一种特殊情况，即它是不随时间变化的应力。此时 $\sigma_{min}=\sigma_{max}$，循环特征 $r=+1$。可见循环特征 *r* 的数值在 +1 与 −1 之间变化。

二、疲劳破坏

疲劳破坏是指金属构件在交变应力作用下的破坏，是一种损伤积累的过程。例如用力弯一根铁丝，很难一次弯断，但反复来回弯折多次，铁丝就断裂了。铁丝在正负弯矩的交替作用下，边缘处的点将交替产生拉应力和压应力，最终就发生了疲劳破坏。

构件在交变应力作用下的疲劳破坏，完全不同于静荷载作用下的破坏。这主要表现在

(1) 在交变应力远小于静荷载时的强度极限 σ_b，有时甚至低于屈服极限 σ_s 的情况下，便可能产生疲劳破坏。

(2) 疲劳破坏前，材料没有明显的塑性变形，即使是塑性材料也是如此。破坏表现为脆性断裂。

(3) 断裂面有两个明显的不同区域，一个是光滑区，另一个是粗糙区(图 2-11-12)。

构件在交变应力作用下疲劳断面的两个区域的形成，可作如下解释：当交变应力中的最大应力达到某一数值时，经多次循环后，在构件中的最大应力处或有缺陷处，产生了最初的裂纹，称为疲劳源。在交变外荷载作用下，疲劳源处应力集中现象使裂纹不断扩大。同时，新裂开的部分又发生周期性的挤压和研磨，而形成断面的光滑区域。另一方面，由于裂纹的不断发展扩大，当截面面积减少到一定程度时，在突然的振动或冲击作用下，构件发生断裂，断面上形成粗糙区。

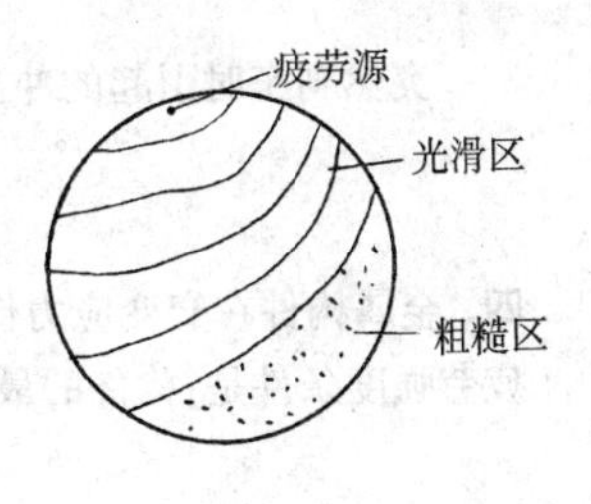

图 2-11-12

由于疲劳破坏事先没有明显的预兆，因此，很容易造成事故。为防止疲劳破坏事故的发生，生产中常通过探测构件有无较显著的裂纹来预测。如火车行驶一段路程后，检修人员就用小锤敲打车轴和其他一些构件，根据构件的声音，判断是否有较显著的裂纹，以便及时采取措施，避免发生疲劳破坏事故。

三、持久极限

为了建立构件在交变应力下的强度条件，必须测定交变应力下材料的极限应力。试验表明，在交变应力下，试件的疲劳破坏，要经过一定次数的应力循环才会发生。而且，应力循环中的最大应力越大，试件破坏前的循环次数就越少；反之，最大应力越小，循环次数就越多。当最大应力小到某一极限值后，试件可经历无限多次应力循环，而不发生疲劳破坏。在交变应力作用下，经无数次循环，材料不发生疲劳破坏的这一最大应力的极限值叫做材料的持久极限或疲劳极限，通常用 σ_r 表示，这里下标 r 表示循环特征。

材料的持久极限与材料本身、交变应力的变化规律、构件的外形尺寸以及表面加工质量等因素有关，实践表明，同一材料在不同的循环特征下，以对称循环下的持久极限 σ_{-1} 为最低。各种材料的持久极限可以从有关手册中查取。材料的持久极限除以适当的安全系数，可得构件在交变应力下的许用应力。于是，可根据构件的最大工作应力不超过交变应力作用下构件的许用应力进行疲劳强度校核。例如，对称循环交变应力作用下，强度条件为

$$\sigma_{max} \leqslant [\sigma_{-1}]$$

式中，$[\sigma_{-1}]$ 为构件对称循环下的许用应力。

小　　结

一、动荷载的特点是使构件具有很大的加速度，产生不容忽视的惯性力。构件在动荷载作用下引起的应力称为动荷应力，其表达式为

$$\sigma_d = K_d \sigma_j (\text{或 } P_d = K_d G)$$

动荷系数 K_d 反映了动荷载的动力效应，是求解动力问题的关键。

二、构件作等加速直线运动时，加速度 a 已知，按照动静法，把惯性力移到作变速运动的构件上，构成形式上的平衡力系，用静力平衡的办法进行受力分析。此时构件的动荷系数是 $K_d = 1 + \frac{a}{g}$。

三、构件受冲击荷载作用时，由于冲击时间短，加速度不易直接测量因而采用能量法求解。

自由落体冲击时，构件动荷系数是

$$K_d = 1 + \sqrt{1 + \frac{2h}{\delta_j}}$$

突加荷载时，动荷系数 $K_d = 2$。

突然刹车时引起的冲击，其动荷系数为

$$K_d = 1 + \sqrt{\frac{v^2}{g\delta_j}}$$

四、金属构件在交变应力作用下的破坏现象称作疲劳破坏。

疲劳强度条件是：构件的最大工作应力不超过交变应力作用下构件的许用应力。

思考题

2-11-1 何为惯性力？惯性力如何计算？惯性力的方向如何确定？

2-11-2 何为动静法？构件作等加速直线运动时动荷系数如何计算？

2-11-3 重量为 G 的物体从某高度 h 自由下落到一杆件顶上，其动荷系数 K_d 可表示为

$$K_d = 1 + \sqrt{1 + \frac{2h}{\delta_j}} = \frac{\sigma_d}{\sigma_j}$$

问：(1) 为了减少 K_d，对杆件应该有什么要求？

(2) 当 $h = 0$ 时，$K_d = 2$，说明什么？

2-11-4 交变应力下构件的疲劳破坏与静荷载作用下的破坏相比有哪些明显的不同？

习 题

2-11-1 卷扬机上的钢索，以加速度 $a = 2\text{m/s}^2$ 向上提升 $G = 20\text{kN}$ 的重物，如不计钢索自重，试求钢索的拉力。

2-11-2 图示滑轮起吊重物，重物 $G = 10\text{kN}$，最大加速度 $a = 5\text{m/s}^2$，吊索的许用拉应力 $[\sigma] = 80\text{MPa}$，如不计滑轮和吊索的重量，试确定吊索的横截面面积 A 是多少。

2-11-3 图示钢索的一端挂有重量 $G = 30\text{kN}$ 的重物，另一端绕在铰车的鼓轮上。重物以匀速度 $v = 1.5\text{m/s}$ 下降，钢索的横截面面积 $A = 1000\text{mm}^2$，弹性模量 $E = 200\text{GPa}$。当钢索的长度 $l = 24\text{m}$ 时，铰车突然刹住。试求钢索的最大正应力（钢索自重不计）。

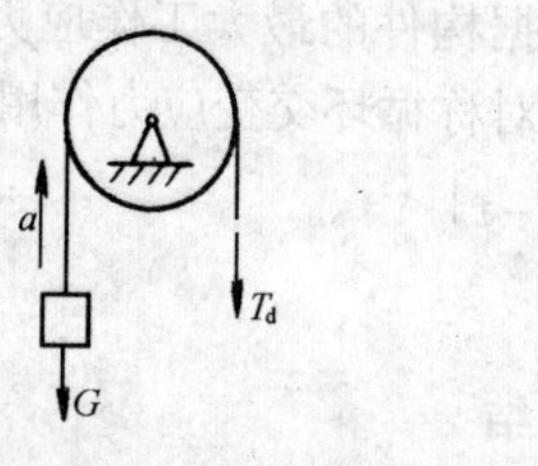

题 2-11-2

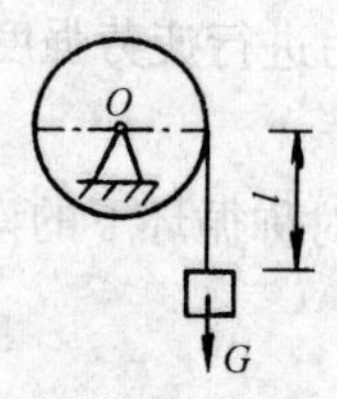

题 2-11-3

2-11-4 图示重物 $G = 5\text{kN}$，从 $H = 40\text{mm}$ 处自由下落在正方形截面的直杆上。若杆的 $E = 200\text{GPa}$，其余尺寸如图示。试求杆内的最大正应力。

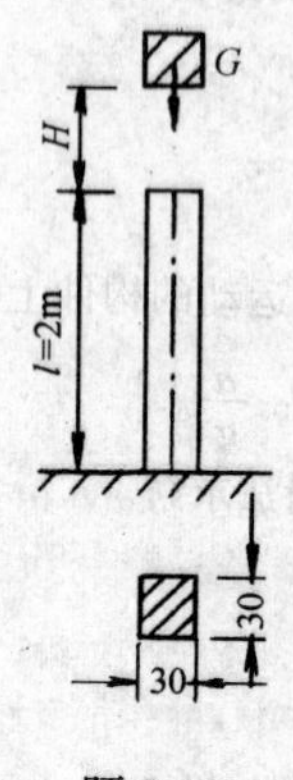

题 2-11-4

2-11-5 重量 $G = 100\text{N}$ 的重物自由下落在矩形截面悬臂梁上，$l = 2\text{m}$，$E = 20\text{GPa}$，试求梁的最大正应力和最大挠度。

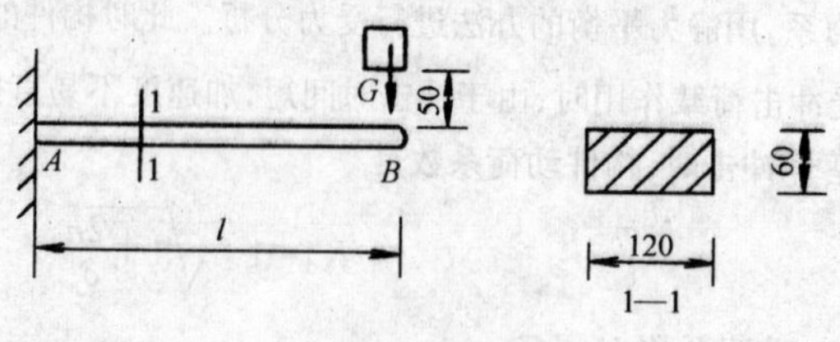

题 2-11-5

附录　型　钢　表

1．热轧等边角钢(GB 9787—88)

符号意义：

b——边宽；

d——边厚；

r——内圆弧半径；

r_1——边端内弧半径；

I——惯性矩；

i——惯性半径；

W——截面系数；

z_0——重心距离。

角钢号数	尺寸 (mm)			截面面积 $\times 10^2$ (mm^2)	理论重量 $\times 9.8$ (N/m)	外表面积 (m^2/m)	参考数值										$z_0 \times 10$ (mm)
							$x-x$			x_0-x_0			y_0-y_0			x_1-x_1	
	b	d	r				I_x $\times 10^4$ (mm^4)	i_x $\times 10$ (mm)	W_x $\times 10^3$ (mm^3)	I_{x_0} $\times 10^4$ (mm^4)	i_{x_0} $\times 10$ (mm)	W_{x_0} $\times 10^3$ (mm^3)	I_{y_0} $\times 10^4$ (mm^4)	i_{y_0} $\times 10$ (mm)	W_{y_0} $\times 10^3$ (mm^3)	I_{x_1} $\times 10^4$ (mm^4)	
4.5	25	3	5	2.659	2.088	0.177	5.17	1.40	1.58	8.20	1.76	2.58	2.14	0.90	1.24	9.12	1.22
		4		3.486	2.736	0.177	6.65	1.38	2.05	10.56	1.74	3.32	2.75	0.89	1.54	12.18	1.26
4.5	45	5		4.292	3.369	0.176	8.04	1.37	2.51	12.74	1.72	4.00	3.33	0.88	1.81	15.25	1.30
		6		5.076	3.985	0.176	9.33	1.36	2.95	14.76	1.70	4.64	3.89	0.88	2.06	18.36	1.33

续表

角钢号数	尺寸(mm)			截面面积 $\times 10^2$ (mm^2)	理论重量 $\times 9.8$ (N/m)	外表面积 (m^2/m)	参考数值										$z_0 \times 10$ (mm)
							$x-x$			x_0-x_0			y_0-y_0			x_1-x_1	
	b	d	r				$I_x \times 10^4$ (mm^4)	$i_x \times 10$ (mm)	$W_x \times 10^3$ (mm^3)	$I_{x_0} \times 10^4$ (mm^4)	$i_{x_0} \times 10$ (mm)	$W_{x_0} \times 10^3$ (mm^3)	$I_{y_0} \times 10^4$ (mm^4)	$i_{y_0} \times 10$ (mm)	$W_{y_0} \times 10^3$ (mm^3)	$I_{x_1} \times 10^4$ (mm^4)	
8	80	5	9	7.912	6.211	0.315	48.79	2.48	8.34	77.33	3.13	13.67	20.25	1.60	6.66	85.36	2.15
		6		9.397	7.376	0.314	57.35	2.47	9.87	90.98	3.11	16.08	23.72	1.59	7.65	102.50	2.19
		7		10.860	8.525	0.314	65.58	2.46	11.37	104.07	3.10	18.40	27.09	1.58	8.58	119.70	2.23
		8		12.303	9.658	0.314	73.49	2.44	12.83	116.60	3.08	20.61	30.39	1.57	9.46	136.97	2.27
		10		15.126	11.874	0.313	88.43	2.42	15.64	140.09	3.04	24.76	36.77	1.56	11.08	171.74	2.35
9	90	6	10	10.637	8.350	0.354	82.77	2.79	12.61	131.26	3.51	20.63	34.28	1.80	9.95	145.87	2.44
		7		12.301	9.656	0.354	94.83	2.78	14.54	150.47	3.50	23.64	39.18	1.78	11.19	170.30	2.48
		8		13.944	10.946	0.353	106.47	2.76	16.42	168.97	3.48	26.55	43.97	1.78	12.35	194.80	2.52
		10		17.167	13.476	0.353	128.58	2.74	20.07	203.90	3.45	32.04	53.26	1.76	14.52	244.07	2.59
		12		20.306	15.940	0.352	149.22	2.71	23.57	236.21	3.41	37.12	62.22	1.75	16.49	293.76	2.67
10	100	6	12	11.932	9.366	0.393	114.95	3.10	15.68	181.98	3.90	25.74	47.92	2.00	12.69	200.07	2.67
		7		13.796	10.830	0.393	131.86	3.09	18.10	208.97	3.89	29.55	54.74	1.99	14.26	233.54	2.71
		8		15.638	12.276	0.393	148.24	3.08	20.47	235.07	3.88	33.24	61.41	1.98	15.75	267.09	2.76
		10		19.261	15.120	0.392	179.51	3.05	25.06	284.68	3.84	40.26	74.35	1.96	18.54	334.43	2.84
		12		22.800	17.898	0.391	208.90	3.03	29.48	330.95	3.81	46.80	86.84	1.95	21.08	402.34	2.91
		14		26.256	20.611	0.391	236.53	3.00	33.73	374.06	3.77	52.90	99.00	1.94	23.44	470.75	2.99
		16		29.627	23.257	0.390	262.53	2.98	37.82	414.16	3.74	58.57	110.89	1.94	25.63	539.80	3.06
14	140	10	14	27.373	21.484	0.551	514.65	4.34	50.58	817.27	5.46	82.56	212.04	2.78	39.20	915.11	3.82
		12		32.512	25.522	0.551	603.68	4.31	59.80	958.79	5.43	96.85	248.57	2.76	45.02	1099.28	3.90
		14		37.567	29.490	0.550	688.81	4.28	68.75	1093.56	5.40	110.47	284.06	2.75	50.45	1284.22	3.98
		16		42.539	33.393	0.549	770.24	4.26	77.46	1221.81	5.36	123.42	318.67	2.74	55.55	1470.07	4.06

注：角钢长度：

钢号	4.5～8号	9～14号
长度	4～12m	4～19m

2. 热轧不等边角钢(GB 9788—88)

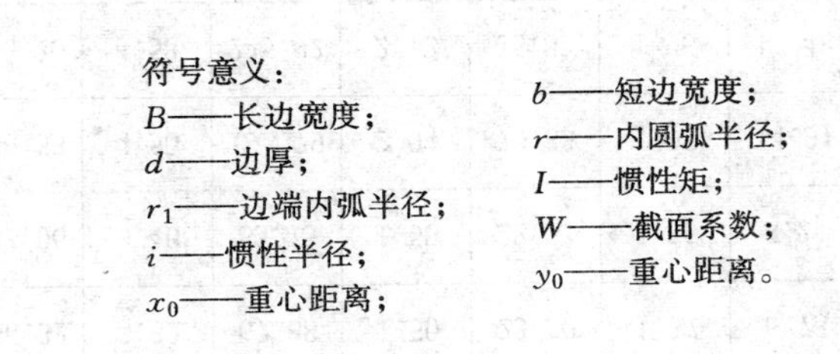

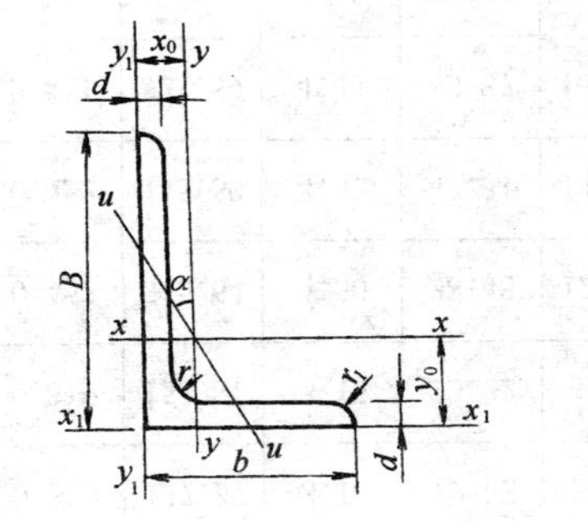

符号意义：

B——长边宽度；
d——边厚；
r_1——边端内弧半径；
i——惯性半径；
x_0——重心距离；
b——短边宽度；
r——内圆弧半径；
I——惯性矩；
W——截面系数；
y_0——重心距离。

角钢号数	尺寸(mm)				截面面积 $\times 10^2$ (mm^2)	理论重量 $\times 9.8$ (N/m)	外表面积 (m^2/m)	参考数值														
								$x-x$			$y-y$			x_1-x_1		y_1-y_1		$u-u$			
	B	b	d	r				I_x $\times 10^4$ (mm^4)	i_x $\times 10$ (mm)	W_x $\times 10^3$ (mm^3)	I_y $\times 10^4$ (mm^4)	i_y $\times 10$ (mm)	W_y $\times 10^3$ (mm^3)	I_{x_1} $\times 10^4$ (mm^4)	y_0 $\times 10$ (mm)	I_{y_1} $\times 10^4$ (mm^4)	x_0 $\times 10$ (mm)	I_u $\times 10^4$ (mm^4)	i_u $\times 10$ (mm)	W_u $\times 10^3$ (mm^3)	tgα
6.3/4	63	40	4	7	4.058	3.185	0.202	16.49	2.02	3.87	5.23	1.14	1.70	33.30	2.04	8.63	0.92	3.12	0.88	1.40	0.398
			5		4.993	3.920	0.202	20.02	2.00	4.74	6.31	1.12	2.71	41.63	2.08	10.86	0.95	3.76	0.87	1.71	0.396
			6		6.908	4.628	0.201	23.36	1.96	5.59	7.29	1.11	2.43	49.98	2.12	13.12	0.99	4.34	0.86	1.99	0.393
			7		6.802	5.339	0.201	26.53	1.98	6.40	8.24	1.10	2.78	58.07	2.15	15.47	1.03	4.97	0.86	2.29	0.389
8/5	80	50	5	8	6.375	5.005	0.255	41.96	2.56	7.78	12.82	1.42	3.32	85.21	2.60	21.06	1.14	7.66	1.10	2.74	0.388
			6		7.560	5.935	0.255	49.49	2.56	9.25	14.95	1.41	3.91	102.53	2.65	25.41	1.18	8.85	1.08	3.20	0.387
			7		8.724	6.848	0.255	56.16	2.54	10.58	16.96	1.39	4.48	119.33	2.69	29.82	1.21	10.18	1.08	3.70	0.384
			8		9.867	7.745	0.254	62.83	2.52	11.92	18.85	1.38	5.03	136.41	2.73	34.32	1.25	11.38	1.07	4.16	0.381

续表

角钢号数	尺寸(mm)				截面面积 ×10² (mm²)	理论重量 ×9.8 (N/m)	外表面积 (m²/m)	参考数值													
								$x-x$			$y-y$			x_1-x_1		y_1-y_1		$u-u$			
	B	b	d	r				I_x $\times 10^4$ (mm⁴)	i_x $\times 10$ (mm)	W_x $\times 10^3$ (mm³)	I_y $\times 10^4$ (mm⁴)	i_y $\times 10$ (mm)	W_y $\times 10^3$ (mm³)	I_{x_1} $\times 10^4$ (mm⁴)	y_0 $\times 10$ (mm)	I_{y_1} $\times 10^4$ (mm⁴)	x_0 $\times 10$ (mm)	I_u $\times 10^4$ (mm⁴)	i_u $\times 10$ (mm)	W_u $\times 10^3$ (mm³)	tgα
9/5.6	90	56	5	9	7.212	5.661	0.287	60.45	2.90	9.92	18.32	1.59	4.21	121.32	2.91	29.53	1.25	10.98	1.23	3.49	0.385
			6		8.557	6.717	0.286	71.03	2.88	11.74	21.42	1.58	4.96	145.59	2.95	35.58	1.29	12.90	1.23	4.13	0.384
			7		9.880	7.756	0.286	81.01	2.86	13.49	24.36	1.57	5.70	169.66	3.00	41.71	1.33	14.67	1.22	4.72	0.382
			8		11.183	8.779	0.286	91.03	2.85	15.27	27.15	1.56	6.41	194.17	3.04	47.98	1.36	16.34	1.21	5.29	0.380
10/6.3	100	63	6	10	9.617	7.550	0.320	99.06	3.21	14.64	30.94	1.79	6.35	199.71	3.24	50.50	1.43	18.42	1.38	5.25	0.394
			7		11.111	8.722	0.320	113.45	3.29	16.88	35.26	1.78	7.29	233.00	3.28	59.14	1.47	21.00	1.38	6.02	0.393
			8		12.584	9.878	0.319	127.37	3.18	19.08	39.39	1.77	8.21	266.32	3.32	67.88	1.50	23.50	1.37	6.78	0.391
			10		15.467	12.142	0.319	153.81	3.15	23.32	47.12	1.74	9.98	333.06	3.40	85.73	1.58	28.33	1.35	8.24	0.387
14/9	140	90	8	12	18.038	14.160	0.453	365.64	4.50	38.48	120.69	2.59	17.34	730.53	4.50	195.79	2.04	70.83	1.98	14.31	0.411
			10		22.261	17.475	0.452	445.50	4.47	47.31	146.03	2.56	21.22	913.20	4.58	245.92	2.12	85.82	1.96	17.48	0.409
			12		26.400	20.724	0.451	521.59	4.44	55.87	169.79	2.54	24.95	1096.09	4.66	296.89	2.19	100.21	1.95	20.54	0.406
			14		30.456	23.908	0.451	594.10	4.42	64.18	192.10	2.51	28.54	1279.20	4.74	348.82	2.27	114.13	1.94	23.52	0.403

注：角钢长度：6.3/4～9/5.6 号，长 4～12m；10/6.3～14/9 号，长 4～19m。

3．热轧普通工字钢(GB 706—88)

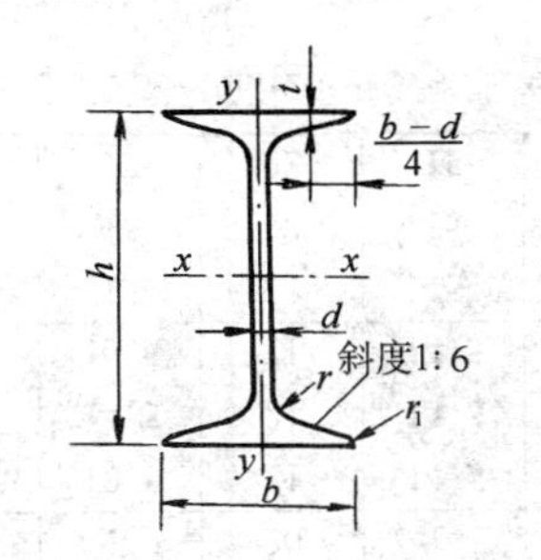

符号意义：

h——高度；

b——腿宽；

d——腰厚；

t——平均腿厚；

r——内圆弧半径；

r_1——腿端圆弧半径；

I——惯性矩；

W——截面系数；

i——惯性半径；

S——半截面的静矩

型号	尺寸 (mm)						截面面积 $\times10^2$ (mm^2)	理论重量 $\times9.8$ (N/m)	参考数值						
									$x-x$				$y-y$		
	h	b	d	t	r	r_1			$I_x\times10^4$ (mm^4)	$W_x\times10^3$ (mm^3)	$i_x\times10$ (mm)	$\frac{I_x}{S_x}\times10$ (mm)	$I_y\times10^4$ (mm^4)	$W_y\times10^3$ (mm^3)	$i_y\times10$ (mm)
10	100	68	4.5	7.6	6.5	3.3	14.3	11.2	245	49	4.14	8.59	33	9.72	1.52
12.6	126	74	5	8.4	7	3.5	18.1	14.2	488.43	77.529	5.195	10.85	46.906	12.677	1.609
14	140	80	5.5	9.1	7.5	3.8	21.5	16.9	712	102	5.76	12	64.4	16.1	1.73
16	160	88	6	9.9	8	4	26.1	20.5	1130	141	6.58	13.8	93.1	21.2	1.89
18	180	94	6.5	10.7	8.5	4.3	30.6	24.1	1660	185	7.36	15.4	122	26	2
20 *a*	200	100	7	11.4	9	4.5	35.5	27.9	2370	237	8.15	17.2	158	31.5	2.12
20 *b*	200	102	9	11.4	9	4.5	39.5	31.1	2500	250	7.96	16.9	169	33.1	2.06
22 *a*	220	110	7.5	12.3	9.5	4.8	42	33	3400	309	8.99	18.9	225	40.9	2.31
22 *b*	220	112	9.5	12.3	9.5	4.8	46.4	36.4	3570	325	8.78	18.7	239	42.7	2.27
25 *a*	250	116	8	13	10	5	48.5	38.1	5023.54	401.88	10.18	21.58	280.046	48.283	2.403
25 *b*	250	118	10	13	10	5	53.5	42	5283.96	422.72	9.938	21.27	309.297	52.423	2.404
28 *a*	280	122	8.5	13.7	10.5	5.3	55.45	43.4	7114.14	508.15	11.32	24.62	345.051	56.565	2.495
28 *b*	280	124	10.5	13.7	10.5	5.3	61.05	47.9	7480	534.29	11.08	24.24	379.496	61.209	2.493
32 *a*	320	130	9.5	15	11.5	5.8	67.05	52.7	11075.5	692.2	12.84	27.46	459.93	70.758	2.619
32 *b*	320	132	11.5	15	11.5	5.8	73.45	57.7	11621.4	726.33	12.58	27.09	501.53	75.989	2.614
32 *c*	320	134	13.5	15	11.5	5.8	79.95	62.8	12167.5	760.47	12.34	26.77	543.81	81.166	2.608

续表

型号	尺寸 (mm)						截面面积 $\times 10^2$ (mm^2)	理论重量 $\times 9.8$ (N/m)	参考数值						
									$x-x$				$y-y$		
	h	b	d	t	r	r_1			$I_x \times 10^4$ (mm^4)	$W_x \times 10^3$ (mm^3)	$i_x \times 10$ (mm)	$\frac{I_x}{S_x} \times 10$ (mm)	$I_y \times 10^4$ (mm^4)	$W_y \times 10^3$ (mm^3)	$i_y \times 10$ (mm)
36 *a*	360	136	10	15.8	12	6	76.3	59.9	15760	875	14.4	30.7	552	81.2	2.69
36 *b*	360	138	12	15.8	12	6	83.5	65.6	16530	919	14.1	30.3	582	84.3	2.64
36 *c*	360	140	14	15.8	12	6	90.7	71.2	17310	962	13.8	29.9	612	87.4	2.6
40 *a*	400	142	10.5	16.5	12.5	6.3	86.1	67.6	21720	1090	15.9	34.1	660	93.2	2.77
40 *b*	400	144	12.5	16.5	12.5	6.3	94.1	73.8	22780	1140	15.6	33.6	692	96.2	2.71
40 *c*	400	146	14.5	16.5	12.5	6.3	102	80.1	23850	1190	15.2	33.2	727	99.6	2.65
45 *a*	450	150	11.5	18	13.5	6.8	102	80.4	32240	1430	17.7	38.6	855	114	2.89
45 *b*	450	152	13.5	18	13.5	6.8	111	87.4	33760	1500	17.4	38	894	118	2.84
45 *c*	450	154	15.5	18	13.5	6.8	120	94.5	35280	1570	17.1	37.6	938	122	2.79
50 *a*	500	158	12	20	14	7	119	93.6	46470	1860	19.7	42.8	1120	142	3.07
50 *b*	500	160	14	20	14	7	129	101	48560	1940	19.4	42.4	1170	146	3.01
50 *c*	500	162	16	20	14	7	139	109	50640	2080	19	41.8	1220	151	2.96
56 *a*	560	166	12.5	21	14.5	7.3	135.25	106.2	65585.6	2342.31	22.02	47.73	1370.16	165.08	3.182
56 *b*	560	168	14.5	21	14.5	7.3	146.45	115	68512.5	2446.69	21.63	47.17	1486.75	174.25	3.162
56 *c*	560	170	16.5	21	14.5	7.3	157.85	123.9	71439.4	2551.41	21.27	46.66	1558.39	183.34	3.158
63 *a*	630	176	13	22	15	7.5	154.9	121.6	93916.2	2981.47	24.62	54.17	1700.55	193.24	3.314
63 *b*	630	178	15	22	15	7.5	167.5	131.5	98083.6	3163.98	24.2	53.51	1812.07	203.6	3.289
63 *c*	630	180	17	22	15	7.5	180.1	141	102251.1	3298.42	23.82	52.92	1924.91	213.08	3.268

注：工字钢长度；10～18 号，长 5～19m；20～63 号，长 6～19m。

4．热轧普通槽钢(GB 707—88)

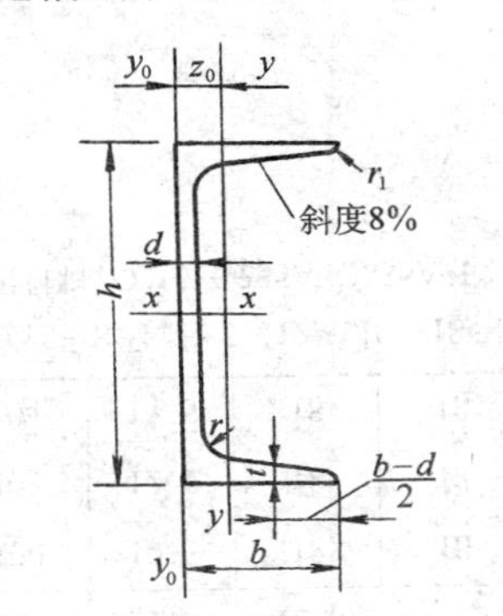

符号意义：

h——高度；
b——腿宽；
d——腰厚；
t——平均腿厚；
r——内圆弧半径；
r_1——腿端圆弧半径；
I——惯性矩；
W——截面系数；
i——惯性半径；
z_0——$y-y$ 与 y_0-y_0 轴线间距离。

型号	尺寸 (mm)						截面面积 $\times 10^2$ (mm^2)	理论重量 $\times 9.8$ (N/m)	参考数值							
									$x-x$			$y-y$			y_0-y_0	$z_0 \times 10$ (mm)
	h	b	d	t	r	r_1			$W_x \times 10^3$ (mm^3)	$I_x \times 10^4$ (mm^4)	$i_x \times 10$ (mm)	$W_y \times 10^3$ (mm^3)	$I_y \times 10^4$ (mm^4)	$i_y \times 10$ (mm)	$I_{y_0} \times 10^4$ (mm^4)	
5	50	37	4.5	7	7	3.5	6.93	5.44	10.4	26	1.94	3.55	8.3	1.1	20.9	1.35
8	80	43	5	8	8	4	10.24	8.04	25.3	101.3	3.15	5.79	16.6	1.27	37.4	1.43
10	100	48	5.3	8.5	8.5	4.25	12.74	10	39.7	198.3	3.95	7.8	25.6	1.41	54.9	1.52
16 a	160	63	6.5	10	10	5	21.95	17.23	108.3	866.2	6.28	16.3	73.3	1.83	144.1	1.8
16	160	65	8.5	10	10	5	25.15	19.74	116.8	934.5	6.1	17.55	83.4	1.82	160.8	1.75
18 a	180	68	7	10.5	10.5	5.25	25.69	20.17	141.4	1272.7	7.04	20.03	98.6	1.96	189.7	1.88
18	180	70	9	10.5	10.5	5.25	29.29	22.99	152.2	1369.9	6.84	21.52	111	1.95	210.1	1.84
20 a	200	73	7	11	11	5.5	28.83	22.63	178	1780.4	7.86	24.2	128	2.11	244	2.01
20	200	75	9	11	11	5.5	32.83	25.77	191.4	1913.7	7.64	25.88	143.6	2.09	268.4	1.95

续表

型号	尺寸 (mm)						截面面积 $\times10^2$ (mm^2)	理论重量 $\times9.8$ (N/m)	参考数值							
									$x-x$			$y-y$			y_0-y_0	
	h	b	d	t	r	r_1			$W_x\times10^3$ (mm^3)	$I_x\times10^4$ (mm^4)	$i_x\times10$ (mm)	$W_y\times10^3$ (mm^3)	$I_y\times10^4$ (mm^4)	$i_y\times10$ (mm)	$I_{y0}\times10^4$ (mm^4)	$z_0\times10$ (mm)
22 a	220	77	7	11.5	11.5	5.75	31.84	24.99	217.6	2393.9	8.67	28.17	157.8	2.23	298.2	2.1
22	220	79	9	11.5	11.5	5.75	36.24	28.45	233.8	2571.4	8.42	30.05	176.4	2.21	326.3	2.03
a	280	82	7.5	12.5	12.5	6.25	40.02	31.42	340.328	4764.59	10.91	35.718	217.989	2.333	387.566	2.097
28 b	280	84	9.5	12.5	12.5	6.25	45.62	35.81	366.46	5130.45	10.6	37.929	242.144	2.304	427.589	2.016
c	280	86	11.5	12.5	12.5	6.25	51.22	40.21	392.594	5496.32	10.35	40.301	267.602	2.286	462.597	1.951
a	400	100	10.5	18	18	9	75.05	58.91	878.9	17577.9	15.30	78.83	592	2.81	1067.7	2.49
40 b	400	102	12.5	18	18	9	83.05	65.19	932.2	18644.5	14.98	82.52	640	2.78	1135.6	2.44
c	400	104	14.5	18	18	9	91.05	71.47	985.6	19711.2	14.71	86.19	687.8	2.75	1220.7	2.42

注：1. 槽钢长度：5～8 号，长 5～12m；10～18 号，长 5～19m；20～40 号，长 6～19m。

2. 一般采用材料：Q215，Q235A，Q235A·F。

习 题 答 案

第一篇 静 力 学

第 二 章

1-2-1 $R=3.71\text{kN}$,与水平线夹角 $\alpha=51°29'$,指向右上方。

1-2-2 $R=854.3\text{N}$,与水平线夹角 $\alpha=33°42'$,指向左上方。

1-2-3 $R_A=8.25\text{kN}$,与水平线夹角 $\alpha=14°21'$指向左下;$R_B=11.3\text{kN}$ 与水平线夹角 $\alpha=45°$指向右上。

1-2-5 $F_3=15.56\text{kN}, R=R_y=16.2\text{kN}$。

1-2-6 (*a*) $R_{CA}=-1.15P, R_{BA}=0.577P$

(*b*) $R_{BA}=-R_{CA}=P$。

(*c*) $R_{CA}=P/2, R_{BA}=\frac{\sqrt{3}}{2}P$。

1-2-7 $R_A=58.56\text{kN}, R_B=71.73\text{kN}$。

1-2-8 $R_A=3.54\text{kN}(\nwarrow)$,与水平夹角 $\alpha=40°$;$R_B=3.54\text{kN}(\nearrow)$,与水平夹角 $\alpha=40°$。

1-2-9 $R_A=10.28\text{kN}$,与水平夹角 $\alpha=71°34'$,指向右上方;$R_B=R_C=4.6\text{kN}$。

1-2-10 $T_{BC}=1.0\text{kN}, T_{BD}=1.414\text{kN}$。

$T_{DE}=1.577\text{kN}, T_{DF}=1.155\text{kN}$。

1-2-12 $N_A=2.5\text{kN}$。

第 三 章

1-3-1 (*a*)$Fa\sin\alpha(\searrow)$,(*b*) $-Fa(\downarrow)$,(*c*) $Fa(2\sin\alpha-3\cos\alpha)(\downarrow)$, (*d*) $-Fa(2\cos\alpha+3\sin\alpha)(\downarrow)$。

1-3-2 $M_0(\overline{F})=-33.57\text{N}\cdot\text{m}(\downarrow)$。

1-3-3 $P=923.8\text{N}, P_{min}=800\text{N}$,与 OA 垂直。

1-3-4 $\Sigma M_A(\overline{F})=-178.5\text{kN}\cdot\text{m}(\downarrow)$,不会倾倒。

1-3-6 $P_{min}=15\text{kN}, N_B=25\text{kN}$。

1-3-7 $R_A(\nearrow)=R_C(\swarrow)=23.57\text{kN}$。

1-3-8 (*a*) $R_A(\searrow)=R_B(\nwarrow)=1.414\frac{m}{l}$,(*b*) $R_A(\uparrow)=R_B(\downarrow)=\frac{m}{2a}-P/2$(设 $m>Pa$),

(*c*) $R_A(\uparrow)=R_B(\downarrow)=P/2$,(*d*) $R_A(\downarrow)=R_B(\uparrow)=\frac{2}{3}P$。

1-3-9 $m=50\text{N}\cdot\text{m}$

1-3-10 $M_F(\overline{W})=4681\text{kN}\cdot\text{m}(\searrow), \Sigma M_B(\overline{Q})=-1644\text{kN}\cdot\text{m}(\downarrow)$。

第 四 章

1-4-2 $R=\frac{1}{2}q_0l, d=\frac{2}{3}l$(距 A 端)。

1-4-3 $R'_A=336.79\text{kN}, \alpha=32°53', M'_A=0.937\text{kN}\cdot\text{m}(\circlearrowleft)$。

1-4-4 $R'_0=7007.77\text{kN}$,与水平线夹角 $\alpha=87°18'$,指向左下方,$M'_0=5180\text{kN}\cdot\text{m}$,合力 R 在 O 点之右,$d=0.74\text{m}$。

1-4-5 $R'=0, M_A=\frac{\sqrt{3}}{2}Pa(\downarrow)$

1-4-6 $R=460.97$N,指向右下方,与水平线夹角 $\alpha=66°08'$,A 点右侧,距离 A 点 $d=0.276$m。

1-4-7 (a) $X_A=0, Y_A=6.6$kN(↑), $m_A=20.2$kN·m(↺)。

(b) $R_A=1.2$kN(↑), $R_B=6.8$kN(↑)。

(c) $R_A=3$kN(↑), $R_B=5$kN(↑)。

1-4-8 (a) $X_A=3$kN(←), $Y_A=6$kN(↑), $m_A=15$kN·m(↺)。

(b) $X_A=3$kN(←), $Y_A=1.75$kN(↑), $R_B=6.25$kN(↑)。

1-4-9 (a) $X_A=40$kN(←), $Y_A=40$kN(↑), $R_B=40$kN(→)。

(b) $X_A=32.5$kN(←), $Y_A=28$kN(↓), $R_B=58$kN(↑)。

1-4-10 $R_a=350.13$kN(↓); $R_b=543.31$kN(↑), $R_c=141.42$kN(↙)。

1-4-11 $X_A=37.5$kN(←), $Y_A=5.625$kN(↓), $R_B=46.875$kN(↗)。

1-4-12 (a) $R_A=1.83$kN(↑), $R_B=1.67$kN(↑)。

(b) R_A(↓)$=R_B$(↑)$=2$kN。

(c) $R_A=0.33$kN(↓), $R_B=7.33$kN(↑)。

(d) $X_H=5.25$kN(→), $Y_v=15.15$kN(↑), $R_B=10.5$kN(↖)。

1-4-13 (a) $R_A=10$kN(↑), $m_A=6.67$kN·m(↘)。

(b) $R_A=\frac{1}{6}q_0l$(↑), $R_B=\frac{1}{3}q_0l$(↑)。

1-4-14 (1) $R_A=41$kN(↑), $R_B=49$kN(↑)。

(2) $X=4.33$m。

1-4-15 1.6kN。

1-4-16 (a) $R_A=5$kN(↑), $R_B=25$kN(↑), $R_D=0$。

(b) $R_B=5.67$kN(↑), $R_c=10.33$kN(↑), $R_D=2$kN(↑)。

(c) $R_A=14$kN(↑), $m_A=54$kN·m(↺), $R_D=4$kN(↑)。

(d) $R_A=R_F=1$kN(↓), $R_B=R_E=3$kN(↑)。

1-4-17 $R_A=6$kN(↑), $X_B=20$kN(←), $Y_B=1$kN(↑), $R_C=25$kN(↑)。

1-4-18 $H_A=\frac{3}{4}P-\frac{1}{4}qa$(←), $V_A=-\frac{P}{4}+\frac{1}{4}qa$(↑)。

$H_B=\frac{1}{4}P+\frac{1}{4}qa$(←), $V_B=\frac{P}{4}+\frac{3}{4}qa$(↑)。

1-4-19 $R_A=R_B=\frac{ql}{2}$(↑), $N_{AB}=\frac{3}{4}ql$, $X_C=\frac{3}{4}ql$(← →), $Y_c=0$。

1-4-20 $X_A=0, Y_A=12$kN(↑), $m_A=24$kN·m, $R_{DE}=33.94$kN(压)。

1-4-21 $H_A=14.93$kN(→), $V_A=126.11$kN(↑)。

$H_B=35.07$kN(→), $V_B=23.89$kN(↑)。

1-4-22 $Q_{min}=333$kN, $x_{max}=6.75$m。

1-4-23 (a) $P=140$kN。

(b) $P=265$kN。

1-4-24 $T=20.32$kN。

1-4-25 $h=0.498l$。

第 五 章

1-5-1 (a) $X_1=0, Y_1=173.2$N, $Z_1=100$N。

$X_2=-75$N, $Y_2=-129.9$N, $Z_2=0$。

$X_3=176.8\text{N}, Y_3=0, z_3=-176.8\text{N}$。

(*b*) $X_P=Y_P=150\text{N}, Z_P=212.1\text{N}$。

$X_Q=144.3\text{N}, Y_Q=0, Z_Q=204.1\text{N}$。

$X_F=Y_F=70.7\text{N}\quad Z_F=0$。

$M_x(\overline{P})=-M_y(\overline{P})=63.46\text{N·m}, M_z(\overline{P})=0$。

$M_x(\overline{Q})=61.24\text{N·m}, M_y(\overline{Q})=0, M_z(\overline{Q})=-43.3\text{N·m}$。

$M_x(\overline{F})=M_y(\overline{F})=-30.0\text{N·m}, M_z(\overline{F})=21.2\text{N·m}$。

1-5-2 $\Sigma M_x(\overline{F})=-0.125\text{kN·m}, \Sigma M_y(\overline{F})=0, \Sigma M_z(\overline{F})=-0.25\text{kN·m}$。

1-5-3 $T=1.155\text{kN}, N_B=N_C=-0.333\text{kN}$(压)。

1-5-4 $N_{A0}=-1.414\text{kN}, N_{B0}=N_{C0}=7.07\text{kN}$

1-5-5 $N_1=N_2=5\text{kN}$(压), $N_4=N_5=5\text{kN}$(拉), $N_3=7.07\text{kN}$(压), $N_6=10\text{kN}$(压)。

1-5-6 $X_0=-4\text{kN}$, $Y_c=-5\text{kN}(\leftarrow)$, $Z_0=8\text{kN}(\uparrow)$, $M_{0x}=-36\text{kN·m}$, $M_{0y}=24\text{kN·m}$, $M_{0z}=-16\text{kN·m}$。

1-5-7 $T=200N, X_A=86.6N, Y_A=150N(\rightarrow), Z_A=100N(\uparrow)$。$X_B=Z_B=0$。

1-5-8 $R=70\text{kN}(\downarrow), x_c=20\text{mm}, y_c=32.1\text{mm}$。

1-5-9 $T_G=T_H=0.8\text{kN}, N_E=1.2\text{kN}$。

1-5-10 $P=5.32\text{kN}, Y_A=-1.67\text{kN}, Z_A=7.27\text{kN}$。

$Y_B=-3.33\text{kN}, Z_B=4.55\text{kN}$。

1-5-11 (*a*) $x_c=0, y_c=-216.7\text{mm}$。

(*b*) $x_c=87.5, y_c=362.5\text{mm}$。

(*c*) $x_c=0, y_c=341.67\text{mm}$。

1-5-12 (*a*) $x_c=1.189R, y_c=0$。

(*b*) $x_c=276\text{mm}, y_c=0$。

1-5-13 $x_c=1.493\text{m}, y_c=2.043\text{m}$。

1-5-14 (*a*) $x_c=-\dfrac{Rr^2}{2(R^2-r^2)}, y_c=0$。

(*b*) $x_c=0, y_c=0.611a$。

(*c*) $x_c=0, y_c=466\text{mm}$。

1-5-15 $x_c=0.933\text{m}, y_c=1.469\text{m}$。

第二篇　材　料　力　学

第　二　章

2-2-4 $\sigma_{AC}=1.5\text{MPa}, \sigma_{CE}=2.7\text{MPa}$。

2-2-5 1:4。

2-2-6 $N_{max}=P+\gamma Al, \sigma_{max}=-0.34\text{MPa}$。

2-2-7 $\sigma_{30^\circ}=75\text{MPa}, \tau_{30^\circ}=43.3\text{MPa}, \sigma_{45^\circ}=\tau_{45^\circ}=50\text{MPa}$。

2-2-8 (1) $E=259.7\text{GPa}$, (2) $\Delta l=0.0429\text{mm}$。

2-2-10 $\Delta l=0.075\text{mm}$。

2-2-11 (1) $\dfrac{\varepsilon_1}{\varepsilon_2}=\dfrac{1}{7.5}$, (2) $\dfrac{\sigma_1}{\sigma_2}=\dfrac{1}{0.133}$, (3) $\sigma_1=-31.5\text{MPa}, \sigma_2=-4.2\text{MPa}$。

2-2-12 $\sigma=56.28\text{MPa}<[\sigma]$,安全。

2-2-13 $\sigma_1=149.2\text{MPa}>[\sigma]_1$ 不安全，$\sigma_2=3\text{MPa}<[\sigma]_2$。

2-2-14 $[P]=56.5\text{kN}$。

2-2-15 $[P]=145.5\text{kN}$。

2-2-16 $N_{AC}=9.32\text{kN}, N_{BC}=13.18\text{kN}$。

2-2-17 (1) $\sigma=180\text{MPa}$，(2) $\Delta_c=42.5\text{mm}$，(3) $P=11.985\text{N}$。

2-2-18 $[P]=21.6\text{kN}$。

第 三 章

2-3-1 $\tau=56.59\text{MPa}<[\tau]$安全。

2-3-2 $d=15\text{mm}$。

2-3-3 $\tau=43.3\text{MPa}, \sigma_c=59.5\text{MPa}$。

2-3-4 铜丝 $\tau=59.68\text{MPa}$，销钉 $\tau=45.84\text{MPa}$。

2-3-5 $\tau=105.74\text{MPa}<[\tau], \sigma_c=141.2\text{MPa}$，满足强度要求。

2-3-6 $a=200\text{mm}, t=20\text{mm}, h=40\text{mm}$。

2-3-7 $\delta=79.1\text{mm}$，取 $\delta=80\text{mm}$。

第 四 章

2-4-1 $T_1=200\text{N}\cdot\text{m}, T_2=400\text{N}\cdot\text{m}$。

2-4-2 $T_{max}=-2.005\text{kN}\cdot\text{m}$。

2-4-3 (1) $T_{max}=-5\text{kN}\cdot\text{m}$。

(2) BC 段，$\tau_{max}=25.5\text{MPa}$。

(3) $\varphi_{AC}=-0.0019\text{rad}=-0.109°$。

2-4-4 (1) $\tau_{max}=4.47\text{MPa}, \tau_{min}=3.35\text{MPa}$。

(2) $\varphi=0.0021\text{rad}=0.12°$。

2-4-5 $\tau_A=20.37\text{MPa}, \varepsilon_A=2.5\times10^{-4}$。

2-4-6 CD 段 $\tau_{max}=41.16\text{MPa}>[\tau], \frac{\varphi}{l}=1.97°/\text{m}>[\frac{\varphi}{l}]$强度和刚度不够。建议把 $G=30\text{GPa}$ 改为 80GPa。

2-4-7 $D=99.7\text{mm}$，选 $D=100\text{mm}, d=80\text{mm}$。

第 五 章

2-5-1 (*a*) $S_x=-24\times10^3\text{mm}^3$。

(*b*) $S_x=72\times10^3\text{mm}^3$。

2-5-2 $I_{X_c}=5150.2\times10^4\text{mm}^4$。

2-5-3 (*a*) $I_y=I_z=6163.9\times10^4\text{mm}^4$。

(*b*) $I_y=12210\times10^4\text{mm}^4, I_z=1054\times10^4\text{mm}^4$。

2-5-4 (1) $y_1=88\text{mm}, S_z=77.44\times10^3\text{mm}^3$。

(2) $I_z=7.63\times10^6\text{mm}^4$。

2-5-5 (*a*) $I_z=3.59\times10^6\text{mm}^4, I_y=7.89\times10^6\text{mm}^4$。

(*b*) $y_c=-20.1\text{mm}$(从顶量起)，$I_y=1623.4\text{cm}^4, I_z=235.6\text{cm}^4$。

2-5-6 $a=171\text{mm}$。

第 六 章

2-6-1 (*b*) $\begin{cases}Q_1=qa\\M_1=-qa^2,\end{cases}$ $\begin{cases}Q_2=3qa\\M_2=-6qa^2。\end{cases}$

(c) $\begin{cases} Q_1=-qa \\ M_1=-\frac{1}{2}qa^2, \end{cases} \begin{cases} Q_2=-\frac{3}{2}qa \\ M_2=-2qa^2。\end{cases}$

(d) $\begin{cases} Q_1=-qa \\ M_1=-qa^2, \end{cases} \begin{cases} Q_2=\frac{1}{2}qa \\ M_z=-qa^2。\end{cases}$

(e) $Q_1=0, M_1=72kN·m$。

(f) $\begin{cases} Q_1=10kN, \\ M_1=20kN·m。\end{cases} \begin{cases} Q_2=10kN, \\ M_2=-20kN·m。\end{cases} \begin{cases} Q_3=0, \\ M_3=10kN·m。\end{cases}$

2-6-7 $x=0.207l$。

第 七 章

2-7-1 $\sigma_A=-\sigma_D=-7.41MPa, \sigma_C=0, \sigma_B=4.94MPa$。

2-7-2 $\sigma_A=7.96MPa, \sigma_B=-23.87MPa$。

2-7-3 $\frac{1}{64};\frac{1}{16}$。

2-7-4 $\sigma_{max}^{+}=28.8MPa, \sigma_{max}^{-}=46.1MPa$,安全。

2-7-5 $\sigma_{max}^{+}=58.94MPa$(上缘) $\sigma_{max}^{-}=-147.3MPa$(下缘)($A$ 截面上、下边缘)。

2-7-6 $[P]=56.8kN$。

2-7-7 [16 槽钢 16。

2-7-8 $d\geqslant 145mm$。

2-7-9 $a=2.12m, q=38.38kN/m$。

2-7-10 $\sigma=12.8MPa>[\sigma], \tau=0.57MPa<[\tau]$,不安全。

2-7-11 $[P]=20kN$。

2-7-12 (2) $h=195mm$。

(3) $t=17mm$。

2-7-13 (a) $\sigma_\alpha=\tau_\alpha=-27.3MPa$。

(b) $\sigma_\alpha=25MPa, \tau_\alpha=0$。

2-7-14 (a) $\sigma_1=57MPa, \alpha_0=-19°20', \sigma_3=-7MPa, \tau_{max}=32MPa$。

(b) $\sigma_1=25MPa, \sigma_3=-25MPa, \alpha_0=-45°, \tau_{max}=25MPa$。

(c) $\sigma_1=56MPa, \sigma_3=-16MPa, \alpha_0=28°9', \tau_{max}=36MPa$。

2-7-15 $\sigma_{max}=107MPa<[\sigma], \tau_{max}=42MPa<[\tau]$。

$\sigma_1=106.5MPa, \sigma_3=-9.5MPa$。

第 八 章

2-8-1 (a) $\theta_A=-\theta_B=\frac{ql^3}{24EI}, y_C=\frac{5ql^4}{384EI}(\downarrow)$。

(b) $\theta_B=\frac{Pl^2}{2EI}(\downarrow), y_B=\frac{Pl^3}{3EI}(\downarrow)$。

(c) $\theta_A=\frac{ml}{6EI}(\downarrow), \theta_B=-\frac{ml}{3EI}(\searrow), y_C=\frac{ml^2}{16EI}(\downarrow)$。

(d) $\theta_B=\frac{ma}{EI}(\downarrow), y_B=\frac{ma}{EI}(l-a/2)(\downarrow)$。

2-8-2 (a) $\theta_A=\theta_B=-\frac{qa^3}{6EI}, y_A=\frac{7qa^4}{24EI}(\downarrow)$。

(b) $\theta_C=\frac{7Pa^2}{6EI}(\downarrow), y_C=\frac{Pa^3}{EI}(\downarrow)$。

2-8-3 (*a*) $\theta_B=\frac{9Pl^2}{8EI}(\downarrow)$, $y_C=\frac{Pl^3}{6EI}(\downarrow)$,

(*b*) $\theta_C=\frac{qa^3}{4EI}(\downarrow)$, $y_C=\frac{5qa^4}{24EI}(\downarrow)$。

(*c*) $\theta_A=-\frac{5Pa^2}{2EI}(\searrow)$, $y_A=\frac{7Pa^3}{2EI}(\downarrow)$。

(*d*) $\theta_A=\frac{ql^2}{24EI}(5l+12a)(\downarrow)$, $y_A=-\frac{qal^2}{24EI}(5l+6a)(\uparrow)$。

2-8-4 I22a。

第 九 章

2-9-1 $\sigma_a=0.39\text{MPa}$, $\sigma_d=-\sigma_b=20.39\text{MPa}$, $\sigma_c=-0.39\text{MPa}$。

2-9-3 $\sigma_{max}=22.5\text{MPa}$(点 3), $\sigma_{min}=-22.5\text{MPa}$(点 1)。

2-9-5 $\sigma_{max}^{-}=\frac{8P}{3a^2}$。

2-9-6 $\sigma_{max}^{+}=20.5\text{MPa}$。

2-9-7 $\sigma_{max}^{-}=0.134\text{MPa}$, $\sigma_{min}^{-}=0.103\text{MPa}$。

第 十 章

2-10-1 (1) $P_{cr}=37.8\text{kN}$。

(2) $P_{cr}=52.6\text{kN}$。

2-10-2 $P_{cr}=20.26\text{kN}$, $\sigma_{cr}=5.71\text{MPa}$。

2-10-3 $l\geqslant1.72\text{m}$。

2-10-4 $[P]=1949\text{kN}$。

2-10-5 $[P]=109.3\text{kN}$。

2-10-6 $\sigma=130.7\text{MPa}$, $\varphi[\sigma]=154.08\text{MPa}$,压杆满足稳定条件。

2-10-7 Ⅰ28*a*。

2-10-8 $a=160\text{mm}$。

2-10-9 梁 $\sigma_{max}=21.54\text{MPa}$。

立柱,$\sigma=1.06\text{MPa}$, $\varphi[\sigma]=5.74\text{MPa}$,符合稳定要求。

第 十一 章

2-11-1 $N_d=24.08\text{kN}$。

2-11-2 $A=189\text{mm}^2$,取 $A=190\text{mm}^2$。

2-11-3 $\sigma_d=269.6\text{MPa}$。

2-11-4 $\sigma_d=216.54\text{MPa}$。

2-11-5 $\sigma_{dmax}=14.31\text{MPa}$, $\delta_{dmax}=31.76\text{mm}$。

参　考　书

1. 沈伦序.建筑力学.北京:高等教育出版社,1990
2. 北京广播电视中等专业学校.理论力学.北京:冶金工业出版社,1986
3. 西安电力学校.材料力学.北京:电力工业出版社,1980
4. 李龙堂.材料力学.北京:高等教育出版社,1985
5. 周国瑾、施美丽、张景良.建筑力学.上海:同济大学出版社,1992
6. 范继昭.建筑力学.北京:高等教育出版社,1986
7. 刘鸿文.材料力学.北京:高等教育出版社,1983
8. 天津大学材料力学教研室 . 材料力学 . 天津:天津科技出版社,1983
9. 李前程,安学敏.建筑力学.北京:中国建筑工业出版社,1998